王道考研系列

2024 年
计算机网络考研复习指导

王道论坛　组编

电子工业出版社

Publishing House of Electronics Industry

北京 · BEIJING

内 容 简 介

本书是计算机专业研究生入学考试"计算机网络"课程的复习用书,内容包括计算机网络体系结构、物理层、数据链路层、网络层、传输层、应用层等。本书严格按照最新计算机考研大纲的计算机网络部分的要求编写,对大纲所涉及的知识点进行集中梳理,力求内容精炼、重点突出、深入浅出。本书精选各名校的历年考研真题,并给出详细的解题思路,力求实现讲练结合、灵活掌握、举一反三的功效。

本书可作为考生参加计算机专业研究生入学考试的复习用书,也可作为计算机专业学生学习计算机网络课程的辅导用书。

图书在版编目(CIP)数据

2024 年计算机网络考研复习指导/王道论坛组编. — 北京:电子工业出版社,2022.12

ISBN 978-7-121-44473-9

Ⅰ. ①2… Ⅱ. ①王… Ⅲ. ①计算机网络－研究生－入学考试－自学参考资料 Ⅳ. ①TP393

中国版本图书馆 CIP 数据核字(2022)第 200985 号

责任编辑:谭海平

印　　刷:山东华立印务有限公司

装　　订:山东华立印务有限公司

出版发行:电子工业出版社

　　　　　北京市海淀区万寿路 173 信箱　　邮编:100036

开　　本:787×1092　1/16　印张:18.25　　字数:513.9 千字

版　　次:2022 年 12 月第 1 版

印　　次:2022 年 12 月第 1 次印刷

定　　价:69.00 元

凡所购买电子工业出版社图书有缺损问题,请向购买书店调换。若书店售缺,请与本社发行部联系,联系及邮购电话:(010)88254888,88258888。

质量投诉请发邮件至 zlts@phei.com.cn,盗版侵权举报请发邮件至 dbqq@phei.com.cn。

本书咨询联系方式:(010)88254552,tan02@phei.com.cn。

本书配套视频使用方法

1

扫码关注
"王道在线"

公众号左下角的菜单就可进入
课程视频哦！

2

点击公众号菜单
"兑换中心"

×   兑换中心

兑换码   邀请码

输入兑换码

例: H7xWBrYt

立即兑换

兑换记录 >

兑换遇到问题请加微信

3 兑换后的内容

勘误、更新等信息以后也会及时发布在这里哦！

---

1. 部分解析兑换后扫码可见
2. 盗版书无兑换码请勿购买
3. 配套视频非王道最新网课
4. 配套视频不包含答疑服务

【关于兑换配套视频的说明】

1. 凭兑换码兑换相应科目的免费配
套视频及课件，免费配套视频是
2023版付费课程中的考点精讲部
分，兑换一次即失效，兑换后不
支持转赠。

2. 免费配套视频不是2024年付费课
程，具体区别请见"王道在线"
公众号中的详细说明。

3. 兑换码贴于封面右下角，刮开涂
层可见，兑换码区分大小写，且
无空格。

4. 兑换期限至2023年12月31日。

前　言

　　"王道考研系列"辅导书由王道论坛（cskaoyan.com）组织名校状元级选手编写，这套书不仅参考了国内外的优秀教辅，而且结合了高分选手的独特复习经验，包括对考点的讲解及对习题的选择和解析。"王道考研系列"单科辅导书，一共 4 本：
- 《2024 年数据结构考研复习指导》
- 《2024 年计算机组成原理考研复习指导》
- 《2024 年操作系统考研复习指导》
- 《2024 年计算机网络考研复习指导》

　　我们还围绕这套书开发了一系列计算机考研课程，赢得了众多读者的好评。这些课程包含考点精讲、习题详解、暑期直播训练营、冲刺串讲、带学督学和全程答疑服务等，并且只在"中国大学 MOOC"上发售。王道的课程同样是市面上领先的计算机考研课程，对于基础较为薄弱或"跨考"的读者，相信王道的课程和服务定能助你一臂之力。此外，我们也为购买正版图书的读者提供了 23 课程中的考点视频和课件，读者可凭兑换码兑换，23 统考大纲没有变化，该视频和本书完全匹配。考点视频升华了王道单科书中的考点讲解，强烈建议读者结合使用。

　　在冲刺阶段，王道还将出版 2 本冲刺用书：
- 《2024 年计算机专业基础综合考试冲刺模拟题》
- 《2024 年计算机专业基础综合考试历年真题解析》

　　深入掌握专业课的内容没有捷径，考生也不应抱有任何侥幸心理。只有扎实打好基础，踏实做题巩固，最后灵活致用，才能在考研时取得高分。我们希望辅导书能够指导读者复习，但学习仍然得靠自己，高分不是建立在任何空中楼阁之上的。对于想继续在计算机领域深造的读者来说，认真学习和扎实掌握计算机专业的这四门基础专业课，是最基本的前提。

　　"王道考研系列"是计算机考研学子口碑相传的辅导书，自 2011 版首次推出以来，就始终占据同类书销量的榜首位置，这就是口碑的力量。有这么多学长的成功经验，相信只要读者合理地利用辅导书，并且采用科学的复习方法，就一定能收获属于自己的那份回报。

　　"不包就业、不包推荐，培养有态度的码农。"王道训练营是王道团队打造的线下魔鬼式编程训练营。打下编程功底、增强项目经验，彻底转行入行，不再迷茫，期待有梦想的你！

　　参与本书编写工作的人员主要有赵霖、罗乐、徐秀瑛、张鸿林、韩京儒、赵淑芬、赵淑芳、罗庆学、赵晓宇、喻云珍、余勇、刘政学等。予人玫瑰，手有余香，王道论坛伴你一路同行！

　　对本书的任何建议，或有发现错误，欢迎扫码与我们联系，以便于我们及时优化或纠错。

风华漫舞

致 读 者

——王道单科辅导书使用方法的道友建议

　　我是"二战考生"，2012 年第一次考研成绩 333 分（专业代码 408，成绩 81 分），痛定思痛后决心再战。潜心复习了半年后终于以 392 分（专业代码 408，成绩 124 分）考入上海交通大学计算机系，这半年里我的专业课成绩提高了 43 分，成了提分主力。从未达到录取线到考出比较满意的成绩，从蒙头乱撞到有了自己明确的复习思路，我想这也是为什么风华哥从诸多高分选手中选择我给大家介绍经验的一个原因吧。

　　整个专业课的复习是围绕王道辅导书展开的，从一遍、两遍、三遍看单科辅导书的积累提升，到做 8 套模拟题时的强化巩固，再到看思路分析时的醍醐灌顶。王道书能两次押中算法原题固然有运气成分，但这也从侧面说明他们的编写思路和选题方向与真题很接近。

　　下面说一说我的具体复习过程。

　　每天划给专业课的时间是 3～4 小时。第一遍仔细看课本，看完一章做一章单科辅导书上的习题（红笔标注错题），这一遍共持续 2 个月。第二遍主攻单科辅导书（红笔标注重难点），辅看课本。第二遍看单科辅导书和课本的速度快了很多，但感觉收获更多，常有温故知新的感觉，理解更深刻。（风华注，建议这里再速看第三遍，特别针对错题和重难点。模拟题做完后再跳看第四遍。）

　　以上是打基础阶段，注意，单科辅导书和课本我仔细精读了两遍，以便尽量弄懂每个知识点和习题。大概 11 月上旬开始做模拟题和思路分析，期间遇到不熟悉的地方不断回头查阅单科辅导书和课本。8 套模拟题的考点覆盖得很全面，所以大家做题时如果忘记了某个知识点，千万不要慌张，赶紧回去看这个知识点，最后的模拟就是查漏补缺。模拟题一定要严格按考试时间去做（14:00—17:00），注意应试技巧，做完试题后再回头研究错题。算法题的最优解法不太好想，如果实在没思路，建议直接"暴力"解决，结果正确也能有 10 分，总比苦拼出 15 分来而将后面比较好拿分的题耽误了好（这是我第一年的切身教训）。最后剩了几天看标注的错题，第三遍跳看单科辅导书，考前一夜浏览完网络，踏实地睡着了……

　　考完专业课，走出考场终于长舒一口气，考试情况也胸中有数。回想这半年的复习，耐住了寂寞和诱惑，雨雪风霜从未间断地跑去自习，考研这人生一站终归没有辜负我的良苦用心。佛教徒说世间万物生来平等，都要落入春华秋实的代谢中去；辩证唯物主义认为事物作为过程存在，凡是存在的终归要结束。你不去为活得多姿多彩而拼搏，真到了和青春说再见时，你是否会可惜虚枉了青春？风华哥说过，我们都是有梦想的青年，我们正在逆袭，你呢？

　　感谢风华哥的信任，给我这个机会分享专业课复习经验给大家，作为一个铁杆道友在王道受益匪浅，也借此机会回报王道论坛。祝大家金榜题名！

ccg1990@SJTU

王道训练营

王道是道友们考研路上值得信赖的好伙伴，十多年来陪伴了上百万的计算机考研人，不离不弃。王道尊重的不是考研这个行当，而是考研学生的精神和梦想。考研可能是部分学生实现梦想的阶段，但应试的内容对 CSer 的职业生涯并无太多意义。对计算机专业的学生而言，专业功底和学习能力才是受用终生的资本，它决定了未来在技术道路上能走多远。从王道论坛、考研图书，到辅导课程，再到编程培训，王道只专注于计算机考研及编程领域。

计算机专业是一个靠实力吃饭的专业。我们团队中很多人的经历或许和现在的你们相似，也经历过本科时的迷茫，无非是自知能力太弱，以致底气不足。学历只是敲门砖，同样是名校硕士，有人如鱼得水，最终成为"Offer 帝"，有人却始终难入"编程与算法之门"，再次体会迷茫的痛苦。我们坚信一个写不出合格代码的计算机专业学生，即便考上了研究生，也只是给未来失业判了个"缓期执行"。我们也希望能做点事情帮助大家少走弯路。

考研结束后的日子，或许是一段难得的提升编程能力的连续时光，趁着还有时间，应该去弥补本科期间应掌握的能力，缩小与"科班大佬们"的差距。

把参加王道训练营视为一次对自己的投资，投资自身和未来才是最好的投资。

王道训练营的面向人群

1. 面向就业

转行就业，但编程能力偏弱的学生。

考研并不是人生的唯一道路，努力拼搏奋斗的经历总是难忘的，但不论结果如何，都不应有太大的遗憾。不少考研路上的"失败者"在王道都实现了自己在技术发展上的里程碑，我们相信一个肯持续努力、积极上进的学生一定会找到自己正确的人生方向。

再不抓住当下，未来或将持续迷茫，逝去了的青春不复返。在充分竞争的技术领域，当前的能力决定了你能找一份怎样的工作，踏实的态度和学习的能力决定了你未来能走多远。

王道训练营致力于给有梦想、肯拼搏、敢奋斗的道友提供最好的平台！

2. 面向硕士

提升能力，刚考上计算机相关专业的准硕士。

考研逐年火爆，能考上名校确实是重要的转折，但硕士文凭早已不再稀缺。考研高分并不等于高薪 Offer，学历也不能保证你拿到好 Offer，名校的光环能让你获得更多面试机会，但真正要拿到好 Offer，比拼的是实力。同为名校硕士，Offer 的成色可能千差万别，有人轻松拿到腾讯、阿里、今日头条、百度等公司的优秀 Offer，有人面试却屡屡碰壁，最后只能"将就"签约。

人生中关键性的转折点不多，但往往能对自己的未来产生深远的影响，甚至决定了你未来的走向，高考、选专业、考研、找工作都是如此，把握住关键转折点需要眼光和努力。

3. 报名要求

- 具有本科学历，愿意通过奋斗去把握自己的人生，实现自身的价值。
- 完成开课前作业，用作业考察态度，才能获得最终的参加资格，宁缺毋滥！对于意志不够坚定的同学而言，这些作业也算是设置的一道槛，决定了是否有参加的资格。

作业完成情况是最重要的考核标准，我们不会歧视跨度大的同学，坚定转行的同学往往会更努力。跨度大、学校弱这些是无法改变的标签，唯一可以改变的就是通过持续努力来提升自身的技能，而通过高强度的短期训练是完全有可能逆袭的，太多的往期学员已有过证明。

4. 学习成效

迅速提升编程能力，结合项目实战，逐步打下坚实的编程基础，培养积极、主动的学习能力。以动手编程为驱动的教学模式，解决你在编程、思维上的不足，也为未来的深入学习提供方向指导，掌握编程的学习方法，引导进入"编程与算法之门"。

道友们在训练营里从"菜鸟"逐步成长，训练营中不少往期准硕士学员后来陆续拿到了阿里、腾讯、今日头条、百度、美团、小米等一线互联网大厂的 Offer。这就是竞争力！

王道训练营的优势

这里都是道友，他们信任王道，乐于分享与交流，氛围优秀而纯粹。

一起经历过考研训练的生活、学习，大家很快会成为互帮互助的好战友，相互学习、共同进步，在转行的道路上，这就是最好的圈子。正如某期学员所言："来了你就发现，这里无关程序员以外的任何东西，这是一个过程，一个对自己认真、对自己负责的过程。"

考研绝非人生的唯一出路，给自己换一条路走，去职场上好好发展或许会更好。即便考上研究生也不意味着高枕无忧，人生的道路还很漫长。

王道团队皆具有扎实的编程功底，他们用自己的技术和态度去影响训练营的学员，尽可能指导学员走上正确的发展道路是对道友信任的回报，也是一种责任！

王道训练营是一个平台，网罗王道论坛上有梦想、有态度的青年，并为他们的梦想提供土壤和圈子。王道始终相信"物竞天择，适者生存"，这里的生存不是指简简单单地活着，而是指活得有价值、活得有态度！

王道训练营的课程信息

王道训练营只在武汉设有线下校区，开设 4 种班型：

- Linux C 和 C++短期班（40～45 天，初试后开课，复试冲刺）
- Java EE 方向（4 个月，武汉校区）
- Linux C/C++方向（4 个月，武汉校区）
- Python 大数据方向（3 个半月，直播授课）

短期班的作用是在初试后及春节期间，快速提升学员的编程水平和项目经验，给复试、面试加成。其他三个班型的作用既可以面向就业，又可以提升能力或帮助打算继续考研的学员。

要想了解王道训练营，可以关注王道论坛"王道训练营"版面，或者扫码加老师微信。

扫描二维码，添加我的企业微信

目　录

第 **1** 章 计算机网络体系结构

【考纲内容】

（一）计算机网络概述

计算机网络的概念、组成与功能；计算机网络的分类

计算机网络的性能指标

（二）计算机网络体系结构与参考模型

计算机网络分层结构；计算机网络协议、接口、服务的概念

ISO/OSI 参考模型和 TCP/IP 模型

扫一扫

视频讲解

【复习提示】

本章主要介绍计算机网络体系结构的基本概念，读者可以在理解的基础上适当地记忆。重点掌握网络的分层结构（包括 5 层和 7 层结构），尤其是 ISO/OSI 参考模型各层的功能及相关协议、接口和服务等概念。掌握有关网络的各种性能指标，特别是时延、带宽、速率和吞吐量等的计算。

1.1 计算机网络概述

1.1.1 计算机网络的概念

一般认为，计算机网络是一个将分散的、具有独立功能的计算机系统，通过通信设备与线路连接起来，由功能完善的软件实现资源共享和信息传递的系统。简而言之，计算机网络就是一些互连的、自治的计算机系统的集合。

在计算机网络发展的不同阶段，人们对计算机网络给出了不同的定义，这些定义反映了当时网络技术发展的水平。这些定义可分为以下三类。

1．广义观点

这种观点认为，只要是能实现远程信息处理的系统或能进一步达到资源共享的系统，都是计算机网络。广义的观点定义了一个计算机通信网络，它在物理结构上具有计算机网络的雏形，但资源共享能力弱，是计算机网络发展的低级阶段。

2．资源共享观点

这种观点认为，计算机网络是"以能够相互共享资源的方式互连起来的自治计算机系统的集合"。该定义包含三层含义：①目的——资源共享；②组成单元——分布在不同地理位置的多台独立的"自治计算机"；③网络中的计算机必须遵循的统一规则——网络协议。该定义符合目前计算机网络的基本特征。

3．用户透明性观点

这种观点认为，存在一个能为用户自动管理资源的网络操作系统，它能够调用用户所需要的资源，而整个网络就像一个大的计算机系统一样对用户是透明的。用户使用网络就像使用一台单一的超级计算机，无须了解网络的存在、资源的位置信息。用户透明性观点的定义描述了一个分布式系统，它是网络未来发展追求的目标。

1.1.2　计算机网络的组成

从不同的角度，可以将计算机网络的组成分为如下几类。

1）从组成部分上看，一个完整的计算机网络主要由硬件、软件、协议三大部分组成，缺一不可。硬件主要由主机（也称端系统）、通信链路（如双绞线、光纤）、交换设备（如路由器、交换机等）和通信处理机（如网卡）等组成。软件主要包括各种实现资源共享的软件和方便用户使用的各种工具软件（如网络操作系统、邮件收发程序、FTP 程序、聊天程序等）。软件部分多属于应用层。协议是计算机网络的核心，如同交通规则制约汽车驾驶一样，协议规定了网络传输数据时所遵循的规范。

2）从工作方式上看，计算机网络（这里主要指 Internet，即因特网）可分为边缘部分和核心部分。边缘部分由所有连接到因特网上、供用户直接使用的主机组成，用来进行通信（如传输数据、音频或视频）和资源共享；核心部分由大量的网络和连接这些网络的路由器组成，它为边缘部分提供连通性和交换服务。图 1.1 给出了这两部分的示意图。

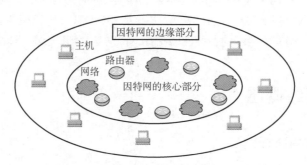

图 1.1　因特网的核心部分与边缘部分

3）从功能组成上看，计算机网络由通信子网和资源子网组成。通信子网由各种传输介质、通信设备和相应的网络协议组成，它使网络具有数据传输、交换、控制和存储的能力，实现联网计算机之间的数据通信。资源子网是实现资源共享功能的设备及其软件的集合，向网络用户提供共享其他计算机上的硬件资源、软件资源和数据资源的服务。

1.1.3　计算机网络的功能

计算机网络的功能很多，现今的很多应用都与网络有关。主要有以下五大功能。

1．数据通信

它是计算机网络最基本和最重要的功能，用来实现联网计算机之间各种信息的传输，并将分散在不同地理位置的计算机联系起来，进行统一的调配、控制和管理。例如，文件传输、电子邮件等应用，离开了计算机网络将无法实现。

2．资源共享

资源共享可以是软件共享、数据共享，也可以是硬件共享。它使计算机网络中的资源互通有无、分工协作，从而极大地提高硬件资源、软件资源和数据资源的利用率。

3．分布式处理

当计算机网络中的某个计算机系统负荷过重时，可以将其处理的某个复杂任务分配给网络中的其他计算机系统，从而利用空闲计算机资源以提高整个系统的利用率。

4．提高可靠性

计算机网络中的各台计算机可以通过网络互为替代机。

5．负载均衡

将工作任务均衡地分配给计算机网络中的各台计算机。

除以上几大主要功能外，计算机网络还可以实现电子化办公与服务、远程教育、娱乐等功能，满足了社会的需求，方便了人们学习、工作和生活，具有巨大的经济效益。

1.1.4　计算机网络的分类

1．按分布范围分类

1）广域网（WAN）。广域网的任务是提供长距离通信，运送主机所发送的数据，其覆盖范围通常是直径为几十千米到几千千米的区域，因而有时也称远程网。广域网是因特网的核心部分。连接广域网的各结点交换机的链路一般都是高速链路，具有较大的通信容量。

2）城域网（MAN）。城域网的覆盖范围可以跨越几个街区甚至整个城市，覆盖区域的直径范围是 5～50km。城域网大多采用以太网技术，因此有时也常并入局域网的范围讨论。

3）局域网（LAN）。局域网一般用微机或工作站通过高速线路相连，覆盖范围较小，通常是直径为几十米到几千米的区域。局域网在计算机配置的数量上没有太多的限制，少的可以只有两台，多的可达几百台。传统上，局域网使用广播技术，而广域网使用交换技术。

4）个人区域网（PAN）。个人区域网是指在个人工作的地方将消费电子设备（如平板电脑、智能手机等）用无线技术连接起来的网络，也常称为无线个人区域网（WPAN），覆盖区域的直径约为 10m。

注意：若中央处理器之间的距离非常近（如仅 1m 的数量级或甚至更小），则一般称为多处理器系统，而不称为计算机网络。

2．按传输技术分类

1）广播式网络。所有联网计算机都共享一个公共通信信道。当一台计算机利用共享通信信道发送报文分组时，所有其他的计算机都会"收听"到这个分组。接收到该分组的计算机将通过检查目的地址来决定是否接收该分组。

局域网基本上都采用广播式通信技术，广域网中的无线、卫星通信网络也采用广播式通信技术。

2）点对点网络。每条物理线路连接一对计算机。若通信的两台主机之间没有直接连接的线路，则它们之间的分组传输就要通过中间结点进行接收、存储和转发，直至目的结点。

是否采用分组存储转发与路由选择机制是点对点式网络与广播式网络的重要区别，广域网基本都属于点对点网络。

3．按拓扑结构分类

网络拓扑结构是指由网中结点（路由器、主机等）与通信线路（网线）之间的几何关系（如总线形、环形）表示的网络结构，主要指通信子网的拓扑结构。

按网络的拓扑结构，主要分为总线形、星形、环形和网状网络等，如图1.2所示。星形、总线形和环形网络多用于局域网，网状网络多用于广域网。

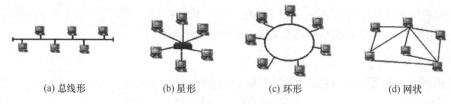

(a) 总线形　　　　(b) 星形　　　　(c) 环形　　　　(d) 网状

图1.2　几种不同的网络拓扑结构

1）总线形网络。用单根传输线把计算机连接起来。总线形网络的优点是建网容易、增/减结点方便、节省线路。缺点是重负载时通信效率不高、总线任意一处对故障敏感。

2）星形网络。每个终端或计算机都以单独的线路与中央设备相连。中央设备早期是计算机，现在一般是交换机或路由器。星形网络便于集中控制和管理，因为端用户之间的通信必须经过中央设备。缺点是成本高、中央设备对故障敏感。

3）环形网络。所有计算机接口设备连接成一个环。环形网络最典型的例子是令牌环局域网。环可以是单环，也可以是双环，环中信号是单向传输的。

4）网状网络。一般情况下，每个结点至少有两条路径与其他结点相连，多用在广域网中。其有规则型和非规则型两种。其优点是可靠性高，缺点是控制复杂、线路成本高。

以上4种基本的网络拓扑结构可以互连为更复杂的网络。

4．按使用者分类

1）公用网（Public Network）。指电信公司出资建造的大型网络。"公用"的意思是指所有愿意按电信公司的规定交纳费用的人都可以使用这种网络，因此也称公众网。

2）专用网（Private Network）。指某个部门为满足本单位特殊业务的需要而建造的网络。这种网络不向本单位以外的人提供服务。例如铁路、电力、军队等部门的专用网。

5．按交换技术分类

交换技术是指各台主机之间、各通信设备之间或主机与通信设备之间为交换信息所采用的数据格式和交换装置的方式。按交换技术可将网络分为如下几种。

1）电路交换网络。在源结点和目的结点之间建立一条专用的通路用于传送数据，包括建立连接、传输数据和断开连接三个阶段。最典型的电路交换网是传统电话网络。

　　该类网络的主要特点是整个报文的比特流连续地从源点直达终点，好像是在一条管道中传送。优点是数据直接传送、时延小。缺点是线路利用率低、不能充分利用线路容量、不便于进行差错控制。

2）报文交换网络。用户数据加上源地址、目的地址、校验码等辅助信息，然后封装成报文。整个报文传送到相邻结点，全部存储后，再转发给下一个结点，重复这一过程直到到达目的结点。每个报文可以单独选择到达目的的结点的路径。

　　报文交换网络也称存储-转发网络，主要特点是整个报文先传送到相邻结点，全部存储后查找转发表，转发到下一个结点。优点是可以较为充分地利用线路容量，可以实现不同链路之间不同数据传输速率的转换，可以实现格式转换，可以实现一对多、多对一的访问，可以实现差错控制。缺点是增大了资源开销（如辅助信息导致处理时间和存储资源的开销），增加了缓冲时延，需要额外的控制机制来保证多个报文的顺序不乱序，缓冲区难以管理（因为报文的大小不确定，接收方在接收到报文之前不能预知报文的大小）。

3）分组交换网络，也称包交换网络。其原理是，将数据分成较短的固定长度的数据块，在每个数据块中加上目的地址、源地址等辅助信息组成分组（包），以存储-转发方式传输。其主要特点是单个分组（它只是整个报文的一部分）传送到相邻结点，存储后查找转发表，转发到下一个结点。除具备报文交换网络的优点外，分组交换网络还具有自身的优点：缓冲易于管理；包的平均时延更小，网络占用的平均缓冲区更少；更易于标准化；更适合应用。现在的主流网络基本上都可视为分组交换网络。

6．按传输介质分类

传输介质可分为有线和无线两大类，因此网络可以分为有线网络和无线网络。有线网络又分为双绞线网络、同轴电缆网络等。无线网络又可分为蓝牙、微波、无线电等类型。

*1.1.5　计算机网络的标准化工作[①]

计算机网络的标准化对计算机网络的发展和推广起到了极为重要的作用。

因特网的所有标准都以 RFC（Request For Comments）的形式在因特网上发布，但并非每个 RFC 都是因特网标准，RFC 要上升为因特网的正式标准需经过以下 4 个阶段。

1）因特网草案（Internet Draft）。这个阶段还不是 RFC 文档。

2）建议标准（Proposed Standard）。从这个阶段开始就成为 RFC 文档。

3）草案标准（Draft Standard）。

4）因特网标准（Internet Standard）。

此外，还有试验的 RFC 和提供信息的 RFC。各种 RFC 之间的关系如图 1.3 所示。

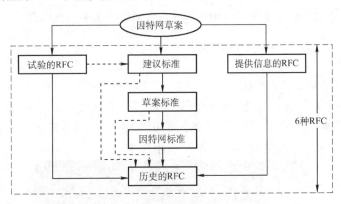

图 1.3　各种 RFC 之间的关系

在国际上，负责制定、实施相关网络标准的标准化组织众多，主要有如下几个：

● 国际标准化组织（ISO）。其制定的主要网络标准或规范有 OSI 参考模型、HDLC 等。

● 国际电信联盟（ITU）。其前身为国际电话电报咨询委员会（CCITT），其下属机构 ITU-T 制定了大量有关远程通信的标准。

● 国际电气电子工程师协会（IEEE）。世界上最大的专业技术团体，由计算机和工程学专业人士组成。IEEE 在通信领域最著名的研究成果是 802 标准。

1.1.6　计算机网络的性能指标

性能指标从不同方面度量计算机网络的性能。常用的性能指标如下。

---

① 新版大纲已删除本考点，仅供学习参考。

1）带宽（Bandwidth）。本来表示通信线路允许通过的信号频带范围，单位是赫兹（Hz）。而在计算机网络中，带宽表示网络的通信线路所能传送数据的能力，是数字信道所能传送的"最高数据传输速率"的同义语，单位是比特/秒（b/s）。

2）时延（Delay）。指数据（一个报文或分组）从网络（或链路）的一端传送到另一端所需要的总时间，它由 4 部分构成：发送时延、传播时延、处理时延和排队时延。

- 发送时延。结点将分组的所有比特推向（传输）链路所需的时间，即从发送分组的第一个比特算起，到该分组的最后一个比特发送完毕所需的时间，因此也称传输时延。计算公式为

$$发送时延 = 分组长度/信道宽度$$

- 传播时延。电磁波在信道中传播一定的距离需要花费的时间，即一个比特从链路的一端传播到另一端所需的时间。计算公式为

$$传播时延 = 信道长度/电磁波在信道上的传播速率$$

- 处理时延。数据在交换结点为存储转发而进行的一些必要的处理所花费的时间。例如，分析分组的首部、从分组中提取数据部分、进行差错检验或查找适当的路由等。

- 排队时延。分组在进入路由器后要先在输入队列中排队等待处理。路由器确定转发端口后，还要在输出队列中排队等待转发，这就产生了排队时延。

因此，数据在网络中经历的总时延就是以上 4 部分时延之和：

$$总时延 = 发送时延 + 传播时延 + 处理时延 + 排队时延$$

注意：做题时，排队时延和处理时延一般可忽略不计（除非题目另有说明）。另外，对于高速链路，提高的仅是数据发送速率而非比特在链路上的传播速率。提高数据的发送速率只是为了减少数据的发送时延。

3）时延带宽积。指发送端发送的第一个比特即将到达终点时，发送端已经发出了多少个比特，因此又称以比特为单位的链路长度，即时延带宽积 = 传播时延×信道带宽。

如图 1.4 所示，考虑一个代表链路的圆柱形管道，其长度表示链路的传播时延，横截面积表示链路带宽，则时延带宽积表示该管道可以容纳的比特数量。

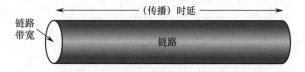

图 1.4　链路就像一条空心管道

4）往返时延（Round-Trip Time，RTT）。指从发送端发出一个短分组，到发送端收到来自接收端的确认（接收端收到数据后立即发送确认），总共经历的时延。在互联网中，往返时延还包括各中间结点的处理时延、排队时延及转发数据时的发送时延。

5）吞吐量（Throughput）。指单位时间内通过某个网络（或信道、接口）的数据量。吞吐量受网络带宽或网络额定速率的限制。

6）速率（Speed）。网络中的速率是指连接到计算机网络上的主机在数字信道上传送数据的速率，也称数据传输速率、数据率或比特率，单位为 b/s（比特/秒）（或 bit/s，有时也写为 bps）。数据率较高时，可用 kb/s（$k=10^3$）、Mb/s（$M=10^6$）或 Gb/s（$G=10^9$）表示。在计算机网络中，通常把最高数据传输速率称为带宽。

7）信道利用率。指出某一信道有百分之多少的时间是有数据通过的，即信道利用率 = 有数

据通过时间/(有+无)数据通过时间。

1.1.7 本节习题精选

一、单项选择题

01. 计算机网络可被理解为（ ）。
    A. 执行计算机数据处理的软件模块
    B. 由自治的计算机互连起来的集合体
    C. 多个处理器通过共享内存实现的紧耦合系统
    D. 用于共同完成一项任务的分布式系统

02. 计算机网络最基本的功能是（ ）。
    A. 数据通信　　　　　　　　　　B. 资源共享
    C. 分布式处理　　　　　　　　　D. 信息综合处理

03. 下列不属于计算机网络功能的是（ ）。
    A. 提高系统可靠性　　　　　　　B. 提高工作效率
    C. 分散数据的综合处理　　　　　D. 使各计算机相对独立

04. 计算机网络系统的基本组成是（ ）。
    A. 局域网和广域网　　　　　　　B. 本地计算机网和通信网
    C. 通信子网和资源子网　　　　　D. 服务器和工作站

05. 在计算机网络中可以没有的是（ ）。
    A. 客户机　　　　　　　　　　　B. 服务器
    C. 操作系统　　　　　　　　　　D. 数据库管理系统

06. 计算机网络的资源主要是指（ ）。
    A. 服务器、路由器、通信线路与用户计算机
    B. 计算机操作系统、数据库与应用软件
    C. 计算机硬件、软件与数据
    D. Web 服务器、数据库服务器与文件服务器

07. 计算机网络可分为通信子网和资源子网。下列属于通信子网的是（ ）。
    I. 网桥　II. 交换机　III. 计算机软件　IV. 路由器
    A. I、II、IV　　　B. II、III、IV　　　C. I、III、IV　　　D. I、II、III

08. 下列设备属于资源子网的是（ ）。
    A. 计算机软件　　　B. 网桥　　　　　C. 交换机　　　　　D. 路由器

09. 计算机网络分为广域网、城域网和局域网，其划分的主要依据是（ ）。
    A. 网络的作用范围　　　　　　　B. 网络的拓扑结构
    C. 网络的通信方式　　　　　　　D. 网络的传输介质

10. 局域网和广域网的差异不仅在于它们所覆盖的范围不同，还主要在于它们（ ）。
    A. 所使用的介质不同　　　　　　B. 所使用的协议不同
    C. 所能支持的通信量不同　　　　D. 所提供的服务不同

11. 下列说法中正确的是（ ）。
    A. 在较小范围内布置的一定是局域网，而在较大范围内布置的一定是广域网
    B. 城域网是连接广域网而覆盖园区的网络
    C. 城域网是为淘汰局域网和广域网而提出的一种新技术

D. 局域网是基于广播技术发展起来的网络，广域网是基于交换技术发展起来的网络

12. 现在大量的计算机是通过诸如以太网这样的局域网连入广域网的，而局域网与广域网的互连是通过（ ）实现的。

    A. 路由器　　　　　　B. 资源子网　　　　　　C. 桥接器　　　　　　D. 中继器

13. 计算机网络拓扑结构主要取决于它的（ ）。

    A. 资源子网　　　　　　B. 路由器　　　　　　C. 通信子网　　　　　　D. 交换机

14. 广域网的拓扑结构通常采用（ ）。

    A. 星形　　　　　　B. 总线形　　　　　　C. 网状　　　　　　D. 环形

15. 在 n 个结点的星形拓扑结构中，有（ ）条物理链路。

    A. $n-1$　　　　　　B. n　　　　　　C. $n(n-1)$　　　　　　D. $n(n+1)/2$

16. 下列关于广播式网络的说法中，错误的是（ ）。

    A. 共享广播信道　　　　　　　　　　B. 不存在路由选择问题

    C. 可以不要网络层　　　　　　　　　　D. 不需要服务访问点

17. 下列（ ）是分组交换网络的缺点。

    A. 信道利用率低　　　　　　　　　　B. 附加信息开销大

    C. 传播时延大　　　　　　　　　　D. 不同规格的终端很难相互通信

18. 1968 年 6 月，世界上出现的最早计算机网络是（ ）。

    A. Internet　　　　　　B. ARPAnet　　　　　　C. 以太网　　　　　　D. 令牌环网

二、综合应用题

01. 假定有一个通信协议，每个分组都引入 100 字节的开销用于头和成帧。现在使用这个协议发送 10^6 字节的数据，然而在传送的过程中有一个字节被破坏，因而包含该字节的那个分组被丢弃。试对于 1000 字节和 20000 字节的分组的有效数据大小分别计算"开销＋丢失"字节的总数目。分组数据大小的最佳值是多少？

02. 考虑一个最大距离为 2km 的局域网，当带宽为多大时，传播时延（传播速率为 $2×10^8$m/s）等于 100B 分组的发送时延？对于 512B 分组结果又当如何？

03. 在两台计算机之间传输一个文件有两种可行的确认策略。第一种策略把文件截成分组，接收方逐个确认分组，但就整体而言，文件没有得到确认。第二种策略不确认单个分组，但当文件全部收到后，对整个文件予以确认。请讨论这两种方式的优缺点。

04. 试在下列条件下比较电路交换和分组交换。要传送的报文共 x 比特。从源点到终点共经过 k 段链路，每段链路的传播时延为 d 秒，数据传输速率为 b 比特/秒。在电路交换时电路的建立时间为 s 秒。在分组交换时分组长度为 p 比特，且各结点的排队等待时间可忽略不计。问在怎样的条件下，分组交换的时延比电路交换的时延要小？（提示：画草图观察 k 段链路共有几个结点。）

05. 在上题的分组交换网中，设报文长度和分组长度分别为 x 和 $p+h$ 比特，其中 p 为分组的数据部分的长度，而 h 为每个分组所带控制信息 r 固定长度，与 p 的大小无关。通信的两端共经过 k 段链路。链路的数据传输速率为 b 比特/秒，传播时延、结点的排队时延和处理时延均可忽略不计。若欲使总的时延为最小，问分组的数据部分长度 p 应取多大？

06. 在下列情况下，计算传送 1000KB 文件所需要的总时间，即从开始传送时起直到文件的最后一位到达目的地为止的时间。假定往返时间 RTT 为 100ms，一个分组是 1KB（即 1024B）的数据，在开始传送整个文件数据之前进行的起始握手过程需要 2RTT 的时间。

1）带宽是 1.5Mb/s，数据分组可连续发送。

2）带宽是 1.5Mb/s，但在发送完每个数据分组后，必须等待一个 RTT（等待来自接收方的确认）才能发送下一个数据分组。

3）假设带宽是无限大的值，即我们取发送时间为 0，并在等待每个 RTT 后可以发送多达 20 个分组。

07. 有两个网络，它们都提供可靠的面向连接的服务，一个提供可靠的字节流，另一个提供可靠的报文流。请问两者是否相同？为什么？

1.1.8 答案与解析

一、单项选择题

01. B

计算机网络是由自治计算机互连起来的集合体，其中包含着三个关键点：自治计算机、互连、集合体。自治计算机由软件和硬件两部分组成，能完整地实现计算机的各种功能；互连是指计算机之间能实现相互通信；集合体是指所有使用通信线路及互连设备连接起来的自治计算机的集合。选项 C 和 D 分别指多机系统和分布式系统。

02. A

计算机网络的功能包括：数据通信、资源共享、分布式处理、信息综合处理、负载均衡、提高可靠性等，但其中最基本的功能是数据通信功能，数据通信功能也是实现其他功能的基础。

03. D

计算机网络的三大主要功能是数据通信、资源共享及分布式处理。计算机网络使各计算机之间的联系更加紧密而非相对独立。

04. C

计算机网络从逻辑功能上可分为资源子网和通信子网两部分。

05. D

从物理组成上看，计算机网络由硬件、软件和协议组成，客户机是客户访问网络的出入口，服务器是提供服务、存储信息的设备，当然是必不可少的。只是，在 P2P 模式下，服务器不一定是固定的某台机器，但网络中一定存在充当服务器角色的计算机。操作系统是最基本的软件。数据库管理系统用于管理数据库，由于在一个网络上可以没有数据库系统，所以数据库管理系统可能没有。

06. C

选项 A 和 D 都属于硬件，选项 B 都属于软件，只有选项 C 最全面。网络资源包括硬件资源、软件资源和数据资源。

07. A

资源子网主要由计算机系统、终端、联网外部设备、各种软件资源和信息资源等组成。资源子网负责全网的数据处理业务，负责向网络用户提供各种网络资源与网络服务。通信子网由通信控制处理机、通信线路和其他通信设备组成，其任务是完成网络数据传输、转发等。

由此可知，网桥、交换机和路由器都属于通信子网，只有计算机软件属于资源子网。

08. A

通信子网对应于 OSI 参考模型的下三层，包括物理层、数据链路层和网络层。通过通信子网互连在一起的计算机负责运行对信息进行处理的应用程序，它们是网络中信息流动的源和宿，向网络用户提供可共享的硬件、软件和信息资源，构成资源子网。网桥、交换机、路由器都属于通信子网中的硬件设备。

09．A

按分布范围分类：广域网、城域网、局域网、个人区域网。

按拓扑结构分类：星形网络、总线形网络、环形网络、网状网络。

按传输技术分类：广播式网络、点对点网络。

按使用者分类：公用网、专用网。

按数据交换技术分类：电路交换网、报文交换网、分组交换网。

因此，根据网络的覆盖范围可将网络主要分为广域网、城域网和局域网。

10．B

广域网和局域网之间的差异不仅在于它们所覆盖范围的不同，还在于它们所采用的协议和网络技术的不同，广域网使用点对点等技术，局域网使用广播技术。

11．D

区别局域网与广域网的关键在于所采用的协议，而非覆盖范围，而且局域网技术的进步已使其覆盖的范围越来越大，达到几千米的范围。城域网可视为了满足一定的区域需求，而将多个局域网互连的局域网，因此它仍属于以太网的范畴。最初的局域网采用广播技术，这种技术一直被沿用，而广域网最初使用的是交换技术，也一直被沿用。

12．A

中继器和桥接器通常是指用于局域网的物理层和数据链路层的联网设备。目前局域网接入广域网主要是通过称为路由器的互连设备来实现的。

13．C

拓扑结构主要是指通信子网的拓扑结构。通信子网包括物理层、数据链路层、网络层，而诸如集线器、交换机和路由器分别工作在物理层、数据链路层和网络层。

14．C

广域网覆盖范围较广、结点较多，为了保证可靠性和可扩展性，通常需采用网状结构。

15．A

星形拓扑结构是用一个结点作为中心结点，其他 $n-1$ 个结点直接与中心结点相连构成的网络。中心结点既可以是文件服务器，也可以是连接设备。常见的中心结点为集线器。

16．D

广播式网络共享广播信道（如总线），通常是局域网的一种通信方式（局域网工作在数据链路层），因此不需要网络层，因而也不存在路由选择问题。但数据链路层使用物理层的服务必须通过服务访问点实现。

17．B

分组交换要求把数据分成大小相当的小数据片，每片都要加上控制信息（如目的地址），因而传送数据的总开销较多。相比其他交换方式，分组交换信道利用率高。传播时延取决于传播介质及收发双方的距离。对各种交换方式，不同规格的终端都很难相互通信，因此它不是分组交换的缺点。

18．B

ARPAnet 是最早的计算机网络，它是因特网（Internet）的前身。

二、综合应用题

01．【解答】

设 D 是分组数据的大小，需要的分组数目 = $10^6/D$，开销 = $100×N$（被丢弃分组的头部也已计入开销），因此"开销 + 丢失" = $100×10^6/D+D$。

当 $D = 1000$ 时,"开销 + 丢失" $= 100 \times 10^6/1000 + 1000 = 101000\text{B}$。

当 $D = 20000$ 时,"开销 + 丢失" $= 100 \times 10^6/20000 + 20000 = 25000\text{B}$。

设"开销 + 丢失"字节总数目为 y,$y = 10^8/D + D$,求全微分有 $\mathrm{d}y/\mathrm{d}D = 1 - 10^8/D^2$。

当 $D = 10^4$ 时,$\mathrm{d}y/\mathrm{d}D = 0$,所以分组数据大小的最佳值是 10000B

02.【解答】

传播时延 $= 2 \times 10^3\text{m}/(2 \times 10^8\text{m/s}) = 10^{-5}\text{s} = 10\mu\text{s}$。

1)分组大小为 100B:

假设带宽大小为 x,要使得传播时延等于发送时延,带宽

$$x = 100\text{B}/10\mu\text{s} = 10\text{MB/s} = 80\text{Mb/s}$$

2)分组大小为 512B:

假设带宽大小为 y,要使得传播时延等于发送时延,带宽

$$y = 512\text{B}/10\mu\text{s} = 51.2\text{MB/s} = 409.6\text{Mb/s}$$

因此,带宽应分别等于 80Mb/s 和 409.6Mb/s。

03.【解答】

如果网络容易丢失分组,那么对每个分组逐一进行确认较好,此时仅重传丢失的分组。另一方面,如果网络高度可靠,那么在不发生差错的情况下,仅在整个文件传送的结尾发送一次确认,从而减少了确认次数,节省了带宽。不过,即使只有单个分组丢失,也要重传整个文件。

04.【解答】

由于忽略排队时延,因此

$$电路交换时延 = 连接时延 + 发送时延 + 传播时延$$
$$分组交换时延 = 发送时延 + 传播时延$$

显然,二者的传播时延都为 kd。对电路交换,由于不采用存储转发技术,虽然是 k 段链路,连接后没有存储转发的时延,因此发送时延 = 数据块长度/信道带宽 = x/b,从而电路交换总时延为

$$s + x/b + kd \qquad\qquad (1)$$

对于分组交换,设共有 n 个分组,由于采用存储转发技术,一个站点的发送时延为 $t = p/b$。显然,数据在信道中经过 $k-1$ 个 t 时间的流动后,从第 k 个 t 开始,每个 t 时间段内将有一个分组到达目的站(把传播时延和发送时延分开讨论后,这里不再考虑传播时延),从而 n 个分组的发送时延为 $(k-1)t + nt = (k-1)p/b + np/b$,分组交换的总时延为

$$kd + (k-1)p/b + np/b \qquad\qquad (2)$$

比较式(1)和式(2)可知,要使分组交换时延小于电路交换时延,要求

$$kd + (k-1)p/b + np/b < s + x/b + kd$$

对于分组交换,$np \approx x$,$(k-1)p/b < s$ 时,分组交换总时延小于电路交换总时延。

05.【解答】

应用上题的结论,分组交换时延为 $D = (x/p) \times ((p+h)/b) + (k-1) \times (p+h)/b$,$D$ 对 p 求导后,令其值等于 0,求得 $p = \sqrt{(xh)/(k-1)}$。

06.【解答】

提示:前面提到过,如果题目没有说考虑排队时延,那么处理时延也无须考虑。

1)由提示可知,总时延 = 发送时延 + 传播时延 + 握手时延,其中握手时延是题目增加的。

两个起始的 RTT(握手):$100 \times 2 = 200\text{ms}$,传播时间:RTT/2 $= 100/2 = 50\text{ms}$,1KB $= 8\text{bit} \times 1024 = 8192\text{bit}$,发送时间:$1000\text{KB}/(1.5\text{Mb/s}) = 8192000\text{bit}/(1500000\text{b/s}) = 5.46\text{s}$,所以总时间等于 $0.2 + 5.46 + 0.05 = 5.71\text{s}$。

2）在上一小题答案的基础上再增加 999 个 RTT，总时间为 5.71 + 999×0.1 = 105.61s。

注意： 1）中的发送时间是所有分组的发送时间之和。

3）由于发送时延为 0，只需计算传播时延。由于每个分组为 1KB，所以大小为 1000KB 的文件应分成 1000KB/1KB = 1000 个分组。由于每个 RTT 后可发送 20 个分组，所以共需 1000/20 = 50 次，50 − 1 = 49 个 RTT，最后一个分组到达目的地仅需 0.5RTT（注意，在本次等待的 RTT 中一定包含了上次传输的传输时延，所以不要认为还需要另外计算传输时延），总时间为 2×RTT（握手时间）+ 49RTT + 0.5RTT = 51.5RTT = 0.1×51.5 = 5.15s。

07.【解答】

不相同。在报文流中，网络保持对报文边界的跟踪；而在字节流中，网络不进行这样的跟踪。例如，一个进程向一条连接写了 1024B，稍后又写了 1024B，那么接收方共读了 2048B。对于报文流，接收方将得到两个报文，每个报文 1024B。而对于字节流，报文边界不被识别，接收方将全部 2048B 作为一个整体，在此已经体现不出原先有两个不同报文的事实。

1.2 计算机网络体系结构与参考模型

1.2.1 计算机网络分层结构

两个系统中实体间的通信是一个很复杂的过程，为了降低协议设计和调试过程的复杂性，也为了便于对网络进行研究、实现和维护，促进标准化工作，通常对计算机网络的体系结构以分层的方式进行建模。

我们把计算机网络的各层及其协议的集合称为网络的体系结构（Architecture）。换言之，计算机网络的体系结构就是这个计算机网络及其所应完成的功能的精确定义，它是计算机网络中的层次、各层的协议及层间接口的集合。需要强调的是，这些功能究竟是用何种硬件或软件完成的，则是一个遵循这种体系结构的实现（Implementation）问题。体系结构是抽象的，而实现是具体的，是真正在运行的计算机硬件和软件。

计算机网络的体系结构通常都具有可分层的特性，它将复杂的大系统分成若干较容易实现的层次。分层的基本原则如下：

1）每层都实现一种相对独立的功能，降低大系统的复杂度。
2）各层之间界面自然清晰，易于理解，相互交流尽可能少。
3）各层功能的精确定义独立于具体的实现方法，可以采用最合适的技术来实现。
4）保持下层对上层的独立性，上层单向使用下层提供的服务。
5）整个分层结构应能促进标准化工作。

由于分层后各层之间相对独立，灵活性好，因而分层的体系结构易于更新（替换单个模块），易于调试，易于交流，易于抽象，易于标准化。但层次越多，有些功能在不同层中难免重复出现，产生额外的开销，导致整体运行效率越低。层次越少，就会使每层的协议太复杂。因此，在分层时应考虑层次的清晰程度与运行效率间的折中、层次数量的折中。

依据一定的规则，将分层后的网络从低层到高层依次称为第 1 层、第 2 层……第 n 层，通常还为每层取一个特定的名称，如第 1 层的名称为物理层。

在计算机网络的分层结构中，第 n 层中的活动元素通常称为第 n 层实体。具体来说，实体指任何可发送或接收信息的硬件或软件进程，通常是一个特定的软件模块。不同机器上的同一层称为对等层，同一层的实体称为对等实体。第 n 层实体实现的服务为第 $n+1$ 层所利用。在这种情况下，第 n 层称为服务提供者，第 $n+1$ 层则服务于用户。

每一层还有自己传送的数据单位，其名称、大小、含义也各有不同。

在计算机网络体系结构的各个层次中，每个报文都分为两部分：一是数据部分，即 SDU；二是控制信息部分，即 PCI，它们共同组成 PDU。

服务数据单元（SDU）：为完成用户所要求的功能而应传送的数据。第 n 层的服务数据单元记为 n-SDU。

协议控制信息（PCI）：控制协议操作的信息。第 n 层的协议控制信息记为 n-PCI。

协议数据单元（PDU）：对等层次之间传送的数据单位称为该层的 PDU。第 n 层的协议数据单元记为 n-PDU。在实际的网络中，每层的协议数据单元都有一个通俗的名称，如物理层的 PDU 称为比特，数据链路层的 PDU 称为帧，网络层的 PDU 称为分组，传输层的 PDU 称为报文段。

在各层间传输数据时，把从第 $n+1$ 层收到的 PDU 作为第 n 层的 SDU，加上第 n 层的 PCI，就变成了第 n 层的 PDU，交给第 $n-1$ 层后作为 SDU 发送，接收方接收时做相反的处理，因此可知三者的关系为 n-SDU + n-PCI = n-PDU = $(n-1)$-SDU，其变换过程如图 1.5 所示。

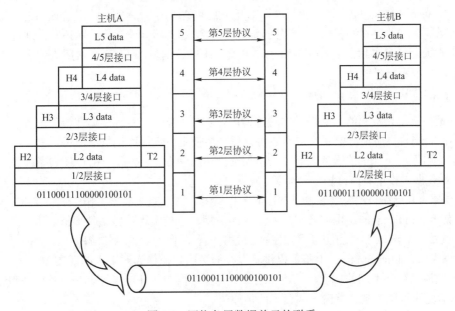

图 1.5 网络各层数据单元的联系

具体地，层次结构的含义包括以下几方面：

1）第 n 层的实体不仅要使用第 $n-1$ 层的服务来实现自身定义的功能，还要向第 $n+1$ 层提供本层的服务，该服务是第 n 层及其下面各层提供的服务总和。

2）最低层只提供服务，是整个层次结构的基础；中间各层既是下一层的服务使用者，又是上一层的服务提供者；最高层面向用户提供服务。

3）上一层只能通过相邻层间的接口使用下一层的服务，而不能调用其他层的服务；下一层所提供服务的实现细节对上一层透明。

4）两台主机通信时，对等层在逻辑上有一条直接信道，表现为不经过下层就把信息传送到对方。

1.2.2　计算机网络协议、接口、服务的概念

1．协议

协议，就是规则的集合。在网络中要做到有条不紊地交换数据，就必须遵循一些事先约定好的规则。这些规则明确规定了所交换的数据的格式及有关的同步问题。这些为进行网络中的数据交换而建立的规则、标准或约定称为网络协议（Network Protocol），它是控制两个（或多个）对等实体进行通信的规则的集合，是水平的。不对等实体之间是没有协议的，比如用 TCP/IP 协议栈通信的两个结点，结点 A 的传输层和结点 B 的传输层之间存在协议，但结点 A 的传输层和结点 B 的网络层之间不存在协议。网络协议也简称为协议。

协议由语法、语义和同步三部分组成。语法规定了传输数据的格式；语义规定了所要完成的功能，即需要发出何种控制信息、完成何种动作及做出何种应答；同步规定了执行各种操作的条件、时序关系等，即事件实现顺序的详细说明。一个完整的协议通常应具有线路管理（建立、释放连接）、差错控制、数据转换等功能。

2．接口

接口是同一结点内相邻两层间交换信息的连接点，是一个系统内部的规定。每层只能为紧邻的层次之间定义接口，不能跨层定义接口。在典型的接口上，同一结点相邻两层的实体通过服务访问点（Service Access Point，SAP）进行交互。服务是通过 SAP 提供给上层使用的，第 n 层的 SAP 就是第 $n+1$ 层可以访问第 n 层服务的地方。每个 SAP 都有一个能够标识它的地址。SAP 是一个抽象的概念，它实际上是一个逻辑接口（类似于邮政信箱），但和通常所说的两个设备之间的硬件接口是很不一样的。

3．服务

服务是指下层为紧邻的上层提供的功能调用，它是垂直的。对等实体在协议的控制下，使得本层能为上一层提供服务，但要实现本层协议还需要使用下一层所提供的服务。

上层使用下层所提供的服务时必须与下层交换一些命令，这些命令在 OSI 参考模型中称为服务原语。OSI 参考模型将原语划分为 4 类：

1）请求（Request）。由服务用户发往服务提供者，请求完成某项工作。

2）指示（Indication）。由服务提供者发往服务用户，指示用户做某件事情。

3）响应（Response）。由服务用户发往服务提供者，作为对指示的响应。

4）证实（Confirmation）。由服务提供者发往服务用户，作为对请求的证实。

这 4 类原语用于不同的功能，如建立连接、传输数据和断开连接等。有应答服务包括全部 4 类原语，而无应答服务则只有请求和指示两类原语。

4 类原语的关系如图 1.6 所示。

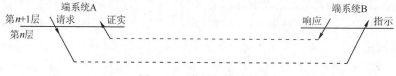

图 1.6　4 类原语的关系

一定要注意，协议和服务在概念上是不一样的。首先，只有本层协议的实现才能保证向上一层提供服务。本层的服务用户只能看见服务而无法看见下面的协议，即下面的协议对上层的服务用户是透明的。其次，协议是"水平的"，即协议是控制对等实体之间通信的规则。但服务是"垂直的"，即服务是由下层通过层间接口向上层提供的。另外，并非在一层内完成的全部功能都称

为服务，只有那些能够被高一层实体"看得见"的功能才称为服务。

协议、接口、服务三者之间的关系如图 1.7 所示。

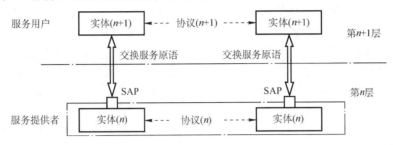

图 1.7 协议、接口、服务三者之间的关系

计算机网络提供的服务可按以下三种方式分类。

（1）面向连接服务与无连接服务

在面向连接服务中，通信前双方必须先建立连接，分配相应的资源（如缓冲区），以保证通信能正常进行，传输结束后释放连接和所占用的资源。因此这种服务可以分为连接建立、数据传输和连接释放三个阶段。例如 TCP 就是一种面向连接服务的协议。

在无连接服务中，通信前双方不需要先建立连接，需要发送数据时可直接发送，把每个带有目的地址的包（报文分组）传送到线路上，由系统选定路线进行传输。这是一种不可靠的服务。这种服务常被描述为"尽最大努力交付"（Best-Effort-Delivery），它并不保证通信的可靠性。例如 IP、UDP 就是一种无连接服务的协议。

（2）可靠服务和不可靠服务

可靠服务是指网络具有纠错、检错、应答机制，能保证数据正确、可靠地传送到目的地。

不可靠服务是指网络只是尽量正确、可靠地传送，而不能保证数据正确、可靠地传送到目的地，是一种尽力而为的服务。

对于提供不可靠服务的网络，其网络的正确性、可靠性要由应用或用户来保障。例如，用户收到信息后要判断信息的正确性，如果不正确，那么用户要把出错信息报告给信息的发送者，以便发送者采取纠正措施。通过用户的这些措施，可以把不可靠的服务变成可靠的服务。

注意：在一层内完成的全部功能并非都称为服务，只有那些能够被高一层实体"看得见"的功能才能称为服务。

（3）有应答服务和无应答服务

有应答服务是指接收方在收到数据后向发送方给出相应的应答，该应答由传输系统内部自动实现，而不由用户实现。所发送的应答既可以是肯定应答，也可以是否定应答，通常在接收到的数据有错误时发送否定应答。例如，文件传输服务就是一种有应答服务。

无应答服务是指接收方收到数据后不自动给出应答。若需要应答，则由高层实现。例如，对于 WWW 服务，客户端收到服务器发送的页面文件后不给出应答。

1.2.3 ISO/OSI 参考模型和 TCP/IP 模型

1．OSI 参考模型

国际标准化组织（ISO）提出的网络体系结构模型，称为开放系统互连参考模型（OSI/ RM），通常简称为 OSI 参考模型。OSI 参考模型有 7 层，自下而上依次为物理层、数据链路层、网络层、传输层、会话层、表示层、应用层。低三层统称为通信子网，它是为了联网而附加的通信设备，完成数据的传输功能；高三层统称为资源子网，它相当于计算机系统，完成数据的处理等功能。传输层承上启下。OSI 参考模型的层次结构如图 1.8 所示。

下面详述 OSI 参考模型各层的功能。

（1）物理层（Physical Layer）

物理层的传输单位是比特，功能是在物理媒体上为数据端设备透明地传输原始比特流。

物理层主要定义数据终端设备（DTE）和数据通信设备（DCE）的物理与逻辑连接方法，所以物理层协议也称物理层接口标准。由于在通信技术的早期阶段，通信规则称为规程（Procedure），因此物理层协议也称物理层规程。

物理层接口标准很多，如 EIA-232C、EIA/TIA RS-449、CCITT 的 X.21 等。在计算机网络的复习过程中，不要忽略对各层传输协议的记忆，到了后期，读者对数据链路层、网络层、传输层和应用层的协议会比较熟悉，但往往容易忽视物理层的协议。

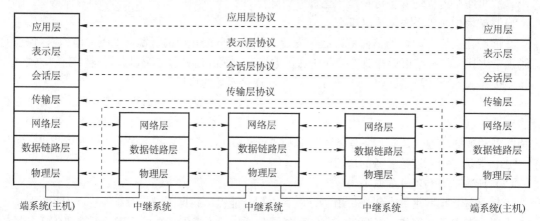

图 1.8　OSI 参考模型的层次结构

图 1.9 表示的是两个通信结点及它们间的一段通信链路，物理层主要研究以下内容：

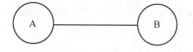

图 1.9　两个通信结点及它们间的一段通信链路

① 通信链路与通信结点的连接需要一些电路接口，物理层规定了这些接口的一些参数，如机械形状和尺寸、交换电路的数量和排列等，例如，笔记本电脑上的网线接口，就是物理层规定的内容之一。

② 物理层也规定了通信链路上传输的信号的意义和电气特征。例如物理层规定信号 A 代表数字 0，那么当结点要传输数字 0 时，就会发出信号 A，当结点接收到信号 A 时，就知道自己接收到的实际上是数字 0。

注意，传输信息所利用的一些物理媒体，如双绞线、光缆、无线信道等，并不在物理层协议之内而在物理层协议下面。因此，有人把物理媒体当作第 0 层。

（2）数据链路层（Data Link Layer）

数据链路层的传输单位是帧，任务是将网络层传来的 IP 数据报组装成帧。数据链路层的功能可以概括为成帧、差错控制、流量控制和传输管理等。

由于外界噪声的干扰，原始的物理连接在传输比特流时可能发生错误。如图 1.9 所示，左边结点想向右边结点传输数字 0，于是发出了信号 A；但传输过程中受到干扰，信号 A 变成了信号 B，而信号 B 又刚好代表 1，右边结点接收到信号 B 时，就会误以为左边结点传送了数字 1，从而发生差错。两个结点之间如果规定了数据链路层协议，那么可以检测出这些差错，然后把收到的错误信息丢弃，这就是差错控制功能。

如图 1.9 所示，在两个相邻结点之间传送数据时，由于两个结点性能的不同，可能结点 A 发送数据的速率会比结点 B 接收数据的速率快，如果不加控制，那么结点 B 就会丢弃很多来不及接收的正确数据，造成传输线路效率的下降。流量控制可以协调两个结点的速率，使结点 A 发送数据的速率刚好是结点 B 可以接收的速率。

广播式网络在数据链路层还要处理新的问题，即如何控制对共享信道的访问。数据链路层的一个特殊的子层——介质访问子层，就是专门处理这个问题的。

典型的数据链路层协议有 SDLC、HDLC、PPP、STP 和帧中继等。

（3）网络层（Network Layer）

网络层的传输单位是数据报，它关心的是通信子网的运行控制，主要任务是把网络层的协议数据单元（分组）从源端传到目的端，为分组交换网上的不同主机提供通信服务。关键问题是对分组进行路由选择，并实现流量控制、拥塞控制、差错控制和网际互连等功能。

如图 1.10 所示，结点 A 向结点 B 传输一个分组时，既可经过边 a、c、g，也可经过边 b、h，有很多条可以选择的路由，而网络层的作用就是根据网络的情况，利用相应的路由算法计算出一条合适的路径，使这个分组可以顺利到达结点 B。

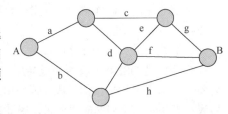

图 1.10　某网络结构图

流量控制与数据链路层的流量控制含义一样，都是协调 A 的发送速率和 B 的接收速率。

差错控制是通信两结点之间约定的特定检错规则，如奇偶校验码，接收方根据这个规则检查接收到的分组是否出现差错，如果出现了差错，那么能纠错就纠错，不能纠错就丢弃，确保向上层提交的数据都是无误的。

如果图 1.10 中的结点都处于来不及接收分组而要丢弃大量分组的情况，那么网络就处于拥塞状态，拥塞状态使得网络中的两个结点无法正常通信。网络层要采取一定的措施来缓解这种拥塞，这就是拥塞控制。

因特网是一个很大的互联网，它由大量异构网络通过路由器（Router）相互连接起来。因特网的主要网络层协议是无连接的网际协议（Internet Protocol，IP）和许多路由选择协议，因此因特网的网络层也称网际层或 IP 层。

注意，网络层中的"网络"一词并不是我们通常谈及的具体网络，而是在计算机网络体系结构中使用的专有名词。

网络层的协议有 IP、IPX、ICMP、IGMP、ARP、RARP 和 OSPF 等。

（4）传输层（Transport Layer）

传输层也称运输层，传输单位是报文段（TCP）或用户数据报（UDP），传输层负责主机中两个进程之间的通信，功能是为端到端连接提供可靠的传输服务，为端到端连接提供流量控制、差错控制、服务质量、数据传输管理等服务。

数据链路层提供的是点到点的通信，传输层提供的是端到端的通信，两者不同。通俗地说，点到点可以理解为主机到主机之间的通信，一个点是指一个硬件地址或 IP 地址，网络中参与通信的主机是通过硬件地址或 IP 地址标识的；端到端的通信是指运行在不同主机内的两个进程之间的通信，一个进程由一个端口来标识，所以称为端到端通信。

使用传输层的服务，高层用户可以直接进行端到端的数据传输，从而忽略通信子网的存在。通过传输层的屏蔽，高层用户看不到子网的交替和变化。由于一台主机可同时运行多个进程，因此传输层具有复用和分用的功能。复用是指多个应用层进程可同时使用下面传输层的服务，分用是指传输层把收到的信息分别交付给上面应用层中相应的进程。

传输层的协议有 TCP、UDP。

（5）会话层（Session Layer）

会话层允许不同主机上的各个进程之间进行会话。会话层利用传输层提供的端到端的服务，向表示层提供它的增值服务。这种服务主要为表示层实体或用户进程建立连接并在连接上有序地传输数据，这就是会话，也称建立同步（SYN）。

会话层负责管理主机间的会话进程，包括建立、管理及终止进程间的会话。会话层可以使用校验点使通信会话在通信失效时从校验点继续恢复通信，实现数据同步。

（6）表示层（Presentation Layer）

表示层主要处理在两个通信系统中交换信息的表示方式。不同机器采用的编码和表示方法不同，使用的数据结构也不同。为了使不同表示方法的数据和信息之间能互相交换，表示层采用抽象的标准方法定义数据结构，并采用标准的编码形式。数据压缩、加密和解密也是表示层可提供的数据表示变换功能。

（7）应用层（Application Layer）

应用层是 OSI 参考模型的最高层，是用户与网络的界面。应用层为特定类型的网络应用提供访问 OSI 参考模型环境的手段。因为用户的实际应用多种多样，这就要求应用层采用不同的应用协议来解决不同类型的应用要求，因此应用层是最复杂的一层，使用的协议也最多。典型的协议有用于文件传送的 FTP、用于电子邮件的 SMTP、用于万维网的 HTTP 等。

2．TCP/IP 模型

ARPA 在研究 ARPAnet 时提出了 TCP/IP 模型，模型从低到高依次为网络接口层（对应 OSI 参考模型中的物理层和数据链路层）、网际层、传输层和应用层（对应 OSI 参考模型中的会话层、表示层和应用层）。TCP/IP 由于得到广泛应用而成为事实上的国际标准。TCP/IP 模型的层次结构及各层的主要协议如图 1.11 所示。

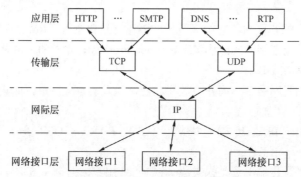

图 1.11　TCP/IP 模型的层次结构及各层的主要协议

网络接口层的功能类似于 OSI 参考模型的物理层和数据链路层。它表示与物理网络的接口，但实际上 TCP/IP 本身并未真正描述这一部分，只是指出主机必须使用某种协议与网络连接，以便在其上传递 IP 分组。具体的物理网络既可以是各种类型的局域网，如以太网、令牌环网、令牌总线网等，也可以是诸如电话网、SDH、X.25、帧中继和 ATM 等公共数据网络。网络接口层的作用是从主机或结点接收 IP 分组，并把它们发送到指定的物理网络上。

网际层（主机-主机）是 TCP/IP 体系结构的关键部分。它和 OSI 参考模型的网络层在功能上非常相似。网际层将分组发往任何网络，并为之独立地选择合适的路由，但它不保证各个分组有序地到达，各个分组的有序交付由高层负责。网际层定义了标准的分组格式和协议，即 IP。当前采用的 IP 协议是第 4 版，即 IPv4，它的下一版本是 IPv6。

传输层（应用-应用或进程-进程）的功能同样和 OSI 参考模型中的传输层类似，即使得发送端和目的端主机上的对等实体进行会话。传输层主要使用以下两种协议：

1）传输控制协议（Transmission Control Protocol，TCP）。它是面向连接的，数据传输的单位是报文段，能够提供可靠的交付。

2）用户数据报协议（User Datagram Protocol，UDP）。它是无连接的，数据传输的单位是用户数据报，不保证提供可靠的交付，只能提供"尽最大努力交付"。

应用层（用户-用户）包含所有的高层协议，如虚拟终端协议（Telnet）、文件传输协议（FTP）、域名解析服务（DNS）、电子邮件协议（SMTP）和超文本传输协议（HTTP）。

由图 1.11 可以看出，IP 协议是因特网中的核心协议；TCP/IP 可以为各式各样的应用提供服务（所谓的 everything over IP），同时 TCP/IP 也允许 IP 协议在由各种网络构成的互联网上运行（所谓的 IP over everything）。正因为如此，因特网才会发展到今天的规模。

3．TCP/IP 模型与 OSI 参考模型的比较

TCP/IP 模型与 OSI 参考模型有许多相似之处。

首先，二者都采取分层的体系结构，将庞大且复杂的问题划分为若干较容易处理的、范围较小的问题，而且分层的功能也大体相似。

其次，二者都是基于独立的协议栈的概念。

最后，二者都可以解决异构网络的互连，实现世界上不同厂家生产的计算机之间的通信。

它们之间的比较如图 1.12 所示。

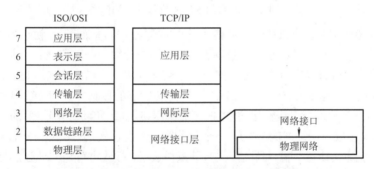

图 1.12　TCP/IP 模型与 OSI 参考模型的层次对应关系

两个模型除具有这些基本的相似之处外，也有很多差别。

第一，OSI 参考模型的最大贡献就是精确地定义了三个主要概念：服务、协议和接口，这与现代的面向对象程序设计思想非常吻合。而 TCP/IP 模型在这三个概念上却没有明确区分，不符合软件工程的思想。

第二，OSI 参考模型产生在协议发明之前，没有偏向于任何特定的协议，通用性良好。但设计者在协议方面没有太多经验，不知道把哪些功能放到哪一层更好。TCP/IP 模型正好相反，首先出现的是协议，模型实际上是对已有协议的描述，因此不会出现协议不能匹配模型的情况，但该模型不适合于任何其他非 TCP/IP 的协议栈。

第三，TCP/IP 模型在设计之初就考虑到了多种异构网的互连问题，并将网际协议（IP）作为一个单独的重要层次。OSI 参考模型最初只考虑到用一种标准的公用数据网将各种不同的系统互连。OSI 参考模型认识到 IP 的重要性后，只好在网络层中划分出一个子层来完成类似于 TCP/IP 模型中的 IP 的功能。

第四，OSI 参考模型在网络层支持无连接和面向连接的通信，但在传输层仅有面向连接的通信。而 TCP/IP 模型认为可靠性是端到端的问题，因此它在网际层仅有一种无连接的通信模式，但传输层支持无连接和面向连接两种模式。这个不同点常常作为考查点。

无论是 OSI 参考模型还是 TCP/IP 模型，都不是完美的，对二者的讨论和批评都很多。OSI 参考模型的设计者从工作的开始，就试图建立一个全世界的计算机网络都要遵循的统一标准。从技术角度来看，他们希望追求一种完美的理想状态，这也导致基于 OSI 参考模型的软件效率极低。OSI 参考模型缺乏市场与商业动力，结构复杂，实现周期长，运行效率低，这是它未能达到预期目标的重要原因。

学习计算机网络时，我们往往采取折中的办法，即综合 OSI 参考模型和 TCP/IP 模型的优点，采用一种如图 1.13 所示的只有 5 层协议的体系结构，即我们所熟知的物理层、数据链路层、网络层、传输层和应用层。本书也采用这种体系结构进行讨论。

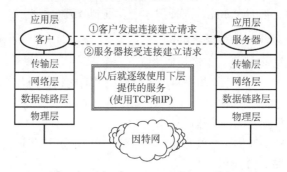

图 1.13　网络的 5 层协议体系结构模型

最后简单介绍使用通信协议栈进行通信的结点的数据传输过程。每个协议栈的最顶端都是一个面向用户的接口，下面各层是为通信服务的协议。用户传输一个数据报时，通常给出用户能够理解的自然语言，然后通过应用层，将自然语言会转化为用于通信的通信数据。通信数据到达传输层，作为传输层的数据部分（传输层 SDU），加上传输层的控制信息（传输层 PCI），组成传输层的 PDU，然后交到网络层，传输层的 PDU 下放到网络层后，就成为网络层的 SDU，然后加上网络层的 PCI，又组成了网络层的 PDU，下放到数据链路层，就这样层层下放，层层包裹，最后形成的数据报通过通信线路传输，到达接收方结点协议栈，接收方再逆向地逐层把"包裹"拆开，然后把收到的数据提交给用户，如图 1.14 所示。

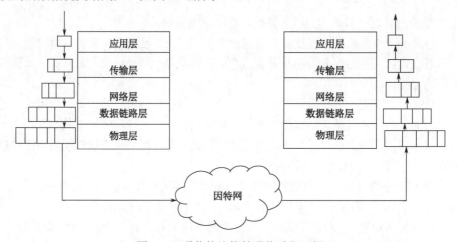

图 1.14　通信协议栈的通信过程示例

1.2.4 本节习题精选

一、单项选择题

01. （ ）不是对网络模型进行分层的目标。
  A. 提供标准语言
  B. 定义功能执行的方法
  C. 定义标准界面
  D. 增加功能之间的独立性

02. 将用户数据分成一个个数据块传输的优点不包括（ ）。
  A. 减少延迟时间
  B. 提高错误控制效率
  C. 使多个应用更公平地使用共享通信介质
  D. 有效数据在协议数据单元（PDU）中所占比例更大

03. 协议是指在（ ）之间进行通信的规则或约定。
  A. 同一结点的上下层
  B. 不同结点
  C. 相邻实体
  D. 不同结点对等实体

04. 在 OSI 参考模型中，第 n 层与它之上的第 $n+1$ 层的关系是（ ）。
  A. 第 n 层为第 $n+1$ 层提供服务
  B. 第 $n+1$ 层为从第 n 层接收的报文添加一个报头
  C. 第 n 层使用第 $n+1$ 层提供的服务
  D. 第 n 层和第 $n+1$ 层相互没有影响

05. 关于计算机网络及其结构模型，下列几种说法中错误的是（ ）。
  A. 世界上第一个计算机网络是 ARPAnet
  B. Internet 最早起源于 ARPAnet
  C. 国际标准化组织（ISO）设计出了 OSI/RM 参考模型，即实际执行的标准
  D. TCP/IP 参考模型分为 4 个层次

06. （ ）是计算机网络中 OSI 参考模型的 3 个主要概念。
  A. 服务、接口、协议
  B. 结构、模型、交换
  C. 子网、层次、端口
  D. 广域网、城域网、局域网

07. OSI 参考模型中的数据链路层不具有（ ）功能。
  A. 物理寻址
  B. 流量控制
  C. 差错校验
  D. 拥塞控制

08. 下列能够最好地描述 OSI 参考模型的数据链路层功能的是（ ）。
  A. 提供用户和网络的接口
  B. 处理信号通过介质的传输
  C. 控制报文通过网络的路由选择
  D. 保证数据正确的顺序和完整性

09. 当数据由端系统 A 传送至端系统 B 时，不参与数据封装工作的是（ ）。
  A. 物理层
  B. 数据链路层
  C. 网络层
  D. 表示层

10. 在 OSI 参考模型中，实现端到端的应答、分组排序和流量控制功能的协议层是（ ）。
  A. 会话层
  B. 网络层
  C. 传输层
  D. 数据链路层

11. 在 ISO/OSI 参考模型中，可同时提供无连接服务和面向连接服务的是（ ）。
  A. 物理层
  B. 数据链路层
  C. 网络层
  D. 传输层

12. 在 OSI 参考模型中，当两台计算机进行文件传输时，为防止中间出现网络故障而重传整个文件的情况，可通过在文件中插入同步点来解决，这个动作发生在（ ）。
  A. 表示层
  B. 会话层
  C. 网络层
  D. 应用层

13. 数据的格式转换及压缩属于 OSI 参考模型中（　　）的功能。

    A. 应用层　　　　　　B. 表示层　　　　　　C. 会话层　　　　　　D. 传输层

14. 下列说法中，正确描述了 OSI 参考模型中数据的封装过程的是（　　）。

    A. 数据链路层在分组上仅增加了源物理地址和目的物理地址

    B. 网络层将高层协议产生的数据封装成分组，并增加第三层的地址和控制信息

    C. 传输层将数据流封装成数据帧，并增加可靠性和流控制信息

    D. 表示层将高层协议产生的数据分割成数据段，并增加相应的源和目的端口信息

15. 在 OSI 参考模型中，提供流量控制功能的层是第（①）层；提供建立、维护和拆除端到端的连接的层是（②）；为数据分组提供在网络中路由的功能的是（③）；传输层提供（④）的数据传送；为网络层实体提供数据发送和接收功能及过程的是（⑤）。

    ① A. 1、2、3　　　B. 2、3、4　　　　C. 3、4、5　　　　D. 4、5、6

    ② A. 物理层　　　　B. 数据链路层　　　C. 会话层　　　　D. 传输层

    ③ A. 物理层　　　　B. 数据链路层　　　C. 网络层　　　　D. 传输层

    ④ A. 主机进程之间　　　　　　　　　　B. 网络之间

      C. 数据链路之间　　　　　　　　　　D. 物理线路之间

    ⑤ A. 物理层　　　　B. 数据链路层　　　C. 会话层　　　　D. 传输层

16. 在 OSI 参考模型中，（①）利用通信子网提供的服务实现两个用户进程之间端到端的通信。在这个层次模型中，如果用户 A 需要通过网络向用户 B 传送数据，那么首先将数据送入应用层，在该层给它附加控制信息后送入表示层；在表示层对数据进行必要的变换并加上头部后送入会话层；在会话层加头部后送入传输层；在传输层将数据分割为（②）后送至网络层；在网络层将数据封装成（③）后送至数据链路层；在数据链路层将数据加上头部和尾部封装成（④）后发送到物理层；在物理层数据以（⑤）形式发送到物理线路。用户 B 所在的系统收到数据后，层层剥去控制信息，最终将原数据传送给用户 B。

    ① A. 网络层　　　　B. 传输层　　　　　C. 会话层　　　　D. 表示层

    ② A. 数据报　　　　B. 数据流　　　　　C. 报文段　　　　D. 分组

    ③ A. 数据流　　　　B. 报文段　　　　　C. 路由信息　　　D. 分组

    ④ A. 数据段　　　　B. 报文段　　　　　C. 数据帧　　　　D. 分组

    ⑤ A. 比特流　　　　B. 数据帧　　　　　C. 报文段　　　　D. 分组

17. 因特网采用的核心技术是（　　）。

    A. TCP/IP　　　　　B. 局域网技术　　　C. 远程通信技术　　D. 光纤技术

18. 在 TCP/IP 模型中，（　　）处理关于可靠性、流量控制和错误校正等问题。

    A. 网络接口层　　　B. 网际层　　　　　C. 传输层　　　　D. 应用层

19. 上下邻层实体之间的接口称为服务访问点，应用层的服务访问点也称（　　）。

    A. 用户界面　　　　B. 网卡接口　　　　C. IP 地址　　　　D. MAC 地址

20. 【2009 统考真题】在 OSI 参考模型中，自下而上第一个提供端到端服务的层次是（　　）。

    A. 数据链路层　　　B. 传输层　　　　　C. 会话层　　　　D. 应用层

21. 【2010 统考真题】下列选项中，不属于网络体系结构所描述的内容是（　　）。

    A. 网络的层次　　　　　　　　　　　　B. 每层使用的协议

    C. 协议的内部实现细节　　　　　　　　D. 每层必须完成的功能

22.【2011 统考真题】TCP/IP 参考模型的网络层提供的是（　　）。

　　A. 无连接不可靠的数据报服务　　　　B. 无连接可靠的数据报服务

　　C. 有连接不可靠的虚电路服务　　　　D. 有连接可靠的虚电路服务

23.【2013 统考真题】在 OSI 参考模型中，功能需由应用层的相邻层实现的是（　　）。

　　A. 对话管理　　　B. 数据格式转换　　　C. 路由选择　　　D. 可靠数据传输

24.【2014 统考真题】在 OSI 参考模型中，直接为会话层提供服务的是（　　）。

　　A. 应用层　　　B. 表示层　　　C. 传输层　　　D. 网络层

25.【2016 统考真题】在 OSI 参考模型中，路由器、交换机（Switch）、集线器（Hub）实现的最高功能层分别是（　　）。

　　A. 2、2、1　　　B. 2、2、2　　　C. 3、2、1　　　D. 3、2、2

26.【2017 统考真题】假设 OSI 参考模型的应用层欲发送 400B 的数据（无拆分），除物理层和应用层外，其他各层在封装 PDU 时均引入 20B 的额外开销，则应用层的数据传输效率约为（　　）。

　　A. 80%　　　B. 83%　　　C. 87%　　　D. 91%

27.【2019 统考真题】OSI 参考模型的第 5 层（自下而上）完成的主要功能是（　　）。

　　A. 差错控制　　　B. 路由选择　　　C. 会话管理　　　D. 数据表示转换

28.【2020 统考真题】下图描述的协议要素是（　　）。

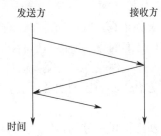

　　I. 语法　　　　　II. 语义　　　　　III. 时序

　　A. 仅 I　　　B. 仅 II　　　C. 仅 III　　　D. I、II 和 III

29.【2021 统考真题】在 TCP/IP 参考模型中，由传输层相邻的下一层实现的主要功能是（　　）。

　　A. 对话管理　　　　　　　　　　　B. 路由选择

　　C. 端到端报文段传输　　　　　　　D. 结点到结点流量控制

30.【2022 统考真题】在 ISO/OSI 参考模型中，实现两个相邻结点间流量控制功能的是（　　）。

　　A. 物理层　　　B. 数据链路层　　　C. 网络层　　　D. 传输层

二、综合应用题

01. 协议与服务有何区别？有何联系？

02. 在 OSI 参考模型中，各层都有差错控制过程。指出以下每种差错发生在 OSI 参考模型的哪些层中？

　　1）噪声使传输链路上的一个 0 变成 1 或一个 1 变成 0。

　　2）一个分组被传送到错误的目的站。

　　3）收到一个序号错误的目的帧。

　　4）一台打印机正在打印，突然收到一个错误指令要打印头回到本行的开始位置。

　　5）一个半双工的会话中，正在发送数据的用户突然接收到对方用户发来的数据。

1.2.5　答案与解析

一、单项选择题

01. B

分层属于计算机网络的体系结构的范畴，选项 A、C 和 D 均是网络模型分层的目的，而分层的目的不包括定义功能执行的具体方法。

02. D

将用户数据分成一个个数据块传输，由于每块均需加入控制信息，因此实际上会使有效数据在 PDU 中所占的比例更小。其他各项均为其优点。

03. D

协议是为对等层实体之间进行逻辑通信而定义的规则的集合。

04. A

服务是指下层为紧邻的上层提供的功能调用，每层只能调用紧邻下层提供的服务（通过服务访问点），而不能跨层调用。

05. C

国际标准化组织（ISO）设计了开放系统互连参考模型（OSI/RM），即 7 层网络参考模型，但实际执行的国际标准是 TCP/IP 标准。

06. A

计算机网络要做到有条不紊地交换数据，就必须遵守一些事先约定的原则，这些原则就是协议。在协议的控制下，两个对等实体之间的通信使得本层能够向上一层提供服务。要实现本层协议，还需要使用下一层提供的服务，而提供服务就是交换信息，要交换信息就需要通过接口去交换信息，所以说服务、接口、协议是 OSI 参考模型的 3 个主要概念。

07. D

数据链路层在不可靠的物理介质上提供可靠的传输。其作用包括物理寻址、成帧、流量控制、差错校验、数据重发等。网络层和传输层才具有拥塞控制的功能。

08. D

数据链路层的功能包括：链路连接的建立、拆除、分离；帧界定和帧同步；差错检测等。选项 A 是应用层的功能，选项 B 是物理层的功能，选项 C 是网络层的功能，选项 D 才是数据链路层的功能。

09. A

物理层以 0、1 比特流的形式透明地传输数据链路层递交的帧。网络层和表示层都为上层提交的数据加上首部，数据链路层为上层提交的数据加上首部和尾部，然后提交给下一层。物理层不存在下一层，自然也就不用封装。

10. C

只有传输层及以上各层的通信才能称为端到端，选项 B、D 错。会话层管理不同主机间进程的对话，而传输层实现应答、分组排序和流量控制功能。

11. C

本题容易误选 D。ISO/OSI 参考模型在网络层支持无连接和面向连接的通信，但在传输层仅支持面向连接的通信；TCP/IP 模型在网络层仅有无连接的通信，而在传输层支持无连接和面向连接的通信。两类协议栈的区别是统考的考点，而这个区别是常考点。

12. B

在 OSI 参考模型中，会话层的两个主要服务是会话管理和同步。会话层使用校验点可使通信会话在通信失效时从校验点继续恢复通信，实现数据同步。

13．B

OSI 参考模型表示层的功能有数据解密与加密、压缩、格式转换等。

14．B

数据链路层在分组上除增加源和目的物理地址外，也增加控制信息；传输层的 PDU 不称为帧；表示层不负责把高层协议产生的数据分割成数据段，且负责增加相应源和目的端口信息的应是传输层。选项 B 正确描述了 OSI 参考模型中数据的封装过程，数据经过网络层后，只是增加了第三层 PCI。

15．①B、②D、③C、④A、⑤B

在计算机网络中，流量控制指的是通过限制发送方发出的数据流量，从而使得其发送速率不超过接收方接收速率的一种技术。流量控制功能可以存在于数据链路层及其之上的各层中。目前提供流量控制功能的主要是数据链路层、网络层和传输层。不过，各层的流量控制对象不一样，各层的流量控制功能是在各层实体之间进行的。

在 OSI 参考模型中，物理层实现比特流在传输介质上的透明传输；数据链路层将有差错的物理线路变成无差错的数据链路，实现相邻结点之间即点到点的数据传输。网络层的主要功能是路由选择、拥塞控制和网际互连等，实现主机到主机的通信；传输层实现主机的进程之间即端到端的数据传输。

下一层为上一层提供服务，而网络层下一层是数据链路层，所以为网络层实体提供数据发送和接收功能及过程的是数据链路层。

16．①B、②C、③D、④C、⑤A

在 OSI 参考模型中，对等层之间传送的数据的单位称为协议数据单元（PDU），在传输层称为报文段或段，在网络层称为分组或数据报，在数据链路层称为帧，在物理层称为比特。

17．A

协议是网络上计算机之间进行信息交换和资源共享时所共同遵守的约定，没有协议的存在，网络的作用也就无从谈起。在因特网中应用的网络协议是采用分组交换技术的 TCP/IP 协议，它是因特网的核心技术。

18．C

TCP/IP 模型的传输层提供端到端的通信，并负责差错控制和流量控制，可以提供可靠的面向连接的服务或不可靠的无连接服务。

19．A

服务访问点（SAP）是在一个层次系统的上下层之间进行通信的接口，N 层的 SAP 是 $N+1$ 层可以访问 N 层服务的地方。一般而言，物理层的服务访问点是"网卡接口"，数据链路层的服务访问点是"MAC 地址（网卡地址）"，网络层的服务访问点是"IP 地址（网络地址）"，传输层的服务访问点是"端口号"，应用层提供的服务访问点是"用户界面"。

注意：关于各层 SAP 的说法，作者翻阅了经典教材，都未找到明确内容。上述说法，网络上能搜到大量相关习题，作者理解为是基于 TCP/IP 协议族的。关于各层 SAP 还有一种说法认为，数据链路层的 SAP 为帧的"类型"字段，网络层的 SAP 为 IP 数据报首部的"协议"字段。

20．B

传输层提供应用进程间的逻辑通信（通过端口号），即端到端的通信。数据链路层负责相邻结点之间的通信，这个结点包括了交换机和路由器等数据通信设备，这些设备不能称为端系统。网络层负责主机到主机的逻辑通信。因此，答案为选项 B。

21. C

计算机网络的各层及其协议的集合称为体系结构，分层就涉及对各层功能的划分，因此 A、B、D 正确。体系结构是抽象的，它不包括各层协议的具体实现细节。计算机网络教材在讲解网络层次时，仅涉及各层的协议和功能，而内部的实现细节则完全未提及。内部的实现细节是由具体设备厂家来确定的。

22. A

TCP/IP 的网络层向上只提供简单灵活的、无连接的、尽最大努力交付的数据报服务。考察 IP 首部，如果是面向连接的，那么应有用于建立连接的字段，但是没有；如果提供可靠的服务，那么至少应有序号和校验和两个字段，但是 IP 分组头中也没有（IP 首部中只有首部校验和）。通常有连接、可靠的应用是由传输层的 TCP 实现的。

23. B

在 OSI 参考模型中，应用层的相邻层是表示层，它是 OSI 参考模型七层协议的第六层。表示层的功能是表示出用户看得懂的数据格式，实现与数据表示有关的功能。主要完成数据字符集的转换、数据格式化及文本压缩、数据加密和解密等工作。

24. C

直接为会话层提供服务的是会话层的下一层，即传输层，答案为选项 C。

25. C

集线器是一个多端口的中继器，它工作在物理层。以太网交换机是一个多端口的网桥，它工作在数据链路层。路由器是网络层设备，它实现了 OSI 网络模型的下三层，即物理层、数据链路层和网络层。题中路由器、交换机和集线器实现的最高层功能分别是网络层（第 3 层）、数据链路层（第 2 层）和物理层（第 1 层）。

26. A

OSI 参考模型共 7 层，除去物理层和应用层，剩 5 层。它们会向 PDU 引入 20B×5＝100B 的额外开销。应用层是最顶层，因此其数据传输效率为 400B/500B＝80%。

27. C

OSI 参考模型自下而上分别为物理层、数据链路层、网络层、传输层、会话层、表示层和应用层。第 5 层为会话层，它的主要功能是管理和协调不同主机上各种进程之间的通信（对话），即负责建立、管理和终止应用程序之间的会话，这也是会话层得名的原因。

28. C

协议由语法、语义和时序（又称同步）三部分组成。语法规定了通信双方彼此"如何讲"，即规定了传输数据的格式。语义规定了通信双方彼此"讲什么"，即规定了所要完成的功能，如通信双方要发出什么控制信息、执行的动作和返回的应答。时序规定了信息交流的次序。由图可知发送方与接收方依次交换信息，体现了协议三要素中的时序要素。

29. B

TCP/IP 模型中与传输层相邻的下一层是网际层。TCP/IP 的网际层使用一种尽力而为的服务，它将分组发往任何网络，并为之独立选择合适的路由，但不保证各个分组有序到达，B 正确。TCP/IP 认为可靠性是端到端的问题（传输层的功能），因此它在网际层仅有无连接、不可靠的通信模式，无法完成结点到结点的流量控制（OSI 参考模型的网络层具有该功能）。端到端的报文段传输为传输层的功能。对话管理在 TCP/IP 中属于应用层的功能。A、C 和 D 错误。

30．B

在 OSI 参考模型中，数据链路层、网络层、传输层都具有流量控制功能，数据链路层是相邻结点之间的流量控制，网络层是整个网络中的流量控制，传输层是端到端的流量控制。

二、综合应用题

01．【解答】

协议是控制两个对等实体之间通信的规则的集合。在协议的控制下，两个对等实体间的通信使得本层能够向上一层提供服务，而要实现本层协议，还需使用下一层提供的服务。

协议和服务概念的区分：

1）协议的实现保证了能够向上一层提供服务。本层的服务用户只能看见服务而无法看见下面的协议，即下面的协议对上面的服务用户是透明的。

2）协议是"水平的"，即协议是控制两个对等实体之间的通信的规则。但服务是"垂直的"，即服务是由下层通过层间接口向上层提供的。

02．【解答】

1）物理层。物理层负责正确、透明地传输比特流（0，1）。

2）网络层。网络层的 PDU 称为分组，分组转发是网络层的功能。

3）数据链路层。数据链路层的 PDU 称为帧，帧的差错检测是数据链路层的功能。

4）应用层。打印机是向用户提供服务的，运行的是应用层的程序。

5）会话层。会话层允许不同主机上的进程进行会话。

1.3　本章小结及疑难点

1．计算机网络与分布式计算机系统的主要区别是什么？

分布式系统最主要的特点是，整个系统中的各个计算机对用户都是透明的。用户通过输入命令就可以运行程序，但用户并不知道哪台计算机在为它运行程序。操作系统为用户选择一台最合适的计算机来运行其程序，并将运行的结果传送到合适的地方。

计算机网络则与之不同，用户必须先登录欲运行程序的计算机，然后按照计算机的地址，将程序通过计算机网络传送到该计算机中运行，最后根据用户的命令将结果传送到指定的计算机中。二者的区别主要是软件的不同。

2．为什么一个网络协议必须考虑到各种不利的情况？

因为网络协议如果不全面考虑不利的情况，那么当情况发生变化时，协议就会保持理想状况，一直等下去！就如同两位朋友在电话中约好下午 3 点在公园见面，并且约定不见不散。这一协议很不科学，因为任何一方如果有耽搁而来不了，且无法通知对方，那么另一方就要一直等下去！所以判断一个计算机网络是否正确，不能只看在正常情况下是否正确，还必须非常仔细地检查协议能否应付各种异常情况。

3．因特网使用的 IP 协议是无连接的，因此其传输是不可靠的。这样容易使人们感到因特网很不可靠。那么为什么当初不把因特网的传输设计为可靠的呢？

传统电信网的主要用途是电话通信，并且普通电话机不是智能的，因此电信公司必须花费巨大的代价把电信网设计得非常好，以保证用户的通信质量。

数据的传送显然必须非常可靠。当初在设计 ARPAnet 时，很重要的讨论内容之一是"谁应当负责数据传输的可靠性？"一种意见是主张应当像电信网那样，由通信网络负责数据传输的可靠性（因为电信网的发展历史及其技术水平已经证明，人们可以将网络设计得相当可靠）；另一种意见则坚决主张由用户的主机负责数据传输的可靠性，理由是这样可使计算机网络便宜、灵活。

计算机网络的先驱认为，计算机网络和电信网的一个重大区别是终端设备的性能差别很大。于是，他们采用了"端到端的可靠传输"策略，即在传输层使用面向连接的 TCP 协议，这样既能使网络部分价格便宜且灵活可靠，又能保证端到端的可靠传输。

4. 有人说，宽带信道相当于高速公路车道数目增多了，可以同时并行地跑更多数量的汽车。虽然汽车的时速并没有提高（相当于比特在信道上的传播速率未提高），但整个高速公路的运输能力却增多了，相当于能够传送更多数量的比特。这种比喻合适否？

可以这样比喻。但一定不能误认为"提高信道的速率是设法使比特并行地传输"。

如果一定要用汽车在高速公路上行驶和比特在通信线路上传输相比较，那么可以这样来想象：低速信道相当于汽车进入高速公路的时间间隔较长。例如，每隔 1 分钟有一辆汽车进入高速公路；"信道速率提高"相当于进入高速公路的汽车的时间间隔缩短了，例如，现在每隔 6 秒就有一辆汽车进入高速公路。虽然汽车在高速公路上行驶的速率无变化，但在同样的时间内，进入高速公路的汽车总数却增多了（每隔 1 分钟进入高速公路的汽车现在增加到 10 辆），因而吞吐量也就增大了。

也就是说，当带宽或发送速率提高后，比特在链路上向前传播的速率并未提高，只是每秒注入链路的比特数增加了。"速率提高"就体现在单位时间内发送到链路上的比特数增多了，而并不是比特在链路上跑得更快了。

5. 端到端通信和点到点通信有什么区别？

从本质上说，由物理层、数据链路层和网络层组成的通信子网为网络环境中的主机提供点到点的服务，而传输层为网络中的主机提供端到端的通信。

直接相连的结点之间的通信称为点到点通信，它只提供一台机器到另一台机器之间的通信，不涉及程序或进程的概念。同时，点到点通信并不能保证数据传输的可靠性，也不能说明源主机与目的主机之间是哪两个进程在通信，这些工作都是由传输层来完成的。

端到端通信建立在点到点通信的基础上，它是由一段段的点到点通信信道构成的，是比点到点通信更高一级的通信方式，以完成应用程序（进程）之间的通信。"端"是指用户程序的端口，端口号标识了应用层中不同的进程。

6. 如何理解传输速率、带宽和传播速率？

传输速率指主机在数字信道上发送数据的速率，也称数据传输速率、数据率或比特率，单位是比特/秒（b/s）。更常用的速率单位是千比特/秒（kb/s）、兆比特/秒（Mb/s）、吉比特/秒（Gb/s）、太比特/秒（Tb/s）。

注意：在计算机领域，表示存储容量或文件大小时，$K = 2^{10} = 1024$，$M = 2^{20}$，$G = 2^{30}$，$T = 2^{40}$。这与通信领域中的表示方式不同。

带宽（Bandwidth）在计算机网络中指数字信道所能传送的"最高数据传输速率"，常用来表示网络的通信线路传送数据的能力，其单位与传输速率的单位相同。

传播速率是指电磁波在信道中传播的速率，单位是米/秒（m/s），更常用的单位是千米/秒

（km/s）。电磁波在光纤中的传播速率约为 2×10^8m/s。

举例如下。假定一条链路的传播速率为 2×10^8m/s，这相当于电磁波在该媒体上 1μs 可向前传播 200m。若链路带宽为 1Mb/s，则主机在 1μs 内可向链路发送 1bit 数据。

在图 1.15 中，当 $t=0$ 时，开始向链路发送数据；当 $t=1$μs 时，信号传播到 200m 处，注入链路 1 比特；当 $t=2$μs 时，信号传播到 400m 处，注入链路共 2 比特；当 $t=3$μs 时，信号传播到 600m 处，注入链路共 3 比特。

从图 1.15 可以看出，在一段时间内，链路中有多少比特取决于带宽（或传输速率），而 1 比特"跑"了多远取决于传播速率。

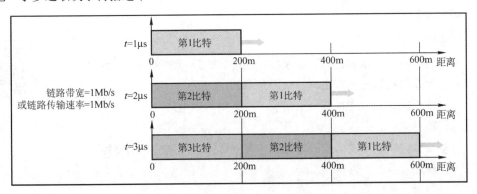

图 1.15　传输速率、带宽和传播速率三者的区别

7．如何理解传输时延、发送时延和传播时延？

传输时延又称发送时延，是主机或路由器发送数据帧所需的时间，即从数据帧的第 1 比特算起，到该数据帧的最后 1 比特发送完毕所需要的时间。计算公式是

$$发送时延=数据帧长度/信道带宽$$

传播时延是电磁波在信道中传播一定的距离所花费的时间。计算公式是

$$传播时延=信道长度/电磁波在信道上的传播速率$$

第 **2** 章　物理层

【考纲内容】

（一）通信基础

　　信道、信号、带宽、码元、波特、速率、信源与信宿等基本概念

　　奈奎斯特定理与香农定理；编码与调制

　　电路交换、报文交换与分组交换；数据报与虚电路

（二）传输介质

　　双绞线、同轴电缆、光纤与无线传输介质；物理层接口的特性

（三）物理层设备

　　中继器；集线器

扫一扫

视频讲解

【复习提示】

　　物理层考虑的是怎样才能在连接各台计算机的传输媒体上传输数据比特流，而不是指具体的传输媒体。本章概念较多，易出选择题，且涉及一些通信原理，读者不太明白的地方可以参考一些相关书籍，通信部分的内容也并非考研重点。复习时应抓住重点，如奈奎斯特定理和香农定理的应用、编码与调制技术、数据交换方式，以及电路交换、报文交换与分组交换技术等。

2.1　通信基础

2.1.1　基本概念

1. 数据、信号与码元

　　通信的目的是传送信息，如文字、图像和视频等。数据是指传送信息的实体。信号则是数据的电气或电磁表现，是数据在传输过程中的存在形式。数据和信号都可用"模拟的"或"数字的"来修饰：①连续变化的数据（或信号）称为模拟数据（或模拟信号）；②取值仅允许为有限的几个离散数值的数据（或信号）称为数字数据（或数字信号）。

　　数据传输方式可分为串行传输和并行传输。串行传输是指 1 比特 1 比特地按照时间顺序传输（远距离通信通常采用串行传输），并行传输是指若干比特通过多条通信信道同时传输。

　　码元是指用一个固定时长的信号波形（数字脉冲）表示一位 k 进制数字，代表不同离散数值的基本波形，是数字通信中数字信号的计量单位，这个时长内的信号称为 k 进制码元，而该时长称为码元宽度。1 码元可以携带若干比特的信息量。例如，在使用二进制编码时，只有两种不同的码元：一种代表 0 状态，另一种代表 1 状态。

2．信源、信道与信宿

数据通信是指数字计算机或其他数字终端之间的通信。一个数据通信系统主要划分为信源、信道和信宿三部分。信源是产生和发送数据的源头。信宿是接收数据的终点，它们通常都是计算机或其他数字终端装置。发送端信源发出的信息需要通过变换器转换成适合于在信道上传输的信号，而通过信道传输到接收端的信号先由反变换器转换成原始信息，再发送给信宿。

信道与电路并不等同，信道是信号的传输媒介。一个信道可视为一条线路的逻辑部件，一般用来表示向某个方向传送信息的介质，因此一条通信线路往往包含一条发送信道和一条接收信道。噪声源是信道上的噪声（即对信号的干扰）及分散在通信系统其他各处的噪声的集中表示。

图 2.1 所示为一个单向通信系统的模型。实际的通信系统大多为双向的，即往往包含一条发送信道和一条接收信道，信道可以进行双向通信。

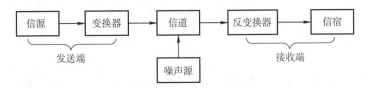

图 2.1　通信系统模型

信道按传输信号形式的不同，可分为传送模拟信号的模拟信道和传送数字信号的数字信道两大类；信道按传输介质的不同可分为无线信道和有线信道。

信道上传送的信号有基带信号和宽带信号之分。基带信号将数字信号 1 和 0 直接用两种不同的电压表示，然后送到数字信道上传输（称为基带传输）；宽带信号将基带信号进行调制后形成频分复用模拟信号，然后送到模拟信道上传输（称为宽带传输）。

从通信双方信息的交互方式看，可分为三种基本方式：

1）单向通信。只有一个方向的通信而没有反方向的交互，仅需要一条信道。例如，无线电广播、电视广播就属于这种类型。

2）半双工通信。通信的双方都可以发送或接收信息，但任何一方都不能同时发送和接收信息，此时需要两条信道。

3）全双工通信。通信双方可以同时发送和接收信息，也需要两条信道。

信道的极限容量是指信道的最高码元传输速率或信道的极限信息传输速率。

3．速率、波特与带宽

速率也称数据率，指的是数据传输速率，表示单位时间内传输的数据量。可以用码元传输速率和信息传输速率表示。

1）码元传输速率。又称波特率，它表示单位时间内数字通信系统所传输的码元个数（也可称为脉冲个数或信号变化的次数），单位是波特（Baud）。1 波特表示数字通信系统每秒传输一个码元。码元可以是多进制的，也可以是二进制的，码元速率与进制数无关。

2）信息传输速率。又称信息速率、比特率等，它表示单位时间内数字通信系统传输的二进制码元个数（即比特数），单位是比特/秒（b/s）。

注意：波特和比特是两个不同的概念，码元传输速率也称调制速率、波形速率或符号速率。但码元传输速率与信息传输速率在数量上却又有一定的关系。若一个码元携带 n 比特的信息量，则 M 波特率的码元传输速率所对应的信息传输速率为 Mn 比特/秒。

带宽原指信号具有的频带宽度，单位是赫兹（Hz）。在实际网络中，由于数据率是信道最重要的指标之一，而带宽与数据率存在数值上的互换关系，因此常用来表示网络的通信线路所能传输数据的能力。因此，带宽表示单位时间内从网络中的某一点到另一点所能通过的"最高数据率"。显然，此时带宽的单位不再是 Hz，而是 b/s。

2.1.2 奈奎斯特定理与香农定理

1. 奈奎斯特定理

具体的信道所能通过的频率范围总是有限的。信号中的许多高频分量往往不能通过信道，否则在传输中会衰减，导致接收端收到的信号波形失去码元之间的清晰界限，这种现象称为码间串扰。奈奎斯特（Nyquist）定理又称奈氏准则，它规定：在理想低通（没有噪声、带宽有限）的信道中，为了避免码间串扰，极限码元传输速率为 $2W$ 波特，其中 W 是理想低通信道的带宽。若用 V 表示每个码元离散电平的数目（码元的离散电平数目是指有多少种不同的码元，比如有 16 种不同的码元，则需要 4 个二进制位，因此数据传输速率是码元传输速率的 4 倍），则极限数据率为

$$\text{理想低通信道下的极限数据传输速率} = 2W\log_2 V \quad (\text{单位为 b/s})$$

对于奈氏准则，可以得出以下结论：

1）在任何信道中，码元传输速率是有上限的。若传输速率超过此上限，就会出现严重的码间串扰问题，使得接收端不可能完全正确识别码元。

2）信道的频带越宽（即通过的信号高频分量越多），就可用更高的速率进行码元的有效传输。

3）奈氏准则给出了码元传输速率的限制，但并未对信息传输速率给出限制，即未对一个码元可以对应多少个二进制位给出限制。

由于码元传输速率受奈氏准则的制约，所以要提高数据传输速率，就必须设法使每个码元携带更多比特的信息量，此时就需要采用多元制的调制方法。

2. 香农定理

香农（Shannon）定理给出了带宽受限且有高斯白噪声干扰的信道的极限数据传输速率，当用此速率进行传输时，可以做到不产生误差。香农定理定义为

$$\text{信道的极限数据传输速率} = W\log_2(1 + S/N) \quad (\text{单位为 b/s})$$

式中，W 为信道的带宽，S 为信道所传输信号的平均功率，N 为信道内部的高斯噪声功率。S/N 为信噪比，即信号的平均功率与噪声的平均功率之比，信噪比 $= 10\log_{10}(S/N)$（单位为 dB），例如当 $S/N = 10$ 时，信噪比为 10dB，而当 $S/N = 1000$ 时，信噪比为 30dB。

对于香农定理，可以得出以下结论：

1）信道的带宽或信道中的信噪比越大，信息的极限传输速率越高。

2）对一定的传输带宽和一定的信噪比，信息传输速率的上限是确定的。

3）只要信息传输速率低于信道的极限传输速率，就能找到某种方法来实现无差错的传输。

4）香农定理得出的是极限信息传输速率，实际信道能达到的传输速率要比它低不少。

奈氏准则只考虑了带宽与极限码元传输速率的关系，而香农定理不仅考虑到了带宽，也考虑到了信噪比。这从另一个侧面表明，一个码元对应的二进制位数是有限的。

2.1.3 编码与调制

数据无论是数字的还是模拟的，为了传输的目的都必须转变成信号。把数据变换为模拟信号的过程称为调制，把数据变换为数字信号的过程称为编码。

　　信号是数据的具体表示形式，它和数据有一定的关系，但又和数据不同。数字数据可以通过数字发送器转换为数字信号传输，也可以通过调制器转换成模拟信号传输；同样，模拟数据可以通过 PCM 编码器转换成数字信号传输，也可以通过放大器调制器转换成模拟信号传输。这样，就形成了下列 4 种编码方式。

1. 数字数据编码为数字信号

　　数字数据编码用于基带传输中，即在基本不改变数字数据信号频率的情况下，直接传输数字信号。具体用什么样的数字信号表示 0 及用什么样的数字信号表示 1 就是所谓的编码。编码的规则有多种，只要能有效地把 1 和 0 区分开即可，常用的数字数据编码有以下几种，如图 2.2 所示。

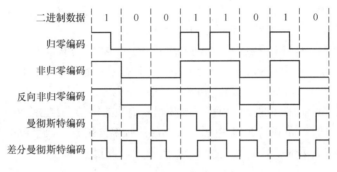

图 2.2　常用的数字数据编码

1) 归零编码。在归零编码（RZ）中用高电平代表 1、低电平代表 0（或者相反），每个时钟周期的中间均跳变到低电平（归零），接收方根据该跳变调整本方的时钟基准，这就为传输双方提供了自同步机制。由于归零需要占用一部分带宽，因此传输效率受到了一定的影响。

2) 非归零编码。非归零编码（NRZ）与 RZ 编码的区别是不用归零，一个周期可以全部用来传输数据。但 NRZ 编码无法传递时钟信号，双方难以同步，因此若想传输高速同步数据，则需要都带有时钟线。

3) 反向非归零编码。反向非归零编码（NRZI）与 NRZ 编码的区别是用信号的翻转代表 0、信号保持不变代表 1。翻转的信号本身可以作为一种通知机制。这种编码方式集成了前两种编码的优点，既能传输时钟信号，又能尽量不损失系统带宽。USB 2.0 通信的编码方式就是 NRZI 编码。

4) 曼彻斯特编码。曼彻斯特编码（Manchester Encoding）将一个码元分成两个相等的间隔，前一个间隔为高电平而后一个间隔为低电平表示码元 1；码元 0 的表示方法则正好相反。当然，也可采用相反的规定。该编码的特点是，在每个码元的中间出现电平跳变，位中间的跳变既作为时钟信号（可用于同步），又作为数据信号，但它所占的频带宽度是原始基带宽度的两倍。

　　注意：以太网使用的编码方式就是曼彻斯特编码。

5) 差分曼彻斯特编码。差分曼彻斯特编码常用于局域网传输，其规则是：若码元为 1，则前半个码元的电平与上一码元的后半个码元的电平相同；若码元为 0，则情形相反。该编码的特点是，在每个码元的中间都有一次电平的跳转，可以实现自同步，且抗干扰性较好。

6) 4B/5B 编码。将欲发送数据流的每 4 位作为一组，然后按照 4B/5B 编码规则将其转换成相应的 5 位码。5 位码共 32 种组合，但只采用其中的 16 种对应 16 种不同的 4 位码，其他 16 种作为控制码（帧的开始和结束、线路的状态信息等）或保留。

2．数字数据调制为模拟信号

数字数据调制技术在发送端将数字信号转换为模拟信号，而在接收端将模拟信号还原为数字信号，分别对应于调制解调器的调制和解调过程。基本的数字调制方法有如下几种：

1）幅移键控（ASK）。通过改变载波信号的振幅来表示数字信号 1 和 0，而载波的频率和相位都不改变。比较容易实现，但抗干扰能力差。

2）频移键控（FSK）。通过改变载波信号的频率来表示数字信号 1 和 0，而载波的振幅和相位都不改变。容易实现，抗干扰能力强，目前应用较为广泛。

3）相移键控（PSK）。通过改变载波信号的相位来表示数字信号 1 和 0，而载波的振幅和频率都不改变。它又分为绝对调相和相对调相。

4）正交振幅调制（QAM）。在频率相同的前提下，将 ASK 与 PSK 结合起来，形成叠加信号。设波特率为 B，采用 m 个相位，每个相位有 n 种振幅，则该 QAM 技术的数据传输速率 R 为

$$R = B\log_2(mn) \quad （单位为 b/s）$$

图 2.3 所示是二进制幅移键控、频移键控和相移键控的例子。2ASK 中用载波有幅度和无幅度分别表示数字数据的 1 和 0；2FSK 中用两种不同的频率分别表示数字数据 1 和 0；2PSK 中用相位 0 和相位 π 分别表示数字数据的 1 和 0，是一种绝对调相方式。

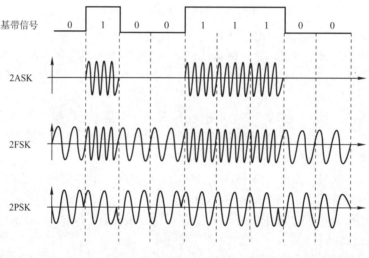

图 2.3　数字调制的三种方式

3．模拟数据编码为数字信号

这种编码方式最典型的例子是常用于对音频信号进行编码的脉码调制（PCM）。它主要包括三个步骤，即采样、量化和编码。

先来介绍采样定理：在通信领域，带宽是指信号最高频率与最低频率之差，单位为 Hz。因此，将模拟信号转换成数字信号时，假设原始信号中的最大频率为 f，那么采样频率 $f_{采样}$ 必须大于或等于最大频率 f 的两倍，才能保证采样后的数字信号完整保留原始模拟信号的信息（只需记住结论）。另外，采样定理又称奈奎斯特定理。

1）采样是指对模拟信号进行周期性扫描，把时间上连续的信号变成时间上离散的信号。根据采样定理，当采样的频率大于或等于模拟数据的频带带宽（最高变化频率）的两倍时，所得的离散信号可以无失真地代表被采样的模拟数据。

2）量化是把采样取得的电平幅值按照一定的分级标度转化为对应的数字值并取整数，这样就把连续的电平幅值转换为了离散的数字量。采样和量化的实质就是分割和转换。

3）编码是把量化的结果转换为与之对应的二进制编码。

4．模拟数据调制为模拟信号

为了实现传输的有效性，可能需要较高的频率。这种调制方式还可以使用频分复用（FDM）技术，充分利用带宽资源。电话机和本地局交换机采用模拟信号传输模拟数据的编码方式，模拟的声音数据是加载到模拟的载波信号中传输的。

2.1.4 电路交换、报文交换与分组交换

1．电路交换

在进行数据传输前，两个结点之间必须先建立一条专用（双方独占）的物理通信路径（由通信双方之间的交换设备和链路逐段连接而成），该路径可能经过许多中间结点。这一路径在整个数据传输期间一直被独占，直到通信结束后才被释放。因此，电路交换技术分为三个阶段：连接建立、数据传输和连接释放。

从通信资源的分配角度来看，"交换"就是按照某种方式动态地分配传输线路的资源。电路交换的关键点是，在数据传输的过程中，用户始终占用端到端的固定传输带宽。

电路交换技术的优点如下：

1）通信时延小。由于通信线路为通信双方用户专用，数据直达，因此传输数据的时延非常小。当传输的数据量较大时，这一优点非常明显。

2）有序传输。双方通信时按发送顺序传送数据，不存在失序问题。

3）没有冲突。不同的通信双方拥有不同的信道，不会出现争用物理信道的问题。

4）适用范围广。电路交换既适用于传输模拟信号，又适用于传输数字信号。

5）实时性强。通信双方之间的物理通路一旦建立，双方就可以随时通信。

6）控制简单。电路交换的交换设备（交换机等）及控制均较简单。

电路交换技术的缺点如下：

1）建立连接时间长。电路交换的平均连接建立时间对计算机通信来说太长。

2）线路独占，使用效率低。电路交换连接建立后，物理通路被通信双方独占，即使通信线路空闲，也不能供其他用户使用，因而信道利用率低。

3）灵活性差。只要在通信双方建立的通路中的任何一点出了故障，就必须重新拨号建立新的连接，这对十分紧急和重要的通信是很不利的。

4）难以规格化。电路交换时，数据直达，不同类型、不同规格、不同速率的终端很难相互进行通信，也难以在通信过程中进行差错控制。

注意，电路建立后，除源结点和目的结点外，电路上的任何结点都采取"直通方式"接收数据和发送数据，即不会存在存储转发所耗费的时间。

2．报文交换

数据交换的单位是报文，报文携带有目标地址、源地址等信息。报文交换在交换结点采用的是存储转发的传输方式。

报文交换技术的优点如下：

1）无须建立连接。报文交换不需要为通信双方预先建立一条专用的通信线路，不存在建立连接时延，用户可以随时发送报文。

2）动态分配线路。当发送方把报文交给交换设备时，交换设备先存储整个报文，然后选择一条合适的空闲线路，将报文发送出去。

3）提高线路可靠性。如果某条传输路径发生故障，那么可重新选择另一条路径传输数据，因此提高了传输的可靠性。

4）提高线路利用率。通信双方不是固定占有一条通信线路，而是在不同的时间一段一段地部分占有这条物理通道，因而大大提高了通信线路的利用率。

5）提供多目标服务。一个报文可以同时发送给多个目的地址，这在电路交换中是很难实现的。

报文交换技术的缺点如下：

1）由于数据进入交换结点后要经历存储、转发这一过程，因此会引起转发时延（包括接收报文、检验正确性、排队、发送时间等）。

2）报文交换对报文的大小没有限制，这就要求网络结点需要有较大的缓存空间。

注意：报文交换主要使用在早期的电报通信网中，现在较少使用，通常被较先进的分组交换方式所取代。

3．分组交换

同报文交换一样，分组交换也采用存储转发方式，但解决了报文交换中大报文传输的问题。分组交换限制了每次传送的数据块大小的上限，把大的数据块划分为合理的小数据块，再加上一些必要的控制信息（如源地址、目的地址和编号信息等），构成分组（Packet）。网络结点根据控制信息把分组送到下一个结点，下一个结点接收到分组后，暂时保存并排队等待传输，然后根据分组控制信息选择它的下一个结点，直到到达目的结点。

分组交换的优点如下：

1）无建立时延。不需要为通信双方预先建立一条专用的通信线路，不存在连接建立时延，用户可随时发送分组。

2）线路利用率高。通信双方不是固定占有一条通信线路，而是在不同的时间一段一段地部分占有这条物理通路，因而大大提高了通信线路的利用率。

3）简化了存储管理（相对于报文交换）。因为分组的长度固定，相应的缓冲区的大小也固定，在交换结点中存储器的管理通常被简化为对缓冲区的管理，相对比较容易。

4）加速传输。分组是逐个传输的，可以使后一个分组的存储操作与前一个分组的转发操作并行，这种流水线方式减少了报文的传输时间。此外，传输一个分组所需的缓冲区比传输一次报文所需的缓冲区小得多，这样因缓冲区不足而等待发送的概率及时间也必然少得多。

5）减少了出错概率和重发数据量。因为分组较短，其出错概率必然减小，所以每次重发的数据量也就大大减少，这样不仅提高了可靠性，也减少了传输时延。

分组交换的缺点如下：

1）存在存储转发时延。尽管分组交换比报文交换的传输时延少，但相对于电路交换仍存在存储转发时延，而且其结点交换机必须具有更强的处理能力。

2）需要传输额外的信息量。每个小数据块都要加上源地址、目的地址和分组编号等信息，从而构成分组，因此使得传送的信息量增大了 5%～10%，一定程度上降低了通信效率，增加了处理的时间，使控制复杂，时延增加。

3）当分组交换采用数据报服务时，可能会出现失序、丢失或重复分组，分组到达目的结点时，要对分组按编号进行排序等工作，因此很麻烦。若采用虚电路服务，虽无失序问题，但有呼叫建立、数据传输和虚电路释放三个过程。

图 2.4 给出了三种数据交换方式的比较。要传送的数据量很大且其传送时间远大于呼叫时间时，采用电路交换较为合适。端到端的通路由多段链路组成时，采用分组交换传送数据较为合适。从提高整个网络的信道利用率上看，报文交换和分组交换优于电路交换，其中分组交换比报文交换的时延小，尤其适合于计算机之间的突发式数据通信。

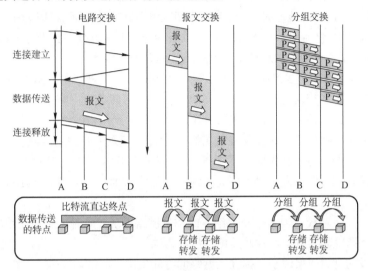

图 2.4　三种数据交换方式的比较

2.1.5　数据报与虚电路

分组交换根据其通信子网向端点系统提供的服务，还可进一步分为面向连接的虚电路方式和无连接的数据报方式。这两种服务方式都由网络层提供。要注意数据报方式和虚电路方式是分组交换的两种方式。

1. 数据报

作为通信子网用户的端系统发送一个报文时，在端系统中实现的高层协议先把报文拆成若干带有序号的数据单元，并在网络层加上地址等控制信息后形成数据报分组（即网络层的 PDU）。中间结点存储分组很短一段时间，找到最佳的路由后，尽快转发每个分组。不同的分组可以走不同的路径，也可以按不同的顺序到达目的结点。

我们用图 2.5 的例子来说明数据报服务的原理。假定主机 A 要向主机 B 发送分组。

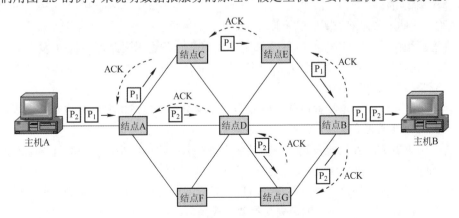

图 2.5　数据报方式转发分组

1）主机 A 先将分组逐个发往与它直接相连的交换结点 A，交换结点 A 缓存收到的分组。

2）然后查找自己的转发表。由于不同时刻的网络状态不同，因此转发表的内容可能不完全相同，所以有的分组转发给交换结点 C，有的分组转发给交换结点 D。

3）网络中的其他结点收到分组后，类似地转发分组，直到分组最终到达主机 B。

当分组正在某一链路上传送时，分组并不占用网络的其他部分资源。因为采用存储转发技术，资源是共享的，所以主机 A 在发送分组时，主机 B 也可同时向其他主机发送分组。

通过上面的例子，我们可以总结出数据报服务具有如下特点：

1）发送分组前不需要建立连接。发送方可随时发送分组，网络中的结点可随时接收分组。

2）网络尽最大努力交付，传输不保证可靠性，所以可能丢失；网络为每个分组独立地选择路由，转发的路径可能不同，因而分组不一定按序到达目的结点。

3）发送的分组中要包括发送端和接收端的完整地址，以便可以独立传输。

4）分组在交换结点存储转发时，需要排队等候处理，这会带来一定的时延。通过交换结点的通信量较大或网络发生拥塞时，这种时延会大大增加，交换结点还可根据情况丢弃部分分组。

5）网络具有冗余路径，当某个交换结点或一条链路出现故障时，可相应地更新转发表，寻找另一条路径转发分组，对故障的适应能力强。

6）存储转发的延时一般较小，提高了网络的吞吐量。

7）收发双方不独占某条链路，资源利用率较高。

2．虚电路

虚电路方式试图将数据报方式与电路交换方式结合起来，充分发挥两种方法的优点，以达到最佳的数据交换效果。在分组发送之前，要求在发送方和接收方建立一条逻辑上相连的虚电路，并且连接一旦建立，就固定了虚电路所对应的物理路径。与电路交换类似，整个通信过程分为三个阶段：虚电路建立、数据传输与虚电路释放。

在虚电路方式中，端系统每次建立虚电路时，选择一个未用过的虚电路号分配给该虚电路，以区别于本系统中的其他虚电路。在传送数据时，每个数据分组不仅要有分组号、校验和等控制信息，还要有它要通过的虚电路号，以区别于其他虚电路上的分组。在虚电路网络中的每个结点上都维持一张虚电路表，表中的每项记录了一个打开的虚电路的信息，包括在接收链路和发送链路上的虚电路号、前一结点和下一结点的标识。数据的传输是双向进行的，上述信息是在虚电路的建立过程中确定的。

虚电路方式的工作原理如图 2.6 所示。

1）为进行数据传输，主机 A 与主机 B 之间先建立一条逻辑通路，主机 A 发出一个特殊的"呼叫请求"分组，该分组通过中间结点送往主机 B，若主机 B 同意连接，则发送"呼叫应答"分组予以确认。

2）虚电路建立后，主机 A 就可向主机 B 发送数据分组。当然，主机 B 也可在该虚电路上向主机 A 发送数据。

3）传送结束后主机 A 通过发送"释放请求"分组来拆除虚电路，逐段断开整个连接。

通过上面的例子，可以总结出虚电路服务具有如下特点：

1）虚电路通信链路的建立和拆除需要时间开销，对交互式应用和小量的短分组情况显得很浪费，但对长时间、频繁的数据交换效率较高。

2）虚电路的路由选择体现在连接建立阶段，连接建立后，就确定了传输路径。

3）虚电路提供了可靠的通信功能，能保证每个分组正确且有序到达。此外，还可以对两个数据端点的流量进行控制，当接收方来不及接收数据时，可以通知发送方暂缓发送。

4）虚电路有一个致命的弱点，即当网络中的某个结点或某条链路出现故障而彻底失效时，所有经过该结点或该链路的虚电路将遭到破坏。

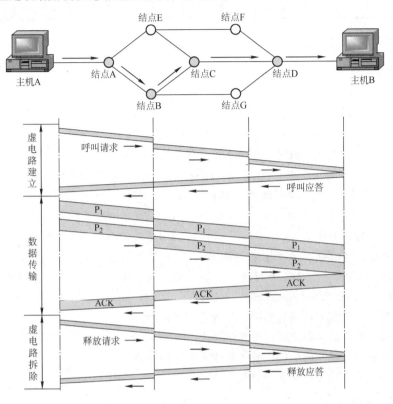

图 2.6　虚电路方式的工作原理

5）分组首部不包含目的地址，包含的是虚电路标识符，相对于数据报方式，其开销小。

虚电路之所以是"虚"的，是因为这条电路不是专用的，每个结点到其他结点之间的链路可能同时有若干虚电路通过，也可能同时与多个结点之间建立虚电路。每条虚电路支持特定的两个端系统之间的数据传输，两个端系统之间也可以有多条虚电路为不同的进程服务，这些虚电路的实际路由可能相同也可能不同。

注意，图 2.6 所示的数据传输过程是有确认的传输（由高层实现），主机 B 收到分组后要发回相应分组的确认。网络中的传输是否有确认与网络层提供的两种服务没有任何关系。

数据报服务和虚电路服务的比较见表 2.1。

表 2.1　数据报服务和虚电路服务的比较

	数据报服务	虚电路服务
连接的建立	不需要	必须有
目的地址	每个分组都有完整的目的地址	仅在建立连接阶段使用，之后每个分组使用长度较短的虚电路号
路由选择	每个分组独立地进行路由选择和转发	属于同一条虚电路的分组按照同一路由转发
分组顺序	不保证分组的有序到达	保证分组的有序到达
可靠性	不保证可靠通信，可靠性由用户主机来保证	可靠性由网络保证

（续表）

	数据报服务	虚电路服务
对网络故障的适应性	出故障的结点丢失分组，其他分组路径选择发生变化时可以正常传输	所有经过故障结点的虚电路均不能正常工作
差错处理和流量控制	由用户主机进行流量控制，不保证数据报的可靠性	可由分组交换网负责，也可由用户主机负责

2.1.6 本节习题精选

一、单项选择题

01. 下列说法正确的是（ ）。

A. 信道与通信电路类似，一条可通信的电路往往包含一个信道

B. 调制是指把模拟数据转换为数字信号的过程

C. 信息传输速率是指通信信道上每秒传输的码元数

D. 在数值上，波特率等于比特率与每符号所含的比特数的比值

02. 影响信道最大传输速率的因素主要有（ ）。

A. 信道带宽和信噪比   B. 码元传输速率和噪声功率

C. 频率特性和带宽   D. 发送功率和噪声功率

03. （ ）被用于计算机内部的数据传输。

A. 串行传输   B. 并行传输   C. 同步传输   D. 异步传输

04. 下列有关曼彻斯特编码的叙述，正确的是（ ）。

A. 每个信号起始边界作为时钟信号有利于同步

B. 将时钟与数据取值都包含在信号中

C. 这种模拟信号的编码机制特别适合于传输声音

D. 每位的中间不跳变表示信号的取值为 0

05. 不含同步信息的编码是（ ）。

I. 非归零编码   II. 曼彻斯特编码   III. 差分曼彻斯特编码

A. 仅 I   B. 仅 II   C. 仅 II、III   D. I、II、III

06. 在网络中，要同时传输语音与计算机产生的数字、文字、图形与图像，必须先把语音信号数字化。下列可以把语音信号数字化的技术是（ ）。

A. 曼彻斯特编码   B. QAM

C. 差分曼彻斯特编码   D. 脉冲编码调制

07. 利用模拟通信信道传输数字信号的方法称为（ ）。

A. 同步传输   B. 异步传输   C. 基带传输   D. 频带传输

08. 波特率等于（ ）。

A. 每秒可能发生的信号变化次数   B. 每秒传输的比特数

C. 每秒传输的周期数   D. 每秒传输的字节数

09. 测得一个以太网的数据波特率是 40MBaud，那么其数据率是（ ）。

A. 10Mb/s   B. 20Mb/s   C. 40Mb/s   D. 80Mb/s

10. 某信道的波特率为 1000Baud，若令其数据传输速率达到 4kb/s，则一个信号码元所取的有效离散值个数为（ ）。

A. 2   B. 4   C. 8   D. 16

11. 已知某信道的信息传输速率为 64kb/s，一个载波信号码元有 4 个有效离散值，则该信道

的波特率为（　　）。

    A. 16kBaud   B. 32kBaud   C. 64kBaud   D. 128kBaud

12. 有一条无噪声的 8kHz 信道，每个信号包含 8 级，每秒采样 24k 次，那么可以获得的最大传输速率是（　　）。

    A. 24kb/s   B. 32kb/s   C. 48kb/s   D. 72kb/s

13. 对于某带宽为 4000Hz 的低通信道，采用 16 种不同的物理状态来表示数据。按照奈奎斯特定理，信道的最大传输速率是（　　）。

    A. 4kb/s   B. 8kb/s   C. 16kb/s   D. 32kb/s

14. 二进制信号在信噪比为 127∶1 的 4kHz 信道上传输，最大数据传输速率可以达到（　　）。

    A. 28000b/s   B. 8000b/s   C. 4000b/s   D. 无限大

15. 电话系统的典型参数是信道带宽为 3000Hz，信噪比为 30dB，则该系统的最大数据传输速率为（　　）。

    A. 3kb/s   B. 6kb/s   C. 30kb/s   D. 64kb/s

16. 采用 8 种相位，每种相位各有两种幅度的 QAM 调制方法，在 1200Baud 的信息传输速率下能达到的数据传输速率为（　　）。

    A. 2400b/s   B. 3600b/s   C. 9600b/s   D. 4800b/s

17. 一个信道每 1/8s 采样一次，传输信号共有 16 种变化状态，最大数据传输速率是（　　）。

    A. 16b/s   B. 32b/s   C. 48b/s   D. 64b/s

18. 将 1 路模拟信号分别编码为数字信号后，与另外 7 路数字信号采用同步 TDM 方式复用到一条通信线路上。1 路模拟信号的频率变化范围为 0～1kHz，每个采样点采用 PCM 方式编码为 4 位的二进制数，另外 7 路数字信号的数据率均为 7.2kb/s。复用线路需要的最小通信能力是（　　）。

    A. 7.2kb/s   B. 8kb/s   C. 64kb/s   D. 512kb/s

19. 用 PCM 对语音进行数字量化，如果将声音分为 128 个量化级，采样频率为 8000 次/秒，那么一路话音需要的数据传输速率为（　　）。

    A. 56kb/s   B. 64kb/s   C. 128kb/s   D. 1024kb/s

20. 在下列数据交换方式中，数据经过网络的传输延迟长而且是不固定的，不能用于语音数据传输的是（　　）。

    A. 电路交换   B. 报文交换   C. 数据报交换   D. 虚电路交换

21. 就交换技术而言，以太网采用的是（　　）。

    A. 分组交换技术   B. 电路交换技术

    C. 报文交换技术   D. 混合交换技术

22. 为了使数据在网络中传输时延最小，首选的交换方式是（　　）。

    A. 电路交换   B. 报文交换   C. 分组交换   D. 信元交换

23. 分组交换对报文交换的主要改进是（　　）。

    A. 差错控制更加完善

    B. 路由算法更加简单

    C. 传输单位更小且有固定的最大长度

    D. 传输单位更大且有固定的最大长度

24. 下列关于三种数据交换方式的叙述，错误的是（　　）。

    A. 电路交换不提供差错控制功能

B. 分组交换的分组有最大长度的限制

C. 虚电路是面向连接的，它提供的是一种可靠的服务

D. 在出错率很高的传输系统中，选择虚电路方式更合适

25. 不同的数据交换方式有不同的性能。为了使数据在网络中的传输时延最小，首选的交换方式是（①）；为保证数据无差错地传送，不应选用的交换方式是（②）；分组交换对报文交换的主要改进是（③），这种改进产生的直接结果是（④）；在出错率很高的传输系统中，选用（⑤）更合适。

①A. 电路交换　　B. 报文交换　　C. 分组交换　　D. 信元交换

②A. 电路交换　　B. 报文交换　　C. 分组交换　　D. 信元交换

③A. 传输单位更小且有固定的最大长度

　B. 传输单位更大且有固定的最大长度

　C. 差错控制更完善

　D. 路由算法更简单

④A. 降低了误码率　　　　　　　B. 提高了数据传输速率

　C. 减少传输时延　　　　　　　D. 增加传输时延

⑤A. 虚电路方式　　　　　　　　B. 数据报方式

　C. 报文交换　　　　　　　　　D. 电路交换

26. 有关虚电路服务和数据报服务的特性，正确的是（　）。

A. 虚电路服务和数据报服务都是无连接的服务

B. 数据报服务中，分组在网络中沿同一条路径传输，并且按发出顺序到达

C. 虚电路在建立连接后，分组中需携带虚电路标识

D. 虚电路中的分组到达顺序可能与发出顺序不同

27. 同一报文中的分组可以由不同的传输路径通过通信子网的方法是（　）。

A. 分组交换　　B. 电路交换　　C. 虚电路　　D. 数据报

28. 下列有关数据报和虚电路的叙述中，错误的是（　）。

A. 数据报方式中，某个结点若因故障而丢失分组，其他分组仍可正常传输

B. 数据报方式中，每个分组独立地进行路由选择和转发，不同分组之间没有必然联系

C. 虚电路方式中，属于同一条虚电路的分组按照同一路由转发

D. 尽管虚电路方式是面向连接的，但它并不保证分组的有序到达

29. 下列叙述中，正确的是（　）。

A. 电路交换是真正的物理线路交换，而虚电路交换是逻辑上的连接，且一条物理线路只可以进行一条逻辑连接

B. 虚电路的连接是临时性连接，当会话结束时就释放这种连接

C. 数据报服务不提供可靠传输，但可以保证分组的有序到达

D. 数据报服务中，每个分组在传输过程中都必须携带源地址和目的地址

30. 下列关于虚电路的说法中，（　）是正确的。

A. 虚电路与电路交换没有实质性的不同

B. 在通信的两个站点之间只可以建立一条虚电路

C. 虚电路有连接建立、数据传输和连接拆除 3 个阶段

D. 在虚电路上传送的同一个会话的数据分组可以走不同的路径

31. 下列 4 种传输方式中，由网络负责差错控制和流量控制，分组按顺序被递交的是（　）。

A. 电路交换   B. 报文交换

C. 虚电路分组交换   D. 数据报分组交换

32. 【2009 统考真题】在无噪声的情况下，若某通信链路的带宽为 3kHz，采用 4 个相位，每个相位具有 4 种振幅的 QAM 调制技术，则该通信链路的最大数据传输速率是（　　）。

    A. 12kb/s   B. 24kb/s   C. 48kb/s   D. 96kb/s

33. 【2010 统考真题】在右图所示的采用"存储–转发"方式的分组交换网络中，所有链路的数据传输速率为 100Mb/s，分组大小为 1000B，其中分组头大小为 20B。

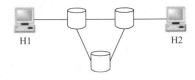

若主机 H1 向主机 H2 发送一个大小为 980000B 的文件，则在不考虑分组拆装时间和传播延迟的情况下，从 H1 发送开始到 H2 接收完为止，需要的时间至少是（　　）。

    A. 80ms   B. 80.08ms   C. 80.16ms   D. 80.24ms

34. 【2011 统考真题】若某通信链路的数据传输速率为 2400b/s，采用 4 相位调制，则该链路的波特率是（　　）。

    A. 600Baud   B. 1200Baud   C. 4800Baud   D. 9600Baud

35. 【2013 统考真题】下图为 10BaseT 网卡接收到的信号波形，则该网卡收到的比特串是（　　）。

    A. 0011 0110   B. 1010 1101

    C. 0101 0010   D. 1100 0101

36. 【2013 统考真题】主机甲通过 1 个路由器（存储转发方式）与主机乙互连，两段链路的数据传输速率均为 10Mb/s，主机甲分别采用报文交换和分组大小为 10kb 的分组交换向主机乙发送一个大小为 8Mb（$1M = 10^6$）的报文。若忽略链路传播延迟、分组头开销和分组拆装时间，则两种交换方式完成该报文传输所需的总时间分别为（　　）。

    A. 800ms、1600ms   B. 801ms、1600ms

    C. 1600ms、800ms   D. 1600ms、801ms

37. 【2014 统考真题】下列因素中，不会影响信道数据传输速率的是（　　）。

    A. 信噪比   B. 频率带宽   C. 调制速率   D. 信号传播速度

38. 【2015 统考真题】使用两种编码方案对比特流 01100111 进行编码的结果如下图所示，编码 1 和编码 2 分别是（　　）。

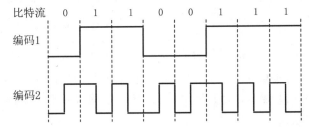

    A. NRZ 和曼彻斯特编码   B. NRZ 和差分曼彻斯特编码

    C. NRZI 和曼彻斯特编码   D. NRZI 和差分曼彻斯特编码

39. 【2016 统考真题】如下图所示，如果连接 R2 和 R3 链路的频率带宽为 8kHz，信噪比为

30dB，该链路实际数据传输速率约为理论最大数据传输速率的 50%，那么该链路的实际数据传输速率约为（　）。

A．8kb/s　　　　B．20kb/s　　　　C．40kb/s　　　　D．80kb/s

40．【2017 统考真题】若信道在无噪声情况下的极限数据传输速率不小于信噪比为 30dB 条件下的极限数据传输速率，则信号状态数至少是（　）。

A．4　　　　　　B．8　　　　　　C．16　　　　　D．32

41．【2020 统考真题】下列关于虚电路网络的叙述中，错误的是（　）。

A．可以确保数据分组传输顺序

B．需要为每条虚电路预分配带宽

C．建立虚电路时需要进行路由选择

D．依据虚电路号（VCID）进行数据分组转发

42．【2021 统考真题】下图为一段差分曼彻斯特编码信号波形，该编码的二进制串是（　）。

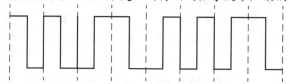

A．1011 1001　　B．1101 0001　　　C．0010 1110　　　D．1011 0110

43．【2022 统考真题】在一条带宽为 200 kHz 的无噪声信道上，若采用 4 个幅值的 ASK 调制，则该信道的最大数据传输速率是（　）。

A．200 kb/s　　　B．400 kb/s　　　C．800 kb/s　　　D．1600 kb/s

二、综合应用题

01．试比较分组交换与报文交换，并说明分组交换优越的原因。

02．假定在地球和月球之间建立一条 100Mb/s 的链路。月球到地球的距离约为 385000km，数据在链路上以光速 3×10^8m/s 传输。

1）计算该链路的最小 RTT。

2）使用 RTT 作为延迟，计算该链路的"延迟×带宽"值。

3）在 2）中计算的"延迟×带宽"值的含义是什么？

4）在月球上用照相机拍取地球的相片，并把它们以数字形式保存到磁盘上。假定要在地球上下载 25MB 的最新图像，那么从发出数据请求到传送结束最少要花多少时间？

03．如下图所示，主机 A 和 B 都通过 10Mb/s 链路连接到交换机 S。

在每条链路上的传播延迟都是 20μs。S 是一个存储转发设备，在它接收完一个分组 35μs 后开始转发收到的分组。试计算把 10000bit 从 A 发送到 B 所需要的总时间。

1）作为单个分组。

2）作为两个 5000bit 的分组一个紧接着另一个发送。

04．一个简单的电话系统由两个端局和一个长途局连接而成，端局和长途局之间由 1MHz 的全双工主干连接。在 8 小时的工作日中，一部电话平均使用 4 次，每次的平均使用时间为 6

分钟。在所有通话中，10%的通话是长途（即通过端局）。假定每条通话线路的带宽是4kHz，请分析一个端局能支持的最大电话数。

05. T1 系统共有 24 个话路进行时分复用，每个话路采用 7 比特编码，然后加上 1 比特信令码元，24 个话路的一次采样编码构成一帧。另外，每帧数据有 1 比特帧同步码，每秒采样 8000 次。请问 T1 的数据率是多少？

06. 一个分组交换网采用虚电路方式转发分组，分组的首部和数据部分分别为 h 位和 p 位。现有 L（$L \gg p$，且 L 为 p 的倍数）位的报文要通过该网络传送，源点和终点之间的线路数为 k，每条线路上的传播时延为 d 秒，数据传输速率为 b 位/秒，虚电路建立连接的时间为 s 秒，每个中间结点有 m 秒的平均处理时延。求源点开始发送数据直至终点收到全部数据所需要的时间。

2.1.7 答案与解析

一、单项选择题

01. D

信道不等于通信电路，一条可双向通信的电路往往包含两个信道：一条是发送信道，一条是接收信道。另外，多个通信用户共用通信电路时，每个用户在该通信电路都会有一个信道，因此选项 A 错误。调制是把数据变换为模拟信号的过程，选项 B 错误。选项 C 明显错误。"比特率"在数值上和"波特率"的关系如下：波特率＝比特率/每符号含的比特数，选项 D 正确。

02. A

依香农定理，信道的极限数据传输速率＝$W\log_2(1+S/N)$，影响信道最大传输速率的因素主要有信道带宽和信噪比，而信噪比与信道内所传信号的平均功率和信道内部的高斯噪声功率有关，在数值上等于两者之比。

03. B

并行传输的特点：距离短、速度快。串行传输的特点：距离长、速度慢。所以在计算机内部（距离短）传输应选择并行传输。同步、异步传输是通信方式，不是传输方式。

04. B

曼彻斯特编码将每个码元分成两个相等的间隔。前面一个间隔为高电平而后一个间隔为低电平表示码元 1，码元 0 正好相反；也可以采用相反的规定，因此选项 D 错。位中间的跳变作为时钟信号，每个码元的电平作为数据信号，因此选项 B 正确。曼彻斯特编码将时钟和数据包含在数据流中，在传输代码信息的同时，也将时钟同步信号一起传输到对方，因此选项 A 错。声音是模拟数据，而曼彻斯特编码最适合传输二进制数字信号，因此选项 C 错。

05. A

非归零编码是最简单的一种编码方式，它用低电平表示 0，用高电平表示 1；或者相反。由于每个码元之间并没有间隔标志，所以它不包含同步信息。

曼彻斯特编码和差分曼彻斯特编码都将每个码元分成两个相等的时间间隔。将每个码元的中间跳变作为收发双方的同步信息，所以无须额外的同步信息，实际应用较多。但它们所占的频带宽度是原始基带宽度的 2 倍。

06. D

QAM 是一种用模拟信号传输数字数据的编码方式。曼彻斯特编码和差分曼彻斯特编码都是用数字信号传输数字数据的编码方式。使用数字信号编码模拟数据最常见的例子是用于音频信号的脉冲编码调制（PCM）。

07．D

将基带信号直接传送到通信线路（数字信道）上的传输方式称为基带传输，把基带信号经过调制后送到通信线路（模拟信道）上的方式称为频带传输。

08．A

波特率表示信号每秒变化的次数（注意和比特率的区别）。

09．B

因为以太网采用曼彻斯特编码，每位数据（一个比特，对应信息传输速率）都需要两个电平（两个脉冲信号，对应码元传输速率）来表示，因此波特率是数据率的两倍，得数据率为 $(40\text{Mb/s})/2=20\text{Mb/s}$。

注意：对于曼彻斯特编码，每个比特需要两个信号周期，20MBaud 的信号率可得 10Mb/s 的数据率，编码效率是 50%；对于 4B/5B 编码，每 4 比特组被编码成 5 比特，12.5MBaud 的信号率可得 10Mb/s，编码效率是 80%。

10．D

比特率＝波特率×$\log_2 n$，若一个码元含有 k 比特的信息量，则表示该码元所需要的不同离散值为 $n=2^k$ 个。数值上，波特率＝比特率/每码元所含比特数，因此每码元所含比特数＝$4000/1000=4$ 比特，有效离散值的个数为 $2^4=16$。

11．B

一个码元若取 2^n 个不同的离散值，则含有 n 比特的信息量。本题中，一个码元含有的信息量为 2 比特，由于数值上波特率＝比特率/每符号所含比特数，因此波特率为 $(64/2)\text{k}=32\text{kBaud}$。

12．C

无噪声的信号应该满足奈奎斯特定理，即最大数据传输速率＝$2W\log_2 V$ 比特/秒。将题目中的数据代入，得到答案是 48kb/s。注意题目中给出的每秒采样 24kHz 是无意义的，因为超过了波特率的上限 $2W=16\text{kBaud}$，所以选项 D 是错误答案。

13．D

根据奈奎斯特定理，本题中 $W=4000\text{Hz}$，最大码元传输速率＝$2W=8000\text{Baud}$，16 种不同的物理状态可表示 $\log_2 16=4$ 比特数据，所以信道的最大传输速率＝$8000\times4=32\text{kb/s}$。

14．B

依据香农定理，最大数据率＝$W\log_2(1+S/N)=4000\times\log_2(1+127)=28000\text{b/s}$，本题容易误选选项 A。但是，注意题中"二进制信号"的限制，依据奈奎斯特定理，最大数据传输速率＝$2H\log_2 V=2\times4000\times\log_2 2=8000\text{b/s}$，两个上限中取最小的，因此答案为选项 B。

注意：若给出了码元与比特数之间的关系，则需受两个公式的共同限制，关于香农定理和奈奎斯特定理的比较，请参考本章疑难点 4。

15．C

信噪比 S/N 常用分贝（dB）表示，数值上等于 $10\log_{10}(S/N)\text{dB}$。依题意有 $30=10\log_{10}(S/N)$，可解出 $S/N=1000$。根据香农定理，最大数据传输速率＝$3000\log_2(1+S/N)\approx30\text{kb/s}$。

16．D

每个信号有 $8\times2=16$ 种变化，每个码元携带 $\log_2 16=4$ 比特的信息，则信息传输速率为 $1200\times4=4800\text{b/s}$。

17．B

由题意知，采样频率为 8Hz。有 16 种变化状态的信号可携带 4 比特数据，因此由最大数据传输速率为 8×4＝32b/s。

18．C

1 路模拟信号的最大频率为 1kHz，根据采样定理可知采样频率至少为 2kHz，每个样值编码为 4 位二进制数，所以数据传输速率为 8kb/s。复用的每条支路速率要相等，而另外 7 路数字信号的速率均低于 8kb/s，所以它们均要采用脉冲填充方式，将数据率提高到 8kb/s，然后将这 8 路信号复用，需要的通信能力为 8kb/s×8＝64kb/s。

19．A

声音信号需要 128 个量化级，那么每采样一次需要 $\log_2 128 = 7$bit 来表示，每秒采样 8000 次，那么一路话音需要的数据传输速率为 8000×7＝56kb/s。

20．B

在报文交换中，交换的数据单元是报文。由于报文大小不固定，在交换结点中需要较大的存储空间，另外报文经过中间结点的接收、存储和转发时间较长而且也不固定，因此不能用于实时通信应用环境（如语音、视频等）。

21．A

在以太网中，数据以帧的形式传输。源端用户的较长报文要被分为若干数据块，这些数据块在各层还要加上相应的控制信息，在网络层是分组，在数据链路层是以太网的帧。以太网的用户在会话期间只是断续地使用以太网链路。

22．A

电路交换虽然建立连接的时延较大，但在数据传输时是一直占据链路的，实时性更好，传输时延小。

23．C

相对于报文交换而言，分组交换中将报文划分为一个个具有固定最大长度的分组，以分组为单位进行传输。

24．D

电路交换不具备差错控制能力，选项 A 正确。分组交换对每个分组的最大长度有规定，超过此长度的分组都会被分割成几个长度较小的分组后再发送，选项 B 正确。由第 25 题的解析可知选项 C 正确、选项 D 错误。

25．A、A、A、C、B

本题综合考查几种数据交换方式及数据报和虚电路的特点。

电路交换方式的优点是传输时延小、通信实时性强，适用于交互式会话类通信；但其缺点是对突发性通信不适应，系统效率低，不具备存储数据的能力，不能平滑网络通信量，不具备差错控制的能力，无法纠正传输过程中发生的数据差错。

报文交换和分组交换都采用存储转发，传送的数据都要经过中间结点的若干存储、转发才能到达目的地，因此传输时延较大。报文交换传送数据长度不固定且较长，分组交换中，要将传送的长报文分割为多个固定有限长度的分组，因此传输时延较报文交换要小。

分组交换在实际应用中又可分为数据报和虚电路两种方式。数据报是面向无连接的，它提供的是一种不可靠的服务，它不保证分组不被丢失，也不保证分组的顺序不变及在多长的时限到达目的主机。但由于每个分组能独立地选择传送路径，当某个结点发生故障时，后续的分组就可另选路径；另外通过高层协议如 TCP 的差错控制和流量控制技术可以保证其传输的可靠性、有序性。虚电路是面向连接的，它提供的是一种可靠的服务，能保证数据的可靠性和有序性。但是由于所有分组都按同一路由进行转发,一旦虚电路中的某个结点出现故障,它就必须重新建立一条虚电路。因此,对于出错率高的传输系统,易出现结点故障,这项任务就显得相当艰巨。所以,采用数据报方式更合适。

注意:此题中的"出错率很高"意思是指出错率要比在早期的广域网中采用的电话网的出错率高很多。电话网的出错率虽然和数字光纤网的出错率相比很高,但实际上还是算较低的,所以早期的广域网大多采用虚电路交换的方案。

26. C

虚电路服务是有连接的,属于同一条虚电路的分组,根据该分组的相同虚电路标识,按照同一路由转发,保证分组的有序到达。数据报服务中,网络为每个分组独立地选择路由,传输不保证可靠性,也不保证分组的按序到达。

27. D

分组交换有两种方式:虚电路和数据报。在虚电路服务中,属于同一条虚电路的分组按照同一路由转发;在数据报服务中,网络为每个分组独立地选择路由,传输不保证可靠性,也不保证分组的按序到达。

28. D

关于虚电路和数据报的比较请参考表 2.1。

29. D

电路交换是真正的物理线路交换,例如电话线路;虚电路交换是多路复用技术,每条物理线路可以进行多条逻辑上的连接,选项 A 错误。虚电路不只是临时性的,它提供的服务包括永久性虚电路(PVC)和交换型虚电路(SVC),其中前者是一种提前定义好的、基本上不需要任何建立时间的端点之间的连接,而后者是端点之间的一种临时性连接,这些连接只持续所需的时间,并且在会话结束时就取消这种连接,选项 B 错误。数据报服务是无连接的,不提供可靠性保障,也不保证分组的有序到达,选项 C 错误。数据报服务中,每个分组在传输过程中都必须携带源地址和目的地址;而虚电路服务中,在建立连接后,分组只需携带虚电路标识,而不必带有源地址和目的地址,选项 D 正确。

30. C

虚电路属于分组交换的一种,它和电路交换有着本质的差别,选项 A 错误。虚电路之所以是"虚"的,是因为这条电路不是专用的,每个结点到其他结点之间可能同时有若干虚电路通过,它也可能同时与多个结点之间建立虚电路,选项 B 错误。一个特定会话的虚电路是事先建立好的,因此它的数据分组所走的路径也是固定的,选项 D 错误。

31. C

电路交换和报文交换不采用分组交换技术。数据报传输方式没有差错控制和流量控制机制,也不保证分组按序交付。虚电路方式提供面向连接的、可靠的、保证分组按序到达的网络服务。

32. B

采用 4 个相位,每个相位有 4 种幅度的 QAM 调制方法,每个信号可以有 16 种变化,传输 4 比特的数据。根据奈奎斯特定理,信息的最大传输速率为 $2W\log_2 V = 2\times3k\times4 = 24\text{kb/s}$。

注意本题与第 16 题的区别:第 16 题已知波特率,而本题仅给出了带宽,因此需要先用奈奎斯特定理计算出最大的波特率。

33. C

分组大小为 1000B,分组头大小为 20B,则分组携带的数据大小为 980B,文件长度为 980000B,

需拆分为 1000 个分组，加上头部后，每个分组大小为 1000B，共需要传送的数据量大小为 1MB。由于所有链路的数据传输速率相同，因此文件传输经过最短路径时所需的时间最少，最短路径经过 2 个分组交换机。

当 $t=1M \times 8/(100Mb/s)=80ms$ 时，H1 发送完最后一个比特。

当 H1 发送完最后一个分组时，该分组需要经过 2 个分组交换机的转发，在 2 次转发完成后，所有分组均到达 H2。每次转发的时间为 $t_0=1K \times 8/(100Mb/s)=0.08ms$。

所以，在不考虑分组拆装时间和传播延迟的情况下，当 $t=80ms+2t_0=80.16ms$ 时，H2 接收完文件，即所需的时间至少为 80.16ms。

34．B

波特率 B 与数据传输速率 C 的关系为 $C=B\log_2 N$，N 为一个码元所取的离散值个数。采用 4 种相位，也即可以表示 4 种变化，因此一个码元可携带 $\log_2 4=2$ 比特信息，则该链路的波特率＝比特率/每码元所含比特数＝2400/2＝1200 波特。

35．A

10BaseT 即 10Mb/s 的以太网，采用曼彻斯特编码，将一个码元分成两个相等的间隔，前一个间隔为低电平而后一个间隔为高电平表示码元 1；码元 0 正好相反。也可以采用相反的规定。因此，对应比特串可以是 0011 0110 或 1100 1001。

36．D

传输图为：甲——路由器——乙。

在题目没有明确说明的情况下，不考虑排队时延和处理时延，只考虑发送时延和传播时延，本题中忽略传播时延，因此只针对报文交换和分组交换计算发送时延即可。

计算报文交换的发送时延。报文交换将信息直接传输，其发送时延是每个结点转发报文的时间。而对于每个结点，均有发送时延 $T=8Mb/10Mb/s=0.8s$，由于数据从甲发出，又被路由器转发 1 次，因此一共有 2 个发送时延，所以总发送时延为 1.6s，即报文交换的总时延为 1.6s，排除 A、B 选项。

计算分组交换的发送时延。简单画出前 3 个分组的发送时间示意图如右所示。

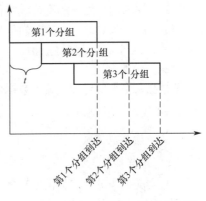

图中 t 为第 2 个分组等待第 1 个分组从第 1 个结点发送完毕的时间。观察发现，在所有分组长度相同的情况下，总的发送时延应为第 1 个分组到达接收端的时间，加上其余所有分组等待第 1 个分组在第 1 个结点的时间 t，即总的发送时延 $T=t_1+(n-1)t$，其中 t_1 为第 1 个分组到达接收端的时间，n 为分组数量，t 为第 2 个分组等待第 1 个分组从第 1 个结点发送完毕的时间。首先计算 t_1，同样，分组 1 从甲发送，被路由器转发，一共有 2 个发送时延，即 $t_1=(10kb/10Mb/s) \times 2=2ms$。其次计算分组数量 n，由于忽略分组头开销，因此 $n=8Mb/10kb=800$。将结果代入 T 的公式，求得发送时延 $T=801ms$。

37．D

由香农定理可知，信噪比和频率带宽都可限制信道的极限传输速率，所以信噪比和频率带宽对信道的数据传输速率是有影响的，选项 A、B 错误；信道传输速率实际上就是信号的发送速率，而调制速率也会直接限制数据传输速率，选项 C 错误；信号的传播速率是信号在信道上传播的速率，与信道的发送速率无关，答案为选项 D。

38．A

NRZ 是最简单的串行编码技术，它用两个电压来代表两个二进制数，如高电平表示 1，低电平表示 0，题中编码 1 符合。NRZI 是用电平的一次翻转来表示 0，与前一个 NRZI 电平相同的电平表示 1。曼彻斯特编码将一个码元分成两个相等的间隔，前一个间隔为高电平而后一个间隔为低电平表示 1；0 的表示方式正好相反，题中编码 2 符合。

39．C

香农定理给出了带宽受限且有高斯白噪声干扰的信道的极限数据传输速率，香农定理定义为：信道的极限数据传输速率 $= W\log_2(1 + S/N)$，单位 b/s。其中，S/N 为信噪比，即信号的平均功率和噪声的平均功率之比，信噪比 $= 10\log_{10}(S/N)$，单位 dB，当 $S/N = 1000$ 时，信噪比为 30dB。则该链路的实际数据传输速率约为 $50\% \times W\log_2(1 + S/N) = 50\% \times 8k \times \log_2(1 + 1000) = 40\text{kb/s}$。

40．D

可用奈奎斯特采样定理计算无噪声情况下的极限数据传输速率，用香农第二定理计算有噪信道极限数据传输速率。$2W\log_2 N \geqslant W\log_2(1 + S/N)$，$W$ 是信道带宽，N 是信号状态数，S/N 是信噪比。将数据代入公式，可得 $N \geqslant 32$，答案为选项 D。分贝数 $= 10\log_{10}(S/N)$。

41．B

虚电路服务需要有建立连接的过程，每个分组使用短的虚电路号，属于同一条虚电路的分组按照同一路由进行转发，分组到达终点的顺序与发送顺序相同，可以保证有序传输，不需要为每条虚电路预分配带宽。

42．A

差分曼彻斯特编码常用于局域网传输，其规则是：若码元为 1，则前半个码元的电平与上一码元的后半个码元的电平相同；若码元为 0，则情形相反。差分曼彻斯特编码的特点在于，在每个时钟周期的起始处，跳变则说明该比特是 0，不跳变则说明该比特是 1。根据题图，第 1 个码元的信号波形因缺乏上一码元的信号波形，无法判断是 0 还是 1，但根据后面的信号波形，可以求出第 2～8 个码元为 011 1001。

43．C．

根据奈奎斯特定理，最大数据传输速率 $= 2W\log_2 V$，4 个幅值的 ASK 调制说明有 4 个相位，将 $V = 4$ 代入，得 800kb/s。

二、综合应用题

01．【解答】

报文交换与分组交换的原理如下：用户数据加上源地址、目的地址、长度、校验码等辅助信息后，封装成 PDU，发给下一个结点。下一个结点收到后先暂存报文，待输出线路空闲时再转发给下一个结点，重复该过程直到到达目的结点。每个 PDU 可单独选择到达目的结点的路径。

不同之处在于：分组交换生成的 PDU 的长度较短且是固定的，而报文交换生成的 PDU 的长度不是固定的。正是这一差别使得分组交换具有独特的优点：①缓冲区易于管理；②分组的平均延迟更小，网络中占用的平均缓冲区更少；③更易标准化；④更适合应用。因此，现在的主流网络基本上都可视为分组交换网络。

02．【解答】

RTT 表示往返传输时间（等于单向传输时间的 2 倍）。

1）最小 RTT 等于 $2 \times 385000000\text{m}/(3 \times 10^8\text{m/s}) = 2.57\text{s}$。

2）"延迟×带宽" 值等于 $2.57\text{s} \times 100\text{Mb/s} = 257\text{Mb} \approx 32\text{MB}$。

3）它表示发送方在收到一个响应之前能够发送的数据量。

4）在图像可以开始到达地面之前，至少需要一个 RTT。假定仅有带宽延迟，那么发送需要的时间等于 25MB/(100Mb/s) = (25×1024×1024×8)bit/(100Mb/s) ≈ 2.1s。因此，直到最后一个图像位到达地球，总共花的时间等于 2.1 + 2.57 = 4.67s。

03.【解答】

1）每条链路的发送延迟是 10000/(10Mb/s) = 1000μs。

总传送时间等于 2×1000 + 2×20 + 35 = 2075μs。

2）作为两个分组发送时，下面列出的是各种事件发生的时间表：

$T = 0$	开始
$T = 500$	A 完成分组 1 的发送，开始发送分组 2
$T = 520$	分组 1 完全到达 S
$T = 555$	分组 1 从 S 起程前往 B
$T = 1000$	A 结束了分组 2 的发送
$T = 1055$	分组 2 从 S 起程前往 B
$T = 1075$	分组 2 的第 1 位开始到达 B
$T = 1575$	分组 2 的最后 1 位到达 B

事实上，从开始发送到 A 把第 2 个分组的最后 1 位发送完，经过的时间为 2×500μs，第 1 个链路延迟 20μs，交换机延迟 35μs（然后才能开始转发第 2 个分组），发送延迟为 500μs，第 2 个链路延迟 20μs。所以，总时间等于 2×500μs + 20μs + 35μs + 500μs + 20μs = 1575μs。

04.【解答】

每部电话平均每小时通话次数 = 4/8 = 0.5 次，每次通话 6 分钟，因此一部电话每小时占用一条电路 3 分钟，即 20 部电话可共享一条线路。由于只有 10%的呼叫是长途，因此 200 部电话占用一条完全时间的长途线路。局间干线复用了 $10^6/(4×10^3)$ = 250 条线路，每条线路支持 200 部电话，因此一个端局能支持的最大电话数是 200×250 = 50000 部[①]。

05.【解答】

由于每个话路采用 7bit 编码，然后再加上 1bit 信令码元，因此一个话路占用 8bit。帧同步码是在 24 路的编码之后加上 1bit，因此每帧有 8bit×24 + 1bit = 193bit。

因为每秒采样 8000 次，因此采样频率为 8000Hz，即采样周期为 1/8000s = 125μs。所以 T1 的数据率为 193bit/(125×10⁻⁶s) = 1.544Mb/s。

06.【解答】

整个传输过程的总时延 = 连接建立时延 + 源点发送时延 + 中间结点的发送时延 + 中间结点的处理时延 + 传播时延。

虚电路的建立时延已给出，为 s 秒。

源点要将 L 位的报文分割成分组，分组数 = L/p，每个分组的长度为 $(h+p)$，源点要发送的数据量 = $(h+p)L/p$，所以源点的发送时延 = $(h+p)L/(pb)$ 秒。

每个中间结点的发送时延 = $(h+p)/b$ 秒，源点和终点之间的线路数为 k，所以有 $k-1$ 个中间结点，因此中间结点的发送时延 = $(h+p)(k-1)/b$ 秒。

中间结点的处理时延 = $m(k-1)$ 秒，传播时延 = kd 秒。所以源结点开始发送数据直至终点收到全部数据所需要的时间 = $s + (h+p)L/(pb) + (h+p)(k-1)/b + m(k-1) + kd$ 秒。

---

① 有同学误认为只能支持 2500 部，解析考虑的是一个端局的情况，若还不理解，请参看视频。

2.2　传输介质

2.2.1　双绞线、同轴电缆、光纤与无线传输介质

传输介质也称传输媒体，它是数据传输系统中发送设备和接收设备之间的物理通路。传输介质可分为导向传输介质和非导向传输介质。在导向传输介质中，电磁波被导向沿着固体媒介（铜线或光纤）传播，而非导向传输介质可以是空气、真空或海水等。

1．双绞线

双绞线是最常用的古老传输介质，它由两根采用一定规则并排绞合的、相互绝缘的铜导线组成。绞合可以减少对相邻导线的电磁干扰。为了进一步提高抗电磁干扰的能力，可在双绞线的外面再加上一层，即用金属丝编织成的屏蔽层，这就是屏蔽双绞线（STP）。无屏蔽层的双绞线称为非屏蔽双绞线（UTP）。它们的结构如图 2.7 所示。

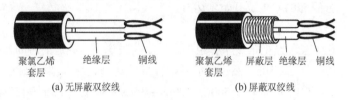

(a) 无屏蔽双绞线　　　　(b) 屏蔽双绞线

图 2.7　双绞线的结构

双绞线的价格便宜，是最常用的传输介质之一，在局域网和传统电话网中普遍使用。双绞线的带宽取决于铜线的粗细和传输的距离。模拟传输和数字传输都可使用双绞线，其通信距离一般为几千米到数十千米。距离太远时，对于模拟传输，要用放大器放大衰减的信号；对于数字传输，要用中继器将失真的信号整形。

2．同轴电缆

同轴电缆由内导体、绝缘层、网状编织屏蔽层和塑料外层构成，如图 2.8 所示。按特性阻抗数值的不同，通常将同轴电缆分为两类：50Ω 同轴电缆和 75Ω 同轴电缆。其中，50Ω 同轴电缆主要用于传送基带数字信号，又称基带同轴电缆，它在局域网中应用广泛；75Ω 同轴电缆主要用于传送宽带信号，又称宽带同轴电缆，主要用于有线电视系统。

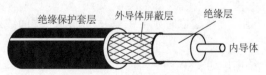

图 2.8　同轴电缆的结构

由于外导体屏蔽层的作用，同轴电缆具有良好的抗干扰特性，被广泛用于传输较高速率的数据，其传输距离更远，但价格较双绞线贵。

3．光纤

光纤通信就是利用光导纤维（简称光纤）传递光脉冲来进行通信。有光脉冲表示 1，无光脉冲表示 0。可见光的频率约为 10^8MHz，因此光纤通信系统的带宽范围极大。

光纤主要由纤芯和包层构成（见图 2.9），纤芯很细，其直径只有 8 至 100μm，光波通过纤芯

进行传导，包层较纤芯有较低的折射率。当光线从高折射率的介质射向低折射率的介质时，其折射角将大于入射角。因此，只要入射角大于某个临界角度，就会出现全反射，即光线碰到包层时就会折射回纤芯，这个过程不断重复，光也就沿着光纤传输下去。

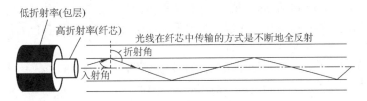

图 2.9　光波在纤芯中的传播

利用光的全反射特性，可以将从不同角度入射的多条光线在一根光纤中传输，这种光纤称为多模光纤（见图 2.10），多模光纤的光源为发光二极管。光脉冲在多模光纤中传输时会逐渐展宽，造成失真，因此多模光纤只适合于近距离传输。

图 2.10　多模光纤

光纤的直径减小到只有一个光的波长时，光纤就像一根波导那样，可使光线一直向前传播，而不会产生多次反射，这样的光纤就是单模光纤（见图 2.11）。单模光纤的纤芯很细，直径只有几微米，制造成本较高。同时，单模光纤的光源为定向性很好的半导体激光器，因此单模光纤的衰减较小，可传输数公里甚至数十千米而不必采用中继器，适合远距离传输。

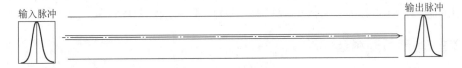

图 2.11　单模光纤

光纤不仅具有通信容量非常大的优点，还具有如下特点：

1）传输损耗小，中继距离长，对远距离传输特别经济。

2）抗雷电和电磁干扰性能好。这在有大电流脉冲干扰的环境下尤为重要。

3）无串音干扰，保密性好，也不易被窃听或截取数据。

4）体积小，重量轻。这在现有电缆管道已拥塞不堪的情况下特别有利。

4．无线传输介质

无线通信已广泛应用于移动电话领域，构成蜂窝式无线电话网。随着便携式计算机的出现，以及在军事、野外等特殊场合下移动通信联网的需要，促进了数字化移动通信的发展，现在无线局域网产品的应用已非常普遍。

（1）无线电波

无线电波具有较强的穿透能力，可以传输很长的距离，所以它被广泛应用于通信领域，如无线手机通信、计算机网络中的无线局域网（WLAN）等。因为无线电波使信号向所有方向散播，因此有效距离范围内的接收设备无须对准某个方向，就可与无线电波发射者进行通信连接，大大简化了通信连接。这也是无线电传输的最重要优点之一。

（2）微波、红外线和激光

目前高带宽的无线通信主要使用三种技术：微波、红外线和激光。它们都需要发送方和接收方之间存在一条视线（Line-of-sight）通路，有很强的方向性，都沿直线传播，有时统称这三者为视线介质。不同的是，红外通信和激光通信把要传输的信号分别转换为各自的信号格式，即红外光信号和激光信号，再直接在空间中传播。

微波通信的频率较高，频段范围也很宽，载波频率通常为 2～40GHz，因而通信信道的容量大。例如，一个带宽为 2MHz 的频段可容纳 500 条语音线路，若用来传输数字信号，数据率可达数兆比特/秒。与通常的无线电波不同，微波通信的信号是沿直线传播的，因此在地面的传播距离有限，超过一定距离后就要用中继站来接力。

卫星通信利用地球同步卫星作为中继来转发微波信号，可以克服地面微波通信距离的限制。三颗相隔 120° 的同步卫星几乎能覆盖整个地球表面，因而基本能实现全球通信。卫星通信的优点是通信容量大、距离远、覆盖广，缺点是保密性差、端到端传播时延长。

2.2.2　物理层接口的特性

物理层考虑的是如何在连接到各种计算机的传输媒体上传输数据比特流，而不指具体的传输媒体。网络中的硬件设备和传输介质的种类繁多，通信方式也各不相同。物理层应尽可能屏蔽这些差异，让数据链路层感觉不到这些差异，使数据链路层只需考虑如何完成本层的协议和服务。

物理层的主要任务可以描述为确定与传输媒体的接口有关的一些特性：

1）机械特性。指明接口所用接线器的形状和尺寸、引脚数目和排列、固定和锁定装置等。

2）电气特性。指明在接口电缆的各条线上出现的电压的范围。

3）功能特性。指明某条线上出现的某一电平的电压表示何种意义。

4）过程特性。或称规程特性。指明对于不同功能的各种可能事件的出现顺序。

常用的物理层接口标准有 EIA RS-232-C、ADSL 和 SONET/SDH 等。

2.2.3　本节习题精选

单项选择题

01. 双绞线是用两根绝缘导线绞合而成的，绞合的目的是（　）。

　　A. 减少干扰　　　B. 提高传输速度　　C. 增大传输距离　　D. 增大抗拉强度

02. 在电缆中采用屏蔽技术带来的好处主要是（　）。

　　A. 减少信号衰减　　　　　　　　B. 减少电磁干扰辐射

　　C. 减少物理损坏　　　　　　　　D. 减少电缆的阻抗

03. 利用一根同轴电缆互连主机构成以太网，则主机间的通信方式为（　）。

　　A. 全双工　　　　B. 半双工　　　　C. 单工　　　　　D. 不确定

04. 同轴电缆比双绞线的传输速率更快，得益于（　）。

　　A. 同轴电缆的铜心比双绞线粗，能通过更大的电流

　　B. 同轴电缆的阻抗比较标准，减少了信号的衰减

　　C. 同轴电缆具有更高的屏蔽性，同时有更好的抗噪声性

　　D. 以上都正确

05. 不受电磁干扰和噪声影响的传输介质是（　）。

　　A. 屏蔽双绞线　　B. 非屏蔽双绞线　　C. 光纤　　　　D. 同轴电缆

06. 多模光纤传输光信号的原理是（　）。

  A. 光的折射特性   B. 光的发射特性

  C. 光的全反射特性   D. 光的绕射特性

07. 以下关于单模光纤的说法中，正确的是（　）。

  A. 光纤越粗，数据传输速率越高

  B. 如果光纤的直径减小到只有光的一个波长大小，那么光沿直线传播

  C. 光源是发光二极管或激光

  D. 光纤是中空的

08. 下面关于卫星通信的说法，错误的是（　）。

  A. 卫星通信的距离长，覆盖的范围广

  B. 使用卫星通信易于实现广播通信和多址通信

  C. 卫星通信的好处在于不受气候的影响，误码率很低

  D. 通信费用高、延时较大是卫星通信的不足之处

09. 某网络在物理层规定，信号的电平用+10V～+15V 表示二进制 0，用-10V～-15V 表示二进制 1，电线长度限于 15m 以内，这体现了物理层接口的（　）。

  A. 机械特性   B. 功能特性   C. 电气特性   D. 规程特性

10. 当描述一个物理层接口引脚处于高电平时的含义时，该描述属于（　）。

  A. 机械特性   B. 电气特性   C. 功能特性   D. 规程特性

11. 【2012 统考真题】在物理层接口特性中，用于描述完成每种功能的事件发生顺序的是（　）。

  A. 机械特性   B. 功能特性   C. 过程特性   D. 电气特性

12. 【2018 统考真题】下列选项中，不属于物理层接口规范定义范畴的是（　）。

  A. 接口形状   B. 引脚功能   C. 物理地址   D. 信号电平

2.2.4　答案与解析

单项选择题

01．A

绞合可以减少两根导线相互的电磁干扰。

02．B

屏蔽层的主要作用是提高电缆的抗干扰能力。

03．B

传统以太网采用广播的方式发送信息，同一时间只允许一台主机发送信息，否则各主机之间就会形成冲突，因此主机间的通信方式是半双工。全双工是指通信双方可以同时发送和接收信息。单工是指只有一个方向的通信而没有反方向的交互。

04．C

同轴电缆以硬铜线为心，外面包一层绝缘材料，绝缘材料的外面再包围一层密织的网状导体，导体的外面又覆盖一层保护性的塑料外壳。这种结构使得它具有更高的屏蔽性，从而既有很高的带宽，又有很好的抗噪性。因此同轴电缆的带宽更高得益于它的高屏蔽性。

05．C

光纤抗雷电和电磁干扰性能好，无串音干扰，保密性好。

06．C

多模光纤传输光信号的原理是光的全反射特性。

07．B

光纤的直径减小到与光线的一个波长相同时，光纤就如同一个波导，光在其中没有反射，而沿直线传播，这就是单模光纤。

08．C

卫星通信有成本高、传播时延长、受气候影响大、保密性差、误码率较高的特点。

09．C

物理层的电气特性规定了信号的电压高低、传输距离等。

10．C

物理层的功能特性指明某条线上出现的某一电平的电压表示何种意义。

11．C

概念题，过程特性定义各条物理线路的工作过程和时序关系。

12．C

物理层的接口规范主要分为 4 种：机械特性、电气特性、功能特性、规程特性。机械特性规定连接所用设备的规格，即选项 A 所说的接口形状。电气特性规定信号的电压高低、阻抗匹配等，如选项 D 所说的信号电平。功能特性规定线路上出现的电平代表什么意义、接口部件的信号线（数据线、控制线、定时线等）的用途，如选项 B 所说的引脚功能。选项 C 中的物理地址是 MAC 地址，它属于数据链路层的范畴。

2.3 物理层设备

2.3.1 中继器

中继器的主要功能是将信号整形并放大再转发出去，以消除信号经过一长段电缆后而产生的失真和衰减，使信号的波形和强度达到所需要的要求，进而扩大网络传输的距离。其原理是信号再生（而非简单地将衰减的信号放大）。中继器有两个端口，数据从一个端口输入，再从另一个端口发出。端口仅作用于信号的电气部分，而不管是否有错误数据或不适于网段的数据。

中继器是用来扩大网络规模的最简单廉价的互连设备。中继器两端的网络部分是网段，而不是子网，使用中继器连接的几个网段仍然是一个局域网。中继器若出现故障，对相邻两个网段的工作都将产生影响。由于中继器工作在物理层，因此它不能连接两个具有不同速率的局域网。

注意：如果某个网络设备具有存储转发的功能，那么可以认为它能连接两个不同的协议；如果该网络设备没有存储转发功能，那么认为它不能连接两个不同的协议。中继器没有存储转发功能，因此它不能连接两个速率不同的网段，中继器两端的网段一定要使用同一个协议。

从理论上讲，中继器的使用数目是无限的，网络因而也可以无限延长。但事实上这不可能，因为网络标准中对信号的延迟范围做了具体的规定，中继器只能在此规定范围内进行有效的工作，否则会引起网络故障。例如，在采用粗同轴电缆的 10BASE5 以太网规范中，互相串联的中继器的个数不能超过 4 个，而且用 4 个中继器串联的 5 段通信介质中只有 3 段可以挂接计算机，其余两段只能用作扩展通信范围的链路段，不能挂接计算机。这就是所谓的"5-4-3 规则"。

注意：放大器和中继器都起放大作用，只不过放大器放大的是模拟信号，原理是将衰减的信号放大，而中继器放大的是数字信号，原理是将衰减的信号整形再生。

2.3.2　集线器

集线器（Hub）实质上是一个多端口的中继器。当 Hub 工作时，一个端口接收到数据信号后，由于信号在从端口到 Hub 的传输过程中已有衰减，所以 Hub 便将该信号进行整形放大，使之再生（恢复）到发送时的状态，紧接着转发到其他所有（除输入端口外）处于工作状态的端口。如果同时有两个或多个端口输入，那么输出时会发生冲突，致使这些数据都无效。从 Hub 的工作方式可以看出，它在网络中只起信号放大和转发作用，目的是扩大网络的传输范围，而不具备信号的定向传送能力，即信息传输的方向是固定的，是一个标准的共享式设备。

Hub 主要使用双绞线组建共享网络，是从服务器连接到桌面的最经济方案。在交换式网络中，Hub 直接与交换机相连，将交换机端口的数据送到桌面上。使用 Hub 组网灵活，它把所有结点的通信集中在以其为中心的结点上，对结点相连的工作站进行集中管理，不让出问题的工作站影响整个网络的正常运行，并且用户的加入和退出也很自由。由 Hub 组成的网络是共享式网络，但逻辑上仍是一个总线网。Hub 的每个端口连接的网络部分是同一个网络的不同网段，同时 Hub 也只能在半双工状态下工作，网络的吞吐率因而受到限制。

注意：多台计算机必然会发生同时通信的情形，因此集线器不能分割冲突域，所有集线器的端口都属于同一个冲突域。集线器在一个时钟周期中只能传输一组信息，如果一台集线器连接的机器数目较多，且多台机器经常需要同时通信，那么将导致信息碰撞，使得集线器的工作效率很差。比如，一个带宽为 10Mb/s 的集线器上连接了 8 台计算机，当这 8 台计算机同时工作时，每台计算机真正所拥有的带宽为 10/8Mb/s＝1.25Mb/s。

2.3.3　本节习题精选

单项选择题

01. 下列关于物理层设备的叙述中，错误的是（　）。
    A. 中继器仅作用于信号的电气部分
    B. 利用中继器来扩大网络传输距离的原理是它将衰减的信号进行了放大
    C. 集线器实质上相当于一个多端口的中继器
    D. 物理层设备连接的几个网段仍是一个局域网，且不能互连具有不同数据链路层协议的网段

02. 转发器的作用是（　）。
    A. 放大信号　　　B. 转发帧　　　　C. 存储帧　　　　D. 寻址

03. 两个网段在物理层进行互连时要求（　）。
    A. 数据传输速率和数据链路层协议都可以不同
    B. 数据传输速率和数据链路层协议都要相同
    C. 数据传输速率要相同，但数据链路层协议可以不同
    D. 数据传输速率可以不同，但数据链路层协议要相同

04. 为了使数字信号传输得更远，可采用的设备是（　）。
    A. 中继器　　　B. 放大器　　　　C. 网桥　　　　D. 路由器

05. 以太网遵循 IEEE 802.3 标准，用粗缆组网时每段的长度不能大于 500m，超过 500m 时就要分段，段间相连利用的是（　）。
    A. 网络适配器　　B. 中继器　　　C. 调制解调器　　D. 网关

06. 在粗缆以太网中可通过中继器扩充网段，中继器最多可有（　）。

A. 3 个 　　　　　　B. 4 个 　　　　　　C. 5 个 　　　　　　D. 无限个

07. 一般来说，集线器连接的网络在拓扑结构上属于（　）。

A. 网状 　　　　　　B. 树形 　　　　　　C. 环形 　　　　　　D. 星形

08. 用集线器连接的工作站集合（　）。

A. 同属一个冲突域，也同属一个广播域

B. 不同属一个冲突域，但同属一个广播域

C. 不同属一个冲突域，也不同属一个广播域

D. 同属一个冲突域，但不同属一个广播域

09. 若有 5 台计算机连接到一台 10Mb/s 的集线器上，则每台计算机分得的平均带宽为（　）。

A. 2Mb/s 　　　B. 5Mb/s 　　　C. 10Mb/s 　　　D. 50Mb/s

10. 当集线器的一个端口收到数据后，将其（　）。

A. 从所有端口广播出去

B. 从除输入端口外的所有端口广播出去

C. 根据目的地址从合适的端口转发出去

D. 随机选择一个端口转发出去

11. 下列关于中继器和集线器的说法中，不正确的是（　）。

A. 二者都工作在 OSI 参考模型的物理层

B. 二者都可以对信号进行放大和整形

C. 通过中继器或集线器互连的网段数量不受限制

D. 中继器通常只有 2 个端口，而集线器通常有 4 个或更多端口

2.3.4　答案与解析

单项选择题

01. B

中继器的原理是将衰减的信号再生，而不是放大，连接后的网段仍然属于同一个局域网。

02. A

转发器是物理层设备，不能识别数据链路层的帧，也无寻址功能，只具有放大信号的功能。

03. C

物理层是 OSI 参考模型的第 1 层，它建立在物理通信介质的基础上，作为与通信介质的接口。在物理层互连时，各种网络的数据传输速率如果不同，那么可能出现以下两种情况：①发送方的速率高于接收方，接收方来不及接收导致溢出（因为物理层没有流量控制），数据丢失。②接收方的速率高于发送方，不会出现数据丢失的情况，但效率极低。

综上所述，数据传输速率必须相同。另外，数据链路层协议可以不同，如果是在数据链路层互连，那么要求数据链路层协议也要相同。注意，在物理层互连成功，只表明这两个网段之间可以互相传送物理层信号，但并不能保证可以互相传送数据链路层的帧；要达到在数据链路层互连互通的目的，则要求数据传输速率和数据链路层协议都相同。

04. A

放大器通常用于远距离地传输模拟信号，它同时也会放大噪声，引起失真。中继器用于数字信号的传输，其工作原理是信号再生，因此会减少失真。网桥用来连接两个网段以扩展物理网络的覆盖范围。路由器是网络层的互连设备，可以实现不同网络的互连。

05. B

中继器的主要功能是将信号复制、整形和放大再转发出去，以消除信号经过一长段电缆而造成的失真和衰减，使信号的波形和强度达到所需要的要求，进而扩大网络传输的距离，原理是信号再生，因此选 B，其他三项显然有点大材小用。

06．B

中继器或集线器有"5-4-3 规则"，其中"5"表示 5 个网段，"4"表示 4 个中继器或集线器，"3"表示 3 个网段为主机段。也就是说，在一个由中继器或集线器互连的网络中，任意发送方和接收方最多只能经过 4 个中继器、5 个网段。

07．D

集线器的作用是将多个网络端口连接在一起，即以集线器为中心，所以使用它的网络在拓扑结构上属于星形结构。

08．A

集线器的功能是，把从一个端口收到的数据通过所有其他端口转发出去。集线器在物理层上扩大了物理网络的覆盖范围，但无法解决冲突域（第二层交换机可解决）与广播域（第三层交换机可解决）的问题，而且增大了冲突的概率。

09．A

集线器以广播的方式将信号从除输入端口外的所有端口输出，因此任意时刻只能有一个端口的有效数据输入。因此，平均带宽的上限为(10Mb/s)/5＝2Mb/s。

10．B

集线器没有寻址功能，从一个端口收到数据后，从其他所有端口转发出去。

11．C

中继器和集线器均工作在物理层，集线器本质上是一个多端口中继器，它们都能对信号进行放大和整形。因为中继器不仅传送有用信号，而且也传送噪音和冲突信号，因而互相串联的个数只能在规定的范围内进行，否则网络将不可用。注意"5-4-3 规则"。

2.4　本章小结及疑难点

1．传输媒体是物理层吗？传输媒体和物理层的主要区别是什么？

传输媒体并不是物理层。由于传输媒体在物理层的下面，而物理层是体系结构的第一层，因此有时称传输媒体为 0 层。在传输媒体中传输的是信号，但传输媒体并不知道所传输的信号代表什么。也就是说，传输媒体不知道所传输的信号什么时候是 1 什么时候是 0。但物理层由于规定了电气特性，因此能够识别所传送的比特流。图 2.12 描述了上述概念。

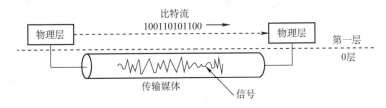

图 2.12　传输媒体与物理层

2．什么是基带传输、频带传输和宽带传输？三者的区别是什么？

在计算机内部或在相邻设备之间近距离传输时，可以不经过调制就在信道上直接进行的传输方式称为基带传输。它通常用于局域网。数字基带传输就是在信道中直接传输数字信号，且传输媒体的整个带宽都被基带信号占用，双向地传输信息。最简单的方法是用两个高低电平来表示二进制数字，常用的编码方法有不归零编码和曼彻斯特编码。例如，要传输 1010，低电平代表 0，高电平代表 1，那么在基带传输下，1010 需要向通信线路传输（高、低、高、低电平）。

用数字信号对特定频率的载波进行调制（数字调制），将其变成适合于传送的信号后再进行传输，这种传输方式就是频带传输。远距离传输或无线传输时，数字信号必须用频带传输技术进行传输。利用频带传输，不仅解决了电话系统传输数字信号的问题，而且可以实现多路复用，进而提高传输信道的利用率。同样传输 1010，经过调制，一个码元对应 4 个二进制位，假设码元 A 代表 1010，那么在模拟信道上传输码元 A 就相当于传输了 1010，这就是频带传输。

借助频带传输，可将链路容量分解成两个或多个信道，每个信道可以携带不同的信号，这就是宽带传输。宽带传输中所有的信道能同时互不干扰地发送信号，链路容量大大增加。比如把信道进行频分复用，划分为 2 条互不相关的子信道，分别在两条子信道上同时进行频带传输，链路容量就大大增加了，这就是宽带传输。

3. 如何理解同步和异步？什么是同步通信和异步通信？

在计算机网络中，同步（Synchronous）的意思很广泛，没有统一的定义。例如，协议的三个要素之一就是"同步"。在网络编程中常提到的"同步"则主要指某函数的执行方式，即函数调用者需等待函数执行完后才能进入下一步。异步（Asynchronous）可简单地理解为"非同步"。

在数据通信中，同步通信与异步通信区别较大。

同步通信的通信双方必须先建立同步，即双方的时钟要调整到同一个频率。收发双方不停地发送和接收连续的同步比特流。主要有两种同步方式：一种是全网同步，即用一个非常精确的主时钟对全网所有结点上的时钟进行同步；另一种是准同步，即各结点的时钟之间允许有微小的误差，然后采用其他措施实现同步传输。同步通信数据率较高，但实现的代价也较高。

异步通信在发送字符时，所发送的字符之间的时间间隔可以是任意的，但接收端必须时刻做好接收的准备。发送端可以在任意时刻开始发送字符，因此必须在每个字符开始和结束的地方加上标志，即开始位和停止位，以便使接收端能够正确地将每个字符接收下来。异步通信也可以帧作为发送的单位。这时，帧的首部和尾部必须设有一些特殊的比特组合，使得接收端能够找出一帧的开始（即帧定界）。异步通信的通信设备简单、便宜，但传输效率较低（因为标志的开销所占比例较大）。图 2.13 给出了以字符、帧为单位的异步通信示意图。

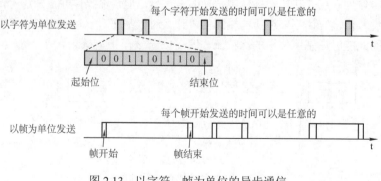

图 2.13　以字符、帧为单位的异步通信

4. 奈氏准则和香农定理的主要区别是什么？这两个定理对数据通信的意义是什么？

奈氏准则指出，码元传输的速率是受限的，不能任意提高，否则接收端就不能正确判定码元所携带的比特是 1 还是 0（因为存在码元之间的相互干扰）。

奈氏准则是在理想条件下推导出来的。在实际条件下，最高码元传输速率要比理想条件下得出的数值小很多。电信技术人员的任务就是要在实际条件下，寻找出较好的传输码元波形，将比特转换为较为合适的传输信号。

需要注意的是，奈氏准则并未限制信息传输速率（b/s）。要提高信息传输速率，就必须使每个传输的码元能够代表许多比特的信息，这就需要有很好的编码技术。但码元所载的比特数确定后，信道的极限数据率也就确定了。

香农定理给出了信息传输速率的极限，即对于一定的传输带宽（单位为 Hz）和一定的信噪比，信息传输速率的上限就确定了，这个极限是不能突破的。要想提高信息传输速率，要么设法提高传输线路的带宽，要么设法提高所传信道的信噪比，此外没有其他任何办法。

香农定理告诉我们，若要得到无限大的信息传输速率，只有两个办法：要么使用无限大的传输带宽（这显然不可能），要么使信号的信噪比无限大，即采用没有噪声的传输信道或使用无限大的发送功率（显然这也不可能）。注意，奈氏准则和香农定理中"带宽"的单位都是 Hz。

5. 信噪比为 S/N，为什么还要取对数 $10\log_{10}(S/N)$？

1）数字形式表示，即一般数值。如噪声功率为 1，信号功率为 100，信噪比为 $100/1 = 100$。

2）以分贝形式表示，同样还是上面这些数字，以分贝形式表示的信噪比为

$$10\log_{10}(S/N) = 10\log_{10}100 = 20\text{dB}$$

两者的区别在于，前者（数值）是没有单位的，后者必须加 dB，代表分贝。两者数值上等价。

采用分贝表示的原因是：很多时候，信号要比噪声强得多，比如信号比噪声强 10 亿倍，如果用数值表示的话，那么 1 后面有 9 个 0，很容易丢失一个 0。如果用分贝表示，那么仅为 90dB，因此要简单得多，而且不容易出错。分贝对于表示特别大或特别小的数值极为有利，这种表示方式在电子通信领域用途很广。

第 **3** 章　数据链路层

扫一扫

视频讲解

【复习提示】

　　本章是历年考试中考查的重点。要求在了解数据链路层基本概念和功能的基础上，重点掌握滑动窗口机制、三种可靠传输协议、各种 MAC 协议、HDLC 协议和 PPP 协议，特别是 CSMA/CD 协议和以太网帧格式，以及局域网的争用期和最小帧长的概念、二进制指数退避算法。此外，中继器、网卡、集线器、网桥和局域网交换机的原理及区别也要重点掌握。

3.1　数据链路层的功能

　　数据链路层在物理层提供服务的基础上向网络层提供服务，其主要作用是加强物理层传输原始比特流的功能，将物理层提供的可能出错的物理连接改造为逻辑上无差错的数据链路，使之对网络层表现为一条无差错的链路。下面具体介绍数据链路层的功能。

3.1.1　为网络层提供服务

对网络层而言，数据链路层的基本任务是将源机器中来自网络层的数据传输到目标机器的网络层。数据链路层通常可为网络层提供如下服务：

1）无确认的无连接服务。源机器发送数据帧时不需先建立链路连接，目的机器收到数据帧时不需发回确认。对丢失的帧，数据链路层不负责重发而交给上层处理。适用于实时通信或误码率较低的通信信道，如以太网。

2）有确认的无连接服务。源机器发送数据帧时不需先建立链路连接，但目的机器收到数据帧时必须发回确认。源机器在所规定的时间内未收到确定信号时，就重传丢失的帧，以提高传输的可靠性。该服务适用于误码率较高的通信信道，如无线通信。

3）有确认的面向连接服务。帧传输过程分为三个阶段：建立数据链路、传输帧、释放数据链路。目的机器对收到的每一帧都要给出确认，源机器收到确认后才能发送下一帧，因而该服务的可靠性最高。该服务适用于通信要求（可靠性、实时性）较高的场合。

注意：有连接就一定要有确认，即不存在无确认的面向连接的服务。

3.1.2　链路管理

数据链路层连接的建立、维持和释放过程称为链路管理，它主要用于面向连接的服务。链路两端的结点要进行通信，必须首先确认对方已处于就绪状态，并交换一些必要的信息以对帧序号初始化，然后才能建立连接，在传输过程中则要能维持连接，而在传输完毕后要释放该连接。在多个站点共享同一物理信道的情况下（如在局域网中）如何在要求通信的站点间分配和管理信道也属于数据链路层管理的范畴。

3.1.3　帧定界、帧同步与透明传输

两台主机之间传输信息时，必须将网络层的分组封装成帧，以帧的格式进行传送。将一段数据的前后分别添加首部和尾部，就构成了帧。因此，帧长等于数据部分的长度加上首部和尾部的长度。首部和尾部中含有很多控制信息，它们的一个重要作用是确定帧的界限，即帧定界。而帧同步指的是接收方应能从接收到的二进制比特流中区分出帧的起始与终止。如在 HDLC 协议中，用标识位 F（01111110）来标识帧的开始和结束。通信过程中，检测到帧标识位 F 即认为是帧的开始，然后一旦检测到帧标识位 F 即表示帧的结束。HDLC 标准帧格式如图 3.1 所示。为了提高帧的传输效率，应当使帧的数据部分的长度尽可能地大于首部和尾部的长度，但每种数据链路层协议都规定了帧的数据部分的长度上限——最大传送单元（MTU）。

标志	地址	控制	信息	帧校验序列	标志
F 01111110	A 8 位	C 8 位	I N 位（可变）	FCS 16 位	F 01111110

图 3.1　HDLC 标准帧格式

如果在数据中恰好出现与帧定界符相同的比特组合（会误认为"传输结束"而丢弃后面的数据），那么就要采取有效的措施解决这个问题，即透明传输。更确切地说，透明传输就是不管所传数据是什么样的比特组合，都应当能在链路上传送。

3.1.4　流量控制

由于收发双方各自的工作速率和缓存空间的差异，可能出现发送方的发送能力大于接收方的

接收能力的现象，如若此时不适当限制发送方的发送速率（即链路上的信息流量），前面来不及接收的帧将会被后面不断发送来的帧"淹没"，造成帧的丢失而出错。因此，流量控制实际上就是限制发送方的数据流量，使其发送速率不超过接收方的接收能力。

这个过程需要通过某种反馈机制使发送方能够知道接收方是否能跟上自己，即需要有一些规则使得发送方知道在什么情况下可以接着发送下一帧，而在什么情况下必须暂停发送，以等待收到某种反馈信息后继续发送。

流量控制（见图 3.2）并不是数据链路层特有的功能，许多高层协议中也提供此功能，只不过控制的对象不同而已。对于数据链路层来说，控制的是相邻两结点之间数据链路上的流量，而对于传输层来说，控制的则是从源端到目的端之间的流量。

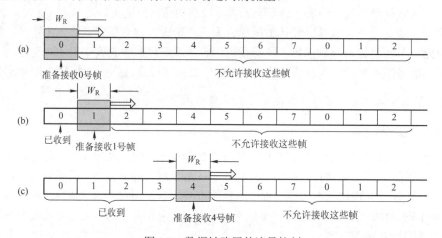

图 3.2　数据链路层的流量控制

注意：在 OSI 体系结构中，数据链路层具有流量控制的功能。而在 TCP/IP 体系结构中，流量控制功能被移到了传输层。因此，有部分教材将流量控制放在传输层进行讲解。

3.1.5　差错控制

由于信道噪声等各种原因，帧在传输过程中可能会出现错误。用以使发送方确定接收方是否正确收到由其发送的数据的方法称为差错控制。通常，这些错误可分为位错和帧错。

位错指帧中某些位出现了差错。通常采用循环冗余校验（CRC）方式发现位错，通过自动重传请求（Automatic Repeat reQuest，ARQ）方式来重传出错的帧。具体做法是：让发送方将要发送的数据帧附加一定的 CRC 冗余检错码一并发送，接收方则根据检错码对数据帧进行错误检测，若发现错误则丢弃，发送方超时重传该数据帧。这种差错控制方法称为 ARQ 法。ARQ 法只需返回很少的控制信息就可有效地确认所发数据帧是否被正确接收。

帧错指帧的丢失、重复或失序等错误。在数据链路层引入定时器和编号机制，能保证每一帧最终都能有且仅有一次正确地交付给目的结点。

3.1.6　本节习题精选

单项选择题

01. 下列不属于数据链路层功能的是（　）。

　　A. 帧定界功能　　B. 电路管理功能　　C. 差错控制功能　　D. 流量控制功能

02. 数据链路层协议的功能不包括（　）。

　　A. 定义数据格式　　　　　　　　　　　B. 提供结点之间的可靠传输

C. 控制对物理传输介质的访问　　　　D. 为终端结点隐蔽物理传输的细节

03. 为了避免传输过程中帧的丢失，数据链路层采用的方法是（　）。

A. 帧编号机制　　B. 循环冗余校验码　C. 海明码　　　　D. 计时器超时重发

04. 数据链路层为网络层提供的服务不包括（　）。

A. 无确认的无连接服务　　　　　　B. 有确认的无连接服务

C. 无确认的面向连接服务　　　　　　D. 有确认的面向连接服务

05. 对于信道比较可靠且对实时性要求高的网络，数据链路层采用（　）比较合适。

A. 无确认的无连接服务　　　　　　B. 有确认的无连接服务

C. 无确认的面向连接服务　　　　　　D. 有确认的面向连接服务

06. 流量控制实际上是对（　）的控制。

A. 发送方的数据流量　　　　　　　B. 接收方的数据流量

C. 发送、接收方的数据流量　　　　　D. 链路上任意两结点间的数据流量

07. 下述协议中，（　）不是数据链路层的标准。

A. ICMP　　　　　B. HDLC　　　　　C. PPP　　　　　D. SLIP

08. 假设物理信道的传输成功率是 95%，而平均一个网络层分组需要 10 个数据链路层帧来发送。若数据链路层采用无确认的无连接服务，则发送网络层分组的成功率（　）。

A. 40%　　　　　B. 60%　　　　　C. 80%　　　　　D. 95%

3.1.7　答案与解析

单项选择题

01. B

数据链路层的主要功能有：如何将二进制比特流组织成数据链路层的帧；如何控制帧在物理信道上的传输，包括如何处理传输差错；在两个网络实体之间提供数据链路的建立、维护和释放；控制链路上帧的传输速率，以使接收方有足够的缓存来接收每个帧。这些功能对应为帧定界、差错检测、链路管理和流量控制。电路管理功能由物理层提供，关于"电路"和"链路"的区别请参见本章疑难点 1。

02. D

数据链路层的主要功能包括组帧，组帧即定义数据格式，选项 A 正确。数据链路层在物理层提供的不可靠的物理连接上实现结点到结点的可靠性传输，选项 B 正确。控制对物理传输介质的访问由数据链路层的介质访问控制（MAC）子层完成，选项 C 正确。为终端结点隐蔽物理传输的细节是物理层的功能，数据链路层不必考虑如何实现无差别的比特传输，选项 D 错误。

03. D

为防止在传输过程中帧丢失，在可靠的数据链路层协议中，发送方对发送的每个数据帧设计一个定时器，当计时器到期而该帧的确认帧仍未到达时，发送方将重发该帧。为保证接收方不会接收到重复帧，需要对每个发送的帧进行编号；海明码和循环冗余校验码都用于差错控制。

04. C

连接是建立在确认机制的基础上的，因此数据链路层没有无确认的面向连接服务。一般情况下，数据链路层会为网络层提供三种可能的服务：无确认的无连接服务、有确认的无连接服务、有确认的面向连接服务。

05. A

无确认的无连接服务是指源机器向目标机器发送独立的帧，目标机器并不对这些帧进行确认。事先并不建立逻辑连接，事后也不用释放逻辑连接。若由于线路上有噪声而造成某一帧丢失，

则数据链路层并不会检测这样的丢帧现象，也不会回复。当错误率很低时，这一类服务非常合适，这时恢复任务可以留给上面的各层来完成。这类服务对于实时通信也是非常合适的，因为实时通信中数据的迟到比数据损坏更不好。

06．A

流量控制是通过限制发送方的数据流量而使发送方的发送速率不超过接收方接收速率的一种技术。流量控制功能并不是数据链路层独有的，其他层上也有相应的控制策略，只是各层的流量控制对象是在相应层的实体之间进行的。

07．A

网际控制报文协议（ICMP）是网络层协议，PPP 是在 SLIP 基础上发展而来的，都是数据链路层协议。

08．B

要成功发送一个网络层分组，需要成功发送 10 个数据链路层帧。成功发送 10 个数据链路层帧的概率是 $(0.95)^{10} \approx 0.598$，即大约只有 60% 的成功率。这个结论说明了在不可靠的信道上无确认的服务效率很低。为了提高可靠性，应该引入有确认的服务。

3.2　组帧

数据链路层之所以要把比特组合成帧为单位传输，是为了在出错时只重发出错的帧，而不必重发全部数据，从而提高效率。为了使接收方能正确地接收并检查所传输的帧，发送方必须依据一定的规则把网络层递交的分组封装成帧（称为组帧）。组帧主要解决帧定界、帧同步、透明传输等问题。通常有以下 4 种方法实现组帧。

注意：组帧时既要加首部，又要加尾部。原因是，在网络中信息是以帧为最小单位进行传输的，所以接收端要正确地接收帧，必须要清楚该帧在一串比特流中从哪里开始到哪里结束（因为接收端收到的是一串比特流，没有首部和尾部是不能正确区分帧的）。而分组（即 IP 数据报）仅是包含在帧中的数据部分（后面将详细讲解），所以不需要加尾部来定界。

3.2.1　字符计数法

如图 3.3 所示，字符计数法是指在帧头部使用一个计数字段来标明帧内字符数。目的结点的数据链路层收到字节计数值时，就知道后面跟随的字节数，从而可以确定帧结束的位置（计数字段提供的字节数包含自身所占用的一个字节）。

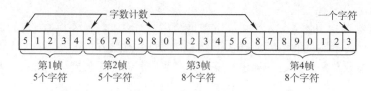

图 3.3　字符计数法

这种方法最大的问题在于如果计数字段出错，即失去了帧边界划分的依据，那么接收方就无法判断所传输帧的结束位和下一帧的开始位，收发双方将失去同步，从而造成灾难性后果。

3.2.2　字符填充的首尾定界符法

字符填充法使用特定字符来定界一帧的开始与结束，在图 3.4 的例子中，控制字符 SOH 放在帧的最前面,表示帧的首部开始,控制字符 EOT 表示帧的结束。为了使信息位中出现的特殊字符不被误判为帧的首尾定界符,可在特殊字符前面填充一个转义字符（ESC）来加以区分（注意,转义字符是 ASCII 码中的控制字符,是一个字符,而非 "E" "S" "C" 三个字符的组合）,以实现数据的透明传输。接收方收到转义字符后,就知道其后面紧跟的是数据信息,而不是控制信息。

如图 3.4(a)所示的字符帧,帧的数据段中出现 EOT 或 SOH 字符,发送方在每个 EOT 或 SOH 字符前再插入一个 ESC 字符［见图 3.4(b)］,接收方收到数据后会自己删除这个插入的 ESC 字符,结果仍得到原来的数据［见图 3.4(c)］。这也正是字符填充法名称的由来。如果转义字符 ESC 也出现在数据中,那么解决方法仍是在转义字符前插入一个转义字符。

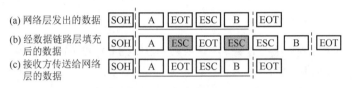

图 3.4　字符填充法

3.2.3　零比特填充的首尾标志法

如图 3.5 所示,零比特填充法允许数据帧包含任意个数的比特,也允许每个字符的编码包含任意个数的比特。它使用一个特定的比特模式,即 01111110 来标志一帧的开始和结束。为了不使信息位中出现的比特流 01111110 被误判为帧的首尾标志,发送方的数据链路层在信息位中遇到 5 个连续的 "1" 时,将自动在其后插入一个 "0";而接收方做该过程的逆操作,即每收到 5 个连续的 "1" 时,自动删除后面紧跟的 "0",以恢复原信息。

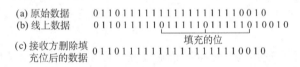

图 3.5　比特填充法

零比特填充法很容易由硬件来实现,性能优于字符填充法。

3.2.4　违规编码法

在物理层进行比特编码时,通常采用违规编码法。例如,曼彻斯特编码方法将数据比特 "1" 编码成 "高-低" 电平对,将数据比特 "0" 编码成 "低-高" 电平对,而 "高-高" 电平对和 "低-低" 电平对在数据比特中是违规的（即没有采用）。可以借用这些违规编码序列来定界帧的起始和终止。局域网 IEEE 802 标准就采用了这种方法。

违规编码法不需要采用任何填充技术,便能实现数据传输的透明性,但它只适用于采用冗余编码的特殊编码环境。

由于字符计数法中计数字段的脆弱性和字符填充法实现上的复杂性与不兼容性,目前较常用的组帧方法是零比特填充法和违规编码法。

3.2.5　本节习题精选

综合应用题

01. 在一个数据链路协议中使用下列字符编码:

A 01000111;　　　　B 11100011;　　　　ESC 11100000;　　　　　FLAG 01111110

在使用下列成帧方法的情况下，说明为传送 4 个字符 A、B、ESC、FLAG 所组织的帧而实际发送的二进制位序列（使用 FLAG 作为首尾标志，ESC 作为转义字符）。

1）字符计数法。

2）使用字符填充的首尾定界法。

3）使用比特填充的首尾标志法。

3.2.6　答案与解析

综合应用题

01.【解答】

1）第一字节为所传输的字符计数 5，转换为二进制为 00000101，后面依次为 A、B、ESC、FLAG 的二进制编码：

00000101　01000111　11100011　11100000　01111110

2）首尾标志位 FLAG（01111110），在所传输的数据中，若出现控制字符，则在该字符前插入转义字符 ESC（11100000）：

01111110 01000111 11100011 11100000 11100000 11100000 01111110 01111110

3）首尾标志位 FLAG（01111110），在所传输的数据中，若连续出现 5 个 "1"，则在其后插入 "0"：

01111110　01000111　110100011　111000000　011111010　01111110

3.3　差错控制

实际通信链路都不是理想的，比特在传输过程中可能会产生差错，1 可能会变成 0，0 也可能会变成 1，这就是比特差错。比特差错是传输差错中的一种，本节仅讨论比特差错。

通常利用编码技术进行差错控制，主要有两类：自动重传请求 ARQ 和前向纠错 FEC。在 ARQ 方式中，接收端检测到差错时，就设法通知发送端重发，直到接收到正确的码字为止。在 FEC 方式中，接收端不但能发现差错，而且能确定比特串的错误位置，从而加以纠正。因此，差错控制又可分为检错编码和纠错编码。

3.3.1　检错编码

检错编码都采用冗余编码技术，其核心思想是在有效数据（信息位）被发送前，先按某种关系附加一定的冗余位，构成一个符合某一规则的码字后再发送。当要发送的有效数据变化时，相应的冗余位也随之变化，使得码字遵从不变的规则。接收端根据收到的码字是否仍符合原规则来判断是否出错。常见的检错编码有奇偶校验码和循环冗余码。

1．奇偶校验码

奇偶校验码是奇校验码和偶校验码的统称，是一种最基本的检错码。它由 $n-1$ 位信息元和 1 位校验元组成，如果是奇校验码，那么在附加一个校验元后，码长为 n 的码字中 "1" 的个数为奇数；如果是偶校验码，那么在附加一个校验元以后，码长为 n 的码字中 "1" 的个数为偶数。它只能检测奇数位的出错情况，但并不知道哪些位错了，也不能发现偶数位的出错情况。

2. 循环冗余码

循环冗余码（Cyclic Redundancy Code，CRC）又称多项式码，任何一个由二进制数位串组成的代码都可与一个只含有 0 和 1 两个系数的多项式建立一一对应关系。一个 k 位帧可以视为从 X^{k-1} 到 X^0 的 k 次多项式的系数序列，这个多项式的阶数为 $k-1$，高位是 X^{k-1} 项的系数，下一位是 X^{k-2} 的系数，以此类推。例如 1110011 有 7 位，表示成多项式是 $X^6+X^5+X^4+X+1$，而多项式 $X^5+X^4+X^2+X$ 对应的位串是 110110，其运算过程如图 3.6 所示。

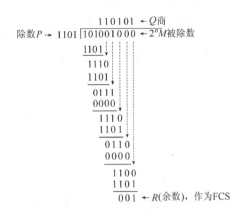

图 3.6　循环冗余码的运算过程

给定一个 m bit 的帧或报文，发送器生成一个 r bit 的序列，称为帧检验序列（FCS）。这样所形成的帧将由 $m+r$ 比特组成。发送方和接收方事先商定一个多项式 $G(x)$（最高位和最低位必须为 1），使这个带检验码的帧刚好能被预先确定的多项式 $G(x)$ 整除。接收方用相同的多项式去除收到的帧，如果无余数，那么认为无差错。

假设一个帧有 m 位，其对应的多项式为 $M(x)$，则计算冗余码的步骤如下：

1）加 0。假设 $G(x)$ 的阶为 r，在帧的低位端加上 r 个 0。

2）模 2 除。利用模 2 除法，用 $G(x)$ 对应的数据串去除 1）中计算出的数据串，得到的余数即为冗余码（共 r 位，前面的 0 不可省略）。

多项式以 2 为模运算。按照模 2 运算规则，加法不进位，减法不借位，它刚好是异或操作。乘除法类似于二进制的运算，只是在做加减法时按模 2 规则进行。

冗余码的计算举例：设 $G(x)=1101$（即 $r=3$），待传送数据 $M=101001$（即 $m=6$），经模 2 除法运算后的结果是：商 $Q=110101$（这个商没什么用），余数 $R=001$。所以发送出去的数据为 101001 001（即 2^rM+ FCS），共有 $m+r$ 位。

通过循环冗余码（CRC）的检错技术，数据链路层做到了对帧的无差错接收。也就是说，凡是接收端数据链路层接受的帧，我们都认为这些帧在传输过程中没有产生差错；而接收端丢弃的帧虽然也收到了，但最终因为有差错而被丢弃，即未被接受。

注意：循环冗余码（CRC）是具有纠错功能的，只是数据链路层仅使用了它的检错功能，检测到帧出错则直接丢弃，是为了方便协议的实现，因此本节将 CRC 放在检错编码中介绍。

3.3.2　纠错编码

在数据通信的过程中，解决差错问题的一种方法是在每个要发送的数据块上附加足够的冗余信息，使接收方能够推导出发送方实际送出的应该是什么样的比特串。最常见的纠错编码是海明码，其实现原理是在有效信息位中加入几个校验位形成海明码，并把海明码的每个二进制位分配到几个奇偶校验组中。当某一位出错后，就会引起有关的几个校验位的值发生变化，这不但可以发现错位，而且能指出错位的位置，为自动纠错提供依据。

现以数据码 1010 为例讲述海明码的编码原理和过程。

（1）确定海明码的位数

设 n 为有效信息的位数，k 为校验位的位数，则信息位 n 和校验位 k 应满足

$$n+k \leqslant 2^k-1 \quad （若要检测两位错，则需再增加 1 位校验位，即 k+1 位）$$

海明码位数为 $n+k=7\leqslant 2^3-1$ 成立，则 n、k 有效。设信息位为 $D_4D_3D_2D_1$（1010），共 4 位，

校验位为 $P_3P_2P_1$，共 3 位，对应的海明码为 $H_7H_6H_5H_4H_3H_2H_1$。

（2）确定校验位的分布

规定校验位 P_i 在海明位号为 2^{i-1} 的位置上，其余各位为信息位，因此有：

P_1 的海明位号为 $2^{i-1}=2^0=1$，即 H_1 为 P_1。

P_2 的海明位号为 $2^{i-1}=2^1=2$，即 H_2 为 P_2。

P_3 的海明位号为 $2^{i-1}=2^2=4$，即 H_4 为 P_3。

将信息位按原来的顺序插入，则海明码各位的分布如下：

$$H_7 \quad H_6 \quad H_5 \quad H_4 \quad H_3 \quad H_2 \quad H_1$$
$$D_4 \quad D_3 \quad D_2 \quad P_3 \quad D_1 \quad P_2 \quad P_1$$

（3）分组以形成校验关系

每个数据位用多个校验位进行校验，但要满足条件：被校验数据位的海明位号等于校验该数据位的各校验位海明位号之和。另外，校验位不需要再被校验。分组形成的校验关系如下。

		$P_1(H_1)$		$P_2(H_2)$		$P_3(H_4)$
D_1 放在 H_3 上，由 P_2P_1 校验：	3 =	1	+	2		
D_2 放在 H_5 上，由 P_3P_1 校验：	5 =	1	+			4
D_3 放在 H_6 上，由 P_3P_2 校验：	6 =			2	+	4
D_4 放在 H_7 上，由 $P_3P_2P_1$ 校验：	7 =	1	+	2	+	4
		第 1 组		第 2 组		第 3 组

（4）校验位取值

校验位 P_i 的值为第 i 组（由该校验位校验的数据位）所有位求异或。

根据（3）中的分组有

$$P_1=D_1 \oplus D_2 \oplus D_4=0 \oplus 1 \oplus 1=0$$
$$P_2=D_1 \oplus D_3 \oplus D_4=0 \oplus 0 \oplus 1=1$$
$$P_3=D_2 \oplus D_3 \oplus D_4=1 \oplus 0 \oplus 1=0$$

所以，1010 对应的海明码为 101**0010**（下画线为校验位，其他为信息位）。

（5）海明码的校验原理

每个校验组分别利用校验位和参与形成该校验位的信息位进行奇偶校验检查，构成 k 个校验方程：

$$S_1=P_1 \oplus D_1 \oplus D_2 \oplus D_4$$
$$S_2=P_2 \oplus D_1 \oplus D_3 \oplus D_4$$
$$S_3=P_3 \oplus D_2 \oplus D_3 \oplus D_4$$

若 $S_3S_2S_1$ 的值为"000"，则说明无错；否则说明出错，且这个数就是错误位的位号，如 $S_3S_2S_1=001$，说明第 1 位出错，即 H_1 出错，直接将该位取反就达到了纠错的目的。

3.3.3 本节习题精选

一、单项选择题

01. 通过提高信噪比可以减弱其影响的差错是（ ）。

    A. 随机差错   B. 突发差错   C. 数据丢失差错   D. 干扰差错

02. 下列有关数据链路层差错控制的叙述中，错误的是（ ）。

    A. 数据链路层只能提供差错检测，而不提供对差错的纠正

    B. 奇偶校验码只能检测出错误而无法对其进行修正，也无法检测出双位错误

    C. CRC 校验码可以检测出所有的单比特错误

　　　D. 海明码可以纠正一位差错
03. 下列属于奇偶校验码特征的是（　　）。
　　　A. 只能检查出奇数个比特错误　　　　　B. 能查出长度任意一个比特的错误
　　　C. 比 CRC 检验可靠　　　　　　　　　D. 可以检查偶数个比特的错误
04. 字符 S 的 ASCII 编码从低到高依次为 1100101，采用奇校验，在下述收到的传输后字符中，错误（　　）不能检测。
　　　A. 11000011　　　　B. 11001010　　　　C. 11001100　　　　D. 11010011
05. 为了纠正 2 比特的错误，编码的海明距应该为（　　）。
　　　A. 2　　　　　　　B. 3　　　　　　　C. 4　　　　　　　D. 5
06. 对于 10 位要传输的数据，如果采用汉明校验码，那么需要增加的冗余信息位数是（　　）。
　　　A. 3　　　　　　　B. 4　　　　　　　C. 5　　　　　　　D. 6
07. 下列关于循环冗余校验的说法中，（　　）是错误的。
　　　A. 带 r 个校验位的多项式编码可以检测到所有长度小于或等于 r 的突发性错误
　　　B. 通信双方可以无须商定就直接使用多项式编码
　　　C. CRC 校验可以使用硬件来完成
　　　D. 有一些特殊的多项式，因为其有很好的特性，而成了国际标准
08. 要发送的数据是 1101 0110 11，采用 CRC 校验，生成多项式是 10011，那么最终发送的数据应是（　　）。
　　　A. 1101 0110 1110 10　　　　　　　　B. 1101 0110 1101 10
　　　C. 1101 0110 1111 10　　　　　　　　D. 1111 0011 0111 00

二、综合应用题

01. 在数据传输过程中，若接收方收到的二进制比特序列为 10110011010，接收双方采用的生成多项式为 $G(x)=x^4+x^3+1$，则该二进制比特序列在传输中是否出错？如果未出现差错，那么发送数据的比特序列和 CRC 检验码的比特序列分别是什么？

3.3.4　答案与解析

一、单项选择题

01. A

一般来说，数据的传输差错是由噪声引起的。通信信道的噪声可以分为两类：热噪声和冲击噪声。热噪声一般是信道固有的，引起的差错是随机差错，可以通过提高信噪比来降低它对数据传输的影响。冲击噪声一般是由外界电磁干扰引起的，引起的差错是突发差错，它是引起传输差错的主要原因，无法通过提高信噪比来避免。

02. A

链路层的差错控制有两种基本策略：检错编码和纠错编码。常见的纠错码有海明码，它可以纠正一位差错。

03. A

奇偶校验的原理是通过增加冗余位来使得码字中"1"的个数保持为奇数或偶数的编码方法，它只能发现奇数个比特的错误。

04. D

既然采用奇校验，那么传输的数据中 1 的个数若是偶数个则可检测出错误，若 1 的个数是奇数个，则检测不出错误，因此答案为选项 D。

05. D

海明码"纠错"d 位，需要码距为 $2d1$ 的编码方案；"检错"d 位，则只需码距为 $d+1$。

06．**B**

在 k 比特信息位上附加 r 比特冗余信息，构成 $k+r$ 比特的码字，必须满足 $2^r \geqslant k+r+1$。如果 k 的取值小于或等于 11 且大于 4，那么 $r=4$。

07．**B**

在使用多项式编码时，发送端和接收端必须预先商定一个生成多项式。发送端按照模 2 除法，得到校验码，在发送数据时把该校验码加在数据后面。接收端收到数据后，也需要根据该生成多项式来验证数据的正确性。

08．**C**

假设一个帧有 m 位，其对应的多项式为 $G(x)$，则计算冗余码的步骤如下：

① 加 0。假设 $G(x)$ 的阶为 r，在帧的低位端加上 r 个 0。

② 模 2 除。利用模 2 除法，用 $G(x)$ 对应的数据串去除①中计算出的数据串，得到的余数即为冗余码（共 r 位，前面的 0 不可省略）。

多项式以 2 为模运算。按照模 2 运算规则，加法不进位，减法不借位，它刚好是异或操作。乘除法类似于二进制运算，只是在做加减法时按模 2 规则进行。根据以上算法计算可得答案为选项 C。

二、综合应用题

01．**【解答】**

根据题意，生成多项式 $G(x)$ 对应的二进制比特序列为 11001。进行如下的二进制模 2 除法，被除数为 10110011010，除数为 11001：

$$
\begin{array}{r}
1101010 \\
11001\,\overline{\smash{)}\,10110011010} \\
\underline{11001} \\
11110 \\
\underline{11001} \\
11111 \\
\underline{11001} \\
11001 \\
\underline{11001} \\
00
\end{array}
$$

所得余数为 0，因此该二进制比特序列在传输过程中未出现差错。发送数据的比特序列是 1011001，CRC 检验码的比特序列是 1010。

注意：CRC 检验码的位数等于生成多项式 $G(x)$ 的最高次数。

3.4   流量控制与可靠传输机制

3.4.1   流量控制、可靠传输与滑动窗口机制

流量控制涉及对链路上的帧的发送速率的控制，以使接收方有足够的缓冲空间来接收每个帧。例如，在面向帧的自动重传请求系统中，当待确认帧的数量增加时，有可能超出缓冲存储空间而造成过载。流量控制的基本方法是由接收方控制发送方发送数据的速率，常见的方式有两种：停止-等待协议和滑动窗口协议。

1. 停止-等待流量控制基本原理

发送方每发送一帧，都要等待接收方的应答信号，之后才能发送下一帧；接收方每接收一帧，

都要反馈一个应答信号，表示可接收下一帧，如果接收方不反馈应答信号，那么发送方必须一直等待。每次只允许发送一帧，然后就陷入等待接收方确认信息的过程中，因而传输效率很低。

2. 滑动窗口流量控制基本原理

在任意时刻，发送方都维持一组连续的允许发送的帧的序号，称为发送窗口；同时接收方也维持一组连续的允许接收帧的序号，称为接收窗口。发送窗口用来对发送方进行流量控制，而发送窗口的大小 W_T 代表在还未收到对方确认信息的情况下发送方最多还可以发送多少个数据帧。同理，在接收端设置接收窗口是为了控制可以接收哪些数据帧和不可以接收哪些帧。在接收方，只有收到的数据帧的序号落入接收窗口内时，才允许将该数据帧收下。若接收到的数据帧落在接收窗口之外，则一律将其丢弃。

图 3.7 给出了发送窗口的工作原理，图 3.8 给出了接收窗口的工作原理。

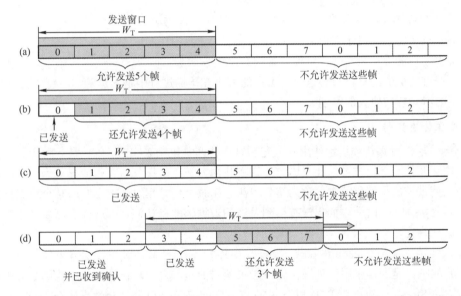

图 3.7　发送窗口控制发送端的发送速率：(a)允许发送 0～4 号共 5 个帧；(b)允许发送 1～4 号共 4 个帧；(c)不允许发送任何帧；(d)允许发送 5～7 号共 3 个帧

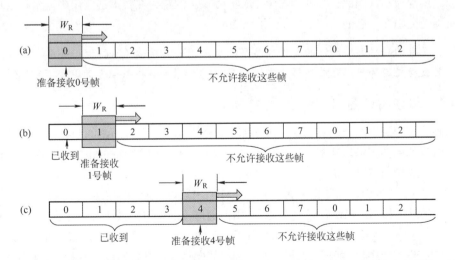

图 3.8　$W_R = 1$ 的接收窗口的意义：(a)准备接收 0 号帧；(b)准备接收 1 号帧；(c)准备接收 4 号帧

发送端每收到一个确认帧，发送窗口就向前滑动一个帧的位置，当发送窗口内没有可以发送的帧（即窗口内的帧全部是已发送但未收到确认的帧）时，发送方就会停止发送，直到收到接收方发送的确认帧使窗口移动，窗口内有可以发送的帧后，才开始继续发送。

接收端收到数据帧后，将窗口向前移一个位置，并发回确认帧，若收到的数据帧落在接收窗口之外，则一律丢弃。

滑动窗口有以下重要特性：

1）只有接收窗口向前滑动（同时接收方发送了确认帧）时，发送窗口才有可能（只有发送方收到确认帧后才一定）向前滑动。

2）从滑动窗口的概念看，停止-等待协议、后退 N 帧协议和选择重传协议只在发送窗口大小与接收窗口大小上有所差别：

停止-等待协议：发送窗口大小 = 1，接收窗口大小 = 1。

后退 N 帧协议：发送窗口大小 > 1，接收窗口大小 = 1。

选择重传协议：发送窗口大小 > 1，接收窗口大小 > 1。

3）接收窗口的大小为 1 时，可保证帧的有序接收。

4）数据链路层的滑动窗口协议中，窗口的大小在传输过程中是固定的（注意与第 5 章传输层的滑动窗口协议的区别）。

3．可靠传输机制

数据链路层的可靠传输通常使用确认和超时重传两种机制来完成。确认是一种无数据的控制帧，这种控制帧使得接收方可以让发送方知道哪些内容被正确接收。有些情况下为了提高传输效率，将确认捎带在一个回复帧中，称为捎带确认。超时重传是指发送方在发送某个数据帧后就开启一个计时器，在一定时间内如果没有得到发送的数据帧的确认帧，那么就重新发送该数据帧，直到发送成功为止。

自动重传请求（Automatic Repeat reQuest，ARQ）通过接收方请求发送方重传出错的数据帧来恢复出错的帧，是通信中用于处理信道所带来差错的方法之一。传统自动重传请求分为三种，即停止-等待（Stop-and-Wait）ARQ、后退 N 帧（Go-Back-N）ARQ 和选择性重传（Selective Repeat）ARQ。后两种协议是滑动窗口技术与请求重发技术的结合，由于窗口尺寸开到足够大时，帧在线路上可以连续地流动，因此又称其为连续 ARQ 协议。注意，在数据链路层中流量控制机制和可靠传输机制是交织在一起的。

注意：现有的实际有线网络的数据链路层很少采用可靠传输（不同于 OSI 参考模型的思路），因此大多数教材把这部分内容放在第 5 章运输层中讨论，本书按照 408 考纲，不做变动。

3.4.2 单帧滑动窗口与停止-等待协议

在停止-等待协议中，源站发送单个帧后必须等待确认，在目的站的回答到达源站之前，源站不能发送其他的数据帧。从滑动窗口机制的角度看，停止-等待协议相当于发送窗口和接收窗口大小均为 1 的滑动窗口协议。

在停止-等待协议中，除数据帧丢失外，还可能出现以下两种差错。

到达目的站的帧可能已遭破坏，接收站利用前面讨论的差错检测技术检出后，简单地将该帧丢弃。为了对付这种可能发生的情况，源站装备了计时器。在一个帧发送后，源站等待确认，若在计时器计满时仍未收到确认，就再次发送相同的帧。如此重复，直到该数据帧无错误地到达为止。

另一种可能的差错是数据帧正确而确认帧被破坏，此时接收方已收到正确的数据帧，但发送方收不到确认帧，因此发送方会重传已被接收的数据帧，接收方收到同样的数据帧时会丢弃该帧，并重传一个该帧对应的确认帧。发送的帧交替地用 0 和 1 来标识，确认帧分别用 ACK0 和 ACK1 来表示，收到的确认帧有误时，重传已发送的帧。对于停止-等待协议，由于每发送一个数据帧就停止并等待，因此用 1bit 来编号就已足够。在停止-等待协议中，若连续出现相同发送序号的数据帧，表明发送端进行了超时重传。连续出现相同序号的确认帧时，表明接收端收到了重复帧。

　　此外，为了超时重发和判定重复帧的需要，发送方和接收方都须设置一个帧缓冲区。发送端在发送完数据帧时，必须在其发送缓存中保留此数据帧的副本，这样才能在出差错时进行重传。只有在收到对方发来的确认帧 ACK 时，方可清除此副本。

　　由图 3.9 可知，停止-等待协议通信信道的利用率很低。为了克服这一缺点，就产生了另外两种协议，即后退 N 帧协议和选择重传协议。

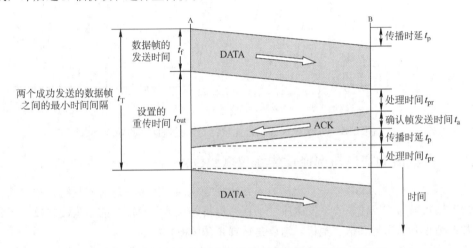

图 3.9　停止-等待协议中数据帧和确认帧的发送时间关系

3.4.3　多帧滑动窗口与后退 N 帧协议（GBN）

　　在后退 N 帧式 ARQ 中，发送方无须在收到上一个帧的 ACK 后才能开始发送下一帧，而是可以连续发送帧。当接收方检测出失序的信息帧后，要求发送方重发最后一个正确接收的信息帧之后的所有未被确认的帧；或者当发送方发送了 N 个帧后，若发现该 N 个帧的前一个帧在计时器超时后仍未返回其确认信息，则该帧被判为出错或丢失，此时发送方就不得不重传该出错帧及随后的 N 个帧。换句话说，接收方只允许按顺序接收帧。

　　如图 3.10 所示，源站向目的站发送数据帧。当源站发完 0 号帧后，可以继续发送后续的 1 号帧、2 号帧等。源站每发送完一帧就要为该帧设置超时计时器。由于连续发送了许多帧，所以确认帧必须要指明是对哪一帧进行确认。为了减少开销，GBN 协议还规定接收端不一定每收到一个正确的数据帧就必须立即发回一个确认帧，而可以在连续收到好几个正确的数据帧后，才对最后一个数据帧发确认信息，或者可在自己有数据要发送时才将对以前正确收到的帧加以捎带确认。这就是说，对某一数据帧的确认就表明该数据帧和此前所有的数据帧均已正确无误地收到，称为累积确认。在图 3.10 中，ACKn 表示对第 n 号帧的确认，表示接收方已正确收到第 n 号帧及以前的所有帧，下一次期望收到第 $n+1$ 号帧（也可能是第 0 号帧）。接收端只按序接收数据帧。虽然在有差错的 2 号帧之后接着又收到了正确的 6 个数据帧，但接收端都必须将这些帧丢弃。接收端虽然丢弃了这些不按序的无差错帧，但应重复发送已发送的最后一个确认帧 ACK1（这是为了防止已发送的确认帧 ACK1 丢失）。

后退 N 帧协议的接收窗口为 1,可以保证按序接收数据帧。若采用 n 比特对帧编号,则其发送窗口的尺寸 W_T 应满足 $1 < W_T \leqslant 2^n - 1$。若发送窗口的尺寸大于 $2^n - 1$,则会造成接收方无法分辨新帧和旧帧(请参考本章疑难点 3)。

从图 3.10 不难看出,后退 N 帧协议一方面因连续发送数据帧而提高了信道的利用率,另一方面在重传时又必须把原来已传送正确的数据帧进行重传(仅因这些数据帧的前面有一个数据帧出了错),这种做法又使传送效率降低。由此可见,若信道的传输质量很差导致误码率较大时,后退 N 帧协议不一定优于停止–等待协议。

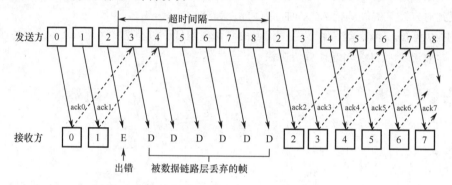

图 3.10　GBN 协议的工作原理:对出错数据帧的处理

3.4.4　多帧滑动窗口与选择重传协议(SR)

为进一步提高信道的利用率,可设法只重传出现差错的数据帧或计时器超时的数据帧,但此时必须加大接收窗口,以便先收下发送序号不连续但仍处在接收窗口中的那些数据帧。等到所缺序号的数据帧收到后再一并送交主机。这就是选择重传 ARQ 协议。

在选择重传协议中,每个发送缓冲区对应一个计时器,当计时器超时时,缓冲区的帧就会重传,如图 3.11 所示。另外,该协议使用了比上述其他协议更有效的差错处理策略,即一旦接收方怀疑帧出错,就会发一个否定帧 NAK 给发送方,要求发送方对 NAK 中指定的帧进行重传。

选择重传协议的接收窗口尺寸 W_R 和发送窗口尺寸 W_T 都大于 1,一次可以发送或接收多个帧。在选择重传协议中,接收窗口和发送窗口的大小通常是相同的(选择重传协议是对单帧进行确认,所以发送窗口大于接收窗口会导致溢出,发送窗口小于接收窗口没有意义),且最大值都为序号范围的一半,若采用 n 比特对帧编号,则需要满足 $W_{Tmax} = W_{Rmax} = 2^{(n-1)}$。因为如果不满足该条件,即窗口大小大于序号范围一半,当一个或多个确认帧丢失时,发送方就会超时重传之前的数据帧,但接收方无法分辨是新的数据帧还是重传的数据帧。

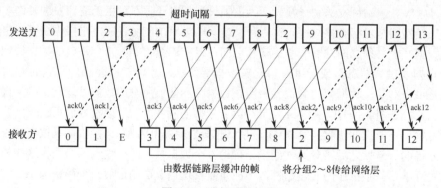

图 3.11　选择重传协议

选择重传协议可以避免重复传送那些本已正确到达接收端的数据帧，但在接收端要设置具有相当容量的缓冲区来暂存那些未按序正确收到的帧。接收端不能接收窗口下界以下或窗口上界以上的序号的帧，因此所需缓冲区的数目等于窗口的大小，而不是序号数目。

在往年统考真题中曾经出现过对"信道效率""信道的吞吐率"等概念的考查，有些读者未接触过"通信原理"等相关的课程，可能对这些概念不太熟悉，在这里给读者补充一下。

信道的效率，也称信道利用率。可从不同的角度来定义信道的效率，这里给出一种从时间角度的定义：信道效率是对发送方而言的，是指发送方在一个发送周期的时间内，有效地发送数据所需要的时间占整个发送周期的比率。

例如，发送方从开始发送数据到收到第一个确认帧为止，称为一个发送周期，设为 T，发送方在这个周期内共发送 L 比特的数据，发送方的数据传输速率为 C，则发送方用于发送有效数据的时间为 L/C，在这种情况下，信道的利用率为 $(L/C)/T$。

从上面的讨论可以发现，求信道的利用率主要是求周期时间 T 和有效数据发送时间 L/C，在题目中，这两个量一般不会直接给出，需要读者根据题意自行计算。

信道吞吐率＝信道利用率×发送方的发送速率。

本节习题有不少是关于信道利用率和信道吞吐率的，以帮助读者理解和记忆这两个概念。流量控制的三种滑动窗口协议的信道利用率是一个关键知识点，希望读者能结合习题，自行推导。

3.4.5 本节习题精选

一、单项选择题

01. 从滑动窗口的观点看，当发送窗口为 1、接收窗口也为 1 时，相当于 ARQ 的（ ）方式。

    A. 回退 N 帧 ARQ   B. 选择重传 ARQ   C. 停止-等待   D. 连续 ARQ

02. 在简单的停止等待协议中，当帧出现丢失时，发送端会永远等待下去，解决这种死锁现象的办法是（ ）。

    A. 差错校验   B. 帧序号   C. NAK 机制   D. 超时机制

03. 一个信道的数据传输速率为 4kb/s，单向传播时延为 30ms，如果使停止-等待协议的信道最大利用率达到 80%，那么要求的数据帧长度至少为（ ）。

    A. 160bit   B. 320bit   C. 560bit   D. 960bit

04. 数据链路层采用后退 N 帧协议方式，进行流量控制和差错控制，发送方已经发送了编号 $0\sim6$ 的帧。计时器超时时，只收到了对 1、3 和 5 号帧的确认，发送方需要重传的帧的数目是（ ）。

    A. 1   B. 2   C. 5   D. 6

05. 数据链路层采用了后退 N 帧的（GBN）协议，如果发送窗口的大小是 32，那么至少需要（ ）位的序列号才能保证协议不出错。

    A. 4   B. 5   C. 6   D. 7

06. 若采用后退 N 帧的 ARQ 协议进行流量控制，帧编号字段为 7 位，则发送窗口的最大长度为（ ）。

    A. 7   B. 8   C. 127   D. 128

07. 一个使用选择重传协议的数据链路层协议，如果采用了 5 位的帧序列号，那么可以选用的最大接收窗口是（ ）。

    A. 15   B. 16   C. 31   D. 32

08. 对于窗口大小为 n 的滑动窗口，最多可以有（ ）帧已发送但没有确认。

A. 0　　　　　　　B. $n-1$　　　　　　C. n　　　　　　D. $n/2$

09. 对无序接收的滑动窗口协议,若序号位数为 n,则发送窗口最大尺寸为（　）。

A. 2^n-1　　　　B. $2n$　　　　　　C. $2n-1$　　　　　D. 2^{n-1}

10. 采用滑动窗口机制对两个相邻结点 A（发送方）和 B（接收方）的通信过程进行流量控制。假定帧的序号长度为 4,发送窗口和接收窗口的大小都是 7,使用累积确认。当 A 发送编号为 0、1、2、3 这四个帧后,而 B 接收了这 4 个帧,但仅应答了 0、3 两个帧,此时发送窗口将要发送的帧序号为（①）；若滑动窗口机制采用选择重传协议来进行流量控制,则允许发送方在收到应答之前连续发出多个帧；若帧的序号长度为 k 比特,那么接收窗口的大小 W（②）2^{k-1}；如果发送窗口的上边界对应的帧序号为 U,那么发送窗口的下边界对应的帧序号为（③）。

①A. 2　　　　　　　B. 3　　　　　　　C. 4　　　　　　　D. 5

②A. <　　　　　　　B. >　　　　　　　C. ⩾　　　　　　　D. ⩽

③A. $\geqslant (U-W+1) \bmod 2^k$　　　　　B. $\geqslant (U-W) \bmod 2^k$

　　C. $\geqslant (U-W) \bmod 2^{k-1}$　　　　　D. $\geqslant (U-W-1) \bmod 2^{k-1}$

11. 【2009 统考真题】数据链路层采用了后退 N 帧（GBN）协议,发送方已经发送了编号为 0~7 的帧。计时器超时时,若发送方只收到 0、2、3 号帧的确认,则发送方需要重发的帧数是（　）。

A. 2　　　　　　　B. 3　　　　　　　C. 4　　　　　　　D. 5

12. 【2011 统考真题】数据链路层采用选择重传协议（SR）传输数据,发送方已发送 0~3 号数据帧,现已收到 1 号帧的确认,而 0、2 号帧依次超时,则此时需要重传的帧数是（　）。

A. 1　　　　　　　B. 2　　　　　　　C. 3　　　　　　　D. 4

13. 【2012 统考真题】两台主机之间的数据链路层采用后退 N 帧协议（GBN）传输数据,数据传输速率为 16 kb/s,单向传播时延为 270ms,数据帧长度范围是 128~512 字节,接收方总是以与数据帧等长的帧进行确认。为使信道利用率达到最高,帧序号的比特数至少为（　）。

A. 5　　　　　　　B. 4　　　　　　　C. 3　　　　　　　D. 2

14. 【2014 统考真题】主机甲与主机乙之间使用后退 N 帧协议（GBN）传输数据,甲的发送窗口尺寸为 1000,数据帧长为 1000 字节,信道带宽为 100Mb/s,乙每收到一个数据帧立即利用一个短帧（忽略其传输延迟）进行确认,若甲、乙之间的单向传播时延是 50ms,则甲可以达到的最大平均数据传输速率约为（　）。

A. 10Mb/s　　　　B. 20Mb/s　　　　C. 80Mb/s　　　　D. 100Mb/s

15. 【2015 统考真题】主机甲通过 128kb/s 卫星链路,采用滑动窗口协议向主机乙发送数据,链路单向传播时延为 250ms,帧长为 1000 字节。不考虑确认帧的开销,为使链路利用率不小于 80%,帧序号的比特数至少是（　）。

A. 3　　　　　　　B. 4　　　　　　　C. 7　　　　　　　D. 8

16. 【2018 统考真题】主机甲采用停止-等待协议向主机乙发送数据,数据传输速率是 3kb/s,单向传播时延是 200ms,忽略确认帧的传输时延。当信道利用率等于 40% 时,数据帧的长度为（　）。

A. 240 比特　　　B. 400 比特　　　C. 480 比特　　　D. 800 比特

17. 【2019 统考真题】对于滑动窗口协议,若分组序号采用 3 比特编号,发送窗口大小为 5,

则接收窗口最大是（　）。

A. 2　　　　　　B. 3　　　　　　C. 4　　　　　　D. 5

18.【2020 统考真题】假设主机甲采用停-等协议向主机乙发送数据帧，数据帧长与确认帧长均为 1000B，数据传输速率是 10kb/s，单项传播延时是 200ms。则甲的最大信道利用率为（　）。

A. 80%　　　　　　B. 66.7%　　　　　　C. 44.4%　　　　　　D. 40%

二、综合应用题

01. 在选择 ARQ 协议中，设编号用 3bit，发送窗口 $W_T=6$，接收窗口 $W_R=3$。试找出一种情况，使得在此情况下协议不能正确工作。

02. 假设一个信道的数据传输速率为 5kb/s，单向传播时延为 30ms，那么帧长在什么范围内，才能使用于差错控制的停止-等待协议的效率至少为 50%？

03. 假定卫星信道的数据率为 100kb/s，卫星信道的单程传播时延为 250ms，每个数据帧的长度均为 2000 位，并且不考虑误码、确认帧长、头部和处理时间等开销，为达到传输的最大效率，试问帧的顺序号应为多少位？此时信道利用率是多少？

04. 在数据传输速率为 50kb/s 的卫星信道上传送长度为 1kbit 的帧，假设确认帧总由数据帧捎带，帧头的序号长度为 3bit，卫星信道端到端的单向传播延迟为 270ms。对于下面三种协议，信道的最大利用率是多少？

  1）停止-等待协议。

  2）后退 N 帧协议。

  3）选择重传协议（假设发送窗口和接收窗口相等）。

05. 对于下列给定的值，不考虑差错重传，非受限协议（无须等待应答）和停止-等待协议的有效数据率是多少？（即每秒传输了多少真正的数据，单位为 b/s。）

  R = 传输速率（16Mb/s）

  S = 信号传播速率（200m/μs）

  D = 接收主机和发送主机之间传播距离（200m）

  T = 创建帧的时间（2μs）

  F = 每帧的长度（500bit）

  N = 每帧中的数据长度（450bit）

  A = 确认帧 ACK 的帧长（80bit）

06. 在某卫星信道上，发送端从一个方向发送长度为 512B 的帧，且发送端的数据发送速率为 64kb/s，接收端在另一端返回一个很短的确认帧。设卫星信道端到端的单向传播延时为 270ms，对于发送窗口尺寸分别为 1、7、17 和 117 的情况，信道的吞吐率分别为多少？

07.【2017 统考真题】甲乙双方均采用后退 N 帧协议（GBN）进行持续的双向数据传输，且双方始终采用捎带确认，帧长均为 1000B。$S_{x,y}$ 和 $R_{x,y}$ 分别表示甲方和乙方发送的数据帧，其中 x 是发送序号，y 是确认序号（表示希望接收对方的下一帧序号），数据帧的发送序号和确认序号字段均为 3 比特。信道传输速率为 100Mb/s，RTT=0.96ms。下图给出了甲方发送数据帧和接收数据帧的两种场景，其中 t_0 为初始时刻，此时甲方的发送和确认序号均为 0，t_1 时刻甲方有足够多的数据待发送。

请回答下列问题。

  1）对于图(a)，t_0 时刻到 t_1 时刻期间，甲方可以断定乙方已正确接收的数据帧数是多少？正确接收的是哪几个帧（请用 $S_{x,y}$ 形式给出）？

2）对于图(a)，从 t_1 时刻起，甲方在不出现超时且未收到乙方新的数据帧之前，最多还可以发送多少个数据帧？其中第一个帧和最后一个帧分别是哪个（请用 $S_{x,y}$ 形式给出）？

3）对于图(b)，从 t_1 时刻起，甲方在不出现新的超时且未收到乙方新的数据帧之前，需要重发多少个数据帧？重发的第一个帧是哪个帧（请用 $S_{x,y}$ 形式给出）？

4）甲方可以达到的最大信道利用率是多少？

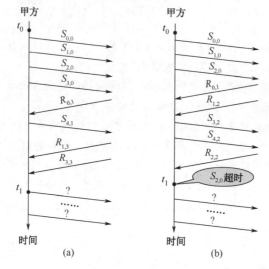

(a)　　　　　　　(b)

3.4.6　答案与解析

一、单项选择题

01．C

停止-等待协议的工作原理是：发送方每发送一帧，都要等待接收方的应答信号，之后才能发送下一帧；接收方每接收一帧，都要反馈一个应答信号，表示可接收下一帧，如果接收方不反馈应答信号，那么发送方必须一直等待。

02．D

在停止-等待协议中，发送端设置了计时器，在一个帧发送之后，发送端等待确认，如果在计时器计满时仍未收到确认，那么再次发送相同的帧，以免陷入永久的等待。

03．D

设 C 为数据传输速率，L 为帧长，R 为单程传播时延。停止-等待协议的信道最大利用率为 $(L/C)/(L/C+2R)=L/(L+2RC)=L/(L+2\times30\text{ms}\times4\text{kb/s})=80\%$，得出 $L=960\text{bit}$。

04．A

GBN 一般采用累积确认，因此收到了对 5 号帧的确认意味着接收方已收到 1～5 号帧，因此发送方仅需要重传 6 号帧，即需要重传的帧的数目是 1。

05．C

在后退 N 帧的协议中，序列号个数不小于 MAX_SEQ+1，题中发送窗口的大小是 32，那么序列号个数最少应该是 33 个。所以最少需要 6 位的序列号才能达到要求。

06．C

接收窗口整体向前移动时，新窗口中的序列号和旧窗口的序列号产生重叠，致使接收方无法区别发送方发送的帧是重发帧还是新帧，因此在后退 N 帧的 ARQ 协议中，发送窗口 $W_T \leqslant 2^n-1$。

本题中 $n=7$，因此发送窗口的最大长度是 127。

07．B

在选择重传协议中，若采用 n 比特对帧进行编号，为避免接收端向前移动窗口后，新的窗口与旧的窗口产生重叠，接收窗口的最大尺寸应该不超过序号范围的一半，即 $W_R \leqslant 2^{n-1}$。因此选 B。

08．B

在连续 ARQ 协议中，发送窗口的大小 ≤ 窗口总数 –1。例如，窗口总数为 8，编号为 0～7，假设这 8 个帧都已发出，下一轮又发出编号 0～7 的 8 个帧，接收方将无法判断第二轮发的 8 个帧到底是重传帧还是新帧，因为它们的序号完全相同。另一方面，对于回退 N 帧协议，发送窗口的大小可以等于窗口总数 –1，因为它的接收窗口大小为 1，所有的帧保证按序接收。因此对于窗口大小为 n 的滑动窗口，其发送窗口大小最大为 $n–1$，即最多可以有 $n–1$ 帧已发送但没有确认。

09．D

本题并未直接告知使用的是选择重传协议，而是通过间接方式给出的。题目说无序接收的滑动窗口协议，说明接收窗口大于 1，所以得出数据链路层使用的是选择重传协议，而选择重传协议的发送窗口最大尺寸为 2^{n-1}。

10．C、D、A

1）发送窗口大小为 7 意味着发送方在没有收到确认之前可以连续发送 7 个帧，由于发送方 A 已经发送编号为 0～3 的四个帧，下一个帧将是编号为 4 的帧。

2）当帧的序号长度为 k 比特时，对于选择重传协议，为避免接收端向前移动窗口后，新的窗口与旧的窗口产生重叠，接收窗口的最大尺寸应该不超过序列号范围的一半，即 $W_R \leqslant 2^{k-1}$。

3）设发送窗口为 $[L, U]$，发送窗口大小的初始值为 W，发送窗口的大小应该大于或等于 0，但小于或等于 W，所以有 $0 \leqslant U–L + 1 \leqslant W$。因此 $L \geqslant (U–W + 1) \bmod 2^k$。

11．C

在后退 N 帧协议中，当接收方检测到某个帧出错后，会简单地丢弃该帧及所有的后续帧，发送方超时后需重传该数据帧及所有的后续帧。这里应注意，在连续 ARQ 协议中，接收方一般采用累积确认的方式，即接收方对按序到达的最后一个分组发送确认，因此本题中收到 3 的确认帧就表示编号为 0, 1, 2, 3 的帧已接收，而此时发送方未收到 1 号帧的确认只能代表确认帧在返回的过程中丢失，而不代表 1 号帧未到达接收方。因此需要重传的帧为编号是 4, 5, 6, 7 的帧。

12．B

选择重传协议中，接收方逐个确认正确接收的分组，不管接收到的分组是否有序，只要正确接收就发送选择 ACK 分组进行确认，因此 ACK 分组不再具有累积确认的作用。对于这点，要特别注意与 GBN 协议的区别。此题中只收到 1 号帧的确认，0、2 号帧超时，由于对 1 号帧的确认不具累积确认的作用，因此发送方认为接收方未收到 0、2 号帧，于是重传这两帧。

13．B

数据帧长度是不确定的，范围是 128～512B，但在计算至少窗口大小时，为了保证无论数据帧长度如何变化，信道利用率都能达到最高，应以最短的帧长计算。如果以 512B 计算，那么求得的最小帧序号数在 128B 的帧长下，达不到最高信道利用率。首先计算出发送一帧的时间 $128 \times 8/(16 \times 10^3)=64$ms；发送一帧到收到确认为止的总时间为 $64 + 270 \times 2 + 64 = 668$ms；这段时间总共可以发送 $668/64 = 10.4$ 帧，发送这么多帧至少需要用 4 位比特进行编号。

14．C

考虑制约甲的数据传输速率的因素。首先，信道带宽能直接制约数据的传输速率，传输速率一定是小于或等于信道带宽的。其次，因为甲、乙主机之间采用后退 N 帧协议传输数据，要考虑发送一个数据到接收到它的确认之前，最多能发送多少数据，甲的最大传输速率受这两个条件约束，所以甲的最大传输速率是这两个值中小的那一个。甲的发送窗口的尺寸为 1000，即收到第一个数据的确认之前，最多能发送 1000 个数据帧，也就是发送 1000×1000B＝1MB 的内容，而从发送第一个帧到接收到它的确认的时间是一个帧的发送时延加上往返时延，即 1000B/100Mb/s＋50ms＋50ms＝0.10008s，此时的最大传输速率为 1MB/0.10008s ≈ 10MB/s＝80Mb/s。信道带宽为 100Mb/s，因此答案为 min{80Mb/s, 100Mb/s}＝80Mb/s，选 C。

15．B

从发送周期思考，开始发送帧到收到第一个确认帧为止，用时为 T＝ 第一个帧的传输时延＋第一个帧的传播时延＋确认帧的传输时延＋确认帧的传播时延，这里忽略确认帧的传输时延。因此 T＝1000B/128kb/s＋RTT＝0.5625s，接着计算在 T 内需要发送多少数据才能满足利用率不小于 80%。设数据大小为 L 字节，则 $(L/128\text{kb/s})/T \geq 0.8$，得 $L \geq 7200$B，即在一个发送周期内至少发 7.2 个帧才能满足要求，设需要编号的比特数为 n，则 $2^n - 1 \geq 7.2$，因此 n 至少为 4。

16．D

信道利用率＝传输帧的有效时间/传输帧的周期。假设帧的长度为 x 比特。对于有效时间，应该用帧的大小除以数据传输速率，即 $x/(3\text{kb/s})$。对于帧的传输周期，应包含 4 部分：帧在发送端的发送时延、帧从发送端到接收端的单程传播时延、确认帧在接收端的发送时延、确认帧从接收端到发送端的单程传播时延。这 4 个时延中，由于题目中说"忽略确认帧的传输时延"，因此不计算确认帧的发送时延（注意区分传输时延和传播时延的区别，传输时延也称发送时延，和传播时延只有一字之差）。所以帧的传输周期由三部分组成：首先是帧在发送端的发送时延 $x/(3\text{kb/s})$，其次是帧从发送端到接收端的单程传播时延 200ms，最后是确认帧从接收端到发送端的单程传播时延 200ms，三者相加可得周期为 $x/(3\text{kb/s})＋400$ms。代入信道利用率的公式，求出 x＝800bit。

17．B

从滑动窗口的概念来看，停止等待协议：发送窗口大小＝1，接收窗口大小＝1；后退 N 协议：发送窗口大小＞1，接收窗口大小＝1；选择重传协议：发送窗口大小＞1，接收窗口大小＞1。在选择重传协议中，还需要满足：发送窗口大小＋接收窗口大小 $\leq 2^n$。根据以上规则，采用 3 比特编号，发送窗口大小为 5，接收窗口大小应 ≤ 3。

18．D

发送数据帧和确认帧的时间均为 t＝1000×8b/10kb/s＝800ms。

发送周期为 T＝800ms＋200ms＋800ms＋200ms＝2000ms。

信道利用率为 $t/T \times 100\%$＝800/2000＝40%。

二、综合应用题

01．【解答】

对于选择重传协议，接收窗口和发送窗口的尺寸需满足：接收窗口尺寸 W_R＋发送窗口尺寸 $W_T \leq 2^n$，而题目中给出的数据是 $W_R + W_T = 9 \geq 2^3$，所以是无法正常工作的。举例如下：

发送方：0 1 2 3 4 5 6 7 0 1 2 3 4 5 6 7 0

接收方：0 1 2 3 4 5 6 7 0 1 2 3 4 5 6 7 0

发送方发送 0～5 号共 6 个数据帧时，因发送窗口已满，发送暂停。接收方收到所有数据帧，对每个帧都发送确认帧，并期待后面的 6、7、0 号帧。若所有的确认帧都未到达发送方，经过发送方计时器控制的超时时间后，发送方再次发送之前的 6 个数据帧，而接收方收到 0 号帧后，无法判断是新的数据帧还是旧的重传的数据帧。

02.【解答】

设帧长为 L。在停止-等待协议中，协议忙的时间为数据发送的时间 L/B，协议空闲的时间为数据发送后等待确认返回的时间 $2R$。要使协议的效率至少为 50%，要求信道利用率 u 至少为 50%，而信道利用率 = 数据发送时延/（传播时延 + 数据发送时延），则

$$u = \frac{L/B}{(L/B + 2R)} \geqslant 50\%$$

可得 $L \geqslant 2RB = 2 \times 5000 \times 0.03 \text{bit} = 300 \text{bit}$。

因此，当帧长大于或等于 300bit 时，停止-等待协议的效率至少为 50%。

03.【解答】

$RTT = 250 \times 2 = 500 \text{ms} = 0.5 \text{s}$。

一个帧的发送时间等于 $2000 \text{bit}/(100 \text{kb/s}) = 20 \times 10^{-3} \text{s}$。

一个帧发送完后经过一个单程时延到达接收方，再经过一个单程时延发送方收到应答，从而可以继续发送，因此要达到传输效率最大，就是不用等确认也可继续发送帧。设窗口值等于 x，令

$$2000 \text{bit} \times x/(100 \text{kb/s}) = 20 \times 10^{-3} \text{s} + RTT = 20 \times 10^{-3} \text{s} + 0.5 \text{s} = 0.52 \text{s}$$

得 $x = 26$。要取得最大信道利用率，窗口值是 26 即可，因为在此条件下，可以不间断地发送帧，所以发送速率保持在 100kb/s。

由于 $16 < 26 < 32$，帧的顺序号应为 5 位。在使用后退 N 帧 ARQ 的情况下，最大窗口值是 31，大于 26，可以不间断地发送帧，此时信道利用率是 100%。

04.【解答】

最大信道利用率即每个传输周期内每个协议可发送的最大帧数。由题意，数据帧的长度为 1kbit，信道的数据传输速率为 50kb/s，因此信道的发送时延为 $1/50 \text{s} = 0.02 \text{s}$，另外信道端到端的传播时延 = 0.27s。本题中的确认帧是捎带的（通过数据帧来传送），因此每个数据帧的传输周期为 $(0.02 + 0.27 + 0.02 + 0.27) \text{s} = 0.58 \text{s}$，

1）在停止-等待协议中，发送方每发送一帧，都要等待接收方的应答信号，之后才能发送下一帧；接收方每接收一帧，都要反馈一个应答信号，表示可接收下一帧。其中用于发送数据帧的时间为 0.02s。因此，信道的最大利用率为 0.02/0.58 = 3.4%。

2）在后退 N 帧协议中，接收窗口尺寸为 1，若采用 n 比特对帧编号，则其发送窗口的尺寸 W 满足 $1 < W \leqslant 2^n - 1$。发送方可以连续再发送若干数据帧，直到发送窗口内的数据帧都发送完毕。如果收到接收方的确认帧，那么可以继续发送。若某个帧出错，则接收方只是简单地丢弃该帧及所有的后续帧，发送方超时后需重传该数据帧及所有的后续数据帧。根据题目条件，在达到最大传输速率的情况下，发送窗口的大小应为 $2^n - 1 = 7$，此时在第一帧的数据传输周期 0.58s 内，实际连续发送了 7 帧（考虑极限情况，0.58s 后接收方只收到 0 号帧的确认，此时又可以发出一个新帧，这样依次下去，取极限即是每个传输周期 0.58s 内发送了 7 帧），因此此时的最大信道利用率为 $7 \times 0.02/0.58 = 24.1\%$。

3）选择重传协议的接收窗口尺寸和发送窗口尺寸都大于 1，可以一次发送或接收多个帧。若采用 n 比特对帧编号，则窗口尺寸应满足：接收窗口尺寸 + 发送窗口尺寸 $\leqslant 2^n$，当发送窗口与接收窗口尺寸相等时，应有接收窗口尺寸 $\leqslant 2^{n-1}$ 且发送窗口尺寸 $\leqslant 2^{n-1}$。发送方可以连续发送若干数据帧，直到发送窗口内的数据帧都发送完毕。如果收到接收方的确认帧，那么可以继续发送。若某个帧出错，则接收方只是简单地丢弃该帧，发送方超时后需重传该数据帧。

和 2）问中的情况类似，唯一不同的是为达到最大信道利用率，发送窗口大小应为 $2^{n-1} = 4$，

因此，此时的最大信道利用率为 4×0.02/0.58＝13.8%。

05.【解答】

1）非受限协议

$$有效数据率\frac{N}{T+\dfrac{F}{R}}=\frac{450\text{bit}}{2\mu s+\dfrac{500\text{bit}}{16\text{bits}/\mu s}}\approx 13.53\text{bit}/\mu s=13.53\text{Mb/s}$$

2）停止等待协议

$$有效数据率=\frac{N}{2\times(T+D/S)+\dfrac{F+A}{R}}$$

$$=\frac{450\,\text{bit}}{2\times\left(2\mu s+\dfrac{200\,\text{m}}{200\,\text{m}/\mu s}\right)+\dfrac{500\,\text{bit}+80\,\text{bit}}{16\,\text{bit}/\mu s}}$$

$$\approx 10.65\text{bit}/\mu s=10.65\text{Mb/s}$$

06.【解答】

这里要注意题目中的单位。数据帧的长度为 512B，即 512×8bit＝4.096kbit，一个数据帧的发送时延为 4.096/64＝0.064s。因此一个发送周期时间为 0.064+2×0.27＝0.604s。

因此当窗口尺寸为 1 时，信道的吞吐率为 1×4.096/0.604＝6.8kb/s；当窗口尺寸为 7 时，信道的吞吐率为 7×4.096/0.604＝47.5kb/s。

由于一个发送周期为 0.604s，发送一个帧的发送延时是 0.064s，因此当发送窗口尺寸大于 0.604/0.064，即大于或等于 10 时，发送窗口就能保证持续发送。因此当发送窗口大小为 17 和 117 时，信道的吞吐率达到完全速率，与发送端的数据发送速率相等，即 64kb/s。

07.【解答】

1）t_0 时刻到 t_1 时刻期间，甲方可以断定乙方已正确接收 3 个数据帧，分别是 $S_{0,0}$、$S_{1,0}$、$S_{2,0}$。$R_{3,3}$ 说明乙发送的数据帧确认号是 3，即希望甲发送序号 3 的数据帧，说明乙已经接收序号为 0～2 的数据帧。

2）从 t_1 时刻起，甲方最多还可以发送 5 个数据帧，其中第一个帧是 $S_{5,2}$，最后一个数据帧是 $S_{1,2}$。发送序号 3 位，有 8 个序号。在 GBN 协议中，序号个数≥发送窗口＋1，所以这里发送窗口最大为 7。此时已发送 $S_{3,0}$ 和 $S_{4,1}$，所以最多还可以发送 5 个帧。

3）甲方需要重发 3 个数据帧，重发的第一个帧是 $S_{2,3}$。在 GBN 协议中，发送方发送 N 帧后，检测出错，则需要发送出错帧及其之后的帧。$S_{2,0}$ 超时，所以重发的第一帧是 S_2。已收到乙的 R_2 帧，所以确认号应为 3。

4）甲方可以达到的最大信道利用率是

$$\frac{7\times\dfrac{8\times1000}{100\times10^6}}{0.96\times10^{-3}+2\times\dfrac{8\times1000}{100\times10^6}}\times100\%=50\%$$

U＝发送数据的时间/从开始发送第一帧到收到第一个确认帧的时间＝$N\times T_d/(T_d+\text{RTT}+T_a)$。其中，$U$ 是信道利用率，N 是发送窗口的最大值，T_d 是发送一数据帧的时间，RTT 是往返时间，T_a 是发送一确认帧的时间。这里采用捎带确认，$T_d=T_a$。

3.5　介质访问控制

介质访问控制所要完成的主要任务是，为使用介质的每个结点隔离来自同一信道上其他结点所传送的信号，以协调活动结点的传输。用来决定广播信道中信道分配的协议属于数据链路层的一个子层，称为介质访问控制（Medium Access Control，MAC）子层。

图 3.12 是广播信道的通信方式，结点 A、B、C、D、E 共享广播信道，假设 A 要与 C 发生通信，B 要与 D 发生通信，由于它们共用一条信道，如果不加控制，那么两对结点间的通信可能会因为互相干扰而失败。介质访问控制的内容是，采取一定的措施，使得两对结点之间的通信不会发生互相干扰的情况。

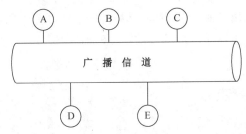

图 3.12　广播信道的通信方式

常见的介质访问控制方法有信道划分介质访问控制、随机访问介质访问控制和轮询访问介质访问控制。其中前者是静态划分信道的方法，而后两者是动态分配信道的方法。

3.5.1　信道划分介质访问控制

信道划分介质访问控制将使用介质的每个设备与来自同一通信信道上的其他设备的通信隔离开来，把时域和频域资源合理地分配给网络上的设备。

下面介绍多路复用技术的概念。当传输介质的带宽超过传输单个信号所需的带宽时，人们就通过在一条介质上同时携带多个传输信号的方法来提高传输系统的利用率，这就是所谓的多路复用，也是实现信道划分介质访问控制的途径。多路复用技术把多个信号组合在一条物理信道上进行传输，使多个计算机或终端设备共享信道资源，提高了信道的利用率。

采用多路复用技术可把多个输入通道的信息整合到一个复用通道中，在接收端把收到的信息分离出来并传送到对应的输出通道，如图 3.13 所示。

图 3.13　多路复用原理示意图

信道划分的实质就是通过分时、分频、分码等方法把原来的一条广播信道，逻辑上分为几条用于两个结点之间通信的互不干扰的子信道，实际上就是把广播信道转变为点对点信道。

信道划分介质访问控制分为以下 4 种。

1. 频分多路复用（FDM）

频分多路复用是一种将多路基带信号调制到不同频率载波上，再叠加形成一个复合信号的多路复用技术。在物理信道的可用带宽超过单个原始信号所需带宽的情况下，可将该物理信道的总带宽分割成若干与传输单个信号带宽相同（或略宽）的子信道，每个子信道传输一种信号，这就是频分多路复用，如图 3.14 所示。

每个子信道分配的带宽可不相同，但它们的总和必须不超过信道的总带宽。在实际应用中，为了防止子信道之间的干扰，相邻信道之间需要加入"保护频带"。

频分多路复用的优点在于充分利用了传输介质的带宽，系统效率较高；由于技术比较成熟，实现也较容易。

2. 时分多路复用（TDM）

时分多路复用是将一条物理信道按时间分成若干时间片，轮流地分配给多个信号使用。每个时间片由复用的一个信号占用，而不像 FDM 那样，同一时间同时发送多路信号。这样，利用每个信号在时间上的交叉，就可以在一条物理信道上传输多个信号，如图 3.15 所示。

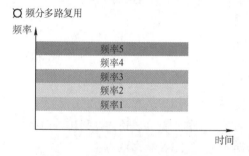

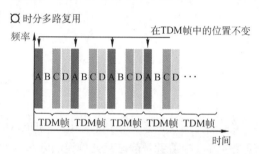

图 3.14　频分多路复用原理示意图　　　　图 3.15　时分多路复用原理示意图

就某个时刻来看，时分多路复用信道上传送的仅是某一对设备之间的信号；就某段时间而言，传送的是按时间分割的多路复用信号。但由于计算机数据的突发性，一个用户对已经分配到的子信道的利用率一般不高。统计时分多路复用（STDM，又称异步时分多路复用）是 TDM 的一种改进，它采用 STDM 帧，STDM 帧并不固定分配时隙，而按需动态地分配时隙，当终端有数据要传送时，才会分配到时间片，因此可以提高线路的利用率。例如，线路传输速率为 8000b/s，4 个用户的平均速率都为 2000b/s，当采用 TDM 方式时，每个用户的最高速率为 2000b/s，而在 STDM 方式下，每个用户的最高速率可达 8000b/s。

3. 波分多路复用（WDM）

波分多路复用即光的频分多路复用，它在一根光纤中传输多种不同波长（频率）的光信号，由于波长（频率）不同，各路光信号互不干扰，最后再用波长分解复用器将各路波长分解出来。由于光波处于频谱的高频段，有很高的带宽，因而可以实现多路的波分复用，如图 3.16 所示。

4. 码分多路复用（CDM）

码分多路复用是采用不同的编码来区分各路原始信号的一种复用方式。与 FDM 和 TDM 不同，它既共享信道的频率，又共享时间。下面举一个直观的例子来理解码分复用。

假设 A 站要向 C 站运输黄豆，B 站要向 C 站运输绿豆，A 与 C、B 与 C 之间有一条公共的道路，可以类比为广播信道，如图 3.17 所示。在频分复用方式下，公共道路被划分为两个车道，分别提供给 A 到 C 的车和 B 到 C 的车行走，两类车可以同时行走，但只分到了公共车道的一半，因此频分复用（波分复用也一样）共享时间而不共享空间。在时分复用方式下，先让 A 到 C 的车走一趟，再让 B 到 C 的车走一趟，两类车交替地占用公共车道。公共车道没有划分，因此两车共享了空间，但不共享时间。码分复用与另外两种信道划分方式大为不同，在码分复用情况下，黄豆与绿豆放在同一辆车上运送，到达 C 后，由 C 站负责把车上的黄豆和绿豆分开。因此，黄豆和绿豆的运送，在码分复用的情况下，既共享了空间，也共享了时间。

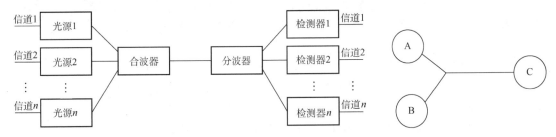

图 3.16　波分多路复用原理示意图　　　　　图 3.17　共享信道的传输

实际上，更常用的名词是码分多址（Code Division Multiple Access，CDMA），其原理是每个比特时间再划分成 m 个短的时间槽，称为码片（Chip），通常 m 的值是 64 或 128，下例中为简单起见，设 m 为 8。每个站点被指派一个唯一的 m 位码片序列。发送 1 时，站点发送它的码片序列；发送 0 时，站点发送该码片序列的反码。当两个或多个站点同时发送时，各路数据在信道中线性相加。为从信道中分离出各路信号，要求各个站点的码片序列相互正交。

简单理解就是，A 站向 C 站发出的信号用一个向量来表示，B 站向 C 站发出的信号用另一个向量来表示，两个向量要求相互正交。向量中的分量，就是所谓的码片。

下面举例说明 CDMA 的原理。

假如站点 A 的码片序列被指派为 00011011，则 A 站发送 00011011 就表示发送比特 1，发送 11100100 就表示发送比特 0。为了方便，按惯例将码片中的 0 写为–1，将 1 写为+1，因此 A 站的码片序列是–1 –1 –1 +1 +1 –1 +1 +1。

令向量 S 表示 A 站的码片向量，令 T 表示 B 站的码片向量。两个不同站的码片序列正交，即向量 S 和 T 的规格化内积（Inner Product）为 0：

$$S \cdot T \equiv \frac{1}{m} \sum_{i=1}^{m} S_i T_i = 0$$

任何一个码片向量和该码片向量自身的规格化内积都是 1，任何一个码片向量和该码片反码的向量的规格化内积是–1，如

$$S \cdot S = \frac{1}{m} \sum_{i=1}^{m} S_i S_i = \frac{1}{m} \sum_{i=1}^{m} S_i^2 = \frac{1}{m} \sum_{i=1}^{m} (\pm 1)^2 = 1$$

令向量 T 为（–1 –1 +1 –1 +1 +1 +1 –1）。

当 A 站向 C 站发送数据 1 时，就发送了向量（–1 –1 –1 +1 +1 –1 +1 +1）。

当 B 站向 C 站发送数据 0 时，就发送了向量（+1 +1 –1 +1 –1 –1 –1 +1）。

两个向量到了公共信道上就进行叠加，实际上就是线性相加，得到

$$S + T = \begin{pmatrix} 0 & 0 & -2 & 2 & 0 & -2 & 0 & 2 \end{pmatrix}$$

到达 C 站后，进行数据分离，如果要得到来自 A 站的数据，C 站就必须知道 A 站的码片序列，让 S 与 $S + T$ 进行规格化内积。根据叠加原理，其他站点的信号都在内积的结果中被过滤掉了，内积的相关项都是 0，而只剩下 A 站发送的信号。得到

$$S \cdot (S + T) = 1$$

所以 A 站发出的数据是 1。同理，如果要得到来自 B 站的数据，那么

$$T\cdot(S+T)=-1$$

因此从 B 站发送过来的信号向量是一个反码向量，代表 0。

规格化内积是线性代数中的内容，它是在得到两个向量的内积后再除以向量的分量的个数。

码分多路复用技术具有频谱利用率高、抗干扰能力强、保密性强、语音质量好等优点，还可以减少投资和降低运行成本，主要用于无线通信系统，特别是移动通信系统。

3.5.2 随机访问介质访问控制

在随机访问协议中，不采用集中控制方式解决发送信息的次序问题，所有用户能根据自己的意愿随机地发送信息，占用信道全部速率。在总线形网络中，当有两个或多个用户同时发送信息时，就会产生帧的冲突（碰撞，即前面所说的相互干扰），导致所有冲突用户的发送均以失败告终。为了解决随机接入发生的碰撞，每个用户需要按照一定的规则反复地重传它的帧，直到该帧无碰撞地通过。这些规则就是随机访问介质访问控制协议，常用的协议有 ALOHA 协议、CSMA 协议、CSMA/CD 协议和 CSMA/CA 协议等，它们的核心思想都是：胜利者通过争用获得信道，从而获得信息的发送权。因此，随机访问介质访问控制协议又称争用型协议。

读者会发现，如果介质访问控制采用信道划分机制，那么结点之间的通信要么共享空间，要么共享时间，要么两者都共享；而如果采用随机访问控制机制，那么各结点之间的通信就可既不共享时间，也不共享空间。所以随机介质访问控制实质上是一种将广播信道转化为点到点信道的行为，如图 3.18 所示。

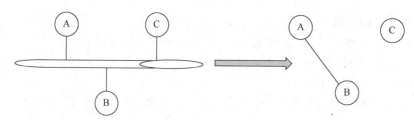

图 3.18 共享信道举例

1. ALOHA 协议

夏威夷大学早期研制的随机接入系统称为 ALOHA，它是 Additive Link On-line HAwaii system 的缩写。ALOHA 协议分为纯 ALOHA 协议和时隙 ALOHA 协议两种。

（1）纯 ALOHA 协议

纯 ALOHA 协议的基本思想是，当网络中的任何一个站点需要发送数据时，可以不进行任何检测就发送数据。如果在一段时间内未收到确认，那么该站点就认为传输过程中发生了冲突。发送站点需要等待一段时间后再发送数据，直至发送成功。图 3.19 所示的模型不仅可代表总线形网络的情况，而且可以代表无线信道的情况。

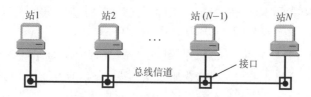

图 3.19 ALOHA 协议的一般模型

图 3.20 表示一个纯 ALOHA 协议的工作原理。每个站均自由地发送数据帧。为简化问题，不考虑由信道不良而产生的误码，并假定所有站发送的帧都是定长的，帧的长度不用比特而用发送这个帧所需的时间来表示，在图 3.20 中用 T_0 表示这段时间。

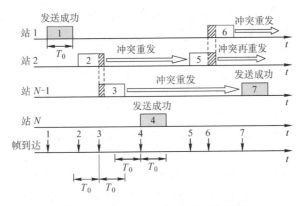

图 3.20　纯 ALOHA 协议的工作原理

在图 3.20 的例子中，当站 1 发送帧 1 时，其他站都未发送数据，所以站 1 的发送必定是成功的。但随后站 2 和站 $N-1$ 发送的帧 2 和帧 3 在时间上重叠了一些（即发生了碰撞）。碰撞的结果是，碰撞双方（有时也可能是多方）所发送的数据出现了差错，因而都须进行重传。但是发生碰撞的各站并不能马上进行重传，因为这样做必然会继续发生碰撞。纯 ALOHA 系统采用的重传策略是让各站等待一段随机的时间，然后再进行重传。若再次发生碰撞，则需要再等待一段随机的时间，直到重传成功为止。图中其余一些帧的发送情况是帧 4 发送成功，而帧 5 和帧 6 发生碰撞。

假设网络负载（T_0 时间内所有站点发送成功的和未成功而重传的帧数）为 G，则纯 ALOHA 网络的吞吐量（T_0 时间内成功发送的平均帧数）为 $S = Ge^{-2G}$。当 $G = 0.5$ 时，$S = 0.5e^{-1} \approx 0.184$，这是吞吐量 S 可能达到的极大值。可见，纯 ALOHA 网络的吞吐量很低。为了克服这一缺点，人们在原始的纯 ALOHA 协议的基础上进行改进，产生了时隙 ALOHA 协议。

（2）时隙 ALOHA 协议

时隙 ALOHA 协议把所有各站在时间上同步起来，并将时间划分为一段段等长的时隙（Slot），规定只能在每个时隙开始时才能发送一个帧。从而避免了用户发送数据的随意性，减少了数据产生冲突的可能性，提高了信道的利用率。

图 3.21 为两个站的时隙 ALOHA 协议的工作原理示意图。时隙的长度 T_0 使得每个帧正好在一个时隙内发送完毕。每个帧在到达后，一般都要在缓存中等待一段小于 T_0 的时间，然后才能发送出去。在一个时隙内有两个或两个以上的帧到达时，在下一个时隙将产生碰撞。碰撞后重传的策略与纯 ALOHA 的情况是相似的。

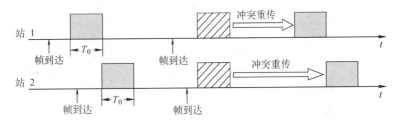

图 3.21　时隙 ALOHA 协议的工作原理

时隙 ALOHA 网络的吞吐量 S 与网络负载 G 的关系是 $S=Ge^{-G}$。当 $G=1$ 时，$S=e^{-1}\approx0.368$。这是吞吐量 S 可能达到的极大值。可见，时隙 ALOHA 网络比纯 ALOHA 网络的吞吐量大了 1 倍。

2．CSMA 协议

时隙 ALOHA 系统的效率虽然是纯 ALOHA 系统的两倍，但每个站点都是随心所欲地发送数据的，即使其他站点正在发送也照发不误，因此发送碰撞的概率很大。

若每个站点在发送前都先监听一下共用信道，发现信道空闲后再发送，则就会大大降低冲突的可能，从而提高信道的利用率，载波监听多路访问（Carrier Sense Multiple Access，CSMA）协议依据的正是这一思想。CSMA 协议是在 ALOHA 协议基础上提出的一种改进协议，它与 ALOHA 协议的主要区别是多了一个载波监听装置。

根据监听方式和监听到信道忙后的处理方式不同，CSMA 协议分为三种。

（1）1-坚持 CSMA

1-坚持 CSMA（1-persistent CSMA）的基本思想是：一个结点要发送数据时，首先监听信道；如果信道空闲，那么立即发送数据；如果信道忙，那么等待，同时继续监听直至信道空闲；如果发生冲突，那么随机等待一段时间后，再重新开始监听信道。

"1-坚持"的含义是：监听到信道忙后，继续坚持监听信道；监听到信道空闲后，发送帧的概率为 1，即立刻发送数据。

传播延迟对 1-坚持 CSMA 协议的性能影响较大。结点 A 开始发送数据时，结点 B 也正好有数据要发送，但这时结点 A 发出数据的信号还未到达结点 B，结点 B 监听到信道空闲，于是立即发送数据，结果必然导致冲突。即使不考虑延迟，1-坚持 CSMA 协议也可能产生冲突。例如，结点 A 正在发送数据时，结点 B 和 C 也准备发送数据，监听到信道忙，于是坚持监听，结果当结点 A 发送完毕，结点 B 和 C 就会立即发送数据，同样导致冲突。

（2）非坚持 CSMA

非坚持 CSMA（Non-persistent CSMA）的基本思想是：一个结点要发送数据时，首先监听信道；如果信道空闲，那么立即发送数据；如果信道忙，那么放弃监听，等待一个随机的时间后再重复上述过程。

非坚持 CSMA 协议在监听到信道忙后就放弃监听，因此降低了多个结点等待信道空闲后同时发送数据导致冲突的概率，但也会增加数据在网络中的平均延迟。可见，信道利用率的提高是以增加数据在网络中的延迟时间为代价的。

（3）p-坚持 CSMA

p-坚持 CSMA（p-persistent CSMA）用于时分信道，其基本思想是：一个结点要发送数据时，首先监听信道；如果信道忙，就持续监听①，直至信道空闲；如果信道空闲，那么以概率 p 发送数据，以概率 $1-p$ 推迟到下一个时隙；如果在下一个时隙信道仍然空闲，那么仍以概率 p 发送数据，以概率 $1-p$ 推迟到下一个时隙；这个过程一直持续到数据发送成功或因其他结点发送数据而检测到信道忙为止，若是后者，则等待下一个时隙再重新开始监听。

p-坚持 CSMA 在检测到信道空闲后，以概率 p 发送数据，以概率 $1-p$ 推迟到下一个时隙，其目的是降低 1-坚持 CSMA 协议中多个结点检测到信道空闲后同时发送数据的冲突概率；采用坚持"监听"的目的是，试图克服非坚持 CSMA 协议中由于随机等待而造成的延迟时间较长的缺点。因此，p-坚持 CSMA 协议是非坚持 CSMA 协议和 1-坚持 CSMA 协议的折中方案。

三种不同类型的 CSMA 协议比较如表 3.1 所示。

---

① p-坚持 CSMA 适用于时隙信道，此处持续监听就是推迟到下一个时隙再监听。

表 3.1 三种不同类型的 CSMA 协议比较

信道状态	1-坚持	非坚持	p-坚持
空闲	立即发送数据	立即发送数据	以概率 p 发送数据，以概率 $1-p$ 推迟到下一个时隙
忙	继续坚持监听	放弃监听，等待一个随机的时间后再监听	持续监听，直至信道空闲

3．CSMA/CD 协议

载波监听多路访问/碰撞检测（CSMA/CD）协议是 CSMA 协议的改进方案，适用于总线形网络或半双工网络环境。对于全双工的网络，由于全双工采用两条信道，分别用来发送和接收，在任何时候，收发双方都可以发送或接收数据，不可能产生冲突，因此不需要 CSMA/CD 协议。

载波监听是指每个站点在发送前和发送中都必须不停地检测信道，在发送前检测信道是为了获得发送权，在发送中检测信道是为了及时发现发送的数据是否发生了碰撞。站点要发送数据前先监听信道，只有信道空闲才能发送，碰撞检测（Collision Detection）就是边发送边监听，如果监听到了碰撞，则立即停止数据发送，等待一段随机时间后，重新开始尝试发送数据。

CSMA/CD 的工作流程可简单概括为"先听后发，边听边发，冲突停发，随机重发"。

电磁波在总线上的传播速率总是有限的，因此，当某个时刻发送站检测到信道空闲时，此时信道并不一定是空闲的。如图 3.22 所示，设 τ 为单程传播时延。在 $t=0$ 时，A 发送数据。在 $t=\tau-\delta$ 时，A 发送的数据还未到达 B，由于 B 检测到信道空闲而发送数据。经过时间 $\delta/2$ 后，即在 $t=\tau-\delta/2$ 时，A 发送的数据和 B 发送的数据发生碰撞，但这时 A 和 B 都不知道。在 $t=\tau$ 时，B 检测到碰撞，于是停止发送数据。在 $t=2\tau-\delta$ 时，A 检测到碰撞，也停止发送数据。显然，CSMA/CD 中的站不可能同时进行发送和接收，因此采用 CSMA/CD 协议的以太网只能进行半双工通信。

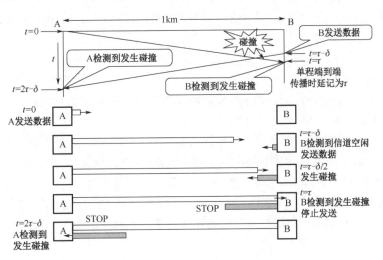

图 3.22 传播时延对载波监听的影响

由图 3.22 可知，站 A 在发送帧后至多经过时间 2τ（端到端传播时延的 2 倍）就能知道所发送的帧有没有发生碰撞（当 $\delta \to 0$ 时）。因此把以太网端到端往返时间 2τ 称为争用期（又称冲突窗口或碰撞窗口）。每个站在自己发送数据之后的一小段时间内，存在发生碰撞的可能性，只有经过争用期这段时间还未检测到碰撞时，才能确定这次发送不会发生碰撞。

现考虑一种情况，某站点发送一个很短的帧，但在发送完毕之前并没有检测出碰撞。假定这个帧在继续向前传播到达目的站之前和别的站发送的帧发生了碰撞，因而目的站将收到有差错的帧（当然会把它丢弃）。可是发送站却不知道发生了碰撞，因而不会重传这个帧。为了避免发生这种情况，以太网规定了一个**最短帧长**（争用期内可发送的数据长度）。在争用期内如果检测到碰撞，站点就会停止发送，此时已发送出去的数据一定小于最短帧长，因此凡长度小于这个最短帧长的帧都是由于冲突而异常中止的无效帧。最小帧长的计算公式为

$$最小帧长 = 总线传播时延 \times 数据传输速率 \times 2$$

例如，以太网规定取 51.2μs 为争用期的长度。对于 10Mb/s 的以太网，在争用期内可发送 512bit，即 64B。在以太网发送数据时，如果前 64B 未发生冲突，那么后续数据也就不会发生冲突（表示已成功抢占信道）。换句话说，如果发生冲突，那么就一定在前 64B。由于一旦检测到冲突就立即停止发送，因此这时发送出去的数据一定小于 64B。因此，以太网规定最短帧长为 64B，凡长度小于 64B 的帧都是由于冲突而异常中止的无效帧，收到这种无效帧时应立即丢弃。

如果只发送小于 64B 的帧，如 40B 的帧，那么需要在 MAC 子层中于数据字段的后面加入一个整数字节的填充字段，以保证以太网的 MAC 帧的长度不小于 64B。

除检测冲突外，CSMA/CD 还能从冲突中恢复。一旦发生了冲突，参与冲突的两个站点紧接着再次发送是没有意义的，如果它们这样做，那么将会导致无休止的冲突。CSMA/CD 采用截断二进制指数退避算法来解决碰撞问题。算法精髓如下：

1）确定基本退避时间，一般取两倍的总线端到端传播时延 2τ（即争用期）。

2）定义参数 k，它等于重传次数，但 k 不超过 10，即 $k = \min[\text{重传次数}, 10]$。当重传次数不超过 10 时，$k$ 等于重传次数；当重传次数大于 10 时，k 就不再增大而一直等于 10（这个条件往往容易忽略，请读者注意）。

3）从离散的整数集合 $[0, 1, \cdots, 2^k - 1]$ 中随机取出一个数 r，重传所需退避的时间就是 r 倍的基本退避时间，即 $2r\tau$。

4）当重传达 16 次仍不能成功时，说明网络太拥挤，认为此帧永远无法正确发出，抛弃此帧并向高层报告出错（这个条件也容易忽略，请读者注意）。

现在来看一个例子。假设一个适配器首次试图传输一帧，当传输时，它检测到碰撞。第 1 次重传时，$k = 1$，随机数 r 从整数 $\{0, 1\}$ 中选择，因此适配器可选的重传推迟时间是 0 或 2τ。若再次发送碰撞，则在第 2 次重传时，随机数 r 从整数 $\{0, 1, 2, 3\}$ 中选择，因此重传推迟时间是在 $0, 2\tau, 4\tau, 6\tau$ 这 4 个时间中随机地选取一个。以此类推。

使用截断二进制指数退避算法可使重传需要推迟的平均时间随重传次数的增大而增大（这也称动态退避），因而能降低发生碰撞的概率，有利于整个系统的稳定。

CSMA/CD 算法的归纳如下：

① 准备发送：适配器从网络层获得一个分组，封装成帧，放入适配器的缓存。

② 检测信道：若检测到信道空闲，它就开始发送这个帧。若检测到信道忙，它就持续检测直至信道上没有信号能量，然后开始发送这个帧。

③ 在发送过程中，适配器仍持续检测信道。这里只有两种可能：

● 发送成功：在争用期内一直未检测到碰撞，这个帧肯定能发送成功。

● 发送失败：在争用期内检测到碰撞，此时立即停止发送，适配器执行指数退避算法，等待一段随机时间后返回到步骤②。若重传 16 次仍不能成功，则停止重传并向上报错。

4. CSMA/CA 协议

CSMA/CD 协议已成功应用于使用有线连接的局域网，但在无线局域网环境下，却不能简单地搬用 CSMA/CD 协议，特别是碰撞检测部分。主要有两个原因：

1）接收信号的强度往往会远小于发送信号的强度，且在无线介质上信号强度的动态变化范

围很大，因此若要实现碰撞检测，则硬件上的花费就会过大。

2）在无线通信中，并非所有的站点都能够听见对方，即存在"隐蔽站"问题。

为此，802.11 标准定义了广泛应用于无线局域网的 CSMA/CA 协议，它对 CSMA/CD 协议进行了修改，把碰撞检测改为碰撞避免（Collision Avoidance，CA）。"碰撞避免"并不是指协议可以完全避免碰撞，而是指协议的设计要尽量降低碰撞发生的概率。由于 802.11 无线局域网不使用碰撞检测，一旦站点开始发送一个帧，就会完全地发送该帧，但碰撞存在时仍然发送整个数据帧（尤其是长数据帧）会严重降低网络的效率，因此要采用碰撞避免技术降低碰撞的可能性。

由于无线信道的通信质量远不如有线信道，802.11 使用链路层确认/重传（ARQ）方案，即站点每通过无线局域网发送完一帧，就要在收到对方的确认帧后才能继续发送下一帧。

为了尽量避免碰撞，802.11 规定，所有的站完成发送后，必须再等待一段很短的时间（继续监听）才能发送下一帧。这段时间称为帧间间隔（InterFrame Space，IFS）。帧间间隔的长短取决于该站要发送的帧的类型。802.11 使用了下列三种 IFS：

1）SIFS（短 IFS）：最短的 IFS，用来分隔属于一次对话的各帧，使用 SIFS 的帧类型有 ACK 帧、CTS 帧、分片后的数据帧，以及所有回答 AP 探询的帧等。

2）PIFS（点协调 IFS）：中等长度的 IFS，在 PCF 操作中使用。

3）DIFS（分布式协调 IFS）：最长的 IFS，用于异步帧竞争访问的时延。

CSMA/CA 的退避算法和 CSMA/CD 的稍有不同（见教材）。信道从忙态变为空闲态时，任何一个站要发送数据帧，不仅都要等待一个时间间隔，而且要进入争用窗口，计算随机退避时间以便再次试图接入信道，因此降低了碰撞发生的概率。当且仅当检测到信道空闲且这个数据帧是要发送的第一个数据帧时，才不使用退避算法。其他所有情况都必须使用退避算法，具体为：①在发送第一个帧前检测到信道忙；②每次重传；③每次成功发送后要发送下一帧。

CSMA/CA 算法的归纳如下：

1）若站点最初有数据要发送（而不是发送不成功再进行重传），且检测到信道空闲，在等待时间 DIFS 后，就发送整个数据帧。

2）否则，站点执行 CSMA/CA 退避算法，选取一个随机回退值。一旦检测到信道忙，退避计时器就保持不变。只要信道空闲，退避计时器就进行倒计时。

3）当退避计时器减到 0 时（这时信道只可能是空闲的），站点就发送整个帧并等待确认。

4）发送站若收到确认，就知道已发送的帧被目的站正确接收。这时如果要发送第二帧，就要从步骤 2）开始，执行 CSMA/CA 退避算法，随机选定一段退避时间。

若发送站在规定时间（由重传计时器控制）内没有收到确认帧 ACK，就必须重传该帧，再次使用 CSMA/CA 协议争用该信道，直到收到确认，或经过若干次重传失败后放弃发送。

处理隐蔽站问题：RTS 和 CTS

在图 3.23 中，站 A 和 B 都在 AP 的覆盖范围内，但 A 和 B 相距较远，彼此都听不见对方。当 A 和 B 检测到信道空闲时，都向 AP 发送数据，导致碰撞的发生，这就是隐蔽站问题。

为了避免该问题，802.11 允许发送站对信道进行预约。源站要发送数据帧之前先广播一个很短的请求发送 RTS（Request To Send）控制帧，它包括源地址、目的地址和这次通信（含相应的确认帧）所持续的时间，该帧能被其范围内包括 AP 在内的所有站点听到。若信道空闲，则 AP 广播一个允许发送 CTS（Clear To Send）控制帧，它包括这次通信所需的持续时间（从 RTS 帧复制），该帧也能被其范围内包括 A 和 B 在内的所有站点听到。B 和其他站听到 CTS 后，在 CTS 帧中指明的时间内将抑制发送，如图 3.24 所示。CTS 帧有两个目的：①给源站明确的发送许可；②指示其他站点在预约期内不要发送。

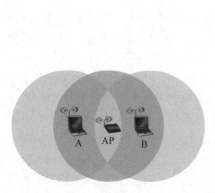

图 3.23　A 和 B 同时向 AP 发送信号，发生碰撞

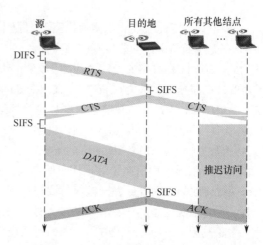

图 3.24　使用 RTS 和 CTS 帧的碰撞避免

使用 RTS 和 CTS 帧会使网络的通信效率有所下降，但这两种帧都很短，与数据帧相比开销不算大。相反，若不使用这种控制帧，一旦发生碰撞而导致数据帧重发，则浪费的时间更多。信道预约不是强制性规定，各站可以自己决定使用或不使用信道预约。只有当数据帧长度超过某一数值时，使用 RTS 和 CTS 帧才比较有利。

CSMA/CD 与 CSMA/CA 主要有如下区别：

1）CSMA/CD 可以检测冲突，但无法避免；CSMA/CA 发送数据的同时不能检测信道上有无冲突，本结点处没有冲突并不意味着在接收结点处就没有冲突，只能尽量避免。

2）传输介质不同。CSMA/CD 用于总线形以太网，CSMA/CA 用于无线局域网 802.11a/b/g/n 等。

3）检测方式不同。CSMA/CD 通过电缆中的电压变化来检测；而 CSMA/CA 采用能量检测、载波检测和能量载波混合检测三种检测信道空闲的方式。

总结：CSMA/CA 协议的基本思想是在发送数据时先广播告知其他结点，让其他结点在某段时间内不要发送数据，以免出现碰撞。CSMA/CD 协议的基本思想是发送前监听，边发送边监听，一旦出现碰撞马上停止发送。

3.5.3　轮询访问：令牌传递协议

在轮询访问中，用户不能随机地发送信息，而要通过一个集中控制的监控站，以循环方式轮询每个结点，再决定信道的分配。当某结点使用信道时，其他结点都不能使用信道。典型的轮询访问介质访问控制协议是令牌传递协议，它主要用在令牌环局域网中。

在令牌传递协议中，一个令牌（Token）沿着环形总线在各结点计算机间依次传递。令牌是一个特殊的 MAC 控制帧，它本身并不包含信息，仅控制信道的使用，确保同一时刻只有一个站点独占信道。当环上的一个站点希望传送帧时，必须等待令牌。一旦收到令牌，站点便可启动发送帧。帧中包括目的站点地址，以标识哪个站点应接收此帧。站点只有取得令牌后才能发送数据帧，因此令牌环网不会发生碰撞。站点在发送完一帧后，应释放令牌，以便让其他站使用。由于令牌在网环上是按顺序依次传递的，因此对所有入网计算机而言，访问权是公平的。

当计算机都不需要发送数据时，令牌就在环形网上游荡，而需要发送数据的计算机只有在拿到该令牌后才能发送数据帧，因此不会发送冲突（因为令牌只有一个）。

令牌环网中令牌和数据的传递过程如下：

1）网络空闲时，环路中只有令牌帧在循环传递。

2）令牌传递到有数据要发送的站点时，该站点就修改令牌中的一个标志位，并在令牌中附加自己需要传输的数据，将令牌变成一个数据帧，然后将这个数据帧发送出去。

3）数据帧沿着环路传输，接收到的站点一边转发数据，一边查看帧的目的地址。如果目的地址和自己的地址相同，那么接收站就复制该数据帧以便进一步处理。

4）数据帧沿着环路传输，直到到达该帧的源站点，源站点收到自己发出去的帧后便不再转发。同时，通过检验返回的帧来查看数据传输过程中是否出错，若有错则重传。

5）源站点传送完数据后，重新产生一个令牌，并传递给下一站点，以交出信道控制权。

在令牌传递网络中，传输介质的物理拓扑不必是一个环，但是为了把对介质访问的许可从一个设备传递到另一个设备，令牌在设备间的传递通路逻辑上必须是一个环。

轮询介质访问控制非常适合负载很高的广播信道。所谓负载很高的信道，是指多个结点在同一时刻发送数据概率很大的信道。可以想象，如果这样的广播信道采用随机介质访问控制，那么发生冲突的概率将会很大，而采用轮询介质访问控制则可以很好地满足各结点间的通信需求。

轮询介质访问控制既不共享时间，也不共享空间，它实际上是在随机介质访问控制的基础上，限定了有权力发送数据的结点只能有一个。

即使是广播信道也可通过介质访问控制机制使广播信道逻辑上变为点对点的信道，所以说数据链路层研究的是"点到点"之间的通信。

3.5.4　本节习题精选

一、单项选择题

01. 将物理信道的总频带宽分割成若干子信道，每个子信道传输一路信号，这种信道复用技术是（　）。

　　A. 码分复用　　　B. 频分复用　　　C. 时分复用　　　D. 空分复用

02. TDM 所用传输介质的性质是（　）。

　　A. 介质的带宽大于结合信号的位速率　　B. 介质的带宽小于单个信号的带宽

　　C. 介质的位速率小于最小信号的带宽　　D. 介质的位速率大于单个信号的位速率

03. 从表面上看，FDM 比 TDM 能更好地利用信道的传输能力，但现在计算机网络更多地使用 TDM 而非 FDM，其原因是（　）。

　　A. FDM 实际能力更差　　　　　　　　B. TDM 可用于数字传输而 FDM 不行

　　C. FDM 技术不成熟　　　　　　　　　D. TDM 能更充分地利用带宽

04. 在下列多路复用技术中，（　）具有动态分配时隙的功能。

　　A. 同步时分多路复用　　　　　　　　B. 统计时分多路复用

　　C. 频分多路复用　　　　　　　　　　D. 码分多路复用

05. 在下列协议中，不会发生碰撞的是（　）。

　　A. TDM　　　　　B. ALOHA　　　　C. CSMA　　　　D. CSMA/CD

06. 以下几种 CSMA 协议中，（　）协议在监听到介质空闲时仍可能不发送。

　　A. 1-坚持 CSMA　　B. 非坚持 CSMA　　C. *p*-坚持 CSMA　　D. 以上都不是

07. 在 CSMA 的非坚持协议中，当媒体忙时，则（　）直到媒体空闲。

　　A. 延迟一个固定的时间单位再监听　　B. 继续监听

　　C. 延迟一个随机的时间单位再监听　　D. 放弃监听

08. 在 CSMA 的非坚持协议中，当站点监听到总线媒体空闲时，它（　）。

　　A. 以概率 *p* 传送　　　　　　　　　B. 马上传送

　　C. 以概率 $1-p$ 传送　　　　　　　　D. 以概率 *p* 延迟一个时间单位后传送

09. 在 CSMA/CD 协议的定义中，"争议期"指的是（　　）。

A. 信号在最远两个端点之间往返传输的时间

B. 信号从线路一端传输到另一端的时间

C. 从发送开始到收到应答的时间

D. 从发送完毕到收到应答的时间

10. 以太网中，当数据传输速率提高时，帧的发送时间会相应地缩短，这样可能会影响到冲突的检测。为了能有效地检测冲突，可以使用的解决方案有（　　）。

A. 减少电缆介质的长度或减少最短帧长

B. 减少电缆介质的长度或增加最短帧长

C. 增加电缆介质的长度或减少最短帧长

D. 增加电缆介质的长度或增加最短帧长

11. 长度为 10km、数据传输速率为 10Mb/s 的 CSMA/CD 以太网，信号传播速率为 200m/μs。那么该网络的最小帧长为（　　）。

A. 20bit　　　　　B. 200bit　　　　　C. 100bit　　　　　D. 1000bit

12. 以太网中若发生介质访问冲突，则按照二进制指数回退算法决定下一次重发的时间。使用二进制回退算法的理由是（　　）。

A. 这种算法简单

B. 这种算法执行速度快

C. 这种算法考虑了网络负载对冲突的影响

D. 这种算法与网络的规模大小无关

13. 以太网中采用二进制指数回退算法处理冲突问题。下列数据帧重传时再次发生冲突的概率最低的是（　　）。

A. 首次重传的帧　　　　　　　　　B. 发生两次冲突的帧

C. 发生三次重传的帧　　　　　　　D. 发生四次重传的帧

14. 在以太网的二进制回退算法中，在 11 次碰撞之后，站点会在 0 ~（　　）之间选择一个随机数。

A. 255　　　　　B. 511　　　　　C. 1023　　　　　D. 2047

15. 与 CSMA/CD 网络相比，令牌环网更适合的环境是（　　）。

A. 负载轻　　　　B. 负载重　　　　C. 距离远　　　　D. 距离近

16. 根据 CSMA/CD 协议的工作原理，需要提高最短帧长度的是（　　）。

A. 网络传输速率不变，冲突域的最大距离变短

B. 冲突域的最大距离不变，网络传输速率提高

C. 上层协议使用 TCP 的概率增加

D. 在冲突域不变的情况下减少线路中的中继器数量

17. 无线局域网不使用 CSMA/CD 而使用 CSMA/CA 的原因是，无线局域网（　　）。

A. 不能同时收发，无法在发送时接收信号

B. 不需要在发送过程中进行冲突检测

C. 无线信号的广播特性，使得不会出现冲突

D. 覆盖范围很小，不进行冲突检测不影响正确性

18. 多路复用器的主要功能是（　　）。

A. 执行模/数转换　　　　　　　　　B. 执行串行/并行转换

C. 减少主机的通信处理负荷　　　　D. 结合来自两条或更多条线路的传输

19. 下列关于令牌环网络的描述中，错误的是（　　）。

　　A. 令牌环网络存在冲突

　　B. 同一时刻，环上只有一个数据在传输

　　C. 网上所有结点共享网络带宽

　　D. 数据从一个结点到另一结点的时间可以计算

20. 下列关于令牌环网的说法中，不正确的是（　　）。

　　A. 媒体的利用率比较公平

　　B. 重负载下信道利用率高

　　C. 结点可以一直持有令牌，直至所要发送的数据传输完毕

　　D. 令牌是指一种特殊的控制帧

21. 在令牌环网中，当所有站点都有数据帧要发送时，一个站点在最坏情况下等待获得令牌和发送数据帧的时间等于（　　）。

　　A. 所有站点传送令牌的时间总和

　　B. 所有站点传送令牌和发送帧的时间总和

　　C. 所有站点传送令牌的时间总和的一半

　　D. 所有站点传送令牌和发送帧的时间总和的一半

22. 一条广播信道上接有 3 个站点 A、B、C，介质访问控制采用信道划分方法，信道的划分采用码分复用技术，A、B 要向 C 发送数据，设 A 的码序列为 +1, -1, -1, +1, +1, +1, +1, -1。站 B 可以选用的码片序列为（　　）。

　　A. -1, -1, -1, +1, -1, +1, +1, +1　　　　B. -1, +1, -1, -1, -1, +1, +1, +1

　　C. -1, +1, -1, +1, -1, +1, -1, +1　　　　D. -1, +1, -1, +1, -1, +1, +1, +1

23.【2009 统考真题】在一个采用 CSMA/CD 协议的网络中，传输介质是一根完整的电缆，传输速率为 1Gb/s，电缆中的信号传播速率是 200000km/s。若最小数据帧长度减少 800 比特，则最远的两个站点之间的距离至少需要（　　）。

　　A. 增加 160m　　　B. 增加 80m　　　C. 减少 160m　　　D. 减少 80m

24.【2011 统考真题】下列选项中，对正确接收到的数据帧进行确认的 MAC 协议是（　　）。

　　A. CSMA　　　　B. CDMA　　　　C. CSMA/CD　　　　D. CSMA/CA

25.【2013 统考真题】下列介质访问控制方法中，可能发生冲突的是（　　）。

　　A. CDMA　　　　B. CSMA　　　　C. TDMA　　　　D. FDMA

26.【2014 统考真题】站点 A、B、C 通过 CDMA 共享链路，A、B、C 的码片序列分别是 (1, 1, 1, 1)、(1, -1, 1, -1) 和 (1, 1, -1, -1)。若 C 从链路上收到的序列是 (2, 0, 2, 0, 0, -2, 0, -2, 0, 2, 0, 2)，则 C 收到 A 发送的数据是（　　）。

　　A. 000　　　　B. 101　　　　C. 110　　　　D. 111

27.【2015 统考真题】下列关于 CSMA/CD 协议的叙述中，错误的是（　　）。

　　A. 边发送数据帧，边检测是否发生冲突

　　B. 适用于无线网络，以实现无线链路共享

　　C. 需要根据网络跨距和数据传输速率限定最小帧长

　　D. 当信号传播延迟趋近 0 时，信道利用率趋近 100%

28.【2016 统考真题】如下图所示，在 Hub 再生比特流的过程中会产生 1.535μs 延时（Switch 和 Hub 均为 100Base-T 设备），信号传播速率为 200m/μs，不考虑以太网帧的前导码，

则 H3 和 H4 之间理论上可以相距的最远距离是（　　）。

　　A．200m　　　　　　B．205m　　　　　　C．359m　　　　　　D．512m

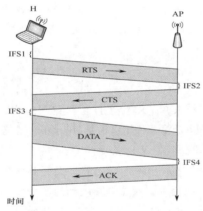

29．【2018 统考真题】IEEE 802.11 无线局域网的 MAC 协议 CSMA/CA 进行信道预约的方法
　　是（　　）。

　　A．发送确认帧　　　　　　　　　　　　B．采用二进制指数退避

　　C．使用多个 MAC 地址　　　　　　　　D．交换 RTS 与 CTS 帧

30．【2019 统考真题】假设一个采用 CSMA/CD 协议的 100Mb/s 局域网，最小帧长是 128B，
　　则在一个冲突域内两个站点之间的单向传播延时最多是（　　）。

　　A．2.56μs　　　　　　B．5.12μs　　　　　　C．10.24μs　　　　　　D．20.48μs

31．【2020 统考真题】在某个 IEEE 802.11 无线局域网中，主机 H 与 AP 之间发送或接收
　　CSMA/CA 帧的过程如下图所示。在 H 或 AP 发送帧前等待的帧间间隔时间（IFS）中，
　　最长的是（　　）。

　　A．IFS1　　　　　　　B．IFS2　　　　　　　C．IFS3　　　　　　　D．IFS4

二、综合应用题

01．以太网使用的 CSMA/CD 协议是以争用方式接入共享信道的。与传统的时分复用（TDM）
　　相比，其优缺点如何？

02．长度为 1km、数据传输速率为 10Mb/s 的 CSMA/CD 以太网，信号在电缆中的传播速率
　　为 200000km/s。试求能够使该网络正常运行的最小帧长。

03．10000 个航空订票站在竞争使用单个时隙 ALOHA 通道，各站平均每小时做 18 次请求，
　　一个时隙是 125μs。总通信负载约为多少？

04．一组 N 个站点共享一个 56kb/s 的纯 ALOHA 信道，每个站点平均每 100s 输出一个 1000bit
　　的帧，即使前一个帧未发送完也依旧进行。问 N 可取的最大值是多少？

05．考虑建立一个 CSMA/CD 网，电缆长 1km，不使用重发器，运行速率为 1Gb/s，电缆中
　　的信号速率是 200000km/s，最小帧长度是多少？

06．若构造一个 CSMA/CD 总线网，速率为 100Mb/s，信号在电缆中的传播速率为 2×10⁵km/s，

数据帧的最小长度为 125 字节。试求总线电缆的最大长度（假设总线电缆中无中继器）。

07. 在一个采用 CSMA/CD 协议的网络中，传输介质是一根完整的电缆，传输速率为 1Gb/s。电缆中信号的传播速率是 200000km/s。若最小数据帧长度减少 800bit，则最远的两个站点之间的距离应至少变化多少才能保证网络正常工作？

08.【2010 统考真题】某局域网采用 CSMA/CD 协议实现介质访问控制，数据传输速率为 10Mb/s，主机甲和主机乙之间的距离是 2km，信号传播速率是 200000km/s。请回答下列问题，要求说明理由或写出计算过程。

　　1）若主机甲和主机乙发送数据时发生冲突，则从开始发送数据的时刻起，到两台主机均检测到冲突为止，最短需要经过多长时间？最长需要经过多长时间（假设主机甲和主机乙在发送数据的过程中，其他主机不发送数据）？

　　2）若网络不存在任何冲突与差错，主机甲总是以标准的最长以太网数据帧（1518 字节）向主机乙发送数据，主机乙每成功收到一个数据帧后立即向主机甲发送一个 64 字节的确认帧，主机甲收到确认帧后方可发送下一个数据帧。此时主机甲的有效数据传输速率是多少（不考虑以太网的前导码）？

3.5.5　答案与解析

一、单项选择题

01. B

在物理信道的可用带宽超过单个原始信号所需带宽的情况下，可将该物理信道的总带宽分割成若干与传输单个信号带宽相同（或略宽）的子信道，每个子信道传输一种信号，这就是频分多路复用。

02. D

时分复用 TDM 共享带宽，但分时利用信道。将时间划分成一段段等长的时分复用帧（TDM 帧），参与带宽共享的每个时分复用的用户在每个 TDM 帧中占用固定序号的时隙。显然，在这种情况下，介质的位速率大于单个信号的位速率。

03. B

TDM 与 FDM 相比，抗干扰能力强，可以逐级再生整形，避免干扰的积累，而且数字信号比较容易实现自动转换，所以根据 FDM 和 TDM 的工作原理，FDM 适合于传输模拟信号，TDM 适合于传输数字信号。

04. B

时分多路复用（TDM）可分为同步时分多路复用和异步时分多路复用（又称统计时分复用）。同步时分多路复用是一种静态时分复用技术，它预先分配时间片（即时隙），而异步时分多路复用则是一种动态时分复用技术，它动态地分配时间片（时隙）。

05. A

TDM 属于静态划分信道的方式，各结点分时使用信道，不会发生碰撞，而 ALOHA、CSMA 和 CSMA/CD 都属于动态的随机访问协议，都采用检测碰撞的策略来应对碰撞，因此都可能会发生碰撞。

06. C

p-坚持 CSMA 协议是 1-坚持 CSMA 协议和非坚持 CSMA 协议的折中。p-坚持 CSMA 在检测到信道空闲后，以概率 p 发送数据，以概率 $1-p$ 推迟到下一个时隙，目的是降低 1-坚持 CSMA 中多个结点检测到信道空闲后同时发送数据的冲突概率；采用坚持"监听"的目的，是试图克服非坚持 CSMA 中由于随机等待造成延迟时间较长的缺点。

07．C

非坚持 CSMA：站点在发送数据前先监听信道，若信道忙则放弃监听，则等待一个随机时间后再监听，若信道空闲则发送数据。

08．B

解析同上。

09．A

CSMA/CD 协议中定义的冲突检测时间（即争议期）是指，信号在最远两个端点之间往返传输的时间。

10．B

最短帧长等于争用期时间内发出的比特数。因此当传输速率提高时，可减少电缆介质的长度（使争用期时间减少，即以太网端到端的时延减小），或增加最短帧长。

11．D

来回路程 = 10000×2m，往返时间 RTT = 10000×2/(200×10⁶) = 10⁻⁴，最小帧长度 = W×RTT = 1000bit。

12．C

以太网采用 CSMA/CD 技术，网络上的流量越多、负载越大时，发生冲突的概率也会越大。当工作站发送的数据帧因冲突而传输失败时，会采用二进制回退算法后退一段时间再重新发送数据帧。二进制回退算法可以动态地适应发送站点的数量，后退延时的取值范围与重发次数 n 形成二进制指数关系。网络负载小时，后退延时的取值范围也小；负载大时，后退延时的取值范围也随着增大。二进制回退算法的优点是，把后退延时的平均取值与负载的大小联系了起来。所以二进制回退算法考虑了负载对冲突的影响。

13．D

根据 IEEE 802.3 标准的规定，以太网采用二进制指数后退算法处理冲突问题。在由于检测到冲突而停止发送后，一个站必须等待一个随机时间段，才能重新尝试发送。这一随机等待时间的目的是为了减少再次发生冲突的可能性。等待的时间长度按下列步骤计算：

1）取均匀分布在 0 至 $2^{\min(k, 10)} - 1$ 之间的一个随机整数 r，k 是冲突发生的次数。

2）发送站等待 $r×2t$ 长度的时间后才能尝试重新发送，其中 t 为以太网的端到端延迟。

从这个计算步骤可以看出，k 值越大，帧重传时再次发生冲突的概率越低。

14．C

一般来说，在第 i（$i < 10$）次碰撞后，站点会在 0 到 $2^i - 1$ 中之间随机选择一个数 M，然后等待 M 倍的争用期再发送数据。在达到 10 次冲突后，随机数的区间固定在最大值 1023 上，以后不再增加。如果连续超过 16 次冲突，那么丢弃。

15．B

CSMA/CD 网络各站随机发送数据，有冲突产生。负载很重时，冲突会加剧。而令牌环网各站轮流使用令牌发送数据，无论网络负载如何，都无冲突产生，这是它的突出优点。

16．B

对于 A，网络传输速率不变，冲突域的最大距离变短，冲突信号可以更快地到达发送站点，此时可以减小最小帧的长度。对于 B，冲突域的最大距离不变，网络传输速率提高，如果帧长度不增加，那么在帧发送完之前冲突信号可能回不到发送站点，因此必须提高最短帧长度。对于 C，上层协议使用 TCP 的概率增加与是否提高最短帧长度无关。对于 D，在冲突域不变的情况下减少线路中的中继器数量，此时冲突信号可以更快地到达发送站点，因此可以减少最短帧长度。

17．B

无线局域网不能简单地使用 CSMA/CD 协议，特别是碰撞检测部分，原因如下：第一，在无线局域网的适配器上，接收信号的强度往往远小于发送信号的强度，因此若要实现碰撞检测，那么硬件上的花费就会过大；第二，在无线局域网中，并非所有站点都能听见对方，由此引发了隐蔽站和暴露站问题，而"所有站点都能够听见对方"正是实现 CSMA/CD 协议必备的基础。选项 A 是 CSMA/CD 和 CSMA/CA 的特点，但不是无线局域网使用 CSMA/CA 的原因。

18．D

多路复用器的主要功能是结合来自两条或多条线路的传输，以充分利用信道。

19．A

令牌环网络的拓扑结构为环状，有一个令牌不停地在环中流动。只有获得了令牌的主机才能发送数据，因此不存在冲突，选项 A 错误。其他选项都是令牌环网络的特点。

20．C

令牌环网使用令牌在各个结点之间传递来分配信道的使用权，每个结点都可在一定的时间内（令牌持有时间）获得发送数据的权利，而并非无限制地持有令牌。

21．B

令牌环网在逻辑上采用环状控制结构。由于令牌总沿着逻辑环向逐站传送，结点总可在确定的时间内获得令牌并发送数据。在最坏情况下，即所有结点都要发送数据，一个结点获得令牌的等待时间等于逻辑环上所有其他结点依次获得令牌，并在令牌持有时间内发送数据的时间总和。

22．D

B 站点选用的码片序列一定要与 A 站点的码片序列正交，且规格化内积为 0。分别计算 A，B，C，D，可知只有 D 选项符合要求。

23．D

若最短帧长减少，而数据传输速率不变，则需要使冲突域的最大距离变短来实现碰撞窗口的减少。碰撞窗口是指网络中收发结点间的往返时延，因此假设需要减少的最小距离为 s，则可得到如下公式（注意单位的转换）：减少的往返时延 = 减少的发送时延，即 $2\times(s/(2\times10^8))=800/(1\times10^9)$。即由于帧长减少而缩短的发送时延，应等于由于距离减少而缩短的传播时延的 2 倍。

可得 $s=80$，即最远的两个站点之间的距离最少需要减少 80m。

注意：CSMA/CD 的碰撞窗口 = 2 倍传播时延，报文发送时间 > 碰撞窗口。

24．D

CSMA/CA 是无线局域网标准 802.11 中的协议，它在 CSMA 的基础上增加了冲突避免的功能。ACK 帧是 CSMA/CA 避免冲突的机制之一，也就是说，只有当发送方收到接收方发回的 ACK 帧后，才确认发出的数据帧已正确到达目的地。

25．B

选项 A、C 和 D 都是信道划分协议，信道划分协议是静态划分信道的方法，肯定不会发生冲突。CSMA 的全称是载波监听多路访问协议，其原理是站点在发送数据前先监听信道，发现信道空闲后再发送，但在发送过程中有可能会发生冲突。

26．B

把收到的序列分成每 4 个数字一组，即(2, 0, 2, 0), (0, −2, 0, −2), (0, 2, 0, 2)，因为题目求的

是 A 发送的数据，因此把这三组数据与 A 站的码片序列(1, 1, 1, 1)做内积运算，结果分别是(2, 0, 2, 0) • (1, 1, 1, 1)/4 = 1, (0, −2, 0, −2) • (1, 1, 1, 1)/4 = −1, (0, 2, 0, 2) • (1, 1, 1, 1)/4 = 1，所以 C 接收到的 A 发送的数据是 101，选 B。

27. B

CSMA/CD 适用于有线网络，CSMA/CA 则广泛应用于无线局域网。其他选项关于 CSMA/CD 的描述都是正确的。

28. B

要解决理论上的"最远距离"，也肯定要保证能检测到碰撞，而以太网规定最短帧长为 64B，其中 Hub 为 100Base-T 集线器，可知线路的传输速率为 100Mb/s，则单程传输时延为 64B /(100Mb/s)/2 = 2.56μs，又 Hub 在产生比特流的过程中会导致时延 1.535μs，则单程的传播时延为 2.56 − 1.535 = 1.025μs，从而 H3 与 H4 之间理论上可以相距的最远距离为 200m/μs×1.025μs = 205m。

29. D

CSMA/CA 协议进行信道预约时，主要使用的是请求发送帧（Request to Send，RTS）和清除发送帧（Clear to Send，CTS）。一台主机想要发送信息时，先向无线站点发送一个 RTS 帧，说明要传输的数据及相应的时间。无线站点收到 RTS 帧后，会广播一个 CTS 帧作为对此的响应，既给发送端发送许可，又指示其他主机不要在这个时间内发送数据，从而预约信道，避免碰撞。发送确认帧的目的主要是保证信息的可靠传输；二进制指数退避法是 CSMA/CD 中的一种冲突处理方法；C 选项则和预约信道无关。

30. B

为了确保发送站在发送数据的同时能检测到可能存在的冲突，需要在发送完帧之前就能收到自己发送出去的数据，帧的传输时延至少要两倍于信号在总线中的传播时延，所以 CSMA/CD 总线网中的所有数据帧都必须大于一个最小帧长，这个最小帧长=总线传播时延×数据传输速率×2。已知最小帧长为 128B，数据传输速率为 100Mb/s = 12.5MB/s，计算得单向传播延时为 128B/(12.5MB/s×2) = 5.12×10⁻⁶s，即 5.12μs。

31. A

为了尽量避免碰撞，IEEE 802.11 规定，所有的站在完成发送后，必须再等待一段很短的时间（继续监听）才能发送下一帧，这段时间称为帧间间隔（IFS），有 3 种 IFS：DIFS、PIFS 和 SIFS。帧间间隔的长短取决于该站要发送的帧的类型。网络中的控制帧以及对所接收数据的确认帧都采用 SIFS 作为发送之前的等待时延。当站点要发送数据帧时，若载波监听到信道空闲，需等待 DIFS 后发送 RTS 预约信道，图中 IFS1 对应 DIFS，时间最长，图中 IFS2、IFS3、IFS4 对应 SIFS。

二、综合应用题

01.【解答】

CSMA/CD 是一种动态的介质随机接入共享信道方式，而 TDM 是一种静态的信道划分方式，所以从对信道的利用率来说，CSMA/CD 用户共享信道，更灵活，信道利用率更高。

TDM 不同，它为用户按时隙固定分配信道，用户没有数据传送时，信道在用户时隙就浪费了；因为 CSMA/CD 让用户共享信道，因此同时有多个用户需要使用信道时会发生碰撞，从而降低信道的利用率；而在 TDM 中，用户在分配的时隙中不会与其他用户发生冲突。对局域网来说，连入信道的是相距较近的用户，因此通常信道带宽较大。使用 TDM 方式时，用户在自己的时隙中没有发送的情况更多，不利于信道的充分利用。

对于计算机通信来讲，突发式的数据更不利于使用 TDM 方式。

02. 【解答】

对于 1km 长的电缆，单程传播时间为 1/200000 = 5μs，来回路程传播时间为 10μs = 10^{-5}s。

为了使该网络能按照 CSMA/CD 工作，最小的发送时间不能小于 10μs。以 10Mb/s 速率工作时，10^{-5}s 内可以发送的比特数为 $(10×10^6 b/s)×10^{-5}s = 100$。因此最小帧长为 100 比特。

03. 【解答】

每个终端每 3600/18 = 200s 做一次请求，共有 10000 个终端，因此总负载是 200s 做 10000 次请求，平均每秒 50 次请求。每秒 8000 个时隙，平均每个时隙的发送次数是 50/8000 = 1/160，即通信负载 $G = 1/160 = 0.00625$。

04. 【解答】

对于纯 ALOHA 协议，其信道利用率为 0.184，因此可用带宽是 0.184×56kb/s。每个站需要的带宽是 1000/100 = 10b/s。因此，N 可取的最大值是 10304/10 ≈ 1030。

05. 【解答】

对于 1km 的电缆，单程传播时延是 1/200000 = $5×10^{-6}$s，即 5μs，往返传播时延是 10μs。要能按照 CSMA/CD 工作，最小帧的发送时间不能小于 10μs。以 1Gb/s 速率工作时，10μs 内可以发送的比特数为 $(10×10^{-6})/(1×10^{-9}) = 10000$，因此最小帧应是 10000bit。

注意： 争用期一定要保证大于来回往返时延。因为假设现在传了一个帧，还未到往返时延就发送完毕，而且在中途出现碰撞，这样就检测不出错误；如果中途发生碰撞，且这个帧还未发送完，那么就可以检测出错误。所以要保证 CSMA/CD 正常工作，就必须使得发送时间（即争用期）大于或等于来回往返时延。

06. 【解答】

设总线电缆的长度为 L，则

$$\frac{125×8}{100×10^6} = 2×\frac{L}{2×10^8}，\quad L = \frac{125×8×10^8}{100×10^6} \text{m} = 1000\text{m}$$

07. 【解答】

CSMA/CD 方式要求帧的最短长度须满足条件：在发送帧的最后一位时，如果有冲突，那么发送方应能检测到冲突，即发送帧的时间至少是信号在最远两个端点之间往返传输的时间。现在的条件是帧的长度减少了 800bit，即发送帧的时间减少了 800b/(1Gb/s)，所以信号在最远两个端点之间往返的时间必须减少 800b/(1Gb/s)。设减少的长度为 x 米，要计算往返传输的距离，有

$$2x/(200000×10^3) \geqslant 800/10^9$$

得到 $x \geqslant 80$m，即最远的两个端点之间的距离应至少减少 80m。

08. 【解答】

1）显然当甲和乙同时向对方发送数据时，信号在信道中发生冲突后，冲突信号继续向两个方向传播。这种情况下两台主机均检测到冲突的时间最短：

$$T_{(A)} = 1\text{km}/200000\text{km/s}×2 = 0.01\text{ms} = 单程传播时延 t_0$$

设甲先发送数据，当数据即将到达乙时，乙也开始发送数据，此时乙将立刻检测到冲突，而甲要检测到冲突还需等待冲突信号从乙传播到甲。两台主机均检测到冲突的时间最长：

$$T_{(B)} = 2\text{km}/200000\text{km/s}×2 = 0.02\text{ms} = 双程传播时延 2t_0$$

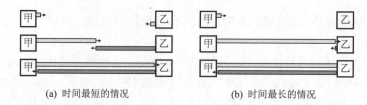

<table>
<tr><td>(a) 时间最短的情况</td><td>(b) 时间最长的情况</td></tr>
</table>

2）甲发送一个数据帧的时间，即发送时延 $t_1 = 1518 \times 8\text{bit}/(10\text{Mb/s}) = 1.2144\text{ms}$；乙每成功收到一个数据帧后，向甲发送一个确认帧，确认帧的发送时延 $t_2 = 64 \times 8\text{bit}/10\text{Mb/s} = 0.0512\text{ms}$；主机甲收到确认帧后，即发送下一数据帧，因此主机甲的发送周期 T = 数据帧发送时延 t_1 + 确认帧发送时延 t_2 + 双程传播时延 $2t_0 = t_1 + t_2 + 2t_0 = 1.2856\text{ms}$；于是主机甲的有效数据传输速率为 $1500 \times 8/T = 12000\text{bit}/1.2856\text{ms} \approx 9.33\text{Mb/s}$（以太网帧的数据部分为 1500B）。

3.6 局域网

3.6.1 局域网的基本概念和体系结构

局域网（Local Area Network，LAN）是指在一个较小的地理范围（如一所学校）内，将各种计算机、外部设备和数据库系统等通过双绞线、同轴电缆等连接介质互相连接起来，组成资源和信息共享的计算机互连网络。主要特点如下：

1）为一个单位所拥有，且地理范围和站点数目均有限。

2）所有站点共享较高的总带宽（即较高的数据传输速率）。

3）较低的时延和较低的误码率。

4）各站为平等关系而非主从关系。

5）能进行广播和组播。

局域网的特性主要由三个要素决定：拓扑结构、传输介质、介质访问控制方式，其中最重要的是介质访问控制方式，它决定着局域网的技术特性。

常见的局域网拓扑结构主要有以下 4 大类：①星形结构；②环形结构；③总线形结构；④星形和总线形结合的复合型结构。

局域网可以使用双绞线、铜缆和光纤等多种传输介质，其中双绞线为主流传输介质。

局域网的介质访问控制方法主要有 CSMA/CD、令牌总线和令牌环，其中前两种方法主要用于总线形局域网，令牌环主要用于环形局域网。

三种特殊的局域网拓扑实现如下：

- 以太网（目前使用范围最广的局域网）。逻辑拓扑是总线形结构，物理拓扑是星形或拓展星形结构。

- 令牌环（Token Ring，IEEE 802.5）。逻辑拓扑是环形结构，物理拓扑是星形结构。

- FDDI（光纤分布数字接口，IEEE 802.8）。逻辑拓扑是环形结构，物理拓扑是双环结构。

IEEE 802 标准定义的局域网参考模型只对应于 OSI 参考模型的数据链路层和物理层，并将数据链路层拆分为两个子层：逻辑链路控制（LLC）子层和媒体接入控制（MAC）子层。与接入传输媒体有关的内容都放在 MAC 子层，它向上层屏蔽对物理层访问的各种差异，提供对物理层的统一访问接口，主要功能包括：组帧和拆卸帧、比特传输差错检测、透明传输。LLC 子层与传输媒体无关，它向网络层提供无确认无连接、面向连接、带确认无连接、高速传送 4 种不同的连接服务类型。

由于以太网在局域网市场中取得垄断地位，几乎成为局域网的代名词，而 802 委员会制定的

LLC 子层作用已经不大，因此现在许多网卡仅装有 MAC 协议而没有 LLC 协议。IEEE 802 协议层与 OSI 参考模型的比较如图 3.25 所示。

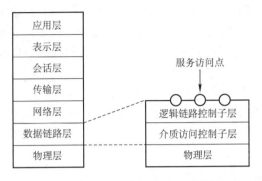

图 3.25 IEEE 802 协议层与 OSI 模型的比较

需要提醒读者的是，局域网的各类协议和广域网的各类协议也是统考的重点，容易出选择题，需要大家认真记忆。

3.6.2 以太网与 IEEE 802.3

IEEE 802.3 标准是一种基带总线形的局域网标准，它描述物理层和数据链路层的 MAC 子层的实现方法。随着技术的发展，该标准又有了大量的补充与更新，以支持更多的传输介质和更高的传输速率。

以太网逻辑上采用总线形拓扑结构，以太网中的所有计算机共享同一条总线，信息以广播方式发送。为了保证数据通信的方便性和可靠性，以太网简化了通信流程并使用了 CSMA/CD 方式对总线进行访问控制。

严格来说，以太网应当是指符合 DIX Ethernet V2 标准的局域网，但 DIX Ethernet V2 标准与 IEEE 802.3 标准只有很小的差别，因此通常将 802.3 局域网简称为以太网。

以太网采用两项措施以简化通信：①采用无连接的工作方式，不对发送的数据帧编号，也不要求接收方发送确认，即以太网尽最大努力交付数据，提供的是不可靠服务，对于差错的纠正则由高层完成；②发送的数据都使用曼彻斯特编码的信号，每个码元的中间出现一次电压转换，接收端利用这种电压转换方便地把位同步信号提取出来。

1．以太网的传输介质与网卡

以太网常用的传输介质有 4 种：粗缆、细缆、双绞线和光纤。各种传输介质的适用情况见表 3.2。

表 3.2 各种传输介质的适用情况

参　　数	10BASE5	10BASE2	10BASE-T	10BASE-FL
传输媒体	基带同轴电缆（粗缆）	基带同轴电缆（细缆）	非屏蔽双绞线	光纤对（850nm）
编码	曼彻斯特编码	曼彻斯特编码	曼彻斯特编码	曼彻斯特编码
拓扑结构	总线形	总线形	星形	点对点
最大段长	500m	185m	100m	2000m
最多结点数目	100	30	2	2

注意：10BASE-T 非屏蔽双绞线以太网拓扑结构为星形网，星形网中心为集线器，但使用集线器的以太网在逻辑上仍然是一个总线形网，属于一个冲突域。上表的内容是常识，例如题目中出现 10BASE5 时，是不会显式地告诉你它的传输媒体、编码方式、拓扑结构等信息的。

计算机与外界局域网的连接是通过主机箱内插入的一块网络接口板 [又称网络适配器（Adapter）或网络接口卡（Network Interface Card，NIC）] 实现的。网卡上装有处理器和存储器，是工作在数据链路层的网络组件。网卡和局域网的通信是通过电缆或双绞线以串行方式进行的，而网卡和计算机的通信则是通过计算机主板上的 I/O 总线以并行方式进行的。因此，网卡的重要功能就是进行数据的串并转换。网卡不仅能实现与局域网传输介质之间的物理连接和电信号匹配，还涉及帧的发送与接收、帧的封装与拆封、介质访问控制、数据的编码与解码及数据缓存功能等。

全世界的每块网卡在出厂时都有一个唯一的代码，称为介质访问控制（MAC）地址，这个地址用于控制主机在网络上的数据通信。数据链路层设备（网桥、交换机等）都使用各个网卡的 MAC地址。另外，网卡控制着主机对介质的访问，因此网卡也工作在物理层，因为它只关注比特，而不关注任何地址信息和高层协议信息。

2. 以太网的 MAC 帧

每块网卡中的 MAC 地址也称物理地址；MAC 地址长 6 字节，一般用由连字符（或冒号）分隔的 12 个十六进制数表示，如 02-60-8c-e4-b1-21。高 24 位是厂商代码，低 24 位为厂商自行分配的网卡序列号。严格来讲，局域网的"地址"应是每个站的"名字"或标识符。

由于总线上使用的是广播通信，因此网卡从网络上每收到一个 MAC 帧，首先要用硬件检查MAC 帧中的 MAC 地址。如果是发往本站的帧，那么就收下，否则丢弃。

以太网 MAC 帧格式有两种标准：DIX Ethernet V2 标准（即以太网 V2 标准）和 IEEE 802.3标准。这里先介绍最常用的以太网 V2 的 MAC 帧格式，如图 3.26 所示。

前导码：使接收端与发送端时钟同步。在帧前面插入的 8 字节可再分为两个字段：第一个字段共 7 字节，是前同步码，用来快速实现 MAC 帧的比特同步；第二个字段是帧开始定界符，表示后面的信息就是 MAC 帧。

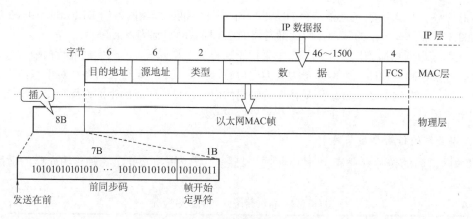

图 3.26　以太网 V2 标准的 MAC 帧格式

注意：MAC 帧并不需要帧结束符，因为以太网在传送帧时，各帧之间必须有一定的间隙。因此，接收端只要找到帧开始定界符，其后面连续到达的比特流就都属于同一个 MAC 帧，所以图 3.26 只有帧开始定界符。但不要误以为以太网 MAC 帧不需要尾部，在数据链路层上，帧既要加首部，也要加尾部。

地址：通常使用 6 字节（48bit）地址（MAC 地址）。

类型：2 字节，指出数据域中携带的数据应交给哪个协议实体处理。

数据：46～1500 字节，包含高层的协议消息。由于 CSMA/CD 算法的限制，以太网帧必须满足最小长度要求 64 字节，数据较少时必须加以填充（0～46 字节）。

注意：46 是怎么来的？由 CSMA/CD 可知以太网帧的最短帧长为 64B，而 MAC 帧的首部和尾部的长度为 18 字节，所以数据字段最短为 64−18＝46 字节。最大的 1500 字节是规定的。

填充：0～46 字节，当帧长太短时填充帧，使之达到 64 字节的最小长度。

校验码（FCS）：4 字节，校验范围从目的地址段到数据段的末尾，算法采用 32 位循环冗余码（CRC），不但需要检验 MAC 帧的数据部分，还要检验目的地址、源地址和类型字段，但不校验前导码。

802.3 帧格式与 DIX 以太帧格式的不同之处在于用长度域替代了 DIX 帧中的类型域，指出数据域的长度。在实践中，前述长度/类型两种机制可以并存，由于 IEEE 802.3 数据段的最大字节数是 1500，所以长度段的最大值是 1500，因此从 1501 到 65535 的值可用于类型段标识符。

3．高速以太网

速率达到或超过 100Mb/s 的以太网称为高速以太网。

（1）100BASE-T 以太网

100BASE-T 以太网是在双绞线上传送 100Mb/s 基带信号的星形拓扑结构以太网，它使用 CSMA/CD 协议。这种以太网既支持全双工方式，又支持半双工方式，可在全双工方式下工作而无冲突发生，因此在全双工方式下不使用 CSMA/CD 协议。

MAC 帧格式仍然是 802.3 标准规定的。保持最短帧长不变，但将一个网段的最大电缆长度减小到 100m。帧间时间间隔从原来的 9.6μs 改为现在的 0.96μs。

（2）吉比特以太网

吉比特以太网又称千兆以太网，允许在 1Gb/s 速率下用全双工和半双工两种方式工作。使用 802.3 协议规定的帧格式。在半双工方式下使用 CSMA/CD 协议（全双工方式不需要使用 CSMA/CD 协议）。与 10BASE-T 和 100BASE-T 技术向后兼容。

（3）10 吉比特以太网

10 吉比特以太网与 10Mb/s、100Mb/s 和 1Gb/s 以太网的帧格式完全相同。10 吉比特以太网还保留了 802.3 标准规定的以太网最小和最大帧长，便于升级。这种以太网不再使用铜线而只使用光纤作为传输媒体。只工作在全双工方式，因此没有争用问题，也不使用 CSMA/CD 协议。

以太网从 10Mb/s 到 10Gb/s 的演进证明了以太网是可扩展的（从 10Mb/s 到 10Gb/s）、灵活的（多种传输媒体、全/半双工、共享/交换），易于安装，稳健性好。

3.6.3　IEEE 802.11 无线局域网

1．无线局域网的组成

无线局域网可分为两大类：有固定基础设施的无线局域网和无固定基础设施的移动自组织网络。所谓"固定基础设施"，是指预先建立的、能覆盖一定地理范围的固定基站。

（1）有固定基础设施无线局域网

对于有固定基础设施的无线局域网，IEEE 制定了无线局域网的 802.11 系列协议标准，包括 802.11a/b/g/n 等。802.11 使用星形拓扑，其中心称为接入点（Access Point，AP），在 MAC 层使用 CSMA/CA 协议。使用 802.11 系列协议的局域网又称 Wi-Fi。

802.11 标准规定无线局域网的最小构件是基本服务集 BSS（Basic Service Set，BSS）。一个基本服务集包括一个接入点和若干移动站。各站在本 BSS 内之间的通信，或与本 BSS 外部站的通信，都必须通过本 BSS 的 AP。上面提到的 AP 就是基本服务集中的基站（base station）。安装 AP 时，必须为该 AP 分配一个不超过 32 字节的服务集标识符（Service Set IDentifier，SSID）和一个信道。SSID 是指使用该 AP 的无线局域网的名字。一个基本服务集覆盖的地理范围称为一个基本服务区（Basic Service Area，BSA），无线局域网的基本服务区的范围直径一般不超过 100m。

一个基本服务集可以是孤立的，也可通过 AP 连接到一个分配系统（Distribution System，DS），然后再连接到另一个基本服务集，就构成了一个扩展的服务集（Extended Service Set，ESS）。分配系统的作用就是使扩展的服务集对上层的表现就像一个基本服务集一样。ESS 还可以通过一种称为Portal（门户）的设备为无线用户提供到有线连接的以太网的接入。门户的作用相当于一个网桥。在图 3.27 中，移动站 A 如果要和另一个基本服务集中的移动站 B 通信，就必须经过两个接入点 AP_1 和 AP_2，即 $A \rightarrow AP_1 \rightarrow AP_2 \rightarrow B$，注意 AP_1 到 AP_2 的通信是使用有线传输的。

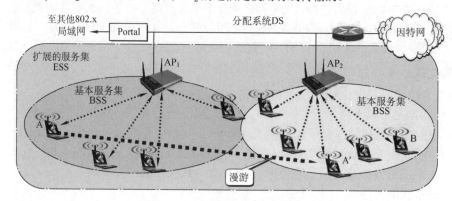

图 3.27 基本服务集和扩展服务集

移动站 A 从某个基本服务集漫游到另一个基本服务集时（图 3.27 中的 A′），仍然可保持与另一个移动站 B 的通信。但 A 在不同的基本服务集使用的 AP 改变了。

（2）无固定基础设施移动自组织网络

另一种无线局域网是无固定基础设施的无线局域网，又称自组网络（ad hoc network）。自组网络没有上述基本服务集中的 AP，而是由一些平等状态的移动站相互通信组成的临时网络（见图 3.28）。各结点之间地位平等，中间结点都为转发结点，因此都具有路由器的功能。

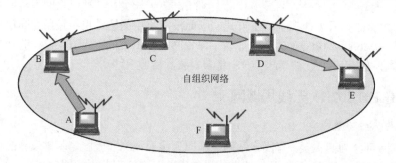

图 3.28 由一些处于平等状态的便携机构成的自组网络

自组网络通常是这样构成的：一些可移动设备发现在它们附近还有其他的可移动设备，并且要求和其他移动设备进行通信。自组网络中的每个移动站都要参与网络中其他移动站的路由的发现和维护，同时由移动站构成的网络拓扑可能随时间变化得很快，因此在固定网络中行之有效的一些路由选择协议对移动自组网络已不适用，需引起特别的关注。

自组网络和移动 IP 并不相同。移动 IP 技术使漫游的主机可以用多种方法连接到因特网，其核心网络功能仍然是基于固定网络中一直使用的各种路由选择协议。而自组网络是把移动性扩展到无线领域中的自治系统，具有自己特定的路由选择协议，并且可以不和因特网相连。

2．802.11 局域网的 MAC 帧

802.11 帧共有三种类型，即数据帧、控制帧和管理帧。数据帧的格式如图 3.29 所示。

802.11 数据帧由以下三大部分组成：

1）MAC 首部，共 30 字节。帧的复杂性都在 MAC 首部。

2）帧主体，即帧的数据部分，不超过 2312 字节。它比以太网的最大长度长很多。

3）帧检验序列 FCS 是尾部，共 4 字节。

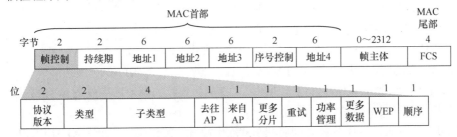

图 3.29　802.11 局域网的数据帧

802.11 帧的 MAC 首部中最重要的是 4 个地址字段（都是 MAC 地址）。这里仅讨论前三种地址（地址 4 用于自组网络）。这三个地址的内容取决于帧控制字段中的"去往 AP"和"来自 AP"这两个字段的数值。表 3.3 中给出了 802.11 帧的地址字段最常用的两种情况。

表 3.3　802.11 帧的地址字段最常用的两种情况

去往 AP	来自 AP	地址 1	地址 2	地址 3	地址 4
0	1	接收地址 = 目的地址	发送地址 = AP 地址	源地址	——
1	0	接收地址 = AP 地址	发送地址 = 源地址	目的地址	——

地址 1 是直接接收数据帧的结点地址，地址 2 是实际发送数据帧的结点地址。

1）现假定在一个 BSS 中的站 A 向站 B 发送数据帧。在站 A 发往接入点 AP 的数据帧的帧控制字段中"去往 AP＝1"而"来自 AP＝0"；地址 1 是 AP 的 MAC 地址，地址 2 是 A 的 MAC 地址，地址 3 是 B 的 MAC 地址。注意，"接收地址"与"目的地址"并不等同。

2）AP 接收到数据帧后，转发给站 B，此时在数据帧的帧控制字段中，"去往 AP＝0"而"来自 AP＝1"；地址 1 是 B 的 MAC 地址，地址 2 是 AP 的 MAC 地址，地址 3 是 A 的 MAC 地址。请注意，"发送地址"与"源地址"也不等同。

下面讨论一种更复杂的情况。在图 3.30 中，两个 AP 通过有线连接到路由器，现在路由器要向站 A 发送数据。路由器是网络层设备，它看不见链路层的接入点 AP，只认识站 A 的 IP 地址。而 AP 是链路层设备，它只认识 MAC 地址，并不认识 IP 地址。

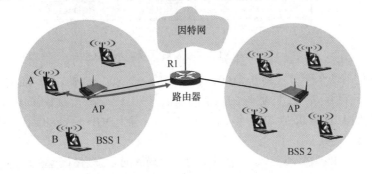

图 3.30　链路上的 802.11 帧和 802.3 帧

1）路由器从 IP 数据报获知 A 的 IP 地址，并使用 ARP 获取站 A 的 MAC 地址。获取站 A 的 MAC 地址后，路由器接口 R1 将该 IP 数据报封装成 802.3 帧（802.3 帧只有两个地址），该帧的源地址字段是 R1 的 MAC 地址，目的地址字段是 A 的 MAC 地址。

2）AP 收到该 802.3 帧后，将该 802.3 帧转换为 802.11 帧，在帧控制字段中，"去往 AP = 0"而"来自 AP = 1"；地址 1 是 A 的 MAC 地址，地址 2 是 AP 的 MAC 地址，地址 3 是 R1 的 MAC 地址。这样，A 可以确定（从地址 3）将数据报发送到子网中的路由器接口的 MAC 地址。

现在考虑从站 A 向路由器接口 R1 发送数据的情况。

1）A 生成一个 802.11 帧，在帧控制字段中，"去往 AP = 1"而"来自 AP = 0"；地址 1 是 AP 的 MAC 地址，地址 2 是 A 的 MAC 地址，地址 3 是 R1 的 MAC 地址。

2）AP 收到该 802.11 帧后，将其转换为 802.3 帧。该帧的源地址字段是 A 的 MAC 地址，目的地址字段是 R1 的 MAC 地址。

由此可见，地址 3 在 BSS 和有线局域网互连中起着关键作用，它允许 AP 在构建以太网帧时能够确定目的 MAC 地址。

802.11 帧的 MAC 首部的其他字段不是考试重点，感兴趣的同学可以翻阅教材。

3.6.4 VLAN 基本概念与基本原理

一个以太网是一个广播域，当一个以太网包含的计算机太多时，往往会导致：

- 以太网中出现大量的广播帧，特别是经常使用的 ARP 和 DHCP 协议（第 4 章）。
- 一个单位的不同部门共享一个局域网，对信息保密和安全不利。

通过虚拟局域网（Virtual LAN），可以把一个较大的局域网分割成一些较小的与地理位置无关的逻辑上的 VLAN，而每个 VLAN 是一个较小的广播域。

802.3ac 标准定义了支持 VLAN 的以太网帧格式的扩展。它在以太网帧中插入一个 4 字节的标识符（插入在源地址字段和类型字段之间），称为 VLAN 标签，用来指明发送该帧的计算机属于哪个虚拟局域网。插入 VLAN 标签的帧称为 802.1Q 帧，如图 3.31 所示。由于 VLAN 帧的首部增加了 4 字节，因此以太网的最大帧长从原来的 1518 字节变为 1522 字节。

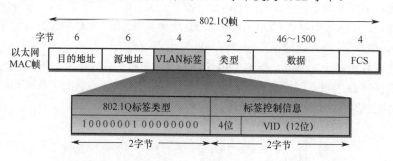

图 3.31 插入 VLAN 标签后变成了 802.1Q 帧

VLAN 标签的前两个字节置为 0x8100，表示这是一个 802.1Q 帧。在 VLAN 标签的后两个字节中，前 4 位没有用，后 12 位是该 VLAN 的标识符 VID，它唯一标识了该 802.1Q 帧属于哪个 VLAN。12 位的 VID 可识别 4096 个不同的 VLAN。插入 VID 后，802.1Q 帧的 FCS 必须重新计算。

如图 3.32 所示，交换机 1 连接了 7 台计算机，该局域网划分为两个虚拟局域网 VLAN-10 和 VLAN-20，这里的 10 和 20 就是 802.1Q 帧中的 VID 字段的值，由交换机管理员设定。各主机并

不知道自己的 VID 值（但交换机必须知道），主机与交换机之间交互的都是标准以太网帧。一个
VLAN 的范围可以跨越不同的交换机，前提是所用的交换机能够识别和处理 VLAN。交换机 2 连
接了 5 台计算机，并与交换机 1 相连。交换机 2 中的 2 台计算机加入 VLAN-10，另外 3 台加入
VLAN-20。这两个 VLAN 虽然都跨越了两个交换机，但各自都是一个广播域。

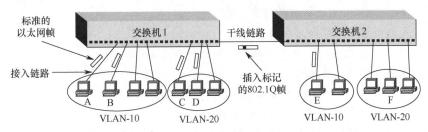

图 3.32　利用以太网交换机构成虚拟局域网

假定 A 向 B 发送帧，交换机 1 根据帧首部的目的 MAC 地址，识别 B 属于本交换机管理的
VLAN-10，因此就像在普通以太网中那样直接转发帧。假定 A 向 E 发送帧，交换机 1 必须把帧转
发到交换机 2，但在转发前，要插入 VLAN 标签，否则交换机 2 不知道应把帧转发给哪个 VLAN。
因此在交换机端口之间的链路上传送的帧是 802.1Q 帧。交换机 2 在向 E 转发帧之前，要拿走已
插入的 VLAN 标签，因此 E 收到的帧是 A 发送的标准以太网帧，而不是 802.1Q 帧。如果 A 向 C
发送帧，那么情况就复杂了，因为这是在不同网络之间的通信，虽然 A 和 C 都连接到同一个交换
机，但是它们已经处在不同的网络中（VLAN-10 和 VLAN-20），需要通过上层的路由器来解决，
也可以在交换机中嵌入专用芯片来进行转发，这样就在交换机中实现了第 3 层的转发功能。

虚拟局域网只是局域网给用户提供的一种服务，并不是一种新型局域网。

3.6.5　本节习题精选

单项选择题

01. 以下关于以太网的说法中，正确的是（　　）。

    A. 以太网的物理拓扑是总线形结构

    B. 以太网提供有确认的无连接服务

    C. 以太网参考模型一般只包括物理层和数据链路层

    D. 以太网必须使用 CSMA/CD 协议

02. 下列以太网中，采用双绞线作为传输介质的是（　　）。

    A. 10BASE-2   B. 10BASE-5   C. 10BASE-T   D. 10BASE-F

03. 10BaseT 以太网采用的传输介质是（　　）。

    A. 双绞线   B. 同轴电缆   C. 光纤   D. 微波

04. 如果使用 5 类 UTP 来设计一个覆盖范围为 200m 的 10BASE-T 以太网，那么需要采用的
设备是（　　）。

    A. 放大器   B. 中继器   C. 网桥   D. 路由器

05. 网卡实现的主要功能在（　　）。

    A. 物理层和数据链路层   B. 数据链路层和网络层

    C. 物理层和网络层   D. 数据链路层和应用层

06. 每个以太网卡都有自己的时钟，每个网卡在互相通信时为了知道什么时候一位结束、下
一位开始，即具有同样的频率，它们采用了（　　）。

    A. 量化机制   B. 曼彻斯特机制   C. 奇偶校验机制   D. 定时令牌机制

07. 以下关于以太网地址的描述，错误的是（ ）。

    A. 以太网地址就是通常所说的 MAC 地址

    B. MAC 地址又称局域网硬件地址

    C. MAC 地址是通过域名解析查得的

    D. 以太网地址通常存储在网卡中

08. 在以太网中，大量的广播信息会降低整个网络性能的原因是（ ）。

    A. 网络中的每台计算机都必须为每个广播信息发送一个确认信息

    B. 网络中的每台计算机都必须处理每个广播信息

    C. 广播信息被路由器自动路由到每个网段

    D. 广播信息不能直接自动传送到目的计算机

09. 同一局域网中的两个设备具有相同的静态 MAC 地址时，会发生（ ）。

    A. 首次引导的设备排他地使用该地址，第二个设备不能通信

    B. 最后引导的设备排他地使用该地址，另一个设备不能通信

    C. 在网络上的这两个设备都不能正确通信

    D. 两个设备都可以通信，因为它们可以读分组的整个内容，知道哪些分组是发给它们
       的，而不是发给其他站的

10. IEEE 802.3 标准规定，若采用同轴电缆作为传输介质，在无中继的情况下，传输介质的
最大长度不能超过（ ）。

    A. 500m   B. 200m   C. 100m   D. 50m

11. 下面 4 种以太网中，只能工作在全双工模式下的是（ ）。

    A. 10BASE-T 以太网   B. 100BASE-T 以太网

    C. 吉比特以太网   D. 10 吉比特以太网

12. IEEE 802 局域网标准对应 OSI 参考模型的（ ）。

    A. 数据链路层和网络层   B. 物理层和数据链路层

    C. 物理层   D. 数据链路层

13. 在以太网中，实现"给帧加序号"功能的层次是（ ）。

    A. 物理层   B. 介质访问控制子层（MAC）

    C. 逻辑链路控制子层（LLC）   D. 网络层

14. 快速以太网仍然使用 CSMA/CD 协议，它采用（ ）而将最大电缆长度减少到 100m 的方
法，使以太网的数据传输速率提高至 100Mb/s。

    A. 改变最短帧长   B. 改变最长帧长

    C. 保持最短帧长不变   D. 保持最长帧长不变

15. 在一个以太网中，有 A、B、C、D 四台主机，若 A 向 B 发送数据，则（ ）。

    A. 只有 B 可以接收到数据   B. 四台主机都能接收到数据

    C. 只有 B、C、D 可以接收到数据   D. 四台主机都不能接收到数据

16. 下列关于吉比特以太网的说法中，错误的是（ ）。

    A. 支持流量控制机制

    B. 采用曼彻斯特编码，利用光纤进行数据传输

    C. 数据的传输时间主要受线路传输延迟的制约

    D. 同时支持全双工模式和半双工模式

17. 下列关于虚拟局域网（VLAN）的说法中，不正确的是（　）。

    A. 虚拟局域网建立在交换技术的基础上

    B. 虚拟局域网通过硬件方式实现逻辑分组与管理

    C. 虚拟网的划分与计算机的实际物理位置无关

    D. 虚拟局域网中的计算机可以处于不同的局域网中

18. 划分虚拟局域网（VLAN）有多种方式，（　）不是正确的划分方式。

    A. 基于交换机端口划分　　　　　　　B. 基于网卡地址划分

    C. 基于用户名划分　　　　　　　　　D. 基于网络层地址划分

19. 下列选项中，（　）不是虚拟局域网（VLAN）的优点。

    A. 有效共享网络资源　　　　　　　　B. 简化网络管理

    C. 链路聚合　　　　　　　　　　　　D. 提高网络安全性

20. 【2012 统考真题】以太网的 MAC 协议提供的是（　）。

    A. 无连接的不可靠服务　　　　　　　B. 无连接的可靠服务

    C. 有连接的可靠服务　　　　　　　　D. 有连接的不可靠服务

21. 【2017 统考真题】在下图所示的网络中，若主机 H 发送一个封装访问 Internet 的 IP 分组的 IEEE 802.11 数据帧 F，则帧 F 的地址 1、地址 2 和地址 3 分别是（　）。

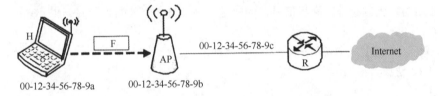

    A. 00-12-34-56-78-9a, 00-12-34-56-78-9b, 00-12-34-56-78-9c

    B. 00-12-34-56-78-9b, 00-12-34-56-78-9a, 00-12-34-56-78-9c

    C. 00-12-34-56-78-9b, 00-12-34-56-78-9c, 00-12-34-56-78-9a

    D. 00-12-34-56-78-9a, 00-12-34-56-78-9c, 00-12-34-56-78-9b

22. 【2019 统考真题】100BaseT 快速以太网使用的导向传输介质是（　）。

    A. 双绞线　　　　B. 单模光纤　　　　C. 多模光纤　　　　D. 同轴电缆

3.6.6　答案与解析

单项选择题

01．C

以太网的逻辑拓扑是总线形结构，物理拓扑是星形或拓展星形结构，因此选项 A 错误。以太网采用两项措施简化通信：采用无连接的工作方式；不对发送的数据帧编号，也不要求接收方发送确认，因此选项 B 错误。从相关层次看，局域网仅工作在 OSI 参考模型的物理层和数据链路层，而广域网工作在 OSI 参考模型的下三层，而以太网是局域网的一种实现形式，因此选项 C 正确。只有当以太网工作于半双工方式下时，才需要 CSMA/CD 协议来应对冲突问题，速率小于或等于 1Gb/s 的以太网可以工作于半双工或全双工方式，而速率大于或等于 10Gb/s 的以太网只能工作于全双工方式下，因此没有争用问题，不使用 CSMA/CD 协议，因此选项 D 错误。

02．C

这里 BASE 前面的数字代表数据率，单位为 Mb/s；"BASE" 指介质上的信号为基带信号（即基带传输，采用曼彻斯特编码）；后面的 5 或 2 表示每段电缆的最长长度为 500m 或 200m（实际为 185m），T 表示双绞线，F 表示光纤。

03．A

局域网通常采用类似 10BaseT 这样的方式来表示，其中第 1 部分的数字表示数据传输速率，如 10 表示 10Mb/s、100 表示 100Mb/s；第 2 部分的 Base 表示基带传输；第 3 部分如果是字母，那么表示传输介质，如 T 表示双绞线、F 表示光纤，如果是数字，那么表示所支持的最大传输距离，如 2 表示 200m、5 表示 500m。

04．B

5 类无屏蔽双绞线（UTP）所能支持的最大长度是 100m，因此若要覆盖范围为 200m 的以太网，则必须延长 UTP 所支持的长度。放大器是用来加强宽带信号（用于传输模拟信号）的设备（大多数以太网采用基带传输）；中继器是用来加强基带信号（用于传输数字信号）的设备。

05．A

通常情况下，网卡是用来实现以太网协议的。网卡不仅能实现与局域网传输介质之间的物理连接和电信号匹配，还涉及帧的发送与接收、帧的封装与拆封、介质访问控制、数据的编码与解码及数据缓存等功能，因而实现的功能主要在物理层和数据链路层。

06．B

10BASE-T 以太网使用曼彻斯特编码。曼彻斯特编码提取每个比特中间的电平跳变作为收发双方的同步信号，无须额外的同步信号，因此是一种"自含时钟编码"的编码方式。

07．C

域名解析用于把主机名解析成对应的 IP 地址，它不涉及 MAC 地址。实际上，MAC 地址通常是通过 ARP 协议查得的。

08．B

由于广播信息的目的地是该网络中的所有计算机，因此网络中的每台计算机都必须花费时间来处理此信息。若网络中存在大量的广播信息，则每台计算机都要花费大量的时间来处理这些信息，因此所有计算机的运行效率会受到影响，导致网络的性能降低。广播信息通常只在一个网络内部传输。

另外，这些广播信息本身就占用整个网络的带宽，因此可能会形成"广播风暴"，严重影响网络性能。实际上，以太网的总带宽绝大部分都是由广播帧所消耗的。

以太网提供无确认的无连接服务，每台计算机无须对广播信息确认，A 错误。路由器可以隔离广播域，C 错误。D 选项的说法是正确的，但这并不是大量广播信息会降低网络性能的原因，因此也不选 D。

09．C

在使用静态地址的系统中，如果有重复的硬件地址，那么这两个设备都不能正常通信，原因是：第一，目的 MAC 地址等于本机 MAC 地址的帧是不会被发送到网络上去的；第二，其他设备的用户发送给一个设备的帧也会被另一个设备接收，其中必有一个设备必须处理不属于本设备的帧，浪费了资源；第三，正确实现的 ARP 软件都会禁止把同一个 MAC 地址绑定到两个不同的 IP 地址，这就使得具有相同 MAC 地址的设备上的用户在会话时都发生时断时续的现象。

10．A

以太网常用的传输介质有 4 种：粗缆、细缆、双绞线和光纤。同轴电缆分 50Ω 基带电缆和 75Ω 宽带电缆两类。基带电缆又分细同轴电缆和粗同轴电缆。

10Base5：粗缆以太网，数据率为 10Mb/s，每段电缆最大长度为 500m；使用特殊的收发器连接到电缆上，收发器完成载波监听和冲突检测的功能。

10Base2：细缆以太网，数据率为 10Mb/s，每段电缆最大长度为 185m；使用 BNC 连接器形成 T 形连接，无源部件。

11．D

10BASE-T 以太网、100BASE-T 以太网、吉比特以太网都使用了 CSMA/CD 协议，因此可以工作在半双工模式下。10 吉比特以太网只工作在全双工方式下，因此没有争用问题，也不使用 CSMA/CD 协议，且它只使用光纤作为传输介质。

12．B

IEEE 802 为局域网制定的标准相当于 OSI 参考模型的数据链路层和物理层，其中的数据链路层又被进一步分为逻辑链路控制（LLC）和介质访问控制（MAC）两个子层。

13．C

以太网没有网络层。物理层的主要功能是：信号的编码和译码、比特的接收和传输；MAC 子层的主要功能是：组帧和拆帧、比特差错检测、寻址、竞争处理；LLC 子层的主要功能是：建立和释放数据链路层的逻辑连接、提供与高层的接口、差错控制、给帧加序号（待确认的服务）。

14．C

快速以太网使用的方法是保持最短帧长不变，将一个网段的最大长度减少到 100m，以提高以太网的数据传输速率。

15．B

在以太网中，如果一个结点要发送数据，那么它将以"广播"方式把数据通过作为公共传输介质的总线发送出去，连在总线上的所有结点（包括发送结点）都能"收听"到发送结点发送的数据信号。

16．B

吉比特以太网的物理层有两个标准：IEEE 802.3z 和 IEEE 802.3ab，前者采用光纤通道，后者采用 4 对 UTP5 类线。

17．B

VLAN 建立在交换技术基础上，以软件方式实现逻辑分组与管理，VLAN 中的计算机不受物理位置的限制。当计算机从一个 VLAN 转移到另一个 VLAN 时，只需简单地通过软件设定，而无需改交在网络中的物理位置。同一个 VLAN 的计算机不一定连接在相同的物理网段，它们可以连接在相同的交换机上，也可以连接在不同的局域网交换机上，只要这些交换机互连即可。

18．C

一般有三种划分 VLAN 的方法。①基于端口，将交换机的若干端口划为一个逻辑组，这种方法最简单、最有效，如果主机离开了原来的端口，那么就可能进入一个新的子网。②基于 MAC 地址，按 MAC 地址将一些主机划分为一个逻辑子网，当主机的物理位置从一个交换机移动到另一个交换机时，它仍然属于原来的子网。③基于 IP 地址，根据网络层地址或协议划分 VLAN，这样 VLAN 就可以跨越路由器进行扩展，将多个局域网的主机连接在一起。

19．C

选项 A、B 和 D 都是 VLAN 的优点。链路聚合是解决交换机之间的宽带瓶颈问题的技术。

20．A

考虑到局域网信道质量好，以太网采取了两项重要的措施来使通信更简单：①采用无连接的工作方式；②不对发送的数据帧进行编号，也不要求对方发回确认。因此，以太网提供的服务是不可靠的服务，即尽最大努力的交付。差错的纠正由高层完成。

21．B

802.11 帧首部的地址字段最常用的两种情况如下表所示。

去往 AP	来自 AP	地址 1	地址 2	地址 3	地址 4
0	1	接收地址 = 目的地址	发送地址 = AP 地址	源地址	—
1	0	接收地址 = AP 地址	发送地址 = 源地址	目的地址	—

帧 F 是由站 H 发送到接入点 AP 的，即"去往 AP = 1"而"来自 AP = 0"。因此，地址 1 是 AP 的 MAC 地址，地址 2 是站 H 的 MAC 地址，地址 3 是 R 的 MAC 地址，答案为选项 B。

22．A

100Base-T 是一种以速率 100Mb/s 工作的局域网（LAN）标准，它通常被称为快速以太网标准，并使用两对 UTP（非屏蔽双绞线）铜质电缆。100Base-T：100 标识传输速率为 100Mb/s；base 标识采用基带传输；T 表示传输介质为双绞线（包括 5 类 UTP 或 1 类 STP），为 F 时表示光纤。

3.7 广域网

3.7.1 广域网的基本概念

广域网通常是指覆盖范围很广（远超一个城市的范围）的长距离网络。广域网是因特网的核心部分，其任务是长距离运送主机所发送的数据。连接广域网各结点交换机的链路都是高速链路，它可以是长达几千千米的光缆线路，也可以是长达几万千米的点对点卫星链路。因此广域网首要考虑的问题是通信容量必须足够大，以便支持日益增长的通信量。

广域网不等于互联网。互联网可以连接不同类型的网络（既可以连接局域网，又可以连接广域网），通常使用路由器来连接。图 3.33 显示了由相距较远的局域网通过路由器与广域网相连而成的一个覆盖范围很广的互联网。因此，局域网可以通过广域网与另一个相隔很远的局域网通信。

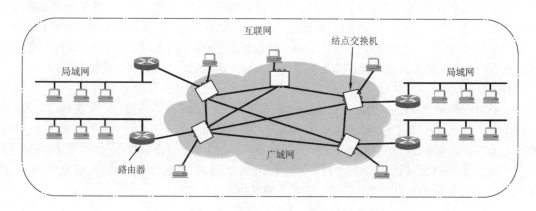

图 3.33　由局域网和广域网组成的互联网

广域网由一些结点交换机（注意不是路由器，结点交换机和路由器都用来转发分组，它们的工作原理也类似。结点交换机在单个网络中转发分组，而路由器在多个网络构成的互联网中转发分组）及连接这些交换机的链路组成。结点交换机的功能是将分组存储并转发。结点之间都是点到点连接，但为了提高网络的可靠性，通常一个结点交换机往往与多个结点交换机相连。

从层次上考虑，广域网和局域网的区别很大，因为局域网使用的协议主要在数据链路层（还有少量在物理层），而广域网使用的协议主要在网络层。怎么理解"局域网使用的协议主要在数据链路层，而广域网使用的协议主要在网络层"这句话呢？如果网络中的两个结点要进行数据交换，那么结点除要给出数据外，还要给数据"包装"上一层控制信息，用于实现检错纠错等功能。如果这层控制信息是数据链路层协议的控制信息，那么就称使用了数据链路层协议，如果这层控制信息是网络层的控制信息，那么就称使用了网络层协议。

它们的区别与联系见表 3.4。

表 3.4　广域网和局域网的区别与联系

	广　域　网	局　域　网
覆盖范围	很广，通常跨区域	较小，通常在一个区域内
连接方式	结点之间都是点到点连接，但为了提高网络的可靠性，一个结点交换机往往与多个结点交换机相连	普遍采用多点接入技术
OSI 参考模型层次	三层：物理层，数据链路层，网络层	两层：物理层，数据链路层
联系与相似点	1. 广域网和局域网都是互联网的重要组成构件，从互联网的角度上看，二者平等（不是包含关系） 2. 连接到一个广域网或一个局域网上的主机在该网内进行通信时，只需要使用其网络的物理地址	
着重点	强调资源共享	强调数据传输

广域网中的一个重要问题是路由选择和分组转发。路由选择协议负责搜索分组从某个结点到目的结点的最佳传输路由，以便构造路由表，然后从路由表再构造出转发分组的转发表。分组是通过转发表进行转发的。

常见的两种广域网数据链路层协议是 PPP 协议和 HDLC 协议。PPP 目前使用得最广泛，而 HDLC 已很少使用，最新大纲已将其删除，但历年真题考查过 HDLC，故本书仍保留。

3.7.2　PPP 协议

点对点协议(Point-to-Point Protocol，PPP)是使用串行线路通信的面向字节的协议，该协议应用在直接连接两个结点的链路上。设计的目的主要是用来通过拨号或专线方式建立点对点连接发送数据，使其成为各种主机、网桥和路由器之间简单连接的一种共同的解决方案。

PPP 协议有三个组成部分：

1）链路控制协议（LCP）。一种扩展链路控制协议，用于建立、配置、测试和管理数据链路。

2）网络控制协议（NCP）。PPP 协议允许同时采用多种网络层协议，每个不同的网络层协议要用一个相应的 NCP 来配置，为网络层协议建立和配置逻辑连接。

3）一个将 IP 数据报封装到串行链路的方法。IP 数据报在 PPP 帧中就是其信息部分，这个信息部分的长度受最大传送单元（MTU）的限制。

PPP 帧的格式如图 3.34 所示。PPP 帧的前 3 个字段和最后 2 个字段与 HDLC 帧是一样的，标志字段（F）仍为 7E（01111110），前后各占 1 字节，若它出现在信息字段中，就必须做字节填充，使用的控制转义字节是 7D（01111101）。但在 PPP 中，地址字段（A）占 1 字节，规定为 0xFF，控制字段（C）占 1 字节，规定为 0x03，两者的内容始终是固定不变的。PPP 是面向字节的，因而所有 PPP 帧的长度都是整数个字节。

第 4 个字段是协议段，占 2 字节，在 HDLC 中没有该字段，它是说明信息段中运载的是什么种类的分组。以比特 0 开始的是诸如 IP、IPX 和 AppleTalk 这样的网络层协议；以比特 1 开始的被用来协商其他协议，包括 LCP 及每个支持的网络层协议的一个不同的 NCP。

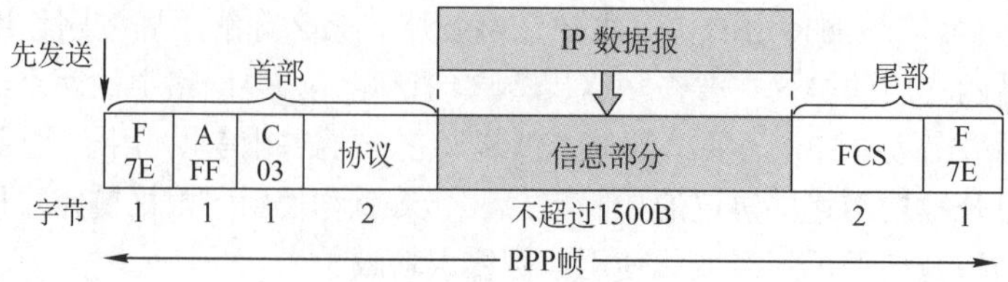

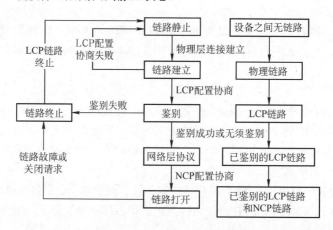

图 3.34 PPP 帧的格式

第 5 段信息段的长度是可变的，大于或等于 0 且小于或等于 1500B。为了实现透明传输，当信息段中出现和标志字段一样的比特组合时，必须采用一些措施来改进。

注意：因为 PPP 是点对点的，并不是总线形，所以无须采用 CSMA/CD 协议，自然就没有最短帧，所以信息段占 0～1500 字节，而不是 46～1500 字节。另外，当数据部分出现和标志位一样的比特组合时，就需要采用一些措施来实现透明传输。

第 6 个字段是帧检验序列（FCS），占 2 字节，即循环冗余码检验中的冗余码。检验区包括地址字段、控制字段、协议字段和信息字段。

图 3.35 给出了 PPP 链路建立、使用、撤销所经历的状态图。当线路处于静止状态时，不存在物理层连接。当线路检测到载波信号时，建立物理连接，线路变为建立状态。此时，LCP 开始选项商定，商定成功后就进入身份验证状态。身份验证通过后，进入网络层协议状态。这时，采用 NCP 配置网络层，配置成功后，进入打开状态，然后就可进行数据传输。当数据传输完成后，线路转为终止状态。载波停止后则回到静止状态。

图 3.35 PPP 协议的状态图

PPP 协议的特点：

1）PPP 提供差错检测但不提供纠错功能，只保证无差错接收（通过硬件进行 CRC 校验）。它是不可靠的传输协议，因此也不使用序号和确认机制。

2）它仅支持点对点的链路通信，不支持多点线路。

3）PPP 只支持全双工链路。

4）PPP 的两端可以运行不同的网络层协议，但仍然可使用同一个 PPP 进行通信。

5）PPP 是面向字节的，当信息字段出现和标志字段一致的比特组合时，PPP 有两种不同的处理方法：若 PPP 用在异步线路（默认），则采用字符填充法；若 PPP 用在 SONET/SDH 等同步线路，则协议规定采用硬件来完成比特填充（和 HDLC 的做法一样）。

*3.7.3　HDLC 协议[2]

高级数据链路控制（HDLC）协议是面向比特的数据链路层协议。该协议不依赖于任何一种字符编码集；数据报文可透明传输，用于实现透明传输的"0 比特插入法"易于硬件实现；全双工通信，有较高的数据链路传输效率；所有帧采用 CRC 检验，对信息帧进行顺序编号，可防止漏收或重发，传输可靠性高；传输控制功能与处理功能分离，具有较大的灵活性。

图 3.36 所示为 HDLC 的帧格式，它由标志、地址、控制、信息和 FCS 等字段构成。

标志字段 F，为 01111110。在接收端只要找到标志字段就可确定一个帧的位置。HDLC 协议采用比特填充的首尾标志法实现透明传输。在发送端，当一串比特流数据中有 5 个连续的 1 时，就立即在其后填入一个 0。接收帧时，先找到 F 字段以确定帧的边界，接着对比特流进行扫描。每当发现 5 个连续的 1 时，就将其后的一个 0 删除，以还原成原来的比特流。

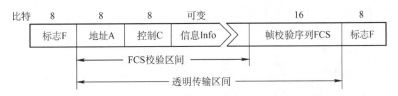

图 3.36　HDLC 的帧格式

地址字段 A，共 8 位，根据不同的传送方式，表示从站或应答站的地址。

控制字段 C，共 8 位，HDLC 的许多重要功能都靠控制字段来实现。

由图 3.34 和图 3.36 可知，PPP 帧和 HDLC 帧的格式很相似。但两者有以下几点不同：

1）PPP 协议是面向字节的，HDLC 协议是面向比特的。

2）PPP 帧比 HDLC 帧多一个 2 字节的协议字段。当协议字段值为 0x0021 时，表示信息字段是 IP 数据报。

3）PPP 协议不使用序号和确认机制，只保证无差错接收（CRC 检验），而端到端差错检测由高层协议负责。HDLC 协议的信息帧使用了编号和确认机制，能够提供可靠传输。

3.7.4　本节习题精选

单项选择题

01. 下列关于广域网和局域网的叙述中，正确的是（　）。

    A. 广域网和互联网类似，可以连接不同类型的网络

    B. 在 OSI 参考模型层次结构中，广域网和局域网均涉及物理层、数据链路层和网络层

    C. 从互联网的角度看，广域网和局域网是平等的

    D. 局域网即以太网，其逻辑拓扑是总线形结构

02. 广域网覆盖的地理范围从几十千米到几千千米，它的通信子网主要使用（　）。

    A. 报文交换技术　　B. 分组交换技术　　C. 文件交换技术　　D. 电路交换技术

03. 广域网所使用的传输方式是（　）。

    A. 广播式　　　　　B. 存储转发式　　　C. 集中控制式　　　D. 分布控制式

04. 下列协议中不属于 TCP/IP 协议族的是（　）。

    A. ICMP　　　　　B. TCP　　　　　　C. FTP　　　　　　D. HDLC

---

② 加"*"表示此部分内容已在最新的大纲中删除，仅供学习参考。

05. 为实现透明传输（注：默认为异步线路），PPP 使用的填充方法是（　）。

A. 位填充

B. 字符填充

C. 对字符数据使用字符填充，对非字符数据使用位填充

D. 对字符数据使用位填充，对非字符数据使用字符填充

06. 以下对 PPP 的说法中，错误的是（　）。

A. 具有差错控制能力

B. 仅支持 IP 协议

C. 支持动态分配 IP 地址

D. 支持身份验证

07. PPP 协议提供的功能有（　）。

A. 一种成帧方法

B. 链路控制协议（LCP）

C. 网络控制协议（NCP）

D. A、B 和 C 都是

08. PPP 协议中的 LCP 帧的作用是（　）。

A. 在建立状态阶段协商数据链路协议的选项

B. 配置网络层协议

C. 检查数据链路层的错误，并通知错误信息

D. 安全控制，保护通信双方的数据安全

09. 下列关于 PPP 协议和 HDLC 协议的叙述中，正确的是（　）。

A. PPP 协议是网络层协议，而 HDLC 协议是数据链路层协议

B. PPP 协议支持半双工或全双工通信

C. PPP 协议两端的网络层必须运行相同的网络层协议

D. PPP 协议是面向字节的协议，而 HDLC 协议是面向比特的协议

10. HDLC 常用的操作方式中，传输过程只能由主站启动的是（　）。

A. 异步平衡模式

B. 异步响应模式

C. 正常响应模式

D. A、B、C 都可以

11. HDLC 协议为实现透明传输，采用的填充方法是（　）。

A. 比特填充的首尾标志法

B. 字符填充的首尾定界符法

C. 字符计数法

D. 物理层违规编码法

12. 根据 HDLC 帧中控制字段前两位的取值，可将 HDLC 帧划分为三类，这三类不包括（　）。

A. 信息帧　　　B. 监督帧　　　C. 确认帧　　　D. 无编号帧

13.【2013 统考真题】HDLC 协议对 01111100 01111110 组帧后，对应的比特串为（　）。

A. 01111100 00111110 10

B. 01111100 01111101 01111110

C. 01111100 01111101 0

D. 01111100 01111110 01111101

3.7.5　答案与解析

单项选择题

01. C

广域网不等于互联网。互联网可以连接不同类型的网络（既可以连接局域网，又可以连接广域网），通常使用路由器来连接。广域网是单一的网络，通常使用结点交换机连接各台主机（或路由器），而不使用路由器连接网络。其中结点交换机在单个网络中转发分组，而路由器在多个网络构成的互联网中转发分组。因此选项 A 错误。根据广域网和局域网的区别可知选项 B 错误。

尽管广域网的覆盖范围较大，但从互联网的角度看，广域网和局域网之间并非包含关系，而是平等的关系。不管是在广域网中还是在局域网中，主机间在网内进行通信时，都只需使用其物理地址。因此选项 C 正确。

以太网是局域网的一种实现形式，其他实现形式还有令牌环网、FDDI（光纤分布数字接口，IEEE 802.8）等。其中以太网的逻辑拓扑是总线形结构，物理拓扑是星形或拓展星形结构。令牌环网的逻辑拓扑是环形结构，物理拓扑是星形结构。FDDI 逻辑拓扑是环形结构，物理拓扑是双环结构。因此选项 D 错误。

02．B

广域网的通信子网主要使用分组交换技术，将分布在不同地区的局域网或计算机系统互连起来，达到资源共享的目的。

03．B

广域网通常指覆盖范围很广的长距离网络，它由一些结点交换机及连接这些交换机的链路组成，其中结点交换机执行分组存储、转发功能。

04．D

TCP/IP 协议族主要包括 TCP、IP、ICMP、IGMP、ARP、RARP、UDP、DNS、FTP、HTTP等。HDLC 是 ISO 提出的一个面向比特型的数据链路层协议，它不属于 TCP/IP 协议族。

05．B

PPP 是一种面向字节的协议，所有的帧长度都是整数个字节，使用一种特殊的字符填充法完成数据的填充。

06．B

PPP 两端的网络层可以运行不同的网络层协议，但仍然能使用同一个 PPP 进行通信。因此选项 B 错误。PPP 提供差错检测但不提供纠错功能，它是不可靠的传输协议，选项 A 正确。PPP 支持两种认证：一种是 PAP，一种是 CHAP。相对来说，PAP 的认证方式的安全性没有 CHAP 的高。PAP 在传输密码时是明文，而 CHAP 在传输过程中不传输密码，取代密码的是 hash（哈希）值。PAP 认证通过两次握手实现，而 CHAP 认证则通过 3 次握手实现。PAP 认证由被叫方提出连接请求，主叫方响应；而 CHAP 认证则由主叫方发出请求，被叫方回复一个数据报，这个数据报中有主叫方发送的随机哈希值，主叫方在确认无误后发送一个连接成功的数据报连接，因此选项 D 正确。PPP 可用于拨号连接，因此支持动态分配 IP 地址，选项 C 正确。

07．D

PPP 协议主要由 3 部分组成。

1）链路控制协议（LCP）。一种扩展链路控制协议，用于建立、配置、测试和管理数据链路。
2）网络控制协议（NCP）。PPP 允许同时采用多种网络层协议，每个不同的网络层协议要用一个相应的 NCP 来配置，为网络层协议建立和配置逻辑连接。
3）一个将 IP 数据报封装到串行链路的方法。IP 数据报在 PPP 帧中就是其信息部分，这个信息部分的长度受最大传送单元（MTU）的限制。

08．A

PPP 协议帧在默认配置下，地址和控制域总是常量，所以 LCP 提供了必要的机制，允许双方协商一个选项。在建立状态阶段，LCP 协商数据链路协议中的选项，它并不关心这些选项本身，只提供一个协商选择的机制。

09．D

PPP 和 HDLC 协议均为数据链路层协议，选项 A 错误。其中 HDLC 协议是面向比特的数据链路层协议。根据 PPP 的特点可知选项 B、C 错误，选项 D 正确。

10. C

在 HDLC 的三种数据操作方式中，正常响应模式和异步响应模式属于非平衡配置方式。在正常响应模式中，主站向从站传输数据，从站响应传输，但是从站只能在收到主站的许可后才能进行响应。

11. A

HDLC 采用零比特填充法来实现数据链路层的透明传输（PPP 协议采用字节填充法来成帧），即在两个标志字段之间不出现 6 个连续的"1"。具体做法是：在发送端，当一串比特流尚未加上标志字段时，先用硬件扫描整个帧，只要发现 5 个连续的"1"，就在其后插入 1 个"0"。而在接收端先找到 F 字段以确定帧边界，接着对其中的比特流进行扫描，每当发现 5 个连续的"1"，就将这 5 个连续的"1"后的一个"0"删除，进而还原成原来的比特流。

12. C

根据控制字段最前面两位的取值，可将 HDLC 帧划分为三类：信息帧（I 帧）、监督帧（S 帧）和无编号帧（U 帧）。因此选 C。

13. A

HDLC 协议对比特串进行组帧时，HDLC 数据帧以位模式 0111 1110 标识每个帧的开始和结束，因此在帧数据中只要出现 5 个连续的位"1"，就会在输出的位流中填充一个"0"。因此组帧后的比特串为 0111110<u>0</u> 0011111<u>0</u> 10（下画线部分为新增的 0）。

3.8 数据链路层设备

*3.8.1 网桥的基本概念[③]

两个或多个以太网通过网桥连接后，就成为一个覆盖范围更大的以太网，而原来的每个以太网就称为一个网段。网桥工作在链路层的 MAC 子层，可以使以太网各网段成为隔离开的碰撞域（又称冲突域）。如果把网桥换成工作在物理层的转发器，那么就没有这种过滤通信量的功能。由于各网段相对独立，因此一个网段的故障不会影响到另一个网段的运行。网桥必须具有路径选择的功能，接收到帧后，要决定正确的路径，将该帧转送到相应的目的局域网站点。

网络 1 和网络 2 通过网桥连接后，网桥接收网络 1 发送的数据帧，检查数据帧中的地址，如果是网络 2 的地址，那么就转发给网络 2；如果是网络 1 的地址，那么就将其丢弃，因为源站和目的站处在同一个网段，目的站能够直接收到这个帧而不需要借助网桥转发。

3.8.2 局域网交换机

1. 交换机的原理和特点

局域网交换机，又称以太网交换机，以太网交换机实质上就是一个多端口的网桥，它工作在数据链路层。以太网交换机的每个端口都直接与单台主机或另一个交换机相连，通常都工作在全双工方式。交换机能经济地将网络分成小的冲突域，为每个工作站提供更高的带宽。以太网交换机的原理是，它检测从以太端口来的数据帧的源和目的地的 MAC（介质访问层）地址，然后与

---

③ 最新大纲中已删除这部分内容，但是历年真题中有所涉及，因此本书中仍然保留。

系统内部的动态查找表进行比较，若数据帧的源 MAC 地址不在查找表中，则将该地址加入查找表，并将数据帧发送给相应的目的端口。以太网交换机对工作站是透明的，因此管理开销低廉，简化了网络结点的增加、移动和网络变化的操作。利用以太网交换机还可以方便地实现虚拟局域网 VLAN，VLAN 不仅可以隔离冲突域，而且可以隔离广播域。

对于传统 10Mb/s 的共享式以太网，若共有 N 个用户，则每个用户占有的平均带宽只有总带宽（10Mb/s）的 $1/N$。在使用以太网交换机（默认工作在全双工）来连接这些主机，虽然在每个端口到主机的带宽还是 10Mb/s，但由于一个用户在通信时是独占而不是和其他网络用户共享传输媒体的带宽，因此拥有 N 个端口的交换机的总容量为 $N×10$Mb/s。这正是交换机的最大优点。

以太网交换机的特点：①以太网交换机的每个端口都直接与单台主机相连（网桥的端口往往连接到一个网段），并且一般都工作在全双工方式。②以太网交换机能同时连通多对端口，使每对相互通信的主机都能像独占通信媒体那样，无碰撞地传输数据。③以太网交换机是一种即插即用设备，其内部的帧的转发表是通过自学习算法自动地逐渐建立起来的。④以太网交换机由于使用专用的交换结构芯片，交换速率较高。⑤以太网交换机独占传输媒体的带宽。

以太网交换机主要采用两种交换模式：①直通式交换机，只检查帧的目的地址，这使得帧在接收后几乎能马上被传出去。这种方式速度快，但缺乏智能性和安全性，也无法支持具有不同速率的端口的交换。②存储转发式交换机，先将接收到的帧缓存到高速缓存器中，并检查数据是否正确，确认无误后通过查找表转换成输出端口将该帧发送出去。如果发现帧有错，那么就将其丢弃。优点是可靠性高，并能支持不同速率端口间的转换，缺点是延迟较大。

以太网交换机一般都具有多种速率的端口，例如可以具有 10Mb/s、100Mb/s 和 1Gb/s 的端口的各种组合，因此大大方便了各种不同情况的用户。

2．交换机的自学习功能

决定一个帧是应该转发给某个端口还是应该将其丢弃称为过滤。决定一个帧应该被移动到哪个接口称为转发。交换机的过滤和转发借助于交换表（switch table）完成。交换表中的一个表项至少包含：①一个 MAC 地址；②连通该 MAC 地址的交换机端口。例如，在图 3.37 中，以太网交换机有 4 个端口，各连接一台计算机，MAC 地址分别为 A、B、C 和 D，交换机的交换表初始是空的。

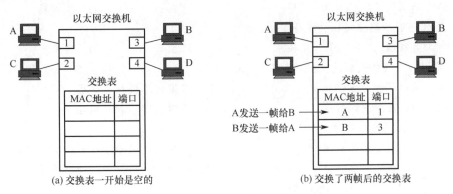

图 3.37　以太网交换机中的交换表

A 先向 B 发送一帧，从端口 1 进入交换机。交换机收到帧后，查找交换表，找不到 MAC 地址为 B 的表项。然后，交换机将该帧的源地址 A 和端口 1 写入交换表，并向除端口 1 外的所有端口广播这个帧（该帧就是从端口 1 进入的，因此不应该将它再从端口 1 转发出去）。C 和 D 丢弃该帧，因为目的地址不对。只有 B 才收下这个目的地址正确的帧。交换表中写入（A, 1）后，以后从任何端口收到目的地址为 A 的帧，都应该从端口 1 转发出去。这是因为，既然 A 发出的帧从端口 1 进入交换机，那么从端口 1 转发出去的帧也应能到达 A。

接下来，假定 B 通过端口 3 向 A 发送一帧，交换机查找交换表后，发现有表项（A，1），将该帧从端口 1 转发给 A。显然，此时已经没有必要再广播收到的帧。将该帧的源地址 B 和端口 3 写入交换表，表明以后如有发送给 B 的帧，应该从端口 3 转发出去。

经过一段时间，只要主机 C 和 D 也向其他主机发送帧，交换机就会把 C 和 D 及对应的端口号写入交换表。这样，转发给任何主机的帧，都能很快地在交换表中找到相应的转发端口。

考虑到交换机所连的主机会随时变化，这就需要更新交换表中的表项。为此，交换表中的每个表项都设有一定的有效时间，过期的表项会自动删除。这就保证了交换表中的数据符合当前网络的实际状况。这种自学习方法使得交换机能够即插即用，而不必人工进行配置，因此非常方便。

3.8.3　本节习题精选

一、单项选择题

01. 下列网络连接设备都工作在数据链路层的是（　　）。

    A. 中继器和集线器   B. 集线器和网桥

    C. 网桥和局域网交换机   D. 集线器和局域网交换机

02. 下列关于数据链路层设备的叙述中，错误的是（　　）。

    A. 网桥将网络划分成多个网段，一个网段的故障不会影响到另一个网段的运行

    B. 网桥可互连不同的物理层、不同的 MAC 子层及不同速率的以太网

    C. 交换机的每个端口结点所占用的带宽不会因为端口结点数目的增加而减少，且整个交换机的总带宽会随着端口结点的增加而增加

    D. 利用交换机可以实现虚拟局域网（VLAN），VLAN 可以隔离冲突域，但不能隔离广播域

03. 下列（　　）不是使用网桥分割网络所带来的好处。

    A. 减少冲突域的范围   B. 在一定条件下增加了网络的带宽

    C. 过滤网段之间的数据   D. 缩小了广播域的范围

04. 不同网络设备传输数据的延迟时间是不同的。下面设备中，传输时延最大的是（　　）。

    A. 局域网交换机   B. 网桥   C. 路由器   D. 集线器

05. 下列不能分割碰撞域的设备是（　　）。

    A. 集线器   B. 交换机   C. 路由器   D. 网桥

06. 局域网交换机实现的主要功能在（　　）。

    A. 物理层和数据链路层   B. 数据链路层和网络层

    C. 物理层和网络层   D. 数据链路层和应用层

07. 交换机比集线器提供更好的网络性能的原因是（　　）。

    A. 交换机支持多对用户同时通信   B. 交换机使用差错控制减少出错率

    C. 交换机使网络的覆盖范围更大   D. 交换机无须设置，使用更方便

08. 通过交换机连接的一组工作站（　　）。

    A. 组成一个冲突域，但不是一个广播域

    B. 组成一个广播域，但不是一个冲突域

    C. 既是一个冲突域，又是一个广播域

    D. 既不是冲突域，也不是广播域

09. 一个 16 端口的集线器的冲突域和广播域的个数分别是（　　）。

    A. 16, 1   B. 16, 16   C. 1, 1   D. 1, 16

10. 一个 16 个端口的以太网交换机,冲突域和广播域的个数分别是( )。

    A. 1, 1   B. 16, 16   C. 1, 16   D. 16, 1

11. 对于由交换机连接的 10Mb/s 的共享式以太网,若共有 10 个用户,则每个用户能够占有的带宽为( )。

    A. 1Mb/s   B. 2Mb/s   C. 10Mb/s   D. 100Mb/s

12. 若一个网络采用一个具有 24 个 10Mb/s 端口的半双工交换机作为连接设备,则每个连接点平均获得的带宽为(①),该交换机的总容量为(②)。

    ① A. 0.417Mb/s   B. 0.0417Mb/s   C. 4.17Mb/s   D. 10Mb/s

    ② A. 120Mb/s   B. 240Mb/s   C. 10Mb/s   D. 24Mb/s

13. 假设以太网 A 中 80%的通信量在本局域网内进行,其余 20%在本局域网与因特网之间进行,而局域网 B 正好相反。这两个局域网中,一个使用集线器,另一个使用交换机,则交换机应放置的局域网是( )。

    A. 以太网 A   B. 以太网 B   C. 任意以太网   D. 都不合适

14. 在使用以太网交换机的局域网中,以下( )是正确的。

    A. 局域网中只包含一个冲突域   B. 交换机的多个端口可以并行传输

    C. 交换机可以隔离广播域   D. 交换机根据 LLC 目的地址转发

15. 【2009 统考真题】以太网交换机进行转发决策时使用的 PDU 地址是( )。

    A. 目的物理地址   B. 目的 IP 地址   C. 源物理地址   D. 源 IP 地址

16. 【2013 统考真题】对于 100Mb/s 的以太网交换机,当输出端口无排队,以直通交换(cut-through switching)方式转发一个以太网帧(不包括前导码)时,引入的转发时延至少是( )。

    A. 0μs   B. 0.48μs   C. 5.12μs   D. 121.44μs

17. 【2014 统考真题】某以太网拓扑及交换机当前转发表如下图所示,主机 00-e1-d5-00-23-a1 向主机 00-e1-d5-00-23-c1 发送一个数据帧,主机 00-e1-d5-00-23-c1 收到该帧后,向主机 00-e1-d5-00-23-a1 发送一个确认帧,交换机对这两个帧的转发端口分别是( )。

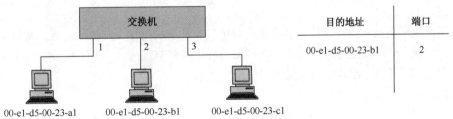

    A. {3}和{1}   B. {2, 3}和{1}   C. {2, 3}和{1, 2}   D. {1, 2, 3}和{1}

18. 【2015 统考真题】下列关于交换机的叙述中,正确的是( )。

    A. 以太网交换机本质上是一种多端口网桥

    B. 通过交换机互连的一组工作站构成一个冲突域

    C. 交换机每个端口所连网络构成一个独立的广播域

    D. 以太网交换机可实现采用不同网络层协议的网络互连

19. 【2016 统考真题】若主机 H2 向主机 H4 发送一个数据帧,主机 H4 向主机 H2 立即发送一个确认帧,则除 H4 外,从物理层上能够收到该确认帧的主机还有( )。

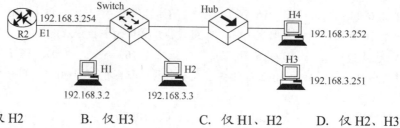

A. 仅 H2　　　　B. 仅 H3　　　　C. 仅 H1、H2　　　　D. 仅 H2、H3

3.8.4 答案与解析

一、单项选择题

01. C

中继器和集线器都属于物理层设备，网桥和局域网交换机属于数据链路层设备。

02. D

交换机的优点是每个端口结点所占用的带宽不会因为端口结点数目的增加而减少，且整个交换机的总带宽会随着端口结点的增加而增加。另外，利用交换机可以实现虚拟局域网（VLAN），VLAN 不仅可以隔离冲突域，而且可以隔离广播域。因此选项 C 正确，选项 D 错误。

03. D

网桥可以隔离信息，将网络划分成多个网段，隔离出安全网段，防止其他网段内的用户非法访问。由于网络的分段，各网段相对独立，一个网段的故障不会影响到另一个网段的运行。因此选项 B、C 正确。根据网桥的特点可知选项 A 正确，选项 D 错误。

04. C

路由器具有较大的传输时延，因为它需要根据所接收的每个分组报头中的 IP 地址决定是否转发分组。这种处理分组报头的任务一般由软件完成，将带来较长的处理时间，也会增加每个分组的传输时延。由于局域网交换机和网桥通常都由硬件进行帧的转发，而且不关心数据链路层以上的数据，因此都具有比路由器要小得多的传输时延。从数量级上看，如果局域网交换机的传输时延为几十微秒，那么网桥的传输时延为几百微秒，而路由器的传输时延为几千微秒。集线器的每个端口都具有收发功能，当某个端口收到信号时，立即向所有其他端口转发，因此其传输时延最小。

05. A

碰撞域是指共享同一信道的各个站点可能发生冲突的范围，又称冲突域。物理层设备集线器不能分割碰撞域，数据链路层设备交换机和网桥可以分割碰撞域，但不能分割广播域，而网络层设备路由器既可以分割碰撞域，又可以分割广播域。

06. A

局域网交换机是数据链路层设备，能实现数据链路层和物理层的功能。

07. A

交换机能隔离冲突域，工作在全双工状态，使网络中多对结点同时通信，提了网络的利用率，这是交换机的优点。

08. B

交换机是数据链路层的设备，数据链路层的设备可以隔离冲突域，但不能隔离广播域，因此本题选 B。另外，物理层设备（集线器等）既不能隔离冲突域，也不能隔离广播域；网络层设备（路由器）既可以隔离冲突域，又可以隔离广播域。

09. C

物理层设备（中继器和集线器）既不能分割冲突域又不能分割广播域，因此答案为选项 C。

10．D

以太网交换机的各端口之间都是冲突域的终止点，但 LAN 交换机不隔离广播，所以冲突域的个数是 16，广播域的个数是 1。

11．C

对于普通的 10Mb/s 共享式以太网，若共有 N 个用户，则每个用户占有的平均带宽只有总带宽的 1/N。使用以太网交换机时，虽然在每个端口到主机的带宽还是 10Mb/s，但由于一个用户在通信时是独占而不是和其他用户共享传输媒体的带宽，因此每个用户仍然可以得到 10Mb/s 的带宽，这正是交换机的最大优点。

12．D、A

1）在采用交换机作为连接设备的局域网中，交换机能同时连通许多对端口，使每对相互通信的计算机都能像独占该通信媒体一样，进行无冲突的数据传输。对于 10Mb/s 的半双工端口，端口带宽为 10Mb/s；若端口速率保持不变，则全双工端口带宽为 20Mb/s。

2）若题中没有特别说明交换机的工作方式，则默认为全双工工作方式。本题注明是半双工交换机，因此拥有 N 对 10Mb/s 端口的半双工交换机的总容量为 $N×10$Mb/s，其中 $N = 24/2 = 12$，总容量为 120Mb/s（注意与前面的全双工交换机的区别）。

13．A

交换机能隔离冲突域，而集线器连接的各网段属于一个冲突域。以太网 A 内的通信量很大，若使用集线器，则冲突域变大，使整个网络效率降低，必须用交换机把不同网段的通信隔离开。

14．B

交换机的每个端口都有其自己的冲突域，所以交换机永远不会因为冲突而丢失帧，选项 A 错误。交换机不能隔离广播，选项 C 错误。LLC 是逻辑链路控制，它在 MAC 层上，用于向网络提供一个接口以隐藏各种 802 网络之间的差异，交换机应是按 MAC 地址转发的，选项 D 错误。

15．A

交换机实质上是一个多端口网桥，工作在数据链路层，数据链路层使用物理地址进行转发，而转发到目的地需要使用目的地址。因此 PDU 地址是目的物理地址。

16．B。

直通交换在输入端口检测到一个数据帧时，检查帧首部，获取帧的目的地址，启动内部的动态查找表转换成相应的输出端口，在输入与输出交叉处接通，把数据帧直通到相应端口，实现交换功能。直通交换只检查帧的目的地址，共 6B，所以最短传输时延是 6×8bit/100Mb/s = 0.48μs。

17．B

主机 00-e1-d5-00-23-a1 向 00-e1-d5-00-23-c1 发送数据帧时，交换机转发表中没有 00-e1-d5-00-23-c1 这一项，所以向除 1 端口外的所有端口广播一帧，即 2、3 端口会转发一帧，同时因为转发表中并没有 00-e1-d5-00-23-a1 这一项，所以转发表会把（目的地址 00-e1-d5-00-23-a1，端口 1）这一项加入转发表。而当 00-e1-d5-00-23-c1 向 00-e1-d5-00-23-a1 发送确认帧时，由于转发表已经有 00-e1-d5-00-23-a1 这一项，所以交换机只向 1 端口转发，答案为选项 B。

18．A

从本质上说，交换机就是一个多端口的网桥（选项 A 正确），工作在数据链路层（因此不能实现不同网络层协议的网络互连，选项 D 错误），交换机能经济地将网络分成小的冲突域（选项 B 错误）。广播域属于网络层概念，只有网络层设备（如路由器）才能分割广播域（选项 C 错误）。

19. D

交换机（Switch）可以隔离冲突域。若 H2 向 H4 发送数据帧，H2 及其对应端口就写入交换表。当 H4 向 H2 发送确认帧，交换机查找交换表后，将该确认帧从 H2 对应的端口转发出去。集线器（Hub）无法隔离冲突域，因此 Hub 会向所有端口（除输入端口外）广播该确认帧的数据信号。因此从物理层上能够收到该确认帧的主机有 H2 和 H3，答案为选项 D。

3.9   本章小结及疑难点

1．"链路"和"数据链路"有何区别？"电路接通"与"数据链路接通"有何区别？

所谓链路（Link），是指从一个结点到相邻结点的一段物理线路，其中间没有其他任何的交换结点。在进行数据通信时，两台计算机之间的通信路径往往要经过许多段这样的链路。可见，链路只是一条路径的组成部分。

数据链路（Data Link）则是另一个概念。因为在一条线路上传送数据时，除必须有一条物理线路外，还必须有一些通信协议来控制这些数据的传输。若把实现这些协议的硬件和软件加到链路上，就构成了数据链路。有时也把链路分为物理链路和逻辑链路。物理链路就是指上面所说的链路，逻辑链路就是上面的数据链路，即物理链路加上必要的通信协议。

"电路接通"表示链路两端的结点交换机已经开机，物理连接已经能够传送比特流，但数据传输并不可靠，在物理连接基础上，再建立数据链路连接，才能说"数据链路接通"。此后，由于数据链路连接具有检测、确认和重传功能，才使得不太可靠的物理链路变成可靠的数据链路，进行可靠的数据传输。当数据链路断开连接时，物理电路连接不一定跟着断开连接。

2．说明用 n 比特进行编号时，若接收窗口的大小为 1，则只有在发送窗口的大小 $W_T \leqslant 2^n - 1$ 时，连续 ARQ 协议才能正确运行。

举一个具体的例子进行说明。例如用 3 比特可编出 8 个不同的序号，因而发送窗口的最大值似乎应为 8。但实际上，设置发送窗口为 8 将使协议在某些情况下无法工作。现在我们就来说明这一点。

设发送窗口 $W_T = 8$，发送端发送完 0～7 号共 8 个数据帧。因发送窗口已满，发送暂停。假定这 8 个数据帧均已正确到达接收端，并且对每个数据帧，接收端都发送出确认帧。下面考虑两种不同的情况。

第一种情况是：所有确认帧都正确到达了发送端，因而发送端接着又发送 8 个新的数据帧，其编号应是 0～7。注意，序号是循环使用的。因此序号虽然相同，但 8 个帧都是新的帧。

第二种情况是：所有确认帧都丢失了。经过一段由超时计时器控制的时间后，发送端重传这 8 个旧的数据帧，其编号仍为 0～7。

于是，当接收端第二次收到编号为 0～7 的 8 个数据帧时，就无法判定这是 8 个新的数据帧还是 8 个重传的旧数据帧。

因此，将发送窗口设置为 8 显然是不行的。

3．证明：对于选择重传协议，若有 n 比特进行编号，则接收窗口的最大值为 $W_R \leqslant 2^{n-1}$。

设发送窗口大小为 W_T。因为 $W_T + W_R \leqslant 2^n$，$W_T = W_R$，W_R 取最大值 $2^n/2 = 2^{n-1}$。

注意，如果题目没有特别说明，那么一般情况下选择重传协议的发送窗口和接收窗口的大小是相等的。大家试想一下，SR 协议中接收窗口值大于 1，接收窗口要等到接收范围内所有帧收到才能更新，发送窗口要等接收窗口更新后才会更新，那么接收窗口比发送窗口多出来的那部分窗口就没有意义了。

4. 数据链路层使用 PPP 协议或 CSMA/CD 协议时，既然不保证可靠传输，为什么要对所传输的帧进行差错检验？

当数据链路层使用 PPP 协议或 CSMA/CD 协议时，在数据链路层的接收端对所传输的帧进行差错检验是为了不将已发现有差错的帧（不管是什么原因造成的）接收下来。如果在接收端不进行差错检测，那么接收端上交给主机的帧就可能包括在传输中出了差错的帧，而这样的帧对接收端主机是没有用处的。换言之，接收端进行差错检测的目的是："上交主机的帧都是没有传输差错的，有差错的都已经丢弃了"，或者更加严格地说："我们以很接近于 1 的概率认为，凡是上交主机的帧都是没有传输差错的"。

5. 为什么 PPP 协议不使用帧的编号和确认机制来实现可靠传输？

PPP 不使用序号和确认机制是出于以下考虑：

若使用能够实现可靠传输的数据链路层协议（如 HDLC），开销就会增大。当数据链路层出现差错的概率不大时，使用比较简单的 PPP 较为合理。

在因特网环境下，PPP 的信息字段放入的数据是 IP 数据报。假定我们采用了能实现可靠传输但十分复杂的数据链路层协议，当数据帧在路由器中从数据链路层上升到网络层后，仍有可能因网络拥塞而被丢弃。因此，数据链路层的可靠传输并不能保证网络层的传输也是可靠的。

PPP 在帧格式中有帧校验序列 FCS 字段。对于每个收到的帧，PPP 都要使用硬件进行 CRC 检验。若发现有差错，则丢弃该帧（一定不能把有差错的帧交给上一层）。端到端的差错控制最后由高层协议负责。因此，PPP 可以保证无差错接收。

6. 两台计算机通过计算机网络传输一个文件时，有两种可行的确认策略。第一种是由发送端将文件分割成分组，接收端逐个确认分组；但就整体而言，文件并没有得到确认。第二种策略是接收端不确认单个分组，而是当文件全部收到后，对整个文件予以接收确认。试比较这两种方式的优缺点，以及它们各自适用的场合。

在计算机网络中，数据的传输过程可能会引起数据的丢失、出错等，因此一个可靠的传输需要一定的差错控制机制，确认是实现差错控制的一个辅助手段。上面的两种确认策略都是可行的，但它们的性能取决于所应用的网络环境。

具体地说，当网络传输可靠性较低且分组容易丢失时，第一种策略即对每个分组逐一确认较好，此时仅需重传丢失或出错的分组。如果网络的传输可靠性较高，那么在不发生差错的情况下，仅对整个文件进行一次确认，从而减少了确认的次数，节省了网络带宽和网络资源；不过，即使有单个分组丢失或出错，也需要重传整个文件。

7. 局域网、广域网和因特网之间的关系总结。

为方便理解，可将广域网视为一个大的局域网，专业地讲，就是通过交换机连接多个局域网，组成更大的局域网，即广域网。因此，广域网仍然是一个网络。而因特网是多个网络之间的互连，即因特网由大局域网（广域网）和小局域网共同通过路由器相连。因此局域网可以通过广域网与另一个相隔很远的局域网进行通信。

8．IEEE 802 局域网参考模型与 OSI 参考模型有何异同之处？

局域网的体系结构只有 OSI 参考模型的下两层（物理层和数据链路层），而没有第三层以上的层次。即使是下两层，由于局域网是共享广播信道，而且产品的种类繁多，涉及多种媒体访问方法，所以两者存在明显的差别。

在局域网中，与 OSI 参考模型的物理层相同的是：该层负责物理连接并在媒体上传输比特流，主要任务是描述传输媒体接口的一些特性。在局域网中，数据链路层的主要作用与 OSI 参考模型的数据链路层相同：都通过一些数据链路层协议，在不可靠的传输信道上实现可靠的数据传输；负责帧的传送与控制，但在局域网中，由于各站共享网络公共信道，因此数据链路层必须具有媒体访问控制功能（如何分配信道、如何避免或解决信道争用）。又由于局域网采用的拓扑结构与传输媒体多种多样，相应的媒体访问控制方法也有多种，因此在数据链路功能中应该将与传输媒体有关的部分和无关的部分分开。这样，IEEE 802 局域网参考模型中的数据链路层就划分为两个子层：媒体访问控制（MAC）子层和逻辑链路控制（LLC）子层。

与 OSI 参考模型不同的是：在 IEEE 802 局域网参考模型中没有网络层。局域网中，在任意两个结点之间只有唯一的一条链路，不需要进行路由选择和流量控制，所以在局域网中不单独设置网络层。

由上面的分析可知，局域网的参考模型只相当于 OSI 参考模型的最低两层，且两者的物理层和数据链路层之间也有很大差别。在 IEEE 802 系列标准中，各个子标准的物理层和媒体访问控制（MAC）子层是有区别的，而逻辑链路控制（LLC）子层是相同的，也就是说，LLC 子层实际上是高层协议与任何一种 MAC 子层之间的标准接口。

9．在 IEEE 802.3 标准以太网中，为什么说如果有冲突，那么冲突一定发生在冲突窗口内？或者说一个帧如果在冲突窗口内没有发生冲突，那么该帧就不会再发生冲突？

结点发送数据时，先监听信道是否有载波，如果有，表示信道忙，那么继续监听，直至检测到空闲为止；一个数据帧在从结点 A 向最远的结点传输的过程中，如果有其他结点也正在发送数据，那么此时就会发生冲突，冲突后的信号需要经过冲突窗口时间后传回结点 A，结点 A 会检测到冲突，所以说如果有冲突，那么一定发生在冲突窗口内，如果在冲突窗口内没有发生冲突，之后如果其他结点再要发送数据，那么就会监听到信道忙，而不会发送数据，从而不会再发生冲突。

10．一个以太网的速率从 10Mb/s 升级到 100Mb/s，满足 CSMA/CD 冲突条件。为使其正常工作，需做哪些调整？为什么？

由于 10BASE-T 要比 10BASE2 和 10BASE5 的优越性更明显，因此所有快速以太网系统都使用集线器（Hub），而不使用同轴电缆。100BASE-T MAC 与 10Mb/s 的经典以太网 MAC 几乎一样，唯一不同的参数就是帧际间隙时间，10Mb/s 以太网是 9.6μs（最小值），快速以太网（100Mb/s）是 0.96μs（最小值）。另外，为了维持最小分组尺寸不变，需要减小最大冲突域直径。所有这些调整的主要原因是速率提高到了原来以太网的 10 倍。

11．HDLC 协议是 PPP 协议的基础，它使用位填充来实现透明传输。但 PPP 协议却使用字符填充而不使用位填充，为什么？

PPP 被明确地设计成以软件形式实现，而不像 HDLC 协议那样几乎总以硬件形式实现。对于软件实现，完全用字节操作比用单个位操作简单得多。此外，PPP 被设计成与调制解调器一道使用，而调制解调器是以一个字节而非一个比特为单元接收和发送数据的。

12．假定连接到透明网桥上的一台计算机把一个数据帧发给网络上的一个不存在的设备，网桥将如何处理这个帧？

网桥不知道网络上是否存在该设备，它只知道在其转发表中没有这个设备的 MAC 地址。因此，当网桥收到这个目的地址未知的帧时，它将扩散该帧，即把该帧发送到所连接的除输入网段外的所有其他网段。

13．关于冲突域（碰撞域）和广播域辨析。

一块网卡发送信息时，只要有可能和另一块网卡冲突，那么这些可能冲突的网卡就构成冲突域。一块网卡发出一个广播时，能收到这个广播的所有网卡的集合称为一个广播域。一般来说，一个网段就是一个冲突域，一个局域网就是一个广播域。

14．关于物理层、数据链路层、网络层设备对于隔离冲突域和广播域的总结。

设 备 名 称	能否隔离冲突域	能否隔离广播域
集线器	不能	不能
中继器	不能	不能
交换机	能	不能
网桥	能	不能
路由器	能	能

15．与传统共享式局域网相比，使用局域网交换机的交换式局域网为什么能改善网络的性能和服务质量？

传统共享式局域网的核心设备是集线器，而交换式局域网的核心是以太网交换机。在使用共享式集线器的传统局域网中，在任何时刻只能有一个结点能够通过共享通信信道发送数据；在使用交换机的交换式局域网中，交换机可以在它的多个端口之间建立多个并发连接，从而实现结点之间数据的并发传输，有效地改善网络性能和服务质量。

16．试分析中继器、集线器、网桥和交换机这四种网络互连设备的区别与联系。

这四种设备都是用于互连、扩展局域网的连接设备，但它们工作的层次和实现的功能不同。

中继器工作在物理层，用来连接两个速率相同且数据链路层协议也相同的网段，其功能是消除数字信号在基带传输中由于经过一长段电缆而造成的失真和衰减，使信号的波形和强度达到所需的要求；其原理是信号再生。

集线器（Hub）也工作在物理层，相当于一个多接口的中继器，它可将多个结点连接成一个共享式的局域网，但任何时刻都只能有一个结点通过公共信道发送数据。

网桥工作在数据链路层，可以互连不同的物理层、不同的 MAC 子层及不同速率的以太网。网桥具有过滤帧及存储转发帧的功能，可以隔离冲突域，但不能隔离广播域。

交换机工作在数据链路层，相当于一个多端口的网桥，是交换式局域网的核心设备。它允许端口之间建立多个并行连接，实现多个结点之间的并行传输。因此，交换机的每个端口结点所占用的带宽不会因为端口结点数目的增加而减少，且整个交换机的总带宽会随着端口结点的增加而增加。交换机一般工作在全双工方式，有的局域网交换机采用存储转发方式进行转发，也有的交换机采用直通交换方式（即在收到帧的同时立即按帧的目的 MAC 地址决定该帧的转发端口，而不必先缓存再处理）。另外，利用交换机可以实现虚拟局域网（VLAN），VLAN 不仅可以隔离冲突域，而且可以隔离广播域。

17．交换机和网桥的不同之处。

尽管交换机也称多端口网桥，但两者仍有许多不同之处。主要包括以下三点：

1）网桥的端口一般连接局域网，而交换机的端口一般直接与局域网的主机相连。

2）交换机允许多对计算机同时通信，而网桥仅允许每个网段上的计算机同时通信。

3）网桥采用存储转发进行转发，而以太网交换机还可以采用直通方式进行转发，且以太网交换机采用了专用的交换结构芯片，转发速度比网桥快。

第 **4** 章　网络层

【考纲内容】

(一) 网络层的功能

　　异构网络互连；路由与转发；SDN 基本概念；拥塞控制

(二) 路由算法

　　静态路由与动态路由；距离-向量路由算法；链路状态路由算法；层次路由

(三) IPv4

　　IPv4 分组；IPv4 地址与 NAT；子网划分与子网掩码、CIDR、路由聚合、ARP、DHCP 与 ICMP

(四) IPv6

　　IPv6 的主要特点；IPv6 地址

(五) 路由协议

　　自治系统；域内路由与域间路由；RIP 路由协议；OSPF 路由协议；BGP 路由协议

(六) IP 组播

　　组播的概念；IP 组播地址

(七) 移动 IP

　　移动 IP 的概念；移动 IP 通信过程

(八) 网络层设备

　　路由器的组成和功能；路由表与路由转发

【复习提示】

　　本章是历年考查的重中之重，尤其是结合第 3 章、第 5 章、第 6 章出综合题的概率很大。其中 IPv4 以及路由的相关知识点是核心，历年真题都有涉及，因此必须牢固掌握其原理，也要多做题，以便灵活应用。本章的其他知识点，如 IP 组播、移动 IP、IPv6 也要有所了解。

4.1　网络层的功能

　　互联网在网络层的设计思路是，向上只提供简单灵活的、无连接的、尽最大努力交付的数据报服务。也就是说，所传送的分组可能出错、丢失、重复、失序或超时，这就使得网络中的路由器比较简单，而且价格低廉。如果主机中的进程之间的通信需要是可靠的，那么可以由更高层的传输层来负责。采用这种设计思路的好处是：网络的造价大大降低，运行方式灵活，能够适应多种应用。互联网能够发展到今日的规模，充分证明了当初采用这种设计思想的正确性。

4.1.1 异构网络互连

要在全球范围内把数以百万计的网络互连起来,并且能够互相通信,是一项非常复杂的任务,此时需要解决许多问题,比如不同的寻址方案、不同的网络接入机制、不同的差错处理方法、不同的路由选择机制等等。用户的需求是多样的,没有一种单一的网络能够适应所有用户的需求。网络层所要完成的任务之一就是使这些异构的网络实现互连。

网络互连是指将两个以上的计算机网络,通过一定的方法,用一些中间设备(又称中继系统)相互连接起来,以构成更大的网络系统。根据所在的层次,中继系统分为以下 4 种:

1)物理层中继系统:转发器,集线器。
2)数据链路层中继系统:网桥或交换机。
3)网络层中继系统:路由器。
4)网络层以上的中继系统:网关。

使用物理层或数据链路层的中继系统时,只是把一个网络扩大了,而从网络层的角度看,它仍然是同一个网络,一般并不称为网络互连。因此网络互连通常是指用路由器进行网络互连和路由选择。路由器是一台专用计算机,用于在互联网中进行路由选择。

注意:由于历史原因,许多有关 TCP/IP 的文献也把网络层的路由器称为网关。

TCP/IP 体系在网络互连上采用的做法是在网络层采用标准化协议,但相互连接的网络可以是异构的。图 4.1(a)表示用许多计算机网络通过一些路由器进行互连。由于参加互连的计算机网络都使用相同的 IP 协议,因此可以把互连后的网络视为如图4.1(b)所示的一个虚拟 IP 网络。

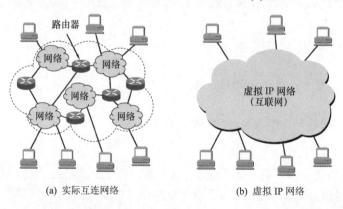

(a) 实际互连网络   (b) 虚拟 IP 网络

图 4.1   IP 网的概念

虚拟互连网络也就是逻辑互连网络,其意思是互连起来的各种物理网络的异构性本来是客观存在的,但是通过 IP 协议就可以使这些性能各异的网络在网络层上看起来好像是一个统一的网络。这种使用 IP 协议的虚拟互连网络可简称为 IP 网络。

使用 IP 网络的好处是:当 IP 网上的主机进行通信时,就好像在一个单个网络上通信一样,而看不见互连的各网络的具体异构细节(如具体的编址方案、路由选择协议等)。

4.1.2 路由与转发

路由器主要完成两个功能:一是路由选择(确定哪一条路径),二是分组转发(当一个分组到达时所采取的动作)。前者是根据特定的路由选择协议构造出路由表,同时经常或定期地和相邻路由器交换路由信息而不断地更新和维护路由表。后者处理通过路由器的数据流,关键操作是转发表查询、转发及相关的队列管理和任务调度等。

1）路由选择。指按照复杂的分布式算法，根据从各相邻路由器所得到的关于整个网络拓扑
的变化情况，动态地改变所选择的路由。

2）分组转发。指路由器根据转发表将用户的 IP 数据报从合适的端口转发出去。

路由表是根据路由选择算法得出的，而转发表是从路由表得出的。转发表的结构应当使查找
过程最优化，路由表则需要对网络拓扑变化的计算最优化。在讨论路由选择的原理时，往往不去
区分转发表和路由表，而是笼统地使用路由表一词。

4.1.3　SDN 的基本概念

网络层的主要任务是转发和路由选择。可以将网络层抽象地划分为数据平面（也称转发层面）
和控制平面，转发是数据平面实现的功能，而路由选择是控制平面实现的功能。

软件定义网络（SDN）是近年流行的一种创新网络架构，它采用集中式的控制平面和分布式
的数据平面，两个平面相互分离，控制平面利用控制-数据接口对数据平面上的路由器进行集中
式控制，方便软件来控制网络。在传统互联网中，每个路由器既有转发表又有路由选择软件，也
就是说，既有数据平面又有控制平面。但是在图 4.2 所示的 SDN 结构中，路由器都变得简单了，
它的路由选择软件都不需要了，因此路由器之间不再相互交换路由信息。在网络的控制平面有一
个逻辑上的远程控制器（可以由多个服务器组成）。远程控制器掌握各主机和整个网络的状态，
为每个分组计算出最佳路由，通过 Openflow 协议（也可以通过其他途径）将转发表（在 SDN 中
称为流表）下发给路由器。路由器的工作很单纯，即收到分组、查找转发表、转发分组。

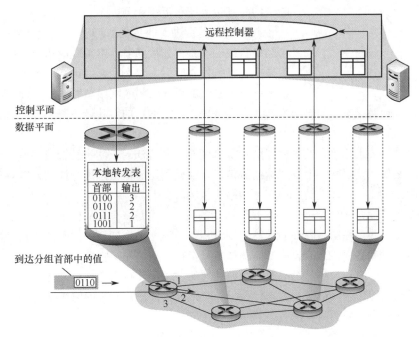

图 4.2　远程控制器确定并分发转发表中的值

这样，网络又变成集中控制的，本来互联网是分布式的。SDN 并非要把整个互联网都改造成
如图 4.2 所示的集中控制模式，这是不现实的。然而，在某些具体条件下，特别是像一些大型的
数据中心之间的广域网，使用 SDN 模式来建造，就可以使网络的运行效率更高。

SDN 的可编程性通过为开发者们提供强大的编程接口，使得网络具有很好的编程性。对上层

应用的开发者，SDN 提供的编程接口称为北向接口，北向接口提供了一系列丰富的 API，开发者可以在此基础上设计自己的应用，而不必关心底层的硬件细节。SDN 控制器和转发设备建立双向会话的接口称为南向接口，通过不同的南向接口协议（如 Openflow），SDN 控制器就可兼容不同的硬件设备，同时可以在设备中实现上层应用的逻辑。SDN 控制器集群内部控制器之间的通信接口称为东西向接口，用于增强整个控制平面的可靠性和可拓展性。

SDN 的优点：①全局集中式控制和分布式高速转发，既利于控制平面的全局优化，又利于高性能的网络转发。②灵活可编程与性能的平衡，控制和转发功能分离后，使得网络可以由专有的自动化工具以编程方式配置。③降低成本，控制和数据平面分离后，尤其是在使用开放的接口协议后，就实现了网络设备的制造与功能软件的开发相分离，从而有效降低了成本。

SDN 的问题：①安全风险，集中管理容易受攻击，如果崩溃，整个网络会受到影响。②瓶颈问题，原本分布式的控制平面集中化后，随着网络规模扩大，控制器可能成为网络性能的瓶颈。

4.1.4 拥塞控制

在通信子网中，因出现过量的分组而引起网络性能下降的现象称为拥塞。例如，某个路由器所在链路的带宽为 R B/s，如果 IP 分组只从它的某个端口进入，那么其速率为 r_{in} B/s。当 $r_{in}=R$

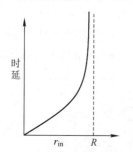

图 4.3　分组发送速率与时延的关系

时，可能看起来是件"好事"，因为链路带宽被充分利用。但是，如图 4.3 所示，当分组到达路由器的速率接近 R 时，平均时延急剧增加，并且会有大量的分组被丢弃（路由器端口的缓冲区是有限的），整个网络的吞吐量会骤降，源与目的地之间的平均时延也会变得近乎无穷大。

判断网络是否进入拥塞状态的方法是，观察网络的吞吐量与网络负载的关系：如果随着网络负载的增加，网络的吞吐量明显小于正常的吞吐量，那么网络就可能已进入"轻度拥塞"状态；如果网络的吞吐量随着网络负载的增大而下降，那么网络就可能已进入拥塞状态；如果网络的负载继续增大，而网络的吞吐量下降到零，那么网络就可能已进入死锁状态。

为避免拥塞现象的出现，要采用能防止拥塞的一系列方法对子网进行拥塞控制。拥塞控制主要解决的问题是如何获取网络中发生拥塞的信息，从而利用这些信息进行控制，以避免由于拥塞而出现分组的丢失，以及严重拥塞而产生网络死锁的现象。

拥塞控制的作用是确保子网能够承载所达到的流量，这是一个全局性的过程，涉及各方面的行为：主机、路由器及路由器内部的转发处理过程等。单一地增加资源并不能解决拥塞。

流量控制和拥塞控制的区别：流量控制往往是指在发送端和接收端之间的点对点通信量的控制。流量控制所要做的是抑制发送端发送数据的速率，以便使接收端来得及接收。而拥塞控制必须确保通信子网能够传送待传送的数据，是一个全局性的问题，涉及网络中所有的主机、路由器及导致网络传输能力下降的所有因素。

拥塞控制的方法有两种：

1）开环控制。在设计网络时事先将有关发生拥塞的因素考虑周到，力求网络在工作时不产生拥塞。这是一种静态的预防方法。一旦整个系统启动并运行，中途就不再需要修改。开环控制手段包括确定何时可接收新流量、何时可丢弃分组及丢弃哪些分组，确定何种调度策略等。所有这些手段的共性是，在做决定时不考虑当前网络的状态。

2）闭环控制。事先不考虑有关发生拥塞的各种因素，采用监测网络系统去监视，及时检测哪里发生了拥塞，然后将拥塞信息传到合适的地方，以便调整网络系统的运行，并解决出现的问题。闭环控制是基于反馈环路的概念，是一种动态的方法。

4.1.5 本节习题精选

单项选择题

01. 网络层的主要目的是（　　）。
  A. 在邻接结点间进行数据报传输　　　　B. 在邻接结点间进行数据报可靠传输
  C. 在任意结点间进行数据报传输　　　　D. 在任意结点间进行数据报可靠传输

02. 路由器连接的异构网络是指（　　）。
  A. 网络的拓扑结构不同　　　　　　　　B. 网络中计算机操作系统不同
  C. 数据链路层和物理层均不同　　　　　D. 数据链路层协议相同，物理层协议不同

03. 网络中发生了拥塞，根据是（　　）。
  A. 随着通信子网负载的增加，吞吐量也增加
  B. 网络结点接收和发出的分组越来越少
  C. 网络结点接收和发出的分组越来越多
  D. 随着通信子网负载的增加，吞吐量反而降低

04. 在路由器互连的多个局域网的结构中，要求每个局域网（　　）。
  A. 物理层协议可以不同，而数据链路层及其以上的高层协议必须相同
  B. 物理层、数据链路层协议可以不同，而数据链路层以上的高层协议必须相同
  C. 物理层、数据链路层、网络层协议可以不同，而网络层以上的高层协议必须相同
  D. 物理层、数据链路层、网络层及高层协议都可以不同

05. 下列设备中，能够分隔广播域的是（　　）。
  A. 集线器　　　　B. 交换机　　　　C. 路由器　　　　D. 中继器

06. 在因特网中，一个路由器的路由表通常包含（　　）。
  A. 目的网络和到达目的网络的完整路径
  B. 所有目的主机和到达该目的主机的完整路径
  C. 目的网络和到达该目的网络路径上的下一个路由器的 IP 地址
  D. 目的网络和到达该目的网络路径上的下一个路由器的 MAC 地址

07. 路由器转发分组的根据是报文的（　　）。
  A. 端口号　　　　B. MAC 地址　　　　C. IP 地址　　　　D. 域名

08. 路由器在能够开始向输出链路传输分组的第一位之前，必须先接收到整个分组，这种机制称为（　　）。
  A. 存储转发机制　　B. 直通交换机制　　C. 分组交换机制　　D. 分组检测机制

09. 在因特网中，IP 分组的传输需要经过源主机和中间路由器到达目的主机，通常（　　）。
  A. 源主机和中间路由器都知道 IP 分组到达目的主机需要经过的完整路径
  B. 源主机和中间路由器都不知道 IP 分组到达目的主机需要经过的完整路径
  C. 源主机知道 IP 分组到达目的主机需要经过的完整路径，而中间路由器不知道
  D. 源主机不知道 IP 分组到达目的主机需要经过的完整路径，而中间路由器知道

10. 下列协议中属于网络层协议的是（　　）。
  I. IP　　　　　II. TCP　　　　　III. FTP　　　　　IV. ICMP
  A. I 和 II　　　　B. II 和 III　　　　C. III 和 IV　　　　D. I 和 IV

11. 下列描述中，（　）不是软件定义网络（SDN）的特点。

  A. 控制与转发功能分离   B. 控制平面集中化

  C. 接口开放可编程   D. Openflow 取代了路由协议

12.【2022 统考真题】在 SDN 网络体系结构中，SDN 控制器向数据平面的 SDN 交换机下发流表时所使用的接口是（　）。

  A. 东向接口 B. 南向接口 C. 西向接口 D. 北向接口

4.1.6　答案与解析

单项选择题

01. C

选项 A、B 不是网络层的目的，IP 提供的是不可靠的服务，因此选项 D 错误。

02. C

网络的异构性是指传输介质、数据编码方式、链路控制协议及不同的数据单元格式和转发机制，这些特点分别在物理层和数据链路层协议中定义。

03. D

拥塞现象是指到达通信子网中某一部分的分组数量过多，使得该部分网络来不及处理，以致引起这部分乃至整个网络性能下降的现象，严重时甚至会导致网络通信业务陷入停顿，即出现死锁现象。选项 A 的网络性能显然是提高的，选项 B、C 中网络结点接收和发出的分组多少与网络的吞吐量并不呈正比关系，不能确定网络是否拥塞。

04. C

路由器是第三层设备，向传输层及以上层次隐藏下层的具体实现，所以物理层、数据链路层、网络层协议可以不同。而网络层之上的协议数据是路由器所不能处理的，因此网络层以上的高层协议必须相同。本题容易误选 B，主要原因是在目前的互联网中广泛使用的是 TCP/IP 协议族，在网络层用的多是 IPv4，所以误认为网络层协议必须相同。而实际上，使用特定的路由器连接 IPv4 与 IPv6 网络，就是典型的网络层协议不同而实现互连的例子。

05. C

路由器工作在网络层，不转发广播包（目的地址为 255.255.255.255 的 IP 包），因此能够分隔广播域，抑制网络风暴。交换机工作在数据链路层，能够分隔冲突域，但不能分隔广播域。集线器和中继器是物理层设备，既不能分隔广播域又不能分隔冲突域。

06. C

路由器是网络层设备，其任务是转发分组。每个路由器都维护一个路由表以决定分组的转发。为了提高路由器的查询效率并减少路由表维护的内容，路由表只保留到达目的地址的下一个路由器的地址，而不保留整个传输路径的信息。另外，采用目的网络可使每个路由表项包含很多目的主机 IP 地址，这样可减少路由表中的项目。因此，路由表通常包含目的网络和到达该目的网络路径上的下一个路由器的 IP 地址。

07. C

路由器是网络层设备，网络层通过 IP 地址标识主机，所以路由器根据 IP 地址转发分组。

08. A

路由器转发一个分组的过程如下：先接收整个分组，然后对分组进行错误检查，如果出错，那么丢弃错误的分组；否则存储该正确的分组。最后根据路由选择协议，将正确的分组转发到合适的端口，这种机制称为存储转发机制。

09．B

每个路由器都根据路由表选择 IP 分组的下一跳地址，只有到了下一跳路由器，才能知道再下一跳应当怎样走。主机仅知道到达本地网络的路径，到达其他网络的 IP 分组均转发到路由器。而源主机也只把 IP 分组发给网关，所以路由器和源主机都不知道 IP 分组要经过的完整路径。

10．D

TCP 属于传输层协议，FTP 属于应用层协议，只有 IP 和 ICMP 属于网络层协议。

11．D

选项 A、B 和 C 都是 SDN 的特点。Openflow 协议是控制平面和数据平面之间的接口。在 SDN 中，路由器之间不再相互交换路由信息，由远程控制器计算出最佳路由。

12．B

SDN 对上层开发者提供的编程接口称为北向接口，而南向接口则负责控制平面和数据平面间的通信，所以 SDN 控制器向数据平面的 SDN 交换机下发流表时使用南向接口。

4.2 路由算法

4.2.1 静态路由与动态路由

路由器转发分组是通过路由表转发的，而路由表是通过各种算法得到的。从能否随网络的通信量或拓扑自适应地进行调整变化来划分，路由算法可以分为如下两大类。

静态路由算法（又称非自适应路由算法）。指由网络管理员手工配置的路由信息。当网络的拓扑结构或链路的状态发生变化时，网络管理员需要手工去修改路由表中相关的静态路由信息。它不能及时适应网络状态的变化，对于简单的小型网络，可以采用静态路由。

动态路由算法（又称自适应路由算法）。指路由器上的路由表项是通过相互连接的路由器之间彼此交换信息，然后按照一定的算法优化出来的，而这些路由信息会在一定时间间隙里不断更新，以适应不断变化的网络，随时获得最优的寻路效果。

静态路由算法的特点是简便和开销较小，在拓扑变化不大的小网络中运行效果很好。动态路由算法能改善网络的性能并有助于流量控制；但算法复杂，会增加网络的负担，有时因对动态变化的反应太快而引起振荡，或反应太慢而影响网络路由的一致性，因此要仔细设计动态路由算法，以发挥其优势。常用的动态路由算法可分为两类：距离-向量路由算法和链路状态路由算法。

4.2.2 距离-向量路由算法

在距离-向量路由算法中，所有结点都定期地将它们的整个路由选择表传送给所有与之直接相邻的结点。这种路由选择表包含：

- 每条路径的目的地（另一结点）。
- 路径的代价（也称距离）。

注意：这里的距离是一个抽象的概念，如 RIP 就将距离定义为"跳数"。跳数指从源端口到达目的端口所经过的路由器个数，每经过一个路由器，跳数加 1。

在这种算法中，所有结点都必须参与距离向量交换，以保证路由的有效性和一致性，也就是说，所有的结点都监听从其他结点传来的路由选择更新信息，并在下列情况下更新它们的路由选择表：

1）被通告一条新的路由，该路由在本结点的路由表中不存在，此时本地系统加入这条新的路由。

2）发来的路由信息中有一条到达某个目的地的路由，该路由与当前使用的路由相比，有较短的距离（较小的代价）。此种情况下，就用经过发送路由信息的结点的新路由替换路由表中到达那个目的地的现有路由。

距离-向量路由算法的实质是，迭代计算一条路由中的站段数或延迟时间，从而得到到达一个目标的最短（最小代价）通路。它要求每个结点在每次更新时都将它的全部路由表发送给所有相邻的结点。显然，更新报文的大小与通信子网的结点个数成正比，大的通信子网将导致很大的更新报文。由于更新报文发给直接邻接的结点，所以所有结点都将参加路由选择信息交换。基于这些原因，在通信子网上传送的路由选择信息的数量很容易变得非常大。

最常见的距离-向量路由算法是 RIP 算法，它采用"跳数"作为距离的度量。

4.2.3　链路状态路由算法

链路状态路由算法要求每个参与该算法的结点都具有完全的网络拓扑信息，它们执行下述两项任务。第一，主动测试所有邻接结点的状态。两个共享一条链接的结点是相邻结点，它们连接到同一条链路，或者连接到同一广播型物理网络。第二，定期地将链路状态传播给所有其他结点（或称路由结点）。典型的链路状态算法是 OSPF 算法。

在一个链路状态路由选择中，一个结点检查所有直接链路的状态，并将所得的状态信息发送给网上的所有其他结点，而不是仅送给那些直接相连的结点。每个结点都用这种方式从网上所有其他的结点接收包含直接链路状态的路由选择信息。

每当链路状态报文到达时，路由结点便使用这些状态信息去更新自己的网络拓扑和状态"视野图"，一旦链路状态发生变化，结点就对更新的网络图利用 Dijkstra 最短路径算法重新计算路由，从单一的源出发计算到达所有目的结点的最短路径。

链路状态路由算法主要有三个特征：

1）向本自治系统中所有路由器发送信息，这里使用的方法是洪泛法，即路由器通过所有端口向所有相邻的路由器发送信息。而每个相邻路由器又将此信息发往其所有相邻路由器（但不再发送给刚刚发来信息的那个路由器）。

2）发送的信息是与路由器相邻的所有路由器的链路状态，但这只是路由器所知道的部分信息。所谓"链路状态"，是指说明本路由器与哪些路由器相邻及该链路的"度量"。对于OSPF 算法，链路状态的"度量"主要用来表示费用、距离、时延、带宽等。

3）只有当链路状态发生变化时，路由器才向所有路由器发送此信息。

由于一个路由器的链路状态只涉及相邻路由器的连通状态，而与整个互联网的规模并无直接关系，因此链路状态路由算法可以用于大型的或路由信息变化聚敛的互联网环境。

链路状态路由算法的主要优点是，每个路由结点都使用同样的原始状态数据独立地计算路径，而不依赖中间结点的计算；链路状态报文不加改变地传播，因此采用该算法易于查找故障。当一个结点从所有其他结点接收到报文时，它可以在本地立即计算正确的通路，保证一步汇聚。最后，由于链路状态报文仅运载来自单个结点关于直接链路的信息，其大小与网络中的路由结点数目无关，因此链路状态算法比距离-向量算法有更好的规模可伸展性。

距离-向量路由算法与链路状态路由算法的比较：在距离-向量路由算法中，每个结点仅与它的直接邻居交谈，它为它的邻居提供从自己到网络中所有其他结点的最低费用估计。在链路状态路由算法中，每个结点通过广播的方式与所有其他结点交谈，但它仅告诉它们与它直接相连的链路的费用。相较之下，距离-向量路由算法有可能遇到路由环路等问题。

4.2.4　层次路由

当网络规模扩大时，路由器的路由表成比例地增大。这不仅会消耗越来越多的路由器缓冲区空间，而且需要用更多 CPU 时间来扫描路由表，用更多的带宽来交换路由状态信息。因此路由选择必须按照层次的方式进行。

因特网将整个互联网划分为许多较小的自治系统（注意一个自治系统中包含很多局域网），每个自治系统有权自主地决定本系统内应采用何种路由选择协议。如果两个自治系统需要通信，那么就需要一种在两个自治系统之间的协议来屏蔽这些差异。据此，因特网把路由选择协议划分为两大类：

1）一个自治系统内部所使用的路由选择协议称为内部网关协议（IGP），也称域内路由选择，具体的协议有 RIP 和 OSPF 等。

2）自治系统之间所使用的路由选择协议称为外部网关协议（EGP），也称域间路由选择，用在不同自治系统的路由器之间交换路由信息，并负责为分组在不同自治系统之间选择最优的路径。具体的协议有 BGP。

使用层次路由时，OSPF 将一个自治系统再划分为若干区域（Area），每个路由器都知道在本区域内如何把分组路由到目的地的细节，但不用知道其他区域的内部结构。

采用分层次划分区域的方法虽然会使交换信息的种类增多，也会使 OSPF 协议更加复杂。但这样做却能使每个区域内部交换路由信息的通信量大大减小，因而使 OSPF 协议能够用于规模很大的自治系统中。

4.2.5　本节习题精选

单项选择题

01. 动态路由选择和静态路由选择的主要区别是（　）。

　　A. 动态路由选择需要维护整个网络的拓扑结构信息，而静态路由选择只需要维护部分拓扑结构信息

　　B. 动态路由选择可随网络的通信量或拓扑变化而自适应地调整，而静态路由选择则需要手工去调整相关的路由信息

　　C. 动态路由选择简单且开销小，静态路由选择复杂且开销大

　　D. 动态路由选择使用路由表，静态路由选择不使用路由表

02. 下列关于路由算法的描述中，（　）是错误的。

　　A. 静态路由有时也被称为非自适应的算法

　　B. 静态路由所使用的路由选择一旦启动就不能修改

　　C. 动态路由也称自适应算法，会根据网络的拓扑变化和流量变化改变路由决策

　　D. 动态路由算法需要实时获得网络的状态

03. 关于链路状态协议的描述，（　）是错误的。

　　A. 仅相邻路由器需要交换各自的路由表

　　B. 全网路由器的拓扑数据库是一致的

　　C. 采用洪泛技术更新链路变化信息

　　D. 具有快速收敛的优点

04. 在链路状态路由算法中，每个路由器都得到网络的完整拓扑结构后，使用（　）算法来找出它到其他路由器的路径长度。

　　A. Prim 最小生成树算法　　　　　　　　B. Dijkstra 最短路径算法

C. Kruskal 最小生成树算法   D. 拓扑排序

05. 在距离-向量路由协议中，（ ）最可能导致路由回路的问题。

A. 由于网络带宽的限制，某些路由更新数据报被丢弃

B. 由于路由器不知道整个网络的拓扑结构信息，当收到一个路由更新信息时，又将该更新信息发回自己发送该路由信息的路由器

C. 当一个路由器发现自己的一条直接相邻链路断开时，未能将这个变化报告给其他路由器

D. 慢收敛导致路由器接收了无效的路由信息

06. 下列关于分层路由的描述中，（ ）是错误的。

A. 采用分层路由后，路由器被划分成区域

B. 每个路由器不仅知道如何将分组路由到自己区域的目标地址，而且知道如何路由到其他区域

C. 采用分层路由后，可以将不同的网络连接起来

D. 对于大型网络，可能需要多级的分层路由来管理

4.2.6 答案与解析

单项选择题

01. B

静态路由选择使用手动配置的路由信息，实现简单且开销小，需要维护整个网络的拓扑结构信息，但不能及时适应网络状态的变化。动态路由选择通过路由选择协议，自动发现并维护路由信息，能及时适应网络状态的变化，实现复杂且开销大。动态路由选择和静态路由选择都使用路由表。

02. B

静态路由又称非自适应算法，它不会估计流量和结构来调整其路由决策。但这并不说明路由选择是不能改变的，事实上用户可以随时配置路由表。而动态路由也称自适应算法，需要实时获取网络的状态，并根据网络的状态适时地改变路由决策。

03. A

在链路状态路由算法中，每个路由器在自己的链路状态变化时，将链路状态信息用洪泛法传送给网络中的其他路由器。发送的链路状态信息包括该路由器的相邻路由器及所有相邻链路的状态，选项 A 错误。链路状态协议具有快速收敛的优点，它能够在网络拓扑发生变化时，立即进行路由的重新计算，并及时向其他路由器发送最新的链路状态信息，使得各路由器的链路状态表能够尽量保持一致，选项 B、C、D 正确。

04. B

在链路状态路由算法中，路由器通过交换每个结点到邻居结点的延迟或开销来构建一个完整的网络拓扑结构。得到完整的拓扑结构后，路由器就使用 Dijkstra 最短路径算法来计算到所有结点的最短路径。

05. D

在距离-向量路由协议中，"好消息传得快，而坏消息传得慢"，这就导致了当路由信息发生变化时，该变化未能及时地被所有路由器知道，而仍然可能在路由器之间进行传递，这就是"慢收敛"现象。慢收敛是导致发生路由回路的根本原因。

06. B

采用分层路由后，路由器被划分为区域，每个路由器知道如何将分组路由到自己所在区域内的目标地址，但对于其他区域内的结构毫不知情。当不同的网络相互连接时，可将每个网络当作一个

独立的区域，这样做的好处是一个网络中的路由器不必知道其他网络的拓扑结构。

4.3 IPv4

4.3.1 IPv4 分组

IPv4 即现在普遍使用的 IP 协议（版本 4）。IP 协议定义数据传送的基本单元——IP 分组及其确切的数据格式。IP 协议也包括一套规则，指明分组如何处理、错误怎样控制。特别是 IP 协议还包含非可靠投递的思想，以及与此关联的分组路由选择的思想。

1．IPv4 分组的格式

一个 IP 分组由首部和数据部分组成。首部前一部分的长度固定，共 20B，是所有 IP 分组必须具有的。在首部固定部分的后面是一些可选字段，其长度可变，用来提供错误检测及安全等机制。IP 数据报的格式如图 4.4 所示。

IP 首部的部分重要字段含义如下：

1）版本。指 IP 协议的版本，目前广泛使用的版本号为 4。

2）首部长度。占 4 位，可以表示的最大十进制数是 15。以 32 位为单位，最大值为 60B（15×4B）。最常用的首部长度是 20B，此时不使用任何选项（即可选字段）。

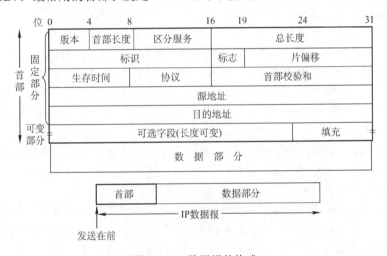

图 4.4　IP 数据报的格式

3）总长度。占 16 位。指首部和数据之和的长度，单位为字节，因此数据报的最大长度为 $2^{16}-1=65535B$。以太网帧的最大传送单元（MTU）为 1500B，因此当一个 IP 数据报封装成帧时，数据报的总长度（首部加数据）一定不能超过下面的数据链路层的 MTU 值。

4）标识。占 16 位。它是一个计数器，每产生一个数据报就加 1，并赋值给标识字段。但它并不是"序号"（因为 IP 是无连接服务）。当一个数据报的长度超过网络的 MTU 时，必须分片，此时每个数据报片都复制一次标识号，以便能正确重装成原来的数据报。

5）标志。占 3 位。标志字段的最低位为 MF，MF＝1 表示后面还有分片，MF＝0 表示最后一个分片。标志字段中间的一位是 DF，只有当 DF＝0 时才允许分片。

6）片偏移。占 13 位。它指出较长的分组在分片后，某片在原分组中的相对位置。片偏移以 8 个字节为偏移单位。除最后一个分片外，每个分片的长度一定是 8B 的整数倍。

7）生存时间（TTL）。占 8 位。数据报在网络中可通过的路由器数的最大值，标识分组在网络中的寿命，以确保分组不会永远在网络中循环。路由器在转发分组前，先把 TTL 减 1。若 TTL 被减为 0，则该分组必须丢弃。

8）协议。占 8 位。指出此分组携带的数据使用何种协议，即分组的数据部分应上交给哪个协议进行处理，如 TCP、UDP 等。其中值为 6 表示 TCP，值为 17 表示 UDP。

9）首部校验和。占 16 位。首部校验和只校验分组的首部，而不校验数据部分。

10）源地址字段。占 4B，标识发送方的 IP 地址。

11）目的地址字段。占 4B，标识接收方的 IP 地址。

注意：在 IP 数据报首部中有三个关于长度的标记，首部长度、总长度、片偏移，基本单位分别为 4B、1B、8B（需要记住）。题目中经常会出现这几个长度之间的加减运算。另外，读者要熟悉 IP 数据报首部的各个字段的意义和功能，但不需要记忆 IP 数据报的首部，正常情况下如果需要参考首部，题目都会直接给出。第 5 章学到的 TCP、UDP 的首部也是一样的。

2. IP 数据报分片

一个链路层数据报能承载的最大数据量称为最大传送单元（MTU）。因为 IP 数据报被封装在链路层数据报中，因此链路层的 MTU 严格地限制着 IP 数据报的长度，而且在 IP 数据报的源与目的地路径上的各段链路可能使用不同的链路层协议，有不同的 MTU。例如，以太网的 MTU 为 1500B，而许多广域网的 MTU 不超过 576B。当 IP 数据报的总长度大于链路 MTU 时，就需要将 IP 数据报中的数据分装在多个较小的 IP 数据报中，这些较小的数据报称为片。

片在目的地的网络层被重新组装。目的主机使用 IP 首部中的标识、标志和片偏移字段来完成对片的重组。创建一个 IP 数据报时，源主机为该数据报加上一个标识号。当一个路由器需要将一个数据报分片时，形成的每个数据报（即片）都具有原始数据报的标识号。当目的主机收到来自同一发送主机的一批数据报时，它可以通过检查数据报的标识号来确定哪些数据报属于同一个原始数据报的片。IP 首部中的标志位占 3 位，但只有后 2 位有意义，分别是 MF 位（More Fragment）和 DF 位（Don't Fragment）。只有当 DF = 0 时，该 IP 数据报才可以被分片。MF 则用来告知目的主机该 IP 数据报是否为原始数据报的最后一个片。当 MF = 1 时，表示相应的原始数据报还有后续的片；当 MF = 0 时，表示该数据报是相应原始数据报的最后一个片。目的主机在对片进行重组时，使用片偏移字段来确定片应放在原始 IP 数据报的哪个位置。

IP 分片涉及一定的计算。例如，一个长 4000B 的 IP 数据报（首部 20B，数据部分 3980B）到达一个路由器，需要转发到一条 MTU 为 1500B 的链路上。这意味着原始数据报中的 3980B 数据必须被分配到 3 个独立的片中（每片也是一个 IP 数据报）。假定原始数据报的标识号为 777，那么分成的 3 片如图 4.5 所示。可以看出，由于偏移值的单位是 8B，所以除最后一个片外，其他所有片中的有效数据载荷都是 8 的倍数。

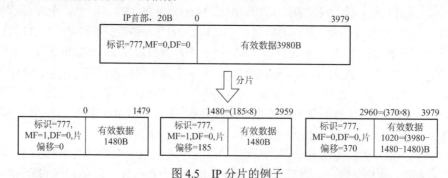

图 4.5 IP 分片的例子

4.3.2　IPv4 地址与 NAT

1．IPv4 地址

连接到因特网上的每台主机（或路由器）都分配一个 32 比特的全球唯一标识符，即 IP 地址。IP 地址由互联网名字和数字地址分配机构 ICANN 进行分配。

互联网早期采用的是分类的 IP 地址，如图 4.6 所示。

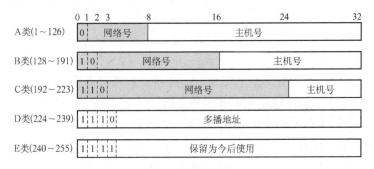

图 4.6　分类的 IP 地址

无论哪类 IP 地址，都由网络号和主机号两部分组成。即 IP 地址:: = {<网络号>, <主机号>}。其中网络号标志主机（或路由器）所连接到的网络。一个网络号在整个因特网范围内必须是唯一的。主机号标志该主机（或路由器）。一台主机号在它前面的网络号所指明的网络范围内必须是唯一的。由此可见，一个 IP 地址在整个因特网范围内是唯一的。

在各类 IP 地址中，有些 IP 地址具有特殊用途，不用做主机的 IP 地址：

- 主机号全为 0 表示本网络本身，如 202.98.174.0。
- 主机号全为 1 表示本网络的广播地址，又称直接广播地址，如 202.98.174.255。
- 127.×.×.× 保留为环回自检（Loopback Test）地址，此地址表示任意主机本身，目的地址为环回地址的 IP 数据报永远不会出现在任何网络上。
- 32 位全为 0，即 0.0.0.0 表示本网络上的本主机。
- 32 位全为 1，即 255.255.255.255 表示整个 TCP/IP 网络的广播地址，又称受限广播地址。实际使用时，由于路由器对广播域的隔离，255.255.255.255 等效为本网络的广播地址。

常用的三种类别 IP 地址的使用范围见表 4.1。

表 4.1　常用的三种类别 IP 地址的使用范围[①]

网络类别	最大可用网络数	第一个可用的网络号	最后一个可用的网络号	每个网络中的最大主机数
A	$2^7 - 2$	1	126	$2^{24} - 2$
B	2^{14}	128.0	191.255	$2^{16} - 2$
C	2^{21}	192.0.0	223.255.255	$2^8 - 2$

在表 4.1 中，A 类地址可用的网络数为 2^7-2，减 2 的原因是：第一，网络号字段全为 0 的 IP 地址是保留地址，意思是"本网络"；第二，网络号为 127 的 IP 地址是环回自检地址。

IP 地址有以下重要特点：

1）每个 IP 地址都由网络号和主机号两部分组成，因此 IP 地址是一种分等级的地址结构。分等级的好处是：①IP 地址管理机构在分配 IP 地址时只分配网络号，而主机号则由得到该

①　B 类网络地址 128.0.0.0 和 C 类网络地址 192.0.0.0 早期标准规定不能指派，但现在都能指派[RFC6890]。

网络的单位自行分配，方便了 IP 地址的管理；②路由器仅根据目的主机所连接的网络号来转发分组（而不考虑目标主机号），从而减小了路由表所占的存储空间。

2）IP 地址是标志一台主机（或路由器）和一条链路的接口。当一台主机同时连接到两个网络时，该主机就必须同时具有两个相应的 IP 地址，每个 IP 地址的网络号必须与所在网络的网络号相同，且这两个 IP 地址的主机号是不同的。因此 IP 网络上的一个路由器必然至少应具有两个 IP 地址（路由器每个端口必须至少分配一个 IP 地址）。

3）用转发器或桥接器（网桥等）连接的若干 LAN 仍然是同一个网络（同一个广播域），因此该 LAN 中所有主机的 IP 地址的网络号必须相同，但主机号必须不同。

4）在 IP 地址中，所有分配到网络号的网络（无论是 LAN 还是 WAN）都是平等的。

5）在同一个局域网上的主机或路由器的 IP 地址中的网络号必须是一样的。路由器总是具有两个或两个以上的 IP 地址，路由器的每个端口都有一个不同网络号的 IP 地址。

近年来，由于广泛使用无分类 IP 地址进行路由选择，这种传统分类的 IP 地址已成为历史。

2．网络地址转换（NAT）

网络地址转换（NAT）是指通过将专用网络地址（如 Intranet）转换为公用地址（如 Internet），从而对外隐藏内部管理的 IP 地址。它使得整个专用网只需要一个全球 IP 地址就可以与因特网连通，由于专用网本地 IP 地址是可重用的，所以 NAT 大大节省了 IP 地址的消耗。同时，它隐藏了内部网络结构，从而降低了内部网络受到攻击的风险。

此外，为了网络安全，划出了部分 IP 地址为私有 IP 地址。私有 IP 地址只用于 LAN，不用于 WAN 连接（因此私有 IP 地址不能直接用于 Internet，必须通过网关利用 NAT 把私有 IP 地址转换为 Internet 中合法的全球 IP 地址后才能用于 Internet），并且允许私有 IP 地址被 LAN 重复使用。这有效地解决了 IP 地址不足的问题。私有 IP 地址网段如下：

A 类：1 个 A 类网段，即 **10**.0.0.0～**10**.255.255.255。

B 类：16 个 B 类网段，即 **172.16**.0.0～**172.31**.255.255。

C 类：256 个 C 类网段，即 **192.168.0**.0～**192.168.255**.255。

在因特网中的所有路由器，对目的地址是私有地址的数据报一律不进行转发。这种采用私有 IP 地址的互联网络称为专用互联网或本地互联网。私有 IP 地址也称可重用地址。

使用 NAT 时需要在专用网连接到因特网的路由器上安装 NAT 软件，NAT 路由器至少有一个有效的外部全球 IP 地址。使用本地地址的主机和外界通信时，NAT 路由器使用 NAT 转换表进行本地 IP 地址和全球 IP 地址的转换。NAT 转换表中存放着{本地 IP 地址：端口}到{全球 IP 地址：端口}的映射。通过这种映射方式，可让多个私有 IP 地址映射到一个全球 IP 地址。

表 4.2   一个典型的 NAT 转换表

NAT 转换表	
WAN 端	**LAN 端**
138.76.29.7，5001	192.168.0.2，2233
138.76.29.7，5060	192.168.0.3，1234
...	...

以宿舍共享上网为例，假设某个宿舍办理了 2Mb/s 的电信宽带，那么这个宿舍就获得了一个全球 IP 地址（如138.76.29.7），而宿舍内 4 台主机使用私有地址（如192.168.0.0 网段）。宿舍的网关路由器应开启 NAT 功能，并且某时刻路由器上的 NAT 转换表见表 4.2。那么，当路由器从 LAN 端口收到源 IP 及源端口号为 192.168.0.2，2233 的数据报时，就将其映射成 138.76.29.7，5001，然后从 WAN 端口发送到因特网上。当路由器从 WAN 端口收到目的 IP 及目的端口号为 138.76.29.7，5060 的数据报时，就将其映射成 192.168.0.3，1234，然后从 LAN 端口发送给相应的本地主机。这样，只需要一个全球地址，就可以让多台主机同时访问因特网。

下面以图 4.7 为例来说明 NAT 路由器的工作原理：①假设用户主机 10.0.0.1（随机端口 3345）向 Web 服务器 128.119.40.186（端口 80）发送请求。②NAT 路由器收到 IP 分组后，为该 IP 分组生成一个新端口号 5001，将 IP 分组的源地址更改为 138.76.29.7（即 NAT 路由器的全球 IP 地址），将源端口号更改为 5001。NAT 路由器在 NAT 转换表中增加一个表项。③Web 服务器并不知道刚抵达的 IP 分组已被 NAT 路由器进行了改装，更不知道用户的专用地址，它响应的 IP 分组的目的地址是 NAT 路由器的全球 IP 地址，目的端口号是 5001。④响应分组到达 NAT 路由器后，通过 NAT 转换表将 IP 分组的目的 IP 地址更改为 10.0.0.1，将目的端口号更改为 3345。

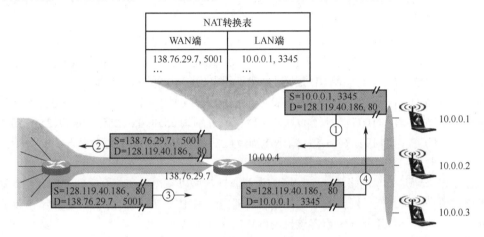

图 4.7　NAT 路由器的工作原理

注意：普通路由器在转发 IP 数据报时，不改变其源 IP 地址和目的 IP 地址。而 NAT 路由器在转发 IP 数据报时，一定要更换其 IP 地址（转换源 IP 地址或目的 IP 地址）。普通路由器仅工作在网络层，而 NAT 路由器转发数据报时需要查看和转换传输层的端口号。

4.3.3　子网划分与子网掩码、CIDR

1．子网划分

两级 IP 地址的缺点：IP 地址空间的利用率有时很低；给每个物理网络分配一个网络号会使路由表变得太大而使网络性能变坏；两级的 IP 地址不够灵活。

从 1985 年起，在 IP 地址中又增加了一个"子网号字段"，使两级 IP 地址变成了三级 IP 地址。这种做法称为子网划分。子网划分已成为因特网的正式标准协议。

子网划分的基本思路如下：

- 子网划分纯属一个单位内部的事情。单位对外仍然表现为没有划分子网的网络。
- 从主机号借用若干比特作为子网号，当然主机号也就相应减少了相同的比特。三级 IP 地址的结构如下：IP 地址 = {<网络号>,<子网号>,<主机号>}。
- 凡是从其他网络发送给本单位某台主机的 IP 数据报，仍然是根据 IP 数据报的目的网络号，先找到连接到本单位网络上的路由器。然后该路由器在收到 IP 数据报后，按目的网络号和子网号找到目的子网。最后把 IP 数据报直接交付给目的主机。

注意：

1）划分子网只是把 IP 地址的主机号这部分进行再划分，而不改变 IP 地址原来的网络号。因此，从一个 IP 地址本身或 IP 数据报的首部，无法判断源主机或目的主机所连接的网络是否进行了子网划分。

2）RFC 950 规定，对分类的 IPv4 地址进行子网划分时，子网号不能为全 1 或全 0。但随着 CIDR 的广泛使用，现在全 1 和全 0 的子网号也可使用，但一定要谨慎使用，要弄清你的路由器所用的路由选择软件是否支持全 0 或全 1 的子网号。

3）不论是分类的 IPv4 地址还是 CIDR，其子网中的主机号为全 0 或全 1 的地址都不能被指派。子网中主机号全 0 的地址为子网的网络号，主机号全 1 的地址为子网的广播地址。

2．子网掩码

为了告诉主机或路由器对一个 A 类、B 类、C 类网络进行了子网划分，使用子网掩码来表达对原网络中主机号的借位。

子网掩码是一个与 IP 地址相对应的、长 32bit 的二进制串，它由一串 1 和跟随的一串 0 组成。其中，1 对应于 IP 地址中的网络号及子网号，而 0 对应于主机号。计算机只需将 IP 地址和其对应的子网掩码逐位"与"（逻辑 AND 运算），就可得出相应子网的网络地址。

现在的因特网标准规定：所有的网络都必须使用子网掩码。如果一个网络未划分子网，那么就采用默认子网掩码。A、B、C 类地址的默认子网掩码分别为 255.0.0.0、255.255.0.0、255.255.255.0。例如，某主机的 IP 地址 192.168.5.56，子网掩码为 255.255.255.0，进行逐位"与"运算后，得出该主机所在子网的网络号为 192.168.5.0。

由于子网掩码是一个网络或一个子网的重要属性，所以路由器在相互之间交换路由信息时，必须把自己所在网络（或子网）的子网掩码告诉对方。路由表中的每个条目，除要给出目的网络地址和下一跳地址外，还要同时给出该目的网络的子网掩码。

在使用子网掩码的情况下：

1）一台主机在设置 IP 地址信息的同时，必须设置子网掩码。

2）同属于一个子网的所有主机及路由器的相应端口，必须设置相同的子网掩码。

3）路由器的路由表中，所包含信息的主要内容有目的网络地址、子网掩码、下一跳地址。

3．无分类编址 CIDR

无分类域间路由选择 CIDR 是在变长子网掩码的基础上提出的一种消除传统 A、B、C 类网络划分，并且可以在软件的支持下实现超网构造的一种 IP 地址的划分方法。

例如，如果一个单位需要 2000 个地址，那么就给它分配一个 2048 地址的块（8 个连续的 C 类网络），而不是一个完全的 B 类地址。这样可以大幅度提高 IP 地址空间的利用率，减小路由器的路由表大小，提高路由转发能力。

CIDR 消除了传统 A、B、C 类地址及划分子网的概念，因而可以更有效地分配 IPv4 的地址空间。CIDR 使用"网络前缀"的概念代替子网络的概念，与传统分类 IP 地址最大的区别就是，网络前缀的位数不是固定的，可以任意选取。CIDR 的记法是：

$$IP::= \{<网络前缀>，<主机号>\}。$$

CIDR 还使用"斜线记法"（或称 CIDR 记法），即 IP 地址/网络前缀所占比特数。其中，网络前缀所占比特数对应于网络号的部分，等效于子网掩码中连续 1 的部分。例如，对于 128.14.32.5/20 这个地址，它的掩码是 20 个连续的 1 和后续 12 个连续的 0，通过逐位相"与"的方法可以得到该地址的网络前缀（或直接截取前 20 位）：

逐位与 $\begin{cases} IP = \underline{10000000.00001110.0010}0000.00000101 \\ 掩码 = 11111111.11111111.11110000.00000000 \end{cases}$

网络前缀 = $\underline{10000000.00001110.0010}0000.00000000$（128.14.32.0）

CIDR 虽然不使用子网，但仍然使用"掩码"一词。"CIDR 不使用子网"是指 CIDR 并没有在 32 位地址中指明若干位作为子网字段。但分配到一个 CIDR 地址块的组织，仍可以在本组织内根据需要划分出一些子网。例如，某组织分配到地址块/20，就可以再继续划分为 8 个子网（从主机号中借用 3 位来划分子网），这时每个子网的网络前缀就变成了 23 位。全 0 和全 1 的主机号地址一般不使用。

将网络前缀都相同的连续 IP 地址组成"CIDR 地址块"。一个 CIDR 地址块可以表示很多地址，这种地址的聚合称为路由聚合，或称构成超网。路由聚合使得路由表中的一个项目可以表示多个原来传统分类地址的路由，有利于减少路由器之间的信息的交换，从而提高网络性能。

例如，在如图 4.8 所示的网络中，如果不使用路由聚合，那么 R1 的路由表中需要分别有到网络 1 和网络 2 的路由表项。不难发现，网络 1 和网络 2 的网络前缀在二进制表示的情况下，前 16 位都是相同的，第 17 位分别是 0 和 1，并且从 R1 到网络 1 和网络 2 的路由的下一跳皆为 R2。若使用路由聚合，在 R1 看来，网络 1 和网络 2 可以构成一个更大的地址块 206.1.0.0/16，到网络 1 和网络 2 的两条路由就可以聚合成一条到 206.1.0.0/16 的路由。

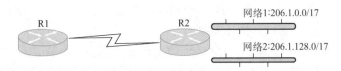

图 4.8　路由聚合的例子

CIDR 地址块中的地址数一定是 2 的整数次幂，实际可指派的地址数通常为 $2^N - 2$，N 表示主机号的位数，主机号全 0 代表网络号，主机号全 1 为广播地址。网络前缀越短，其地址块所包含的地址数就越多。而在三级结构的 IP 地址中，划分子网使网络前缀变长。

CIDR 的优点在于网络前缀长度的灵活性。由于上层网络的前缀长度较短，因此相应的路由表的项目较少。而内部又可采用延长网络前缀的方法来灵活地划分子网。

最长前缀匹配（最佳匹配）：使用 CIDR 时，路由表中的每个项目由"网络前缀"和"下一跳地址"组成。在查找路由表时可能会得到不止一个匹配结果。此时，应当从匹配结果中选择具有最长网络前缀的路由，因为网络前缀越长，其地址块就越小，因而路由就越具体。

CIDR 查找路由表的方法：为了更加有效地查找最长前缀匹配，通常将无分类编址的路由表存放在一种层次式数据结构中，然后自上而下地按层次进行查找。这里最常用的数据结构就是二叉线索。

4．网络层转发分组的过程

分组转发都是基于目的主机所在网络的，这是因为互联网上的网络数远小于主机数，可以极大地压缩转发表的大小。当分组到达路由器后，路由器根据目的 IP 地址的网络前缀来查找转发表，确定下一跳应当到哪个路由器。因此，在转发表中，每条路由必须有下面两条信息：

（目的网络，下一跳地址）

这样，IP 数据报最终一定可以找到目的主机所在目的网络上的路由器（可能要通过多次间接交付），当到达最后一个路由器时，才试图向目的主机进行直接交付。

采用 CIDR 编址时，如果一个分组在转发表中可以找到多个匹配的前缀，那么应当选择前缀最长的一个作为匹配的前缀，称为最长前缀匹配。网络前缀越长，其地址块就越小，因而路由就越精准。为了更快地查找转发表，可以按照前缀的长短，将前缀最长的排在第 1 行，按前缀长度的降序排列。这样，从第 1 行最长的开始查找，只要检索到匹配的，就不必再继续查找。

此外，转发表中还可以增加两种特殊的路由：

1）主机路由：对特定目的主机的 IP 地址专门指明一个路由，以方便网络管理员控制和测试网络。若特定主机的 IP 地址是 a.b.c.d，则转发表中对应项的目的网络是 a.b.c.d/32。/32 表示的子网掩码没有意义，但这个特殊的前缀可以用在转发表中。

2）默认路由：用特殊前缀 0.0.0.0/0 表示默认路由，全 0 掩码和任何目的地址进行按位与运算，结果必然为全 0，即必然和转发表中的 0.0.0.0/0 相匹配。只要目的网络是其他网络（不在转发表中），就一律选择默认路由。

综上所述，归纳出路由器执行的分组转发算法如下：

1）从收到的 IP 分组的首部提取目的主机的 IP 地址 D（即目的地址）。

2）若查找到特定主机路由（目的地址为 D），就按照这条路由的下一跳转发分组；否则从转发表中的下一条（即按前缀长度的顺序）开始检查，执行步骤 3）。

3）将这一行的子网掩码与目的地址 D 进行按位与运算。若运算结果与本行的前缀匹配，则查找结束，按照"下一跳"指出的进行处理（或者直接交付本网络上的目的主机，或通过指定接口发送到下一跳路由器）。否则，若转发表还有下一行，则对下一行进行检查，重新执行步骤 3）。否则，执行步骤 4）。

4）若转发表中有一个默认路由，则把分组传送给默认路由；否则，报告转发分组出错。

值得注意的是，转发表（或路由表）并未给分组指明到某个网络的完整路径（即先经过哪个路由器，然后再经过哪个路由器等）。转发表指出，到某个网络应当先到某个路由器（即下一跳路由器），在到达下一跳路由器后，再继续查找其转发表，知道下一步应当到哪个路由器。这样一步一步地查找下去，直到最后到达目的网络。

注意：得到下一跳路由器的 IP 地址后，并不是直接将该地址填入待发送的数据报，而是将该 IP 地址转换成 MAC 地址（通过 ARP），将此 MAC 地址放到 MAC 帧首部中，然后根据这个 MAC 地址找到下一跳路由器。在不同网络中传送时，MAC 帧中的源地址和目的地址要发生变化，但是网桥在转发帧时，不改变帧的源地址，请注意区分。

4.3.4 ARP、DHCP 与 ICMP

1. IP 地址与硬件地址

IP 地址是网络层使用的地址，它是分层次等级的。硬件地址是数据链路层使用的地址（MAC 地址），它是平面式的。在网络层及网络层之上使用 IP 地址，IP 地址放在 IP 数据报的首部，而 MAC 地址放在 MAC 帧的首部。通过数据封装，把 IP 数据报分组封装为 MAC 帧后，数据链路层看不见数据报分组中的 IP 地址。

由于路由器的隔离，IP 网络中无法通过广播 MAC 地址来完成跨网络的寻址，因此在网络层只使用 IP 地址来完成寻址。寻址时，每个路由器依据其路由表（依靠路由协议生成）选择到目标网络（即主机号全为 0 的网络地址）需要转发到的下一跳（路由器的物理端口号或下一网络地址），而 IP 分组通过多次路由转发到达目标网络后，改为在目标 LAN 中通过数据链路层的 MAC 地址以广播方式寻址。这样可以提高路由选择的效率。

1）在 IP 层抽象的互联网上只能看到 IP 数据报。

2）虽然在 IP 数据报首部中有源 IP 地址，但路由器只根据目的 IP 地址进行转发。

3）在局域网的链路层，只能看见 MAC 帧。IP 数据报被封装在 MAC 帧中，通过路由器转发 IP 分组时，IP 分组在每个网络中都被路由器解封装和重新封装，其 MAC 帧首部中的源地址和目的地址会不断改变。这也决定了无法使用 MAC 地址跨网络通信。

4）尽管互连在一起的网络的硬件地址体系各不相同，但 IP 层抽象的互联网却屏蔽了下层这些复杂的细节。只要我们在网络层上讨论问题，就能够使用统一的、抽象的 IP 地址研究主机与主机或路由器之间的通信。

注意：路由器由于互连多个网络，因此它不仅有多个 IP 地址，也有多个硬件地址。

2．地址解析协议（ARP）

无论网络层使用什么协议，在实际网络的链路上传送数据帧时，最终必须使用硬件地址。所以需要一种方法来完成 IP 地址到 MAC 地址的映射，这就是地址解析协议（Address Resolution Protocol，ARP）。每台主机都设有一个 ARP 高速缓存，用来存放本局域网上各主机和路由器的 IP 地址到 MAC 地址的映射表，称 ARP 表。使用 ARP 来动态维护此 ARP 表。

ARP 工作在网络层，其工作原理如下：主机 A 欲向本局域网上的某台主机 B 发送 IP 数据报时，先在其 ARP 高速缓存中查看有无主机 B 的 IP 地址。**如果有**，就可查出其对应的硬件地址，再将此硬件地址写入 MAC 帧，然后通过局域网将该 MAC 帧发往此硬件地址。**如果没有**，那么就通过使用目的 MAC 地址为 FFFF-FF-FF-FF-FF 的帧来封装并广播 ARP 请求分组（广播发送），使同一个局域网里的所有主机都收到此 ARP 请求。主机 B 收到该 ARP 请求后，向主机 A 发出 ARP 响应分组（单播发送），分组中包含主机 B 的 IP 与 MAC 地址的映射关系，主机 A 收到 ARP 响应分组后就将此映射写入 ARP 缓存，然后按查询到的硬件地址发送 MAC 帧。ARP 由于"看到了" IP 地址，所以它工作在网络层，而 NAT 路由器由于"看到了"端口，所以它工作在传输层。对于某个协议工作在哪个层次，读者应该能通过协议的工作原理进行猜测。

注意：ARP 用于解决同一个局域网上的主机或路由器的 IP 地址和硬件地址的映射问题。如果所要找的主机和源主机不在同一个局域网上，那么就要通过 ARP 找到一个位于本局域网上的某个路由器的硬件地址，然后把分组发送给这个路由器，让这个路由器把分组转发给下一个网络。剩下的工作就由下一个网络来做，尽管 ARP 请求分组是广播发送的，但 ARP 响应分组是普通的单播，即从一个源地址发送到一个目的地址。

使用 ARP 的 4 种典型情况总结如下（见图 4.9）：

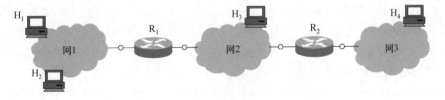

图 4.9　使用 ARP 的 4 种典型情况

1）发送方是主机（如 H_1），要把 IP 数据报发送到本网络上的另一台主机（如 H_2）。这时 H_1 在网 1 用 ARP 找到目的主机 H_2 的硬件地址。

2）发送方是主机（如 H_1），要把 IP 数据报发送到另一个网络上的一台主机（如 H_3）。这时 H_1 用 ARP 找到与网 1 连接的路由器 R_1 的硬件地址，剩下的工作由 R_1 来完成。

3）发送方是路由器（如 R_1），要把 IP 数据报转发到与 R_1 连接的网络（网 2）上的一台主机（如 H_3）。这时 R_1 在网 2 用 ARP 找到目的主机 H_3 的硬件地址。

4）发送方是路由器（如 R_1），要把 IP 数据报转发到网 3 上的一台主机（如 H_4）。这时 R_1 在网 2 用 ARP 找到与网 2 连接的路由器 R_2 的硬件地址，剩下的工作由 R_2 来完成。

从 IP 地址到硬件地址的解析是自动进行的，主机的用户并不知道这种地址解析过程。只要主机或路由器和本网络上的另一个已知 IP 地址的主机或路由器进行通信，ARP 就会自动地将这个 IP 地址解析为数据链路层所需要的硬件地址。

3．动态主机配置协议（DHCP）

动态主机配置协议（Dynamic Host Configuration Protocol，DHCP）常用于给主机动态地分配 IP 地址，它提供了即插即用的联网机制，这种机制允许一台计算机加入新的网络和获取 IP 地址而不用手工参与。DHCP 是应用层协议，它是基于 UDP 的。

DHCP 的工作原理如下：使用客户/服务器模式。需要 IP 地址的主机在启动时就向 DHCP 服务器广播发送发现报文，这时该主机就成为 DHCP 客户。本地网络上所有主机都能收到此广播报文，但只有 DHCP 服务器才回答此广播报文。DHCP 服务器先在其数据库中查找该计算机的配置信息。若找到，则返回找到的信息。若找不到，则从服务器的 IP 地址池中取一个地址分配给该计算机。DHCP 服务器的回答报文称为提供报文。

DHCP 服务器和 DHCP 客户端的交换过程如下：

1）DHCP 客户机广播"DHCP 发现"消息，试图找到网络中的 DHCP 服务器，以便从 DHCP 服务器获得一个 IP 地址。源地址为 0.0.0.0，目的地址为 255.255.255.255。

2）DHCP 服务器收到"DHCP 发现"消息后，广播"DHCP 提供"消息，其中包括提供给 DHCP 客户机的 IP 地址。源地址为 DHCP 服务器地址，目的地址为 255.255.255.255。

3）DHCP 客户机收到"DHCP 提供"消息，如果接受该 IP 地址，那么就广播"DHCP 请求"消息向 DHCP 服务器请求提供 IP 地址。源地址为 0.0.0.0，目的地址为 255.255.255.255。

4）DHCP 服务器广播"DHCP 确认"消息，将 IP 地址分配给 DHCP 客户机。源地址为 DHCP 服务器地址，目的地址为 255.255.255.255。

DHCP 允许网络上配置多台 DHCP 服务器，当 DHCP 客户机发出"DHCP 发现"消息时，有可能收到多个应答消息。这时，DHCP 客户机只会挑选其中的一个，通常挑选最先到达的。

DHCP 服务器分配给 DHCP 客户的 IP 地址是临时的，因此 DHCP 客户只能在一段有限的时间内使用这个分配到的 IP 地址。DHCP 称这段时间为租用期。租用期的数值应由 DHCP 服务器自己决定，DHCP 客户也可在自己发送的报文中提出对租用期的要求。

DHCP 的客户端和服务器端需要通过广播方式来进行交互，原因是在 DHCP 执行初期，客户端不知道服务器端的 IP 地址，而在执行中间，客户端并未被分配 IP 地址，从而导致两者之间的通信必须采用广播的方式。采用 UDP 而不采用 TCP 的原因也很明显：TCP 需要建立连接，如果连对方的 IP 地址都不知道，那么更不可能通过双方的套接字建立连接。

DHCP 是应用层协议，因为它是通过客户/服务器模式工作的，DHCP 客户端向 DHCP 服务器请求服务，而其他层次的协议是没有这两种工作方式的。

4．网际控制报文协议（ICMP）

为了提高 IP 数据报交付成功的机会，在网络层使用了网际控制报文协议（Internet Control Message Protocol，ICMP）来让主机或路由器报告差错和异常情况。ICMP 报文作为 IP 层数据报的数据，加上数据报的首部，组成 IP 数据报发送出去。ICMP 是网络层协议。

ICMP 报文的种类有两种，即 ICMP 差错报告报文和 ICMP 询问报文。

ICMP 差错报告报文用于目标主机或到目标主机路径上的路由器向源主机报告差错和异常情况。共有以下 5 种常用的类型：

1）终点不可达。当路由器或主机不能交付数据报时，就向源点发送终点不可达报文。

2）源点抑制[②]。当路由器或主机由于拥塞而丢弃数据报时，就向源点发送源点抑制报文，使源点知道应当把数据报的发送速率放慢。

3）时间超过。当路由器收到生存时间（TTL）为零的数据报时，除丢弃该数据报外，还要向源点发送时间超过报文。当终点在预先规定的时间内不能收到一个数据报的全部数据报片时，就把已收到的数据报片都丢弃，并向源点发送时间超过报文。

4）参数问题。当路由器或目的主机收到的数据报的首部中有的字段的值不正确时，就丢弃该数据报，并向源点发送参数问题报文。

5）改变路由（重定向）。路由器把改变路由报文发送给主机，让主机知道下次应将数据报发送给另外的路由器（可通过更好的路由）。

不应发送 ICMP 差错报告报文的几种情况如下：

1）对 ICMP 差错报告报文不再发送 ICMP 差错报告报文。

2）对第一个分片的数据报片的所有后续数据报片都不发送 ICMP 差错报告报文。

3）对具有组播地址的数据报都不发送 ICMP 差错报告报文。

4）对具有特殊地址（如 127.0.0.0 或 0.0.0.0）的数据报不发送 ICMP 差错报告报文。

ICMP 询问报文有 4 种类型：回送请求和回答报文、时间戳请求和回答报文、地址掩码请求和回答报文、路由器询问和通告报文，最常用的是前两类。

ICMP 的两个常见应用是分组网间探测 PING（用来测试两台主机之间的连通性）和 Traceroute（UNIX 中的名字，在 Windows 中是 Tracert，可以用来跟踪分组经过的路由）。其中 PING 使用了 ICMP 回送请求和回答报文，Traceroute（Tracert）使用了 ICMP 时间超过报文。

注意：PING 工作在应用层，它直接使用网络层的 ICMP，而未使用传输层的 TCP 或 UDP。Traceroute/Tracert 工作在网络层。

4.3.5 本节习题精选

一、单项选择题

01. Internet 的网络层含有 4 个重要的协议，分别为（ ）。
A. IP，ICMP，ARP，UDP
B. TCP，ICMP，UDP，ARP
C. IP，ICMP，ARP，RARP
D. UDP，IP，ICMP，RARP

02. 以下关于 IP 分组结构的描述中，错误的是（ ）。
A. IPv4 分组头的长度是可变的
B. 协议字段表示 IP 的版本，值为 4 表示 IPv4
C. 分组头长度字段以 4B 为单位，总长度字段以字节为单位
D. 生存时间字段值表示一个分组可以经过的最多的跳数

03. IPv4 分组首部中有两个有关长度的字段：首部长度和总长度，其中（ ）。
A. 首部长度字段和总长度字段都以 8bit 为计数单位
B. 首部长度字段以 8bit 为计数单位，总长度字段以 32bit 为计数单位
C. 首部长度字段以 32bit 为计数单位，总长度字段以 8bit 为计数单位
D. 首部长度字段和总长度字段都以 32bit 为计数单位

04. IP 分组中的检验字段检查范围是（ ）。
A. 整个 IP 分组
B. 仅检查分组首部

② 最新的 ICMP 标准[RFC6633]已不再使用"源点抑制报文"。

    C. 仅检查数据部分   D. 以上皆检查

05. 当数据报到达目的网络后，要传送到目的主机，需要知道 IP 地址对应的（   ）。

    A. 逻辑地址   B. 动态地址   C. 域名   D. 物理地址

06. 如果 IPv4 的分组太大，会在传输中被分片，那么在（   ）将对分片后的数据报重组。

    A. 中间路由器   B. 下一跳路由器   C. 核心路由器   D. 目的主机

07. 在 IP 首部的字段中，与分片和重组无关的字段是（   ）。

    A. 总长度   B. 标识   C. 标志   D. 片偏移

08. 以下关于 IP 分组的分片与组装的描述中，错误的是（   ）。

    A. IP 分组头中与分片和组装相关的字段是：标识、标志与片偏移

    B. IP 分组规定的最大长度为 65535B

    C. 以太网的 MTU 为 1500B

    D. 片偏移的单位是 4B

09. 以下关于 IP 分组分片基本方法的描述中，错误的是（   ）。

    A. IP 分组长度大于 MTU 时，就必须对其进行分片

    B. DF=1，分组的长度又超过 MTU 时，则丢弃该分组，不需要向源主机报告

    C. 分片的 MF 值为 1 表示接收到的分片不是最后一个分片

    D. 属于同一原始 IP 分组的分片具有相同的标识

10. 路由器 R0 的路由表见右表。若进入路由器 R0 的分组的目的地址为 132.19.237.5，该分组应该被转发到（   ）下一跳路由器。

目的网络	下一跳
132.0.0.0/8	R1
132.0.0.0/11	R2
132.19.232.0/22	R3
0.0.0.0/0	R4

    A. R1   B. R2

    C. R3   D. R4

11. IP 规定每个 C 类网络最多可以有（   ）台主机或路由器。

    A. 254   B. 256   C. 32   D. 1024

12. 下列地址中，属于子网 86.32.0.0/12 的地址是（   ）。

    A. 86.33.224.123   B. 86.79.65.126   C. 86.79.65.216   D. 86.68.206.154

13. 下列地址中，属于单播地址的是（   ）。

    A. 172.31.128.255/18   B. 10.255.255.255

    C. 192.168.24.59/30   D. 224.105.5.211

14. 下列地址中，属于本地回路地址的是（   ）。

    A. 10.10.10.1   B. 255.255.255.0   C. 192.0.0.1   D. 127.0.0.1

15. 访问因特网的每台主机都需要分配 IP 地址（假定采用默认子网掩码），下列可以分配给主机的 IP 地址是（   ）。

    A. 192.46.10.0   B. 110.47.10.0   C. 127.10.10.17   D. 211.60.256.21

16. 为了提供更多的子网，为一个 B 类地址指定了子网掩码 255.255.240.0，则每个子网最多可以有的主机数是（   ）。

    A. 16   B. 256   C. 4094   D. 4096

17. 不考虑 NAT，在 Internet 中，IP 数据报从源结点到目的结点可能需要经过多个网络和路由器。在整个传输过程中，IP 数据报头部中的（   ）。

    A. 源地址和目的地址都不会发生变化

    B. 源地址有可能发生变化而目的地址不会发生变化

    C. 源地址不会发生变化而目的地址有可能发生变化

    D. 源地址和目的地址都有可能发生变化

18. 把 IP 网络划分成子网，这样做的好处是（　）。

    A. 增加冲突域的大小　　　　　　　　　B. 增加主机的数量

    C. 减少广播域的大小　　　　　　　　　D. 增加网络的数量

19. 一个网段的网络号为 198.90.10.0/27，最多可以分成（　）个子网，每个子网最多具有（　）个有效的 IP 地址。

    A. 8，30　　　　　　B. 4，62　　　　　　C. 16，14　　　　　　D. 32，6

20. 一台主机有两个 IP 地址，一个地址是 192.168.11.25，另一个地址可能是（　）。

    A. 192.168.11.0　　B. 192.168.11.26　　C. 192.168.13.25　　D. 192.168.11.24

21. CIDR 技术的作用是（　）。

    A. 把小的网络汇聚成大的超网　　　　　B. 把大的网络划分成小的子网

    C. 解决地址资源不足的问题　　　　　　D. 由多台主机共享同一个网络地址

22. CIDR 地址块 192.168.10.0/20 所包含的 IP 地址范围是（①）。与地址 192.16.0.19/28 同属于一个子网的主机地址是（②）。

    ① A. 192.168.0.0 ～ 192.168.12.255　　　　B. 192.168.10.0 ～ 192.168.13.255

       C. 192.168.10.0 ～ 192.168.14.255　　　　D. 192.168.0.0 ～ 192.168.15.255

    ② A. 192.16.0.17　　B. 192.16.0.31　　　　C. 192.16.0.15　　　D. 192.16.0.14

23. 路由表错误和软件故障都可能使得网络中的数据形成传输环路而无限转发环路的分组，IPv4 协议解决该问题的方法是（　）。

    A. 报文分片　　　　　　　　　　　　　B. 设定生命期

    C. 增加校验和　　　　　　　　　　　　D. 增加选项字段

24. 为了解决 IP 地址耗尽的问题，可以采用以下一些措施，其中治本的是（　）。

    A. 划分子网　　　　　　　　　　　　　B. 采用无类比编址 CIDR

    C. 采用网络地址转换 NAT　　　　　　D. 采用 IPv6

25. 下列对 IP 分组的分片和重组的描述中，正确的是（　）。

    A. IP 分组可以被源主机分片，并在中间路由器进行重组

    B. IP 分组可以被路径中的路由器分片，并在目的主机进行重组

    C. IP 分组可以被路径中的路由器分片，并在中间路由器上进行重组

    D. IP 分组可以被路径中的路由器分片，并在最后一跳的路由器上进行重组

26. 一个网络中有几个子网，其中一个已分配了子网号 74.178.247.96/29，则下列网络前缀中不能再分配给其他子网的是（　）。

    A. 74.178.247.120/29　　　　　　　　　B. 74.178.247.64/29

    C. 74.178.247.96/28　　　　　　　　　D. 74.178.247.104/29

27. 主机 A 和主机 B 的 IP 地址分别为 216.12.31.20 和 216.13.32.21，要想让 A 和 B 工作在同一个 IP 子网内，应该给它们分配的子网掩码是（　）。

    A. 255.255.255.0　　　　　　　　　　　B. 255.255.0.0

    C. 255.255.255.255　　　　　　　　　　D. 255.0.0.0

28. 某单位分配了 1 个 B 类地址，计划将内部网络划分成 35 个子网，将来可能增加 16 个子网，每个子网的主机数目接近 800 台，则可行的掩码方案是（　）。

    A. 255.255.248.0　　　　　　　　　　　B. 255.255.252.0

C. 255.255.254.0   D. 255.255.255.0

29. 设有 4 条路由 172.18.129.0/24、172.18.130.0/24、172.18.132.0/24 和 172.18.133.0/ 24，如果进行路由聚合，那么能覆盖这 4 条路由的地址是（　　）。

A. 172.18.128.0/21   B. 172.18.128.0/22

C. 172.18.130.0/22   D. 172.18.132.0/23

30. 某子网的子网掩码为 255.255.255.224，一共给 4 台主机分配了 IP 地址，其中一台因 IP 地址分配不当而存在通信故障。这一台主机的 IP 地址是（　　）。

A. 202.3.1.33   B. 202.3.1.65   C. 202.3.1.44   D. 202.3.1.55

31. 位于不同子网中的主机之间相互通信时，下列说法中正确的是（　　）。

A. 路由器在转发 IP 数据报时，重新封装源硬件地址和目的硬件地址

B. 路由器在转发 IP 数据报时，重新封装源 IP 地址和目的 IP 地址

C. 路由器在转发 IP 数据报时，重新封装目的硬件地址和目的 IP 地址

D. 源站点可以直接进行 ARP 广播得到目的站点的硬件地址

32. 根据 NAT 协议，下列 IP 地址中（　　）不允许出现在因特网上。

A. 192.172.56.23   B. 172.15.34.128

C. 192.168.32.17   D. 172.128.45.34

33. 假定一个 NAT 路由器的公网地址为 205.56.79.35，并且有如下表项：

转 换 端 口	源 IP 地址	源 端 口
2056	192.168.32.56	21
2057	192.168.32.56	20
1892	192.168.48.26	80
2256	192.168.55.106	80

它收到一个源 IP 地址为 192.168.32.56、源端口为 80 的分组，其动作是（　　）。

A. 转换地址，将源 IP 变为 205.56.79.35，端口变为 2056，然后发送到公网

B. 添加一个新的条目，转换 IP 地址及端口然后发送到公网

C. 不转发，丢弃该分组

D. 直接将分组转发到公网

34. 下列情况需要启动 ARP 请求的是（　　）。

A. 主机需要接收信息，但 ARP 表中没有源 IP 地址与 MAC 地址的映射关系

B. 主机需要接收信息，但 ARP 表中已有源 IP 地址与 MAC 地址的映射关系

C. 主机需要发送信息，但 ARP 表中没有目的 IP 地址与 MAC 地址的映射关系

D. 主机需要发送信息，但 ARP 表中已有目的 IP 地址与 MAC 地址的映射关系

35. ARP 的工作过程中，ARP 请求是（　　）发送，ARP 响应是（　　）发送。

A. 单播   B. 组播   C. 广播

36. 主机发送 IP 数据报给主机 B，途中经过了 5 个路由器。请问在此过程中总共使用了（　　）次 ARP。

A. 5   B. 6   C. 10   D. 11

37. 可以动态为主机配置 IP 地址的协议是（　　）。

A. ARP   B. RARP   C. DHCP   D. NAT

38. 下列关于 ICMP 报文的说法中，错误的是（　　）。

A. ICMP 报文封装在数据链路层帧中发送

B. ICMP 报文用于报告 IP 数据报发送错误

C. ICMP 报文封装在 IP 数据报中发送

D. ICMP 报文本身出错将不再处理

39. 以下关于 ICMP 的描述中，错误的是（ ）。

A. IP 缺乏差错控制机制

B. IP 缺乏主机和网络管理查询机制

C. ICMP 报文分为差错报告和查询两类

D. 作为 IP 的补充，ICMP 报文将直接封装在以太帧中

40. 以下关于 ICMP 差错报文的描述中，错误的是（ ）。

A. 对于已经携带 ICMP 差错报文的分组，不再产生 ICMP 差错报文

B. 对于已经分片的分组，只对第一个分片产生 ICMP 差错报文

C. PING 使用了 ICMP 差错报文

D. 对于组播的分组，不产生 ICMP 差错报文

41. 【2010 统考真题】某网络的 IP 地址空间为 192.168.5.0/24，采用定长子网划分，子网掩码为 255.255.255.248，则该网络中的最大子网个数、每个子网内的最大可分配地址个数分别是（ ）。

A. 32，8　　　　B. 32，6　　　　C. 8，32　　　　D. 8，30

42. 【2010 统考真题】若路由器 R 因为拥塞丢弃 IP 分组，则此时 R 可向发出该 IP 分组的源主机发送的 ICMP 报文类型是（ ）。

A. 路由重定向　　B. 目的不可达　　C. 源点抑制　　D. 超时

43. 【2011 统考真题】在子网 192.168.4.0/30 中，能接收目的地址为 192.168.4.3 的 IP 分组的最大主机数是（ ）。

A. 0　　　　B. 1　　　　C. 2　　　　D. 4

44. 【2012 统考真题】某主机的 IP 地址为 180.80.77.55，子网掩码为 255.255.252.0。若该主机向其所在子网发送广播分组，则目的地址可以是（ ）。

A. 180.80.76.0　　B. 180.80.76.255　　C. 180.80.77.255　　D. 180.80.79.255

45. 【2012 统考真题】ARP 的功能是（ ）。

A. 根据 IP 地址查询 MAC 地址　　　　B. 根据 MAC 地址查询 IP 地址

C. 根据域名查询 IP 地址　　　　　　D. 根据 IP 地址查询域名

46. 【2012 统考真题】在 TCP/IP 体系结构中，直接为 ICMP 提供服务的协议是（ ）。

A. PPP　　　　B. IP　　　　C. UDP　　　　D. TCP

47. 【2015 统考真题】某路由器的路由表如下所示：

目 的 网 络	下 一 跳	接 口
169.96.40.0/23	176.1.1.1	S1
169.96.40.0/25	176.2.2.2	S2
169.96.40.0/27	176.3.3.3	S3
0.0.0.0/0	176.4.4.4	S4

若路由器收到一个目的地址为 169.96.40.5 的 IP 分组，则转发该 IP 分组的接口是（ ）。

A. S1　　　　B. S2　　　　C. S3　　　　D. S4

48. 【2016 统考真题】如下图所示，假设 H1 与 H2 的默认网关和子网掩码均分别配置为 192.

168.3.1 和 255.255.255.128,H3 和 H4 的默认网关和子网掩码均分别配置为 192.168.3.254 和 255.255.255.128，则下列现象中可能发生的是（　　）。

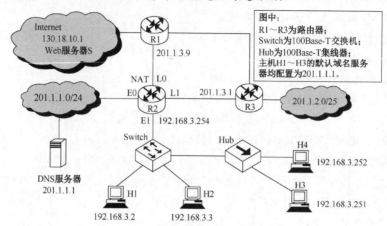

A. H1 不能与 H2 进行正常 IP 通信　　　B. H2 与 H4 均不能访问 Internet

C. H1 不能与 H3 进行正常 IP 通信　　　D. H3 不能与 H4 进行正常 IP 通信

49. 【2016 统考真题】在题 48 图中，假设连接 R1、R2 和 R3 之间的点对点链路使用地址 201.1.3.x/30，当 H3 访问 Web 服务器 S 时，R2 转发出去的封装 HTTP 请求报文的 IP 分组是源 IP 地址和目的 IP 地址，它们分别是（　　）。

A. 192.168.3.251，130.18.10.1　　　B. 192.168.3.251，201.1.3.9

C. 201.1.3.8，130.18.10.1　　　D. 201.1.3.10，130.18.10.1

50. 【2017 统考真题】若将网络 21.3.0.0/16 划分为 128 个规模相同的子网，则每个子网可分配的最大 IP 地址个数是（　　）。

A. 254　　　B. 256　　　C. 510　　　D. 512

51. 【2017 统考真题】下列 IP 地址中，只能作为 IP 分组的源 IP 地址但不能作为目的 IP 地址的是（　　）。

A. 0.0.0.0　　　B. 127.0.0.1　　　C. 200.10.10.3　　　D. 255.255.255.255

52. 【2018 统考真题】某路由表中有转发接口相同的 4 条路由表项，其目的网络地址分别为 35.230.32.0/21、35.230.40.0/21、35.230.48.0/21 和 35.230.56.0/21，将该 4 条路由聚合后的目的网络地址为（　　）。

A. 35.230.0.0/19　　B. 35.230.0.0/20　　C. 35.230.32.0/19　　D. 35.230.32.0/20

53. 【2018 统考真题】路由器 R 通过以太网交换机 S1 和 S2 连接两个网络，R 的接口、主机 H1 和 H2 的 IP 地址与 MAC 地址如下图所示。若 H1 向 H2 发送一个 IP 分组 P，则 H1 发出的封装 P 的以太网帧的目的 MAC 地址、H2 收到的封装 P 的以太网帧的源 MAC 地址分别是（　　）。

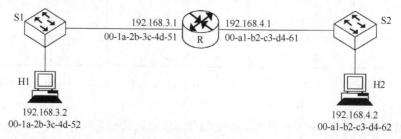

  A. 00-a1-b2-c3-d4-62，00-1a-2b-3c-4d-52 B. 00-a1-b2-c3-d4-62，00-a1-b2-c3-d4-61

  C. 00-1a-2b-3c-4d-51，00-1a-2b-3c-4d-52 D. 00-1a-2b-3c-4d-51，00-a1-b2-c3-d4-61

54.【2019 统考真题】若将 101.200.16.0/20 划分为 5 个子网，则可能的最小子网的可分配 IP
  地址数是（　　）。

  A. 126   B. 254   C. 510   D. 1022

55.【2021 统考真题】现将一个 IP 网络划分为 3 个子网，若其中一个子网是 192.168.9.128/26，
  则下列网络中，不可能是另外两个子网之一的是（　　）。

  A. 192.168.9.0/25   B. 192.168.9.0/26

  C. 192.168.9.192/26   D. 192.168.9.192/27

56.【2021 统考真题】若路由器向 MTU＝800B 的链路转发一个总长度为 1580B 的 IP 数据报
  （首部长度为 20B）时，进行了分片，且每个分片尽可能大，则第 2 个分片的总长度字
  段和 MF 标志位的值分别是（　　）。

  A. 796，0   B. 796，1   C. 800，0   D. 800，1

57.【2022 统考真题】若某主机的 IP 地址是 183.80.72.48，子网掩码是 255.255.192.0，则该
  主机所在网络的网络地址是（　　）。

  A. 183.80.0.0   B. 183.80.64.0   C. 183.80.72.0   D. 183.80.192.0

58.【2022 统考真题】下图所示网络中的主机 H 的子网掩码与默认网关分别是（　　）。

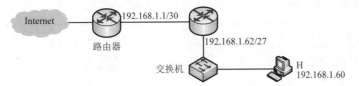

  A. 255.255.255.192,192.168.1.1   B. 255.255.255.192,192.168.1.62

  C. 255.255.255.224,192.168.1.1   D. 255.255.255.224,192.168.1.62

二、综合应用题

01. 一个 IP 分组报头中的首部长度字段值为 101（二进制），而总长度字段值为 101000（二
  进制）。请问该分组携带了多少字节的数据？

02. 一个数据报长度为 4000B（固定头部长度）。现在经过一个网络传送，但此网络能够传
  送的最大数据长度为 1500B。试问应当划分为几个短一些的数据报片？各数据片段的数
  据字段长度、片段偏移字段和 MF 标志应为何值？

03. 某网络的一台主机产生了一个 IP 数据报，头部长度为 20B，数据部分长度为 2000B。该
  数据报需要经过两个网络到达目的主机，这两个网络所允许的最大传输单位（MTU）分
  别为 1500B 和 576B。问原 IP 数据报到达目的主机时分成了几个 IP 小报文？每个报文
  的数据部分长度分别是多少？

04. 如果到达的分组的片偏移值为 100，分组首部中的首部长度字段值为 5，总长度字段值
  为 100，那么数据部分第一个字节的编号是多少？能够确定数据部分最后一个字节的
  编号吗？

05. 设目的地址为 201.230.34.56，子网掩码为 255.255.240.0，试求子网地址。

06. 在 4 个 "/24" 地址块中进行最大可能的聚合：212.56.132.0/24、212.56.133.0/24、212.56.134.0/24、

212.56.135.0/24。

07. 现有一公司需要创建内部网络，该公司包括工程技术部、市场部、财务部和办公室 4 个部门，每个部门有 20 ~ 30 台计算机。试问：

1）若要将几个部门从网络上分开，如果分配给该公司使用的地址为一个 C 类地址，网络地址为 192.168.161.0，那么如何划分网络？可以将几个部门分开？

2）确定各部门的网络地址和子网掩码，并写出分配给每个部门网络中的主机 IP 地址范围。

08. 某路由器具有右表所示的路由表项。

1）假设路由器收到两个分组：分组 A 的目的地址为 131.128.55.33，分组 B 的目的地址为 131.128.55.38。确定路由器为这两个分组选择的下一跳，并加以说明。

2）在路由表中增加一个路由表项，它使以 131.128.55.33 为目的地址的 IP 分组选择"A"作为下一跳，而不影响其他目的地址的 IP 分组的转发。

网络前缀	下一跳
131.128.56.0/24	A
131.128.55.32/28	B
131.128.55.32/30	C
131.128.0.0/16	D

3）在路由表中增加一个路由表项，使所有目的地址与该路由表中任何路由表项都不匹配的 IP 分组被转发到下一跳"E"。

4）将 131.128.56.0/24 划分为 4 个规模尽可能大的等长子网，给出子网掩码及每个子网的可分配地址范围。

09. 下表是使用无类别域间路由选择（CIDR）的路由选择表，地址字段是用十六进制表示的，试指出具有下列目标地址的 IP 分组将被投递到哪个下一站？

网络/掩码长度	下一站地		C4.68.0.0/14	D
C4.50.0.0/12	A		80.0.0.0/1	E
C4.5E.10.0/20	B		40.0.0.0/2	F
C4.60.0.0/12	C		00.0.0.0/2	G

1）C4.5E.13.87　　2）C4.5E.22.09　　3）C3.41.80.02　　4）5E.43.91.12

10. 一个自治系统有 5 个局域网，如下图所示，LAN2 至 LAN5 上的主机数分别为 91、150、3 和 15，该自治系统分配到的 IP 地址块为 30.138.118.0/23，试给出每个局域网的地址块（包括前缀）。

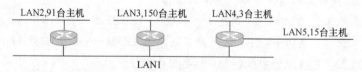

11. 某个网络地址块 192.168.75.0 中有 5 台主机 A、B、C、D 和 E，主机 A 的 IP 地址为 192.168.75.18，主机 B 的 IP 地址为 192.168.75.146，主机 C 的 IP 地址为 192.168.75.158，主机 D 的 IP 地址为 192.168.75.161，主机 E 的 IP 地址为 192.168.75.173，共同的子网掩码是 255.255.255.240。请回答：

1）5 台主机 A、B、C、D、E 分属几个网段？哪些主机位于同一网段？主机 D 的网络地址为多少？

2）若要加入第 6 台主机 F，使它能与主机 A 属于同一网段，其 IP 地址范围是多少？

3）若在网络中另加入一台主机，其 IP 地址为 192.168.75.164，它的广播地址是多少？哪些主机能够收到？

12. 【2009 统考真题】某网络拓扑图如下图所示，路由器 R1 通过接口 E1、E2 分别连接局域网 1、局域网 2，通过接口 L0 连接路由器 R2，并通过路由器 R2 连接域名服务器与互联网。R1 的 L0 接口的 IP 地址是 202.118.2.1；R2 的 L0 接口的 IP 地址是 202.118.2.2，L1 接口的 IP 地址是 130.11.120.1，E0 接口的 IP 地址是 202.118.3.1；域名服务器的 IP 地址是 202.118.3.2。

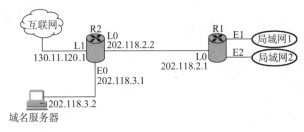

R1 和 R2 的路由表结构如下：

目的网络 IP 地址	子网掩码	下一跳 IP 地址	接口

1) 将 IP 地址空间 202.118.1.0/24 划分为两个子网，分别分配给局域网 1 和局域网 2，每个局域网需分配的 IP 地址数不少于 120 个。请给出子网划分结果，说明理由或给出必要的计算过程。

2) 请给出 R1 的路由表，使其明确包括到局域网 1 的路由、局域网 2 的路由、域名服务器的主机路由和互联网的路由。

3) 请采用路由聚合技术，给出 R2 到局域网 1 和局域网 2 的路由。

13. 一个 IPv4 分组到达一个结点时，其首部信息（以十六进制表示）为：0x45 00 00 54 00 03 58 50 20 06 FF F0 7C 4E 03 02 B4 0E 0F 02。请回答：

1) 分组的源 IP 地址和目的 IP 地址各是什么（点分十进制表示法）？

2) 该分组数据部分的长度是多少？

3) 该分组是否已经分片？如果有分片，那么偏移量是多少？

14. 主机 A 的 IP 地址为 218.207.61.211，MAC 地址为 00:1d:72:98:1d:fc。A 收到一个帧，该帧的前 64 个字节的十六进制形式和 ASCII 形式如下图所示。

```
0000  00 1d 72 98 1d fc 00 00  5e 00 01 01 88 64 11 00   ..r.....  ^....d..
0010  75 89 01 92 00 21 45 00  01 90 f9 bf 40 00 33 06   u....!E.  ....@.3.
0020  f3 15 da c7 66 28 da cf  3d d3 00 50 c4 8f dc a6   ....f(..  =..P....
0030  a2 96 23 4c 44 69 50 18  00 0f 76 3d 00 00 90 b5   ..#LDiP.  ..v=....
```

IP 分组首部如右图所示。

以太网帧的结构参见第 3 章。问：

1) 主机 A 所在网络的网关路由器的相应端口的 MAC 地址是多少？

2) 该 IP 分组所携带的数据量为多少字节？

3) 若该分组需要被路由器转发到一条 MTU 为 380B 的链路上，则路由器将做何种操作？

版本	首部长度	服务类型	总长度	
标识			标志	片偏移
生存时间(TTL)		协议	首部校验和	
源IP地址				
目的IP地址				

15. 【2015 统考真题】某网络拓扑如下图所示，其中路由器内网接口、DHCP 服务器、WWW 服务器与主机 1 均采用静态 IP 地址配置，相关地址信息见图中标注；主机 2~主机 N 通

过 DHCP 服务器动态获取 IP 地址等配置信息。

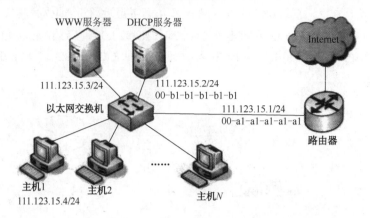

回答下列问题:

1）DHCP 服务器可为主机 2～N 动态分配 IP 地址的最大范围是什么? 主机 2 使用 DHCP 获取 IP 地址的过程中, 发送的封装 DHCP Discover 报文的 IP 分组的源 IP 地址和目的 IP 地址分别是多少?

2）若主机 2 的 ARP 表为空, 则该主机访问 Internet 时, 发出的第一个以太网帧的目的 MAC 地址是什么? 封装主机 2 发往 Internet 的 IP 分组的以太网帧的目的 MAC 地址是什么?

3）若主机 1 的子网掩码和默认网关分别配置为 255.255.255.0 和 111.123.15.2, 则该主机是否能访问 WWW 服务器? 是否能访问 Internet? 请说明理由。

16. 【2018 统考真题】某公司的网络如下图所示。IP 地址空间 192.168.1.0/24 均分给销售部和技术部两个子网, 并已分别为部分主机和路由器接口分配了 IP 地址, 销售部子网的 MTU＝1500B, 技术部子网的 MTU＝800B。

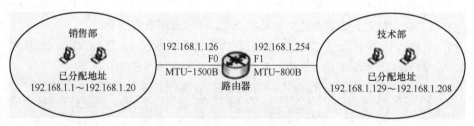

回答下列问题:

1）销售部子网的广播地址是什么? 技术部子网的子网地址是什么? 若每台主机仅分配一个 IP 地址, 则技术部子网还可以连接多少台主机?

2）假设主机 192.168.1.1 向主机 192.168.1.208 发送一个总长度为 1500B 的 IP 分组, IP 分组的头部长度为 20B, 路由器在通过接口 F1 转发该 IP 分组时进行了分片。若分片时尽可能分为最大片, 则一个最大 IP 分片封装数据的字节数是多少? 至少需要分为几个分片? 每个分片的片偏移量是多少?

17. 【2020 统考真题】某校园网有两个局域网, 通过路由器 R1、R2 和 R3 互连后接入 Internet, S1 和 S2 为以太网交换机。局域网采用静态 IP 地址配置, 路由器部分接口以及各主机的 IP 地址如下图所示。

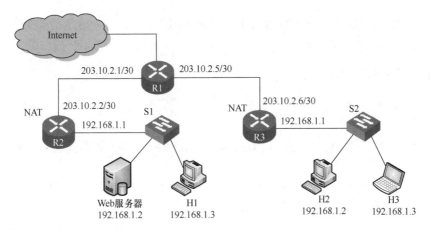

假设 NAT 转换表结构为

外网		内网	
IP 地址	端口号	IP 地址	端口号

请回答下列问题:

1）为使 H2 和 H3 能够访问 Web 服务器（使用默认端口号），需要进行什么配置?

2）若 H2 主动访问 Web 服务器时，将 HTTP 请求报文封装到 IP 数据报 P 中发送，则 H2 发送的 P 的源 IP 地址和目的 IP 地址分别是什么? 经过 R3 转发后，P 的源 IP 地址和目的 IP 地址分别是什么? 经过 R2 转发后，P 的源 IP 地址和目的 IP 地址分别是什么?

18.【2022 统考真题】某网络拓扑如下图所示，R 为路由器，S 为以太网交换机，AP 是 802.11 接入点，路由器的 E0 接口和 DHCP 服务器的 IP 地址配置如图中所示; H1 与 H2 属于同一个广播域，但不属于同一个冲突域; H2 和 H3 属于同一个冲突域; H4 和 H5 已经接入网络，并通过DHCP 动态获取了 IP 地址。现有路由器、100BaseT 以太网交换机和100BaseT 集线器（Hub）三类设备各若干。

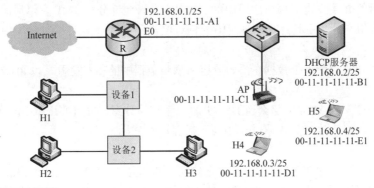

请回答下列问题。

1）设备 1 和设备 2 应该分别选择哪类设备?

2）若信号传播速度为 2×10^8m/s，以太网最小帧长为 64B，信号通过设备 2 时会产生额外的 1.51μs 的时间延迟，则 H2 与 H3 之间可以相距的最远距离是多少?

3）在 H4 通过 DHCP 动态获取 IP 地址过程中，H4 首先发送了 DHCP 报文 M，M 是哪种 DHCP 报文? 路由器 E0 接口能否收到封装 M 的以太网帧? S 向 DHCP 服务器转发的封装 M 的以太网帧的目的 MAC 地址是什么?

4）若 H4 向 H5 发送一个 IP 分组 P，则 H5 收到的封装 P 的 802.11 帧的地址 1、地址 2 和地址 3 分别是什么？

4.3.6 答案与解析

一、单项选择题

01. C

TCP 和 UDP 是传输层协议，IP、ICMP、ARP、RARP（逆地址解析协议）是网络层协议。

02. B

协议字段表示使用 IP 的上层协议，如值为 6 表示 TCP，值为 17 表示 UDP。版本字段表示 IP 的版本，值为 4 表示 IPv4，值为 6 表示 IPv6。

03. C

在首部中有三个关于长度的标记：首部长度、总长度和片偏移，基本单位分别为 4B、1B 和 8B。IP 分组的首部长度必须是 4B 的整数倍，取值范围是 5～15（默认值是 5）。由于 IP 分组的首部长度是可变的，因此首部长度字段必不可少。总长度字段给出 IP 分组的总长度，单位是字节，包括分组首部和数据部分的长度。数据部分的长度可以从总长度减去分组首部长度计算。

04. B

IP 分组的校验字段仅检查分组的首部信息，不包括数据部分。

05. D

在数据链路层，MAC 地址用来标识主机或路由器，数据报到达具体的目的网络后，需要知道目的主机的 MAC 地址才能成功送达，因此需要将 IP 地址转换成对应的 MAC 地址，即物理地址。

06. D

数据报被分片后，每个分片都将独立地传输到目的地，其间有可能会经过不同的路径，而最后在目的端主机分组才能被重组。

07. A

在 IP 首部中，标识字段的用途是让目标机器确认一个新到达的分片是否属于同一个数据报，用于重组分片后的 IP 数据报。标志字段中的 DF 表示是否允许分片，MF 表示后面是否还有分片。片偏移则指出分组在分片后某片在原分组中的相对位置。

08. D

片偏移标识该分片所携带数据在原始分组所携带数据中的相对位置，以 8B 为单位。

09. B

如果分组长度超过 MTU，那么当 DF=1 时，丢弃该分组，并且要用 ICMP 差错报文向源主机报告；当 DF=0 时，进行分片，MF=1 表示后面还有分片。

10. B

对于 A 选项，132.19.237.5 的前 8 位与 132.0.0.0/8 匹配。而 B 选项中，132.19.237.5 的前 11 位与 132.0.0.0/11 匹配。C 选项中，132.19.237.5 的前 22 位与 132.19.232.0/22 不匹配。根据"最长前缀匹配原则"，该分组应该被转发到 R2。D 选项为默认路由，只有当前面的所有目的网络都不能和分组的目的 IP 地址匹配时才使用。

11. A

在分类的 IP 网络中，C 类地址的前 24 位为网络位，后 8 位为主机位，主机位全"0"表示网络号，主机位全"1"表示广播地址，因此最多可以有 $2^8-2=254$ 台主机或路由器。

12. A

CIDR 地址块 86.32.0.0/12 的网络前缀为 12 位，说明第 2 个字节的前 4 位在前缀中，第 2 个字节 32 的二进制形式为 00100000。给出的 4 个地址的前 8 位均相同，而第 2 个字节的前 4 位分别是 0010、0100、0100、0100，所以本题答案为 A。

13．A

10.255.255.255 为 A 类地址，主机号全 1，代表网络广播，为广播地址。192.168.24.59/30 为 CIDR 地址，只有后面 2 位为主机号，而 59 用二进制表示为 00111011，可知主机号全 1，代表网络广播，为广播地址。224.105.5.211 为 D 类组播地址。

14．D

所有形如 127.xx.yy.zz 的 IP 地址，都作为保留地址，用于回路测试。

15．B

A 是 C 类地址，掩码为 255.255.255.0，由此得知 A 地址的主机号为全 0（未使用 CIDR），因此不能作为主机地址。C 是为回环测试保留的地址。D 是语法错误的地址，不允许有 256。B 为 A 类地址，其网络号是 110，主机号是 47.10.0。

16．C

由于 $240_{10} = 11110000_2$，所以共有 12 比特位用于主机地址，且主机位全 0 和全 1 不能使用，所以最多可以有的主机数为 $2^{12} - 2 = 4094$。

17．A

在 Internet 中，IP 数据报从源结点到目的结点可能需要经过多个网络和路由器。当一个路由器接收到一个 IP 数据报时，路由器根据 IP 数据报首部的目的 IP 地址进行路由选择，并不改变源 IP 地址的取值。即使 IP 数据报被分片时，原 IP 数据报的源 IP 地址和目的 IP 地址也将复制到每个分片的首部，因此在整个传输过程中，IP 数据报首部的源 IP 地址和目的 IP 地址都不发生变化。

18．C

划分子网可以增加子网的数量，子网之间的数据传输需要通过路由器进行，因此自然就减少了广播域的大小。另外，划分子网，由于子网号占据了主机号位，所以会减少主机的数量；划分子网仅提高 IP 地址的利用率，并不增加网络的数量。

19．A

由题可知，主机号有 5 位，若主机号只占 1 位，则没有有效的 IP 地址可供分配（除去 0 和 1），因此最少 2 位表示主机号，还剩 3 位表示子网号，所以最多可以分成 8 个子网。而当 5 位都表示主机数，即只有 1 个子网时，每个子网最多具有 30 个有效的 IP 地址（除去全 0 和全 1）。

20．C

如果一台主机有两个或两个以上的 IP 地址，那么说明这台主机属于两个或两个以上的逻辑网络。值得注意的是，在同一时刻一个合法的 IP 地址只能分配给一台主机，否则就会引起 IP 地址冲突。IP 地址 192.168.11.25 属于 C 类 IP 地址，所以 A、B、D 同属于一个逻辑网络，只有 C 的网络号不同，表明它在不同的逻辑网络。

21．A

CIDR 是一种归并网络的技术，CIDR 技术的作用是把小的网络汇聚成大的超网。

22．D、A

CIDR 地址由网络前缀和主机号两部分组成，CIDR 将网络前缀都相同的连续 IP 地址组成"CIDR 地址块"。网络前缀的长度为 20 位，主机号为 12 位，因此 192.168.0.0/20 地址块中的地址数为 2^{12} 个。其中，当主机号为全 0 时，取最小地址 192.168.0.0。当主机号全为 1 时，取最大地址 192.168.15.255。注意，这里并不是指可分配的主机地址。

对于 192.16.0.19/28，表示子网掩码为 255.255.255.240。IP 地址 192.16.0.19 与 IP 地址 192.16.0.17 所对应的前 28 位数相同，都是 11000000 00010000 00000000 0001，所以 IP 地址 192.16.0.17 是子网 192.16.0.19/28 的一台主机地址。注意，主机号全 0 和全 1 的地址不使用。

23．B

为每个 IP 分组设定生存时间（TTL），每经过一个路由器，TTL 减 1，TTL 为 0 时，路由器就不再转发该分组。因此可以避免分组在网络中无限循环下去。

24．D

最初设计的分类 IP 地址，由于每类地址所能连接的主机数大大超过一般单位的需求量，从而造成了 IP 地址的浪费。划分子网通过从网络的主机号借用若干比特作为子网号，从而使原来较大规模的网络细分为几个规模较小的网络，提高了 IP 地址的利用率。

CIDR 是比划分子网更为灵活的一种手段，它消除了 A、B、C 类地址及划分子网的概念。使用各种长度的网络前缀来代替分类地址中的网络号和子网号，将网络前缀都相同的 IP 地址组成"CIDR 地址块"。网络前缀越短，地址块越大。因特网服务提供者再根据客户的具体情况，分配合适大小的 CIDR 地址块，从而更加有效地利用 IPv4 的地址空间。

采用网络地址转换（NAT），可以使一些使用本地地址的专用网连接到因特网上，进而使得一些机构的内部主机可以使用专用地址，只需给此机构分配一个 IP 地址即可，并且这些专用地址是可重用的——其他机构也可使用，所以大大节省了 IP 地址的消耗。

尽管以上三种方法可以在一定阶段内有效缓解 IP 地址耗尽的危机，但无论是从计算机本身发展来看还是从因特网的规模和传输速率来看，现在的 IPv4 地址已很不适用，所以治本的方法还是使用 128bit 编址的 IPv6 地址。

25．B

当路由器准备将 IP 分组发送到网络上，而该网络又无法将整个分组一次发送时，路由器必须将该分组分片，使其长度能满足这一网络对分组长度的限制。IP 分片可以独立地通过各个路径发送，而且在传输过程中仍然存在分片的可能（不同网络的 MTU 可能不同），因此不能由中间路由器进行重组。分片后的 IP 分组直至到达目的主机后才能汇集在一起，并且甚至不一定以原先的次序到达。这样，进行接收的主机都要求支持重组能力。

26．C

"/29"表明前 29 位是网络号，4 个选项的前 3 个字节均相同。A 中第 4 个字节 120 为 01111000，前 5 位为 01111；B 中第 4 个字节 64 为 01000000，前 5 位为 01000；C 中第 4 个字节 96 为 01100000，前 4 位为 0110；D 中第 4 个字节 104 为 01101000，前 5 位为 01101。由于已经分配的子网 74.178.247.96/29 的第 4 字节的前 5 位为 01100，这与 C 中第 4 字节的前 4 位重叠。因此 C 中的网络前缀不能再分配给其他子网。

27．D

本题实际上就是要求找一个子网掩码，使得 A 和 B 的 IP 地址与该子网掩码逐位相"与"之后得到相同的结果。D 选项与 A、B 相"与"的结果均为 216.0.0.0。

28．B

未进行子网划分时，B 类地址有 16 位作为主机位。由于共需要划分 51 个子网，$2^5 < 51 < 2^6$，那么需要从主机位划出 6 位作为子网号，剩下的 10 位主机位可容纳的主机数为 1022（即 $2^{10} - 2$）台主机，满足题目要求。因此子网掩码为 255.255.252.0。

29．A

4 条路由的前 24 位（3 个字节）为网络前缀，前 2 个字节都一样，因此只需要比较第 3 个字节即可，129＝10000001，130＝10000010，132＝10000100，133＝10000101。前 5 位是完全相同的，因此聚合后的网络的掩码中，1 的数量应该是 8＋8＋5＝21，聚合后的网络的第 3 个字节应该是 10000000＝128，因此答案为 172.18.128.0/21。

30．B

本题中，某主机不能正常通信意味着它与其他三台主机不在同一个子网，只需判断哪个选项和其他选项不在同一个子网即可。子网掩码为 255.255.255.224 表示前 27 位是网络号，可以看出选项 B 属于子网 202.3.1.64/27，其他三项属于子网 202.3.1.32/27。或者，后 5 位是主机号，前 3 个子网的地址范围为 202.3.1.1～30，33～62，65～94（排除全 0 或全 1），据此也能选出答案。

31．A

IP 数据报的首部既有源 IP 地址，又有目的 IP 地址，但在通信中路由器只会根据目的 IP 地址进行路由选择。IP 数据报在通信过程中，首部的源 IP 地址和目的 IP 地址在经过路由器时不会发生改变。ARP 广播只在子网中传播，由于相互通信的主机不在同一个子网内，因此不可以直接通过 ARP 广播得到目的站的硬件地址。硬件地址只具有本地意义，因此每当路由器将 IP 数据报转发到一个具体的网络中时，都需要重新封装源硬件地址和目的硬件地址。

注意：路由器在接收到分组后，剥离该分组的数据链路层协议头，然后在分组被转发之前，给分组加上一个新的链路层协议头。

32．C

NAT 协议保留了 3 段 IP 地址供内部使用，这 3 段地址如下：

A 类：1 个 A 类网段，即 **10.0.0.0**～**10.255.255.255**，主机数 16777216。
B 类：16 个 B 类网段，即 **172.16.0.0**～**172.31.255.255**，主机数 1048576。
C 类：256 个 C 类网段，即 **192.168.0.0**～**192.168.255.255**，主机数 65536。
所以只有 C 选项是内部地址，不允许出现在因特网上。

33．C

NAT 的表项需要管理员添加，这样才能控制一个内网到外网的网络连接。题目中主机发送的分组在 NAT 表项中找不到（端口 80 从源端口而非转换端口找），所以服务器不转发该分组。

34．C

当源主机要向本地局域网上的某主机发送 IP 数据报时，先在其 ARP 高速缓存中查看有无目的 IP 地址与 MAC 地址的映射。若有，就把这个硬件地址写入 MAC 帧，然后通过局域网把该 MAC 帧发往此硬件地址；若没有，则先通过广播 ARP 请求分组，在获得目的主机的 ARP 响应分组后，将目的主机的 IP 地址与硬件地址的映射写入 ARP 高速缓存。如果目的主机不在本局域网上，那么将 IP 分组发送给本局域网上的路由器，当然要先通过同样的方法获得路由器的 IP 地址和硬件地址的映射关系。

35．C、A

由于不知道目标设备在哪里，所以 ARP 请求必须使用广播方式。但是 ARP 请求包中包含有发送方的 MAC 地址，因此应答时应该使用单播方式。

36．B

主机先使用 ARP 来查询本网络路由器的地址，然后每个路由器使用 ARP 来寻找下一跳路由的地址，总共使用了 4 次 ARP 从主机 A 网络的路由器到达主机 B 网络的路由器。然后，主机 B 网络的路由器使用 ARP 找到主机 B，所以总共使用了 1＋4＋1＝6 次 ARP。

37．C

DHCP 提供了一种机制，使得使用 DHCP 可自动获得 IP 的配置信息而无须手工干预。

38. A

ICMP 属于 IP 层协议，ICMP 报文作为 IP 层数据报的数据，加上 IP 数据报的首部，组成 IP 数据报发送出去。

39. D

ICMP 是一个网络层协议，但是其文仍然要封装在 IP 分组中发送。

40. C

PING 使用了 ICMP 的询问报文中的回送请求和回答报文。

41. B

由于该网络的 IP 地址为 192.168.5.0/24，网络号为前 24 位，后 8 位为子网号＋主机号。子网掩码为 255.255.255.248，第 4 个字节 248 转换成二进制为 11111000，因此后 8 位中，前 5 位用于子网号，在 CIDR 中可以表示 $2^5=32$ 个子网；后 3 位用于主机号，除去全 0 和全 1 的情况，可以表示 $2^3-2=6$ 台主机地址。

42. C

ICMP 差错报告报文有 5 种：终点不可达、源点抑制、时间超过、参数问题、改变路由（重定向），其中源点抑制是指在路由器或主机由于拥塞而丢弃数据报时，向源点发送源点抑制报文，使源点知道应当把数据报的发送速率放慢。

43. C

首先分析 192.168.4.0/30 这个网络，主机号只占 2 位，地址范围为 192.168.4.0～192.168.4.3，主机号全 1 时，即 192.168.4.3 是广播地址，因此可容纳 $4-2=2$ 台主机。

44. D

子网掩码的第 3 个字节为 11111100，可知前 22 位为子网号、后 10 位为主机号。IP 地址的第 3 个字节为 01001101（下画线为子网号的一部分），将主机号（即后 10 位）全置为 1，可以得到广播地址为 180.80.79.255。

45. A

在实际网络的数据链路层上传送数据时，最终必须使用硬件地址，ARP 将网络层的 IP 地址解析为数据链路层的 MAC 地址。

46. B

ICMP 报文作为数据字段封装在 IP 分组中，因此 IP 直接为 ICMP 提供服务。UDP 和 TCP 都是传输层协议，为应用层提供服务。PPP 是数据链路层协议，为网络层提供服务。

47. C

根据"最长前缀匹配原则"，169.96.40.5 与 169.96.40.0 的前 27 位匹配最长，因此选 C。选项 D 为默认路由，只有当前面的所有目的网络都不能和分组的目的 IP 地址匹配时才使用。

48. C

从子网掩码可知 H1 和 H2 处于同一网段，H3 和 H4 处于同一网段，分别可以进行正常的 IP 通信，A 和 D 错误。因为 R2 的 E1 接口的 IP 地址为 192.168.3.254，而 H2 的默认网关为 192.168.3.1，所以 H2 不能访问 Internet，而 H4 的默认网关为 192.168.3.254，所以 H4 可以正常访问 Internet，B 错误。由 H1、H2、H3 和 H4 的子网掩码可知 H1、H2 和 H3、H4 处于不同的网段，需通过路由器才能进行正常的 IP 通信，而这时 H1 和 H2 的默认网关为 192.168.3.1，但 R2 的 E1 接口的 IP 地址为 192.168.3.254，无法进行通信，从而 H1 不能与 H3 进行正常的 IP 通信。C 正确。

49. D

由题意知连接 R1、R2 和 R3 之间的点对点链路使用 201.1.3.x/30 地址，其子网掩码为 255.255.255.252，R1 的一个接口的 IP 地址为 201.1.3.9，转换为对应的二进制的后 8 位为 0000 1001（由 201.1.3.x/30 知，IP 地址对应的二进制的后两位为主机号，而主机号全为 0 表示本网络本身，主机号全为 1 表示本网络的广播地址，不用于源 IP 地址或目的 IP 地址），那么除 201.1.3.9 外，只有 IP 地址为 201.1.3.10 可以作为源 IP 地址使用（本题为 201.1.3.10）。Web 服务器的 IP 地址为 130.18.10.1，作为 IP 分组的目的 IP 地址。综上可知，D 正确。

50．C

这个网络有 16 位的主机号，平均分成 128 个规模相同的子网，每个子网有 7 位的子网号，9 位的主机号。除去一个网络地址和广播地址，可分配的最大 IP 地址个数是 $2^9 - 2 = 512 - 2 = 510$。

51．A

0.0.0.0/32 可以作为本主机在本网络上的源地址。127.0.0.1 是回送地址，以它为目的 IP 地址的数据将被立即返回本机。200.10.10.3 是 C 类 IP 地址。255.255.255.255 是广播地址。

52．C

对于此类题目，先分析需要聚合的 IP 地址。观察发现，题中的四个路由地址，前 16 位完全相同，不同之处在于第 3 段的 8 位中，将这 8 位展开写成二进制，分别如下：

	7	6	5	4	3	2	1	0
32	0	0	1	0	0	0	0	0
40	0	0	1	0	1	0	0	0
48	0	0	1	1	0	0	0	0
56	0	0	1	1	1	0	0	0

观察发现，四个地址的第 3 段中，从前向后最多有 3 位相同，因此这 3 位是能聚合的最大位数。将这些相同的位都保留，将第 3 段第 3 位之后的所有位都置 0，就得到了聚合后的 IP 地址：35.230.32.0，其网络前缀为 16 + 3，也即前 19 位，因此聚合后的网络地址为 35.230.32.0/19。

53．D

在网络的信息传递中，会经常用到两个地址：MAC 地址和 IP 地址。其中，MAC 地址会随着信息被发往不同的网络而改变，但 IP 地址当且仅当信息在私人网络中传递时才会改变。分组 P 在如题图所示的网络中传递时，首先由主机 H1 将分组发往路由器 R，此时源 MAC 地址为 H1 主机本身的 MAC 地址，即 00-1a-2b-3c-4d-52，目的 MAC 地址为路由器 R 的 MAC 地址，即 00-1a-2b-3c-4d-51。路由器 R 收到分组 P 后，根据分组 P 的目的 IP 地址，得知应将分组从另一个端口转发出去，于是会给分组 P 更换新的 MAC 地址，此时由于从另外的端口转发出去，因此 P 的新源 MAC 地址变为负责转发的端口 MAC 地址，即 00-a1-b2-c3-d4-61，目的 MAC 地址应为主机 H2 的 MAC 地址，即 00-a1-b2-c3-d4-62。根据分析过程，题目所问的 MAC 地址应为路由器 R 两个端口的 MAC 地址，因此选 D。

54．B

网络前缀为 20 位，将 101.200.16.0/20 划分为 5 个子网，为了保证有子网的可分配 IP 地址数尽可能小，即要让其他子网的可分配 IP 地址数尽可能大，不能采用平均划分的方法，而要采用变长的子网划分方法，也就是最大子网用 1 位子网号，第二大子网用 2 位子网号，以此类推。

子网 1：101.200.0001**0**000.00000001～101.200.0001**0**111.11111110；地址范围为 101.200.16.1/21～101.200.23.254/21；可分配的 IP 地址数为 2046 个。

子网 2：101.200.0001**1**000.00000001～101.200.0001**1**011.11111110；地址范围为 101.200.24.1/22～

101.200.27.254/22；可分配的 IP 地址数为 1022 个。

子网 3：101.200.00011100.00000001～101.200.00011101.11111110；地址范围为 101.200.28.1/23～101.200.29.254/23；可分配的 IP 地址数为 510 个。

子网 4：101.200.00011110.00000001～101.200.00011110.11111110；地址范围为 101.200.30.1/24～101.200.30.254/24；可分配的 IP 地址数为 254 个。

子网 5：101.200.00011111.00000001～101.200.00011111.11111110；地址范围为 101.200.31.1/24～101.200.31.254/24；可分配的 IP 地址数为 254 个。

综上所述，可能的最小子网的可分配 IP 地址数是 254 个。

55．B

根据题意，将 IP 网络划分为 3 个子网。其中一个是 192.168.9.128/26。可以简写成 x.x.x.10/26（其中 10 是 128 的二进制 1000 0000 的前两位，因为 26－24＝2）。

A 选项可以简写成 x.x.x.0/25；

B 选项可以简写成 x.x.x.00/26；

C 选项可以简写成 x.x.x.11/26；

D 选项可以简写成 x.x.x.110/27。

对于 A 和 C，可以组成 x.x.x.0/25、x.x.x.10/26、x.x.x.11/26 这样 3 个互不重叠的子网。

对于 D，可以组成 x.x.x.10/26、x.x.x.110/27、x.x.x.111/27 这样 3 个互不重叠的子网。

但对于 B，要想将一个 IP 网络划分为几个互不重叠的子网，3 个是不够的，至少需要划分为 4 个子网：x.x.x.00/26、x.x.x.01/26、x.x.x.10/26、x.x.x.11/26。

56．B

链路层 MTU＝800B。IP 分组首部长 20B。片偏移以 8 个字节为偏移单位，因此除了最后一个分片，其他每个分片的数据部分长度都是 8B 的整数倍。所以，最大 IP 分片的数据部分长度为 776B。在总长度为 1580B 的 IP 数据报中，数据部分占 1560B，1560B/776B＝2.01…，需要分成 3 片。故第 2 个分片的总长度字段为 796，MF 为 1（表示还有后续的分片）。

57．B

主机所在网络的网络地址可以通过主机的 IP 地址和子网掩码逐位相与得到。子网掩码 255.255.192.0 的二进制前 18 位为 1、后 14 位为 0，把主机 IP 地址的后 14 位变为 0，得到的结果为 183.80.64.0，即为主机所在网络的网络地址。

58．D

默认网关可以理解为离当前主机最近的路由器的端口地址，所以是 192.168.1.62，而该主机的子网掩码和网关的子网掩码也相同，/27 即为 255.255.255.224。

二、综合应用题

01．【解答】

要求出分组所携带数据的长度，就需要分别知道首部的长度和分组的总长度。解题的关键在于弄清首部长度的字段和总长度字段的单位。由于首部长度字段的单位是 4B，101 的十进制为 5，所以首部长度＝5×4＝20B。而总长度字段的单位是字节，101000 的十进制为 40，所以总长度为 40B，因此分组携带的数据长度为 40－20＝20B。

02．【解答】

数据报长度为 4000B，有效载荷为 4000－20＝3980B。网络能传送的最大有效载荷为 1500－20＝1480B，因此应分为 3 个短些的片，各片的数据字段长度分别为 1480、1480 和 1020B。片段偏移字段的单位为 8B，1480/8 = 185，(1480×2)/8 = 370，因此片段偏移字段的值分别为 0、185、370。MF = 1 时，代表后面还有分片；MF = 0 时，代表后面没有分片，因此 MF 字段的值分别为 1、1 和 0（注意，MF = 0 不能确定是独立的数据报，还是分片得来的，只有当 MF = 0 且片段偏移字段 >0 时，才能确定是分片的最后一个分片）。

03.【解答】

在 IP 层下面的每种数据链路层都有自己的帧格式，其中包括帧格式中的数据字段的最大长度，这称为最大传输单位（MTU）。1500 − 20 = 1480，2000 − 1480 = 520，所以原 IP 数据报经过第一个网络后分成了两个 IP 小报文，第一个报文的数据部分长度是 1480B，第二个报文的数据部分长度是 520B。

（除最后一个报片外的）所有报片的有效载荷都是 8B 的倍数。576 − 20 = 556，但 556 不能被 8 整除，所以分片时的数据部分最大只能取 552。第一个报文经过第 2 个网络后，1480 − 552×2 = 376 < 576，变成数据长度分别为 552B、552B、376B 的 3 个 IP 小报文；第 2 个报文 520 < 552，因此不用分片。因此到达目的主机时，原 2000B 的数据被分成数据长度分别为 552B、552B、376B、520B 的 4 个小报文。

04.【解答】

分片的片偏移值表示其数据部分首字节在原始分组的数据部分中的相对位置，单位为 8B。首部长度字段以 4B 为单位，总长度字段以字节为单位。题目中，分组的片偏移值为 100，因此其数据部分第一个字节的编号是 800。因为分组的总长度为 100B，首部长度为 4×5 = 20B，所以数据部分长度为 80B。因此该分组的数据部分的最后一个字节的编号是 879。

05.【解答】

通过将目的地址和子网掩码换算成二进制，并进行逐位"与"就可得到子网地址。但是通常在目的地址中，子网掩码为 255 所对应的部分在子网地址中不变，子网掩码为 0 所对应的部分在子网地址中为 0，其他部分按二进制逐位"与"求得（也可直接截取）。本题中，子网掩码的前两部分为 255.255，因此子网地址的前两部分为 201.230；子网掩码最后一部分为 0，因此子网地址的最后一部分为 0；子网地址的第三部分为 240，进行换算有 240 = (11110000)$_2$，34 = (00100010)$_2$，逐位相"与"得(00100000)$_2$ = 32。因此子网地址为 201.230.32.0。

06.【解答】

由于一个 CIDR 地址块中可以包含很多地址，所以路由表中就利用 CIDR 地址块来查找目的网络，这种地址的聚合常称为路由聚合。

本题已知有 212.56.132.0/24、212.56.133.0/24、212.56.134.0/24、212.56.135.0/24 地址块，可知第 3 字节前 6 位相同，因此共同前缀为 8 + 8 + 6 = 22 位，由于这 4 个地址块的第 1、2 个字节相同，考虑它们的第 3 个字节：132 = (10000100)$_2$，133 = (10000101)$_2$，134 = (10000110)$_2$，135 = (1000 0111)$_2$，所以共同的前缀有 22 位，即 1101010000111000100001，聚合的 CIDR 地址块是 212.56.132.0/22。

07.【解答】

1）可以采用划分子网的方法对该公司的网络进行划分。由于该公司包括 4 个部门，共需要划分为 4 个子网。

2）已知网络地址 192.168.161.0 是一个 C 类地址，所需的子网数为 4，每个子网的主机数为 20～30。子网号的比特数为 3，即最多有 2^3 = 8 个可分配的子网，主机号的比特数为 5，由于主机号不允许为全 0 或全 1，因此每个子网最多有 $2^5 − 2$ = 30 个可分配的 IP 地址。

4 个部门子网的子网掩码均为 255.255.255.224，各部门的网络地址与部门主机的 IP 地址范围可分配如下：

部　　门	部门网络地址	主机 IP 地址范围
工程技术部	192.168.161.32	192.168.161.33～192.168.161.62
市场部	192.168.161.64	192.168.161.65～192.168.161.94
财务部	192.168.161.96	192.168.161.97～192.168.161.126
办公室	192.168.161.128	192.168.161.129～192.168.161.158

08.【解答】

1）使用 CIDR 时，可能会导致有多个匹配结果，应当从当前匹配结果中选择具有最长网络前缀的路由。下面来一一分析分组 A 与表中这四项的匹配性：

① 131.128.56.0/24 与 31.128.55.33 不匹配，因为前 24 位不同。

② 131.128.55.32/28 与 131.128.55.33 的前 24 位匹配，只需看后面 4 位是否匹配，32 转换为二进制为 **0010** 0000，33 转换为二进制为 **0010** 0001，匹配，且匹配了 28 位。

③ 131.128.55.32/30 与 131.128.55.33 的前 24 位匹配，只需要看后面 6 位是否匹配，32 转换为二进制为 **0010 00**00，33 转换为二进制为 **0010 00**01，匹配，且匹配了 30 位。

④ 131.128.0.0/16 与 131.128.55.33 匹配，且匹配了 16 位。

综上，对于分组 A，第 2、3、4 项都能与之匹配，但根据最长网络前缀匹配原则，应该选择网络前缀为 131.128.55.32/30 的表项进行转发，下一跳路由器为 C。

同理，对于分组 B，路由表中第 2 和 4 项都能与之匹配，但是根据最长网络前缀匹配原则，应该选择第 2 个路由表项转发，下一跳路由器为 B。

2）要想该路由表项使得以 131.128.55.33 为目的地址的 IP 分组选择 "A" 作为下一跳，而不影响其他目的地址的 IP 分组转发，只需构造 1 条网络前缀和该地址匹配 32 位的项即可。增加的表项为：网络前缀 131.128.55.33/32；下一跳 A。

3）增加 1 条默认路由：网络前缀 0.0.0.0/0；下一跳 E。

4）要划分成 4 个规模尽可能大的子网，需要从主机位中划出 2 位作为子网位（2^2＝4，CIDR 广泛使用之后允许子网位可以全 0 和全 1）。子网掩码均为 11111111 11111111 11111111 11000000，即 255.255.255.192。而地址范围中不能包含主机位全 0 或全 1 的地址。

子　　网	子网掩码	地　址　范　围
131.128.56.0/26	255.255.255.192	131.128.56.1～131.128.56.62
131.128.56.64/26	255.255.255.192	131.128.56.65～131.128.56.126
131.128.56.128/26	255.255.255.192	131.128.56.129～131.128.56.190
131.128.56.192/26	255.255.255.192	131.128.56.193～131.128.56.254

09.【解答】

1）网络号 C4.5E.10.0/20（下一站地是 B）的第 3 字节可以用二进制表示成 0001 0000。目标地址 C4.5E.13.87 的第 3 字节可以用二进制表示成 0001 0011，显然取 20 位掩码与网络号 C4.5E.10.0/20 相匹配，所以具有该目标地址的 IP 分组将被投递到下一站地 B。

2）网络号 C4.50.0.0/12（下一站地是 A）的第 2 字节可以用二进制表示成 0101 0000。目标地址 C4.5E.22.09 的第 2 字节可以用二进制表示成 0101 1110，显然取 12 位掩码与网络号 C4.50.0.0/12 相匹配，所以具有该目的地址的 IP 分组将被投递到下一站地 A。

3）网络号 80.0.0.0/1（下一站地是 E）的第 1 字节可以用二进制表示成 1000 0000。目标地址 C3.41.80.02 的第 1 字节可以用二进制表示成 1100 0011，显然取 1 位掩码与网络号 80.0.0.0/1 相匹配，所以具有该目标地址的 IP 分组将被投递到下一站地 E。

4）网络号 40.0.0.0/2（下一站地是 F）的第 1 字节可以用二进制表示成 0100 0000。目标地址 5E.43.91.12 的第 1 字节可以用二进制表示成 0101 1110，显然取 2 位掩码与网络号 40.0.0. 0/2 相匹配，所以具有该目标地址的 IP 分组将被投递到下一站地 F。

10.【解答】

分配网络前缀应先分配地址数较多的前缀。已知该自治系统分配到的 IP 地址块为 30.138. 118/23（注意：① 一个路由器端口也需要占用一个 IP 地址；② 子网划分的答案不唯一）。

LAN3：主机数 150，由于$(2^7-2)<150+1<(2^8-2)$，所以主机号为 8bit，网络前缀为 24。取第 24 位为 0，分配地址块 30.138.118.0/24。

LAN2：主机数 91，由于$(2^6-2)<91+1<(2^7-2)$，所以主机号为 7bit，网络前缀为 25。取第 24、25 位为 10，分配地址块 30.138.119.0/25。

LAN5：主机数为 15，由于$(2^4-2)<15+1<(2^5-2)$，所以主机号为 5bit，网络前缀 27。取第 24、25、26、27 位为 1110，分配地址块 30.138.119.192/27。

LAN1：共有 3 个路由器，再加上一个网关地址，至少需要 4 个 IP 地址。由于$(2^2-2)<3+1<(2^3-2)$，所以主机号为 3bit，网络前缀为 29。取第 24、25、26、27、28、29 位为 111101，分配地址块 30.138.119.232/29。

LAN4：主机数为 3，由于$(2^2-2)<3+1<(2^3-2)$，所以主机号为 3bit，网络前缀 29。取第 24、25、26、27、28、29 位为 111110，分配地址块 30.138.119.240/29。

11.【解答】

1）共同的子网掩码为 255.255.255.240，表示前 28 位为网络号，同一网段内的 IP 地址具有相同的网络号。主机 A 的网络号为 192.168.75.16；主机 B 的网络号为 192.168.75.144；主机 C 的网络号为 192.168.75.144；主机 D 的网络号为 192.168.75.160；主机 E 的网络号为 192.168.75.160。因此 5 台主机 A、B、C、D、E 分属 3 个网段，主机 B 和 C 在一个网段，主机 D 和 E 在一个网段，A 主机在一个网段。主机 D 的网络号为 192.168.75.160。

2）主机 F 与主机 A 同在一个网段，所以主机 F 所在的网段为 192.168.75.16，第 4 个字节 16 的二进制表示为 0001 0000，最后边的 4 位为主机位，去掉全 0 和全 1。则其 IP 地址范围为 192.168.75.17～192.168.75.30，并且不能为 192.168.75.18。

3）由于 164 的二进制为 1010 0100，将最右边的 4 位全置为 1，即 1010 1111，则广播地址为 192.168.75.175。主机 D 和主机 E 可以收到。

12.【解答】

1）CIDR 中的子网号可以全 0 或全 1，但主机号不能全 0 或全 1。

因此若将 IP 地址空间 202.118.1.0/24 划分为 2 个子网，且每个局域网需分配的 IP 地址个数不少于 120 个，则子网号至少要占用一位。

由 $2^6-2<120<2^7-2$ 可知，主机号至少要占用 7 位。

由于源 IP 地址空间的网络前缀为 24 位，因此主机号位数 + 子网号位数 = 8。

综上可得主机号位数为 7，子网号位数为 1。

因此子网的划分结果为子网 1：202.118.1.0/25，子网 2：202.118.1.128/25。

地址分配方案：子网 1 分配给局域网 1，子网 2 分配给局域网 2；或子网 1 分配给局域网 2，子网 2 分配给局域网 1。

2）由于局域网 1 和局域网 2 分别与路由器 R1 的 E1、E2 接口直接相连，因此在 R1 的路由表中，目的网络为局域网 1 的转发路径是直接通过接口 E1 转发的，目的网络为局域网 2 的转发路径是直接通过接口 E2 转发的。由于局域网 1、2 的网络前缀均为 25 位，因此它们的子网掩码均为 255.255.255.128。

R1 专门为域名服务器设定了一个特定的路由表项，因此该路由表项中的子网掩码应为 255.255.255.255（只有和全 1 的子网掩码相与时，才能完全保证和目的 IP 地址一样，从而选择该特定路由）。对应的下一跳转发地址是 202.118.2.2，转发接口是 L0。

R1 到互联网的路由实质上相当于一个默认路由（即当某一目的网络 IP 地址与路由表中其他任何一项都不匹配时，匹配该默认路表项），默认路由一般写为 0/0，即目的地址为 0.0.0.0，子网掩码为 0.0.0.0。对应的下一跳转发地址是 202.118.2.2，转发接口是 L0。

综上可得到路由器 R1 的路由表如下：

（若子网 1 分配给局域网 1，子网 2 分配给局域网 2）

目的网络 IP 地址	子网掩码	下一跳 IP 地址	接口
202.118.1.0	255.255.255.128	—	E1
202.118.1.128	255.255.255.128	—	E2
202.118.3.2	255.255.255.255	202.118.2.2	L0
0.0.0.0	0.0.0.0	202.118.2.2	L0

（若子网 1 分配给局域网 2，子网 2 分配给局域网 1）

目的网络 IP 地址	子网掩码	下一跳 IP 地址	接口
202.118.1.128	255.255.255.128	—	E1
202.118.1.0	255.255.255.128	—	E2
202.118.3.2	255.255.255.255	202.118.2.2	L0
0.0.0.0	0.0.0.0	202.118.2.2	L0

3）局域网 1 和局域网 2 的地址可以聚合为 202.118.1.0/24，而对于路由器 R2 来说，通往局域网 1 和局域网 2 的转发路径都是从 L0 接口转发的，因此采用路由聚合技术后，路由器 R2 到局域网 1 和局域网 2 的路由如下：

目的网络 IP 地址	子网掩码	下一跳 IP 地址	接口
202.118.1.0	255.255.255.0	202.118.2.1	L0

13.【解答】

IPv4 的首部格式如下，然后根据首部格式来解析首部各个字段的含义。

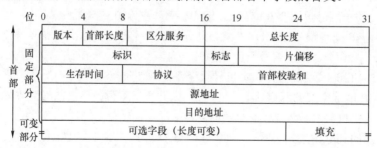

1）由上图可知，源 IP 地址为 IP 首部的第 13、14、15、16 字节，即 7C 4E 03 02，转换为点分十进制表示可得源 IP 地址为 124.78.3.2。目的 IP 地址为 IP 首部的第 17、18、19、20 字节，即 B4 0E 0F 02，转换为点分十进制表示可得目的 IP 地址为 180.14.15.2。

2）分组总长度是 IP 首部的第 3、4 字节，即 00 54，转换为十进制得该分组总长度为 84，单位为字节。而首部长度是 IP 首部的第 5～8 位，值为 5，单位为 4B，因此首部长度为 4B×5 = 20B。

数据部分长度 = 总长度 − 首部长度 = 84 − 20 = 64B。

3）该分组首部的片偏移字段为第 7、8 字节（除去第 7 字节的前 3 位），不等于 0，而是二进制值 1 1000 0101 0000，即十进制数 6224，单位是 8B。

另外，分组的标志字段为第 7 字节的前 3 位，即 010，中间位 DF = 1 表示不可分片，最后位 MF = 0 表示后面没有分片。IP 规范规定，所有主机和网关至少能支持 576B 的分组长度。在 576B 的数据报中，512B 用于存放数据，64B 用作分组头。由于本报片的数据部分的长度只有 64B，所以不会再次被分割。

14.【解答】

1）MAC 地址只具有本地意义（ARP 也只能工作在同一局域网中）。该帧为 A 收到的帧，因此目的 MAC 地址为 A 的 MAC 地址，源 MAC 地址为网关路由器端口的 MAC 地址（若为 A 发出的帧，则目的 MAC 地址为默认网关的 MAC 地址）。首先找到目的 MAC 地址 00:1d:72:98:1d:fc 的位置（在下图中的位置 1 标出），根据以太网帧的结构，目的 MAC 地址后面紧邻的是源 MAC 地址，因此源 MAC 地址为 00:00:5e:00:01:01。

2）要求得 IP 分组所携带的数据量，需要知道首部长度和总长度。218.207.61.211 表示成十六进制是 da.cf.3d.d3，并且作为分组中的目的 IP 地址。在图中确定目的 IP 地址的位置（位置 2），再根据 IP 首部的结构，分别从目的 IP 的位置向前数 14 和 16 个字节，即可找到总长度和首部长度字段的位置。但首部长度字段所在的字节值为 0x45，首部长度字段只有 4 位，前 4 位是版本号。因此首部字段的值为 5，单位为 4B，所以首部长度为 20B。总长度字段值为 0x0190，十进制为 400B。因此分组携带的数据长度为 380B。

3）由于整个 IP 分组的长度是 400B，大于输出链路 MTU（380B）。这时需要考虑分片，但是否能够分片还得看 IP 首部中的标志位。IP 首部中的标志字段占 3 位，从前到后依次为保留位、DF 位、MF 位。根据 IP 首部结构找到标志字段所在的字节，其值为 0x40，二进制表示为 01000000，那么 DF = 1，不能对该 IP 分组进行分片。此时，路由器应进行的操作是丢弃该分组，并用 ICMP 差错报文向源主机报告。

15.【解答】

1）DHCP 服务器可为主机 2~N 动态分配 IP 地址的最大范围是 111.123.15.5~111.123.15.254；主机 2 发送的封装 DHCP Discover 报文的 IP 分组的源 IP 地址和目的 IP 地址分别是 0.0.0.0 和 255.255.255.255。

2）主机 2 发出的第一个以太网帧的目的 MAC 地址是 ff-ff-ff-ff-ff-ff；封装主机 2 发往 Internet 的 IP 分组的以太网帧的目的 MAC 地址是 00-a1-a1-a1-a1-a1。

3）主机 1 能访问 WWW 服务器，但不能访问 Internet。由于主机 1 的子网掩码配置正确而默认网关 IP 地址被错误地配置为 111.123.15.2（正确 IP 地址是 111.123.15.1），所以主机 1 可以访问在同一个子网内的 WWW 服务器，但当主机 1 访问 Internet 时，主机 1 发出的 IP 分组会被路由到错误的默认网关（111.123.15.2），从而无法到达目的主机。

16.【解答】

1）广播地址是网络地址中主机号全 1 的地址（主机号全 0 的地址代表网络本身）。销售部和技术部均分配了 192.168.1.0/24 的 IP 地址空间，IP 地址的前 24 位为子网的网络号。于是在后 8 位中划分部门的子网，选择前 1 位作为部门子网的网络号。令销售部子网的网络号为 0，技术部子网的网络号为 1，则技术部子网的完整地址为 192.168.1.128；令销售部子网的主机号全 1，可以得到该部门的广播地址为 192.168.1.127。

每台主机仅分配一个 IP 地址，计算目前还可以分配的主机数，用技术部可以分配的主机数减去已分配的主机数，技术部总共可以分配的计算机主机数为 $2^7-2=126$（减去全 0 和全 1 的主机号）。已经分配了 $208-129+1=80$ 台，此外还有 1 个 IP 地址（192.168.1.254）分配给了路由器的端口，因此还可以分配 $126-80-1=45$ 台。

2）判断分片的大小，需要考虑各个网段的 MTU，而且注意分片的数据长度必须是 8B 的整数倍。由题可知，在技术部子网内，MTU = 800B，IP 分组头部长 20B，最大 IP 分片封装数据的字节数为 $\lfloor(800-20)/8\rfloor\times8=776$。至少需要的分片数为 $\lceil(1500-20)/776\rceil=2$。第 1 个分片的偏移量为 0；第 2 个分片的偏移量为 776/8 = 97。

17.【解答】

1）两个子网使用了相同的网段，且路由器开启了 NAT 功能，加上题干给出了 NAT 表结构，因此需要配置 NAT 表。路由器 R2 开启 NAT 服务，当路由器 R2 从 WAN 口收到来自 H2 或 H3 发来的数据时，根据 NAT 表发送给 Web 服务器的对应端口。外网 IP 地址应该为路由器的外端 IP 地址，内网 IP 地址应该为 Web 服务器的地址，Web 服务器默认端口为 80，因此内网端口号固定为 80，当其他网络的主机访问 Web 服务器时，默认访问的端口应该也是 80，但是访问的目的 IP 是路由器的 IP 地址，因此 NAT 表中的外部端口最好也统一为 80。题中并未要求对 H1 进行访问，因此 H1 的 NAT 表项可以不写。R2 的 NAT 表配置如下：

外网		内网	
IP 地址	端口号	IP 地址	端口号
203.10.2.2	80	192.168.1.2	80

2）由于启用了 NAT 服务，H2 发送的 P 的源 IP 地址应该是 H2 的内网地址，目的地址应该是 R2 的外网 IP 地址，源 IP 地址是 192.168.1.2，目的 IP 地址是 203.10.2.2。R3 转发后，将 P 的源 IP 地址改为 R3 的外网 IP 地址，目的 IP 地址仍然不变，源 IP 地址是 203.10.2.6，目的 IP 地址是 203.10.2.2。R2 转发后，将 P 的目的 IP 地址改为 Web 服务器的内网地址，源地址仍然不变，源 IP 地址是 203.10.2.6，目的 IP 地址是 192.168.1.2。

18.【解答】

1）设备 1 选择 100BaseT 以太网交换机，设备 2 选择 100BaseT 集线器。因为物理层设备既不能隔离冲突域，又不能隔离广播域，链路层设备可以隔离冲突域但不能隔离广播域。

2）假设 H2 与 H3 之间的最远距离是 D，根据 CSMA/CD 协议的工作原理有

$$\text{最短帧长} = \text{总线传播时延}\times\text{数据传输速率}\times2$$

由于使用 100BaseT 局域网标准，数据传输率为 100Mb/s，总线传播时延由两部分组成，一部分是信号传播时延，另一部分是信号通过设备 2 时产生的额外 1.51μs 延迟。代入公式为 $64B=(1.51\mu s+D/(2\times10^8\text{m/s}))\times100\text{Mb/s}\times2$，注意单位换算，最终解得 $D=210$m。

3）M 是 DHCP 发现报文（DISCOVER 报文）。路由器 E0 接口能收到封装 M 的以太网帧，由于 H4 发送的 DHCP 发现报文是广播的形式，所以同一个广播域内的所有设备和接口都可以收到该以太网帧。由于是广播帧，所以目的 MAC 地址是全 1，S 向 DHCP 服务器转发的封装 M 的以太网帧的目的 MAC 地址是 FF-FF-FF-FF-FF-FF。

4）在 H5 收到的帧中，地址 1、地址 2 和地址 3 分别是 00-11-11-11-11-E1、00-11-11-11-11-C1

和 00-11-11-11-11-D1。该帧来自 AP，地址 1 代表接收端的地址，地址 2 代表 AP 的地址，地址 3 是发送端的地址。

4.4 IPv6

4.4.1 IPv6 的主要特点

解决 "IP 地址耗尽" 问题的措施有以下三种：①采用无类别编址 CIDR，使 IP 地址的分配更加合理；②采用网络地址转换（NAT）方法以节省全球 IP 地址；③采用具有更大地址空间的新版本的 IPv6。其中前两种方法只是延长了 IPv4 地址分配完毕的时间，只有第三种方法从根本上解决了 IP 地址的耗尽问题。

IPv6 的主要特点如下：

1）更大的地址空间。IPv6 将地址从 IPv4 的 32 位增大到了 128 位。IPv6 的字节数（16B）是 IPv4 字节数（4B）的平方。

2）扩展的地址层次结构。

3）灵活的首部格式。

4）改进的选项。

5）允许协议继续扩充。

6）支持即插即用（即自动配置）。

7）支持资源的预分配。

8）IPv6 只有在包的源结点才能分片，是端到端的，传输路径中的路由器不能分片，所以从一般意义上说，IPv6 不允许分片（不允许类似 IPv4 的路由分片）。

9）IPv6 首部长度必须是 8B 的整数倍，而 IPv4 首部是 4B 的整数倍。

10）增大了安全性。身份验证和保密功能是 IPv6 的关键特征。

虽然 IPv6 与 IPv4 不兼容，但总体而言它与所有其他的因特网协议兼容，包括 TCP、UDP、ICMP、IGMP、OSPF、BGP 和 DNS，只是在少数地方做了必要的修改（大部分是为了处理长的地址）。IPv6 相当好地满足了预定的目标，主要体现在：

1）首先也是最重要的，IPv6 有比 IPv4 长得多的地址。IPv6 的地址用 16 个字节表示，地址空间是 IPv4 的 $2^{128-32}=2^{96}$ 倍，从长远来看，这些地址是绝对够用的。

2）简化了 IP 分组头，它包含 8 个域（IPv4 是 12 个域）。这一改变使得路由器能够更快地处理分组，从而可以改善吞吐率。

3）更好地支持选项。这一改变对新的分组首部很重要，因为一些从前必要的段现在变成了可选段。此外，表示选项的方式的改变还能加快分组的处理速度。

4.4.2 IPv6 地址

IPv6 数据报的目的地址可以是以下三种基本类型地址之一：

1）单播。单播就是传统的点对点通信。

2）多播。多播是一点对多点的通信，分组被交付到一组计算机的每台计算机。

3）任播。这是 IPv6 增加的一种类型。任播的目的站是一组计算机，但数据报在交付时只交付其中的一台计算机，通常是距离最近的一台计算机。

IPv4 地址通常使用点分十进制表示法。如果 IPv6 也使用这种表示法，那么地址书写起来将会相当长。在 IPv6 标准中指定了一种比较紧凑的表示法，即把地址中的每 4 位用一个十六进制数表示，并用冒号分隔每 16 位，如 4BF5:AA12:0216:FEBC:BA5F:039A:BE9A:2170。

通常可以把 IPv6 地址缩写成更紧凑的形式。当 16 位域的开头有一些 0 时，可以采用一种缩写表示法，但在域中必须至少有一个数字。例如，可以把地址 4BF5:0000:0000:0000:BA5F:039A:000A:2176 缩写为 4BF5:0:0:0:BA5F:39A:A:2176。

当有相继的 0 值域时，还可以进一步缩写。这些域可以用双冒号缩写（::）。当然，双冒号表示法在一个地址中仅能出现一次，因为 0 值域的个数没有编码，需要从指定的总的域的个数来推算。这样一来，前述地址可被更紧凑地书写成 4BF5::BA5F:39A:A:2176。

IPv6 扩展了 IPv4 地址的分级概念，它使用以下 3 个等级：第一级（顶级）指明全球都知道的公共拓扑；第二级（场点级）指明单个场点；第三级指明单个网络接口。IPv6 地址采用多级体系主要是为了使路由器能够更快地查找路由。

从 IPv4 向 IPv6 过渡只能采用逐步演进的办法，同时还必须使新安装的 IPv6 系统能够向后兼容。IPv6 系统必须能够接收和转发 IPv4 分组，并且能够为 IPv4 分组选择路由。

从 IPv4 向 IPv6 过渡可以采用双协议栈和隧道技术两种策略：双协议栈是指在一台设备上同时装有 IPv4 和 IPv6 协议栈，那么这台设备既能和 IPv4 网络通信，又能和 IPv6 网络通信。如果这台设备是一个路由器，那么在路由器的不同接口上分别配置了 IPv4 地址和 IPv6 地址，并很可能分别连接了 IPv4 网络和 IPv6 网络；如果这台设备是一台计算机，那么它将同时拥有 IPv4 地址和 IPv6 地址，并具备同时处理这两个协议地址的功能。隧道技术的要点是在 IPv6 数据报要进入 IPv4 网络时，把整个 IPv6 数据报封装到 IPv4 数据报的数据部分，使得 IPv6 数据报就好像在 IPv4 网络的隧道中传输。

4.4.3 本节习题精选

单项选择题

01. 下一代因特网核心协议 IPv6 的地址长度是（ ）。

    A. 32bit   B. 48bit   C. 64bit   D. 128bit

02. 与 IPv4 相比，IPv6（ ）。

    A. 采用 32 位 IP 地址   B. 增加了头部字段数目

    C. 不提供 QoS 保障   D. 没有提供校验和字段

03. 以下关于 IPv6 地址 1A22:120D:0000:0000:72A2:0000:0000:00C0 的表示中，错误的是（ ）。

    A. 1A22:120D::72A2:0000:0000:00C0   B. 1A22:120D::72A2:0:0:C0

    C. 1A22::120D::72A2::00C0   D. 1A22:120D:0:0:72A2::C0

04. 下列关于 IPv6 的描述中，错误的是（ ）。

    A. IPv6 的首部长度是不可变的

    B. IPv6 不允许分片

    C. IPv6 采用了 16B 的地址，在可预见的将来不会用完

    D. IPv6 使用了首部校验和来保证传输的正确性

05. 如果一个路由器收到的 IPv6 数据报因太大而不能转发到链路上，那么路由器将把该数据报（ ）。

    A. 丢弃   B. 暂存

    C. 分片   D. 转发至能支持该数据报的链路上

4.4.4　答案与解析

单项选择题

01．D

IPv6 的地址用 16B（即 128bit）表示，比 IPv4 长得多，地址空间是 IPv4 的 2^{96} 倍。

02．D

IPv6 采用 128 位地址，所以选项 A 错。IPv6 减少了头部字段数目，仅包含 8 个字段，选项 B 错。IPv6 支持 QoS，以满足实时、多媒体通信的需要，选项 C 错。由于目前网络传输介质的可靠性较高，出现比特错误的可能性很低，且数据链路层和传输层有自己的校验，为了效率，IPv6 没有校验和字段。

03．C

使用零压缩法时，双冒号 "::" 在一个地址中只能出现一次。也就是说，当有多处不相邻的 0 时，只能用 "::" 代表其中的一处。

04．D

IPv6 的首部长度是固定的，因此不需要首部长度字段。IPv6 取消了校验和字段，这样就加快了路由器处理数据报的速度。我们知道，数据链路层会丢弃检测出差错的帧，运输层也有相应的差错处理机制，因此网络层的差错检测可以精简掉。

05．A

IPv6 中不允许分片。因此，如果路由器发现到来的数据报太大而不能转发到链路上，那么丢弃该数据报，并向发送方发送一个指示分组太大的 ICMP 报文。

4.5　路由协议

4.5.1　自治系统

自治系统（Autonomous System，AS）：单一技术管理下的一组路由器，这些路由器使用一种 AS 内部的路由选择协议和共同的度量来确定分组在该 AS 内的路由，同时还使用一种 AS 之间的路由选择协议来确定分组在 AS 之间的路由。

一个自治系统内的所有网络都由一个行政单位（如一家公司、一所大学、一个政府部门等）管辖，一个自治系统的所有路由器在本自治系统内都必须是连通的。

4.5.2　域内路由与域间路由

自治系统内部的路由选择称为域内路由选择，自治系统之间的路由选择称为域间路由选择。因特网有两大类路由选择协议。

1．内部网关协议（Interior Gateway Protocol，IGP）

内部网关协议即在一个自治系统内部使用的路由选择协议，它与互联网中其他自治系统选用什么路由选择协议无关。目前这类路由选择协议使用得最多，如 RIP 和 OSPF。

2．外部网关协议（External Gateway Protocol，EGP）

若源站和目的站处在不同的自治系统中，当数据报传到一个自治系统的边界时（两个自治系统可能使用不同的 IGP），就需要使用一种协议将路由选择信息传递到另一个自治系统中。这样的协议就是外部网关协议（EGP）。目前使用最多的外部网关协议是 BGP-4。

图 4.10 是两个自治系统互连的示意图。每个自治系统自己决定在本自治系统内部运行哪个内部路由选择协议（例如，可以是 RIP，也可以是 OSPF），但每个自治系统都有一个或多个路由器（图中的路由器 R1 和 R2）。除运行本系统的内部路由选择协议外，还要运行自治系统间的路由选择协议（如 BGP-4）。

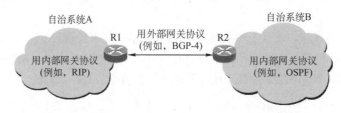

图 4.10 自治系统和内部网关协议、外部网关协议

4.5.3 路由信息协议（RIP）

路由信息协议（Routing Information Protocol，RIP）是内部网关协议（IGP）中最先得到广泛应用的协议。RIP 是一种分布式的基于距离向量的路由选择协议，其最大优点就是简单。

1．RIP 规定

1）网络中的每个路由器都要维护从它自身到其他每个目的网络的距离记录（因此这是一组距离，称为距离向量）。

2）距离也称跳数（Hop Count），规定从一个路由器到直接连接网络的距离（跳数）为 1。而每经过一个路由器，距离（跳数）加 1。

3）RIP 认为好的路由就是它通过的路由器的数目少，即优先选择跳数少的路径。

4）RIP 允许一条路径最多只能包含 15 个路由器（即最多允许 15 跳）。因此距离等于 16 时，它表示网络不可达。可见 RIP 只适用于小型互联网。距离向量路由可能会出现环路的情况，规定路径上的最高跳数的目的是为了防止数据报不断循环在环路上，减少网络拥塞的可能性。

5）RIP 默认在任意两个使用 RIP 的路由器之间每 30 秒广播一次 RIP 路由更新信息，以便自动建立并维护路由表（动态维护）。

6）在 RIP 中不支持子网掩码的 RIP 广播，所以 RIP 中每个网络的子网掩码必须相同。但在新的 RIP2 中，支持变长子网掩码和 CIDR。

2．RIP 的特点（注意与 OSPF 的特点比较）

1）仅和相邻路由器交换信息。

2）路由器交换的信息是当前路由器所知道的全部信息，即自己的路由表。

3）按固定的时间间隔交换路由信息，如每隔 30 秒。

RIP 通过距离向量算法来完成路由表的更新。最初，每个路由器只知道与自己直接相连的网络。通过每 30 秒的 RIP 广播，相邻两个路由器相互将自己的路由表发给对方。于是经过第一次 RIP 广播，每个路由器就知道了与自己相邻的路由器的路由表（即知道了距离自己跳数为 1 的网络的路由）。同理，经过第二次 RIP 广播，每个路由器就知道了距离自己跳数为 2 的网络的路由……因此，经过若干 RIP 广播后，所有路由器都最终知道了整个 IP 网络的路由表，称为 RIP 最终是收敛的。通过 RIP 收敛后，每个路由器到每个目标网络的路由都是距离最短的（即跳数最少，最短路由），哪怕还存在另一条高速（低时延）但路由器较多的路由。

3．距离向量算法

每个路由表项目都有三个关键数据：<目的网络 N，距离 d，下一跳路由器地址 X>。对于每个相邻路由器发送过来的 RIP 报文，执行如下步骤：

1）对地址为 X 的相邻路由器发来的 RIP 报文，先修改此报文中的所有项目：把"下一跳"字段中的地址都改为 X，并把所有"距离"字段的值加 1。

2）对修改后的 RIP 报文中的每个项目，执行如下步骤：
   ① 当原来的路由表中没有目的网络 N 时，把该项目添加到路由表中。
   ② 当原来的路由表中有目的网络 N，且下一跳路由器的地址是 X 时，用收到的项目替换原路由表中的项目。
   ③ 当原来的路由表中有目的网络 N，且下一跳路由器的地址不是 X 时，如果收到的项目中的距离 d 小于路由表中的距离，那么就用收到的项目替换原路由表中的项目；否则什么也不做。

3）如果 180 秒（RIP 默认超时时间为 180 秒）还没有收到相邻路由器的更新路由表，那么把此相邻路由器记为不可达路由器，即把距离设置为 16（距离为 16 表示不可达）。

4）返回。

RIP 最大的优点是实现简单、开销小、收敛过程较快。RIP 的缺点如下：

1）RIP 限制了网络的规模，它能使用的最大距离为 15（16 表示不可达）。

2）路由器之间交换的是路由器中的完整路由表，因此网络规模越大，开销也越大。

3）网络出现故障时，会出现慢收敛现象（即需要较长时间才能将此信息传送到所有路由器），俗称"坏消息传得慢"，使更新过程的收敛时间长。

RIP 是应用层协议，它使用 UDP 传送数据（端口 520）。RIP 选择的路径不一定是时间最短的，但一定是具有最少路由器的路径。因为它是根据最少跳数进行路径选择的。

4.5.4 开放最短路径优先（OSPF）协议

1．OSPF 协议的基本特点

开放最短路径优先（OSPF）协议是使用分布式链路状态路由算法的典型代表，也是内部网关协议（IGP）的一种。OSPF 与 RIP 相比有以下 4 点主要区别：

1）OSPF 向本自治系统中的所有路由器发送信息，这里使用的方法是洪泛法。而 RIP 仅向自己相邻的几个路由器发送信息。

2）发送的信息是与本路由器相邻的所有路由器的链路状态，但这只是路由器所知道的部分信息。"链路状态"说明本路由器和哪些路由器相邻及该链路的"度量"（或代价）。而在 RIP 中，发送的信息是本路由器所知道的全部信息，即整个路由表。

3）只有当链路状态发生变化时，路由器才用洪泛法向所有路由器发送此信息，并且更新过程收敛得快，不会出现 RIP"坏消息传得慢"的问题。而在 RIP 中，不管网络拓扑是否发生变化，路由器之间都会定期交换路由表的信息。

4）OSPF 是网络层协议，它不使用 UDP 或 TCP，而直接用 IP 数据报传送（其 IP 数据报首部的协议字段为 89）。而 RIP 是应用层协议，它在传输层使用 UDP。

除以上区别外，OSPF 还有以下特点：

1）OSPF 对不同的链路可根据 IP 分组的不同服务类型（TOS）而设置成不同的代价。因此，OSPF 对于不同类型的业务可计算出不同的路由，十分灵活。

2）如果到同一个目的网络有多条相同代价的路径，那么可以将通信量分配给这几条路径。这称为多路径间的负载平衡。

3）所有在 OSPF 路由器之间交换的分组都具有鉴别功能，因而保证了仅在可信赖的路由器之间交换链路状态信息。

4）支持可变长度的子网划分和无分类编址 CIDR。

5）每个链路状态都带上一个 32 位的序号，序号越大，状态就越新。

2．OSPF 的基本工作原理

由于各路由器之间频繁地交换链路状态信息，因此所有路由器最终都能建立一个链路状态数据库。这个数据库实际上就是全网的拓扑结构图，它在全网范围内是一致的（称为链路状态数据库的同步）。然后，每个路由器根据这个全网拓扑结构图，使用 Dijkstra 最短路径算法计算从自己到各目的网络的最优路径，以此构造自己的路由表。此后，当链路状态发生变化时，每个路由器重新计算到各目的网络的最优路径，构造新的路由表。

注意： 虽然使用 Dijkstra 算法能计算出完整的最优路径，但路由表中不会存储完整路径，而只存储"下一跳"（只有到了下一跳路由器，才能知道再下一跳应当怎样走）。

为使 OSPF 能够用于规模很大的网络，OSPF 将一个自治系统再划分为若干更小的范围，称为区域。划分区域的好处是，将利用洪泛法交换链路状态信息的范围局限于每个区域而非整个自治系统，减少了整个网络上的通信量。在一个区域内部的路由器只知道本区域的完整网络拓扑，而不知道其他区域的网络拓扑情况。这些区域也有层次之分。处在上层的域称为主干区域，负责连通其他下层的区域，并且还连接其他自治域。

3．OSPF 的五种分组类型

OSPF 共有以下五种分组类型：

1）问候分组，用来发现和维持邻站的可达性。

2）数据库描述分组，向邻站给出自己的链路状态数据库中的所有链路状态项目的摘要信息。

3）链路状态请求分组，向对方请求发送某些链路状态项目的详细信息。

4）链路状态更新分组，用洪泛法对全网更新链路状态。

5）链路状态确认分组，对链路更新分组的确认。

通常每隔 10 秒，每两个相邻路由器要交换一次问候分组，以便知道哪些站可达。在路由器刚开始工作时，OSPF 让每个路由器使用数据库描述分组和相邻路由器交换本数据库中已有的链路状态摘要信息。然后，路由器使用链路状态请求分组，向对方请求发送自己所缺少的某些链路状态项目的详细信息。经过一系列的这种分组交换，就建立了全网同步的链路数据库。图 4.11 给出了 OSPF 的基本操作，说明了两个路由器需要交换的各种类型的分组。

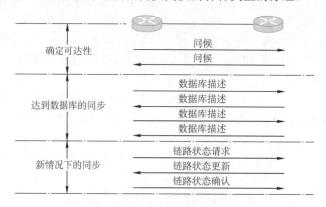

图 4.11　OSPF 的基本操作

在网络运行的过程中，只要一个路由器的链路状态发生变化，该路由器就要使用链路状态更新分组，用洪泛法向全网更新链路状态。其他路由器在更新后，发送链路状态确认分组对更新分组进行确认。

为了确保链路状态数据库与全网的状态保持一致，OSPF 还规定每隔一段时间（如 30 分钟）就刷新一次数据库中的链路状态。由于一个路由器的链路状态只涉及与相邻路由器的连通状态，因而与整个互联网的规模并无直接关系。因此，当互联网规模很大时，OSPF 要比 RIP 好得多，而且 OSPF 协议没有"坏消息传播得慢"的问题。

注意：教材上说 OSPF 协议不使用 UDP 数据报传送，而是直接使用 IP 数据报传送，在此解释一下什么称为用 UDP 传送，什么称为用 IP 数据报传送。用 UDP 传送是指将该信息作为 UDP 报文的数据部分，而直接使用 IP 数据报传送是指将该信息直接作为 IP 数据报的数据部分。RIP 报文是作为 UDP 数据报的数据部分。

4.5.5　边界网关协议（BGP）

边界网关协议（Border Gateway Protocol，BGP）是不同自治系统的路由器之间交换路由信息的协议，是一种外部网关协议。边界网关协议常用于互联网的网关之间。

内部网关协议主要设法使数据报在一个 AS 中尽可能有效地从源站传送到目的站。在一个 AS 内部不需要考虑其他方面的策略。然而 BGP 使用的环境却不同，主要原因如下：

1）因特网的规模太大，使得自治系统之间路由选择非常困难。

2）对于自治系统之间的路由选择，要寻找最佳路由是很不现实的。

3）自治系统之间的路由选择必须考虑有关策略。

边界网关协议（BGP）只能力求寻找一条能够到达目的网络且比较好的路由（不能兜圈子），而并非寻找一条最佳路由。BGP 采用的是路径向量路由选择协议，它与距离向量协议和链路状态协议有很大的区别。BGP 是应用层协议，它是基于 TCP 的。

BGP 的工作原理如下：每个自治系统的管理员要选择至少一个路由器（可以有多个）作为该自治系统的"BGP 发言人"。一个 BGP 发言人与其他自治系统中的 BGP 发言人要交换路由信息，就要先建立 TCP 连接（可见 BGP 报文是通过 TCP 传送的，也就是说 BGP 报文是 TCP 报文的数据部分），然后在此连接上交换 BGP 报文以建立 BGP 会话，再利用 BGP 会话交换路由信息。当所有 BGP 发言人都相互交换网络可达性的信息后，各 BGP 发言人就可找出到达各个自治系统的较好路由。

每个 BGP 发言人除必须运行 BGP 外，还必须运行该 AS 所用的内部网关协议，如 OSPF 或 RIP。BGP 所交换的网络可达性信息就是要到达某个网络（用网络前缀表示）所要经过的一系列 AS。图 4.12 给出了一个 BGP 发言人交换路径向量的例子。

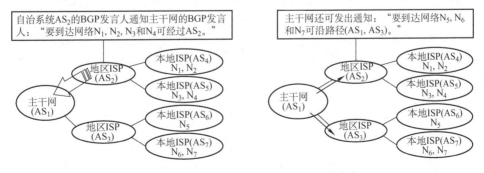

图 4.12　主干网与自治系统间路径向量的交换

BGP 的特点如下：

1）BGP 交换路由信息的结点数量级是自治系统的数量级，比这些自治系统中的网络数少很多。

2）每个自治系统中 BGP 发言人（或边界路由器）的数目是很少的。这样就使得自治系统之间的路由选择不致过分复杂。

3）BGP 支持 CIDR，因此 BGP 的路由表也就应当包括目的网络前缀、下一跳路由器，以及到达该目的网络所要经过的各个自治系统序列。

4）在 BGP 刚运行时，BGP 的邻站交换整个 BGP 路由表，但以后只需在发生变化时更新有变化的部分。这样做对节省网络带宽和减少路由器的处理开销都有好处。

BGP-4 共使用 4 种报文：

1）打开（Open）报文。用来与相邻的另一个 BGP 发言人建立关系。

2）更新（Update）报文。用来发送某一路由的信息，以及列出要撤销的多条路由。

3）保活（Keepalive）报文。用来确认打开报文和周期性地证实邻站关系。

4）通知（Notification）报文。用来发送检测到的差错。

RIP、OSPF 与 BGP 的比较如表 4.3 所示。

表 4.3 三种路由协议的比较

协议	RIP	OSPF	BGP	
类型	内部	内部	外部	
路由算法	距离-向量	链路状态	路径-向量	
传递协议	UDP	IP	TCP	
路径选择	跳数最少	代价最低	较好，非最佳	
交换结点	和本结点相邻的路由器	网络中的所有路由器	和本结点相邻的路由器	
交换内容	当前本路由器知道的全部信息，即自己的路由表	与本路由器相邻的所有路由器的链路状态	首次	整个路由表
			非首次	有变化的部分

4.5.6 本节习题精选

一、单项选择题

01. 以下关于自治系统的描述中，不正确的是（　）。

　　A. 自治系统划分区域的好处是，将利用洪泛法交换链路状态信息的范围局限在每个区域内，而不是整个自治系统

　　B. 采用分层划分区域的方法使交换信息的种类增多，同时也使 OSPF 协议更加简单

　　C. OSPF 协议将一个自治系统再划分为若干更小的范围，称为区域

　　D. 在一个区域内部的路由器只知道本区域的网络拓扑，而不知道其他区域的网络拓扑的情况

02. 在计算机网络中，路由选择协议的功能不包括（　）。

　　A. 交换网络状态或通路信息　　　　　　B. 选择到达目的地的最佳路径

　　C. 更新路由表　　　　　　　　　　　　D. 发现下一跳的物理地址

03. 用于域间路由的协议是（　）。

　　A. RIP　　　　　　B. BGP　　　　　　C. OSPF　　　　　　D. ARP

04. 在 RIP 中，到某个网络的距离值为 16，其意义是（　）。

　　A. 该网络不可达　　　　　　　　　　　B. 存在循环路由

　　C. 该网络为直接连接网络　　　　　　　D. 到达该网络要经过 15 次转发

05. 在 RIP 中，假设路由器 X 和路由器 K 是两个相邻的路由器，X 向 K 说："我到目的网络

Y 的距离为 N"，则收到此信息的 K 就知道："若将到网络 Y 的下一个路由器选为 X，则我到网络 Y 的距离为（　）。"（假设 N 小于 15）

 A. N　　　　　　B. $N-1$　　　　　　C. 1　　　　　　D. $N+1$

06. 以下关于 RIP 的描述中，错误的是（　）。

 A. RIP 是基于距离-向量路由选择算法的

 B. RIP 要求内部路由器将它关于整个 AS 的路由信息发布出去

 C. RIP 要求内部路由器向整个 AS 的路由器发布路由信息

 D. RIP 要求内部路由器按照一定的时间间隔发布路由信息

07. 对路由选择协议的一个要求是必须能够快速收敛，所谓"路由收敛"是指（　）。

 A. 路由器能把分组发送到预定的目标

 B. 路由器处理分组的速度足够快

 C. 网络设备的路由表与网络拓扑结构保持一致

 D. 能把多个子网聚合成一个超网

08. 下列关于 RIP 和 OSPF 协议的叙述中，错误的是（　）。

 A. RIP 和 OSPF 协议都是网络层协议

 B. 在进行路由信息交换时，RIP 中的路由器仅向自己相邻的路由器发送信息，OSPF 协议中的路由器向本自治系统中的所有路由器发送信息

 C. 在进行路由信息交换时，RIP 中的路由器发送的信息是整个路由表，OSPF 协议中的路由器发送的信息只是路由表的一部分

 D. RIP 的路由器不知道全网的拓扑结构，OSPF 协议的任何一个路由器都知道自己所在区域的拓扑结构

09. OSPF 协议使用（　）分组来保持与其邻居的连接。

 A. Hello　　　　　　　　　　　B. Keepalive

 C. SPF（最短路径优先）　　　　D. LSU（链路状态更新）

10. 以下关于 OSPF 协议的描述中，最准确的是（　）。

 A. OSPF 协议根据链路状态法计算最佳路由

 B. OSPF 协议是用于自治系统之间的外部网关协议

 C. OSPF 协议不能根据网络通信情况动态地改变路由

 D. OSPF 协议只适用于小型网络

11. 以下关于 OSPF 协议特征的描述中，错误的是（　）。

 A. OSPF 协议将一个自治域划分成若干域，有一种特殊的域称为主干区域

 B. 域之间通过区域边界路由器互连

 C. 在自治系统中有 4 类路由器：区域内部路由器、主干路由器、区域边界路由器和自治域边界路由器

 D. 主干路由器不能兼作区域边界路由器

12. BGP 交换的网络可达性信息是（　）。

 A. 到达某个网络所经过的路径　　　B. 到达某个网络的下一跳路由器

 C. 到达某个网络的链路状态摘要信息　D. 到达某个网络的最短距离及下一跳路由器

13. RIP、OSPF 协议、BGP 的路由选择过程分别使用（　）。

 A. 路径向量协议、链路状态协议、距离向量协议

 B. 距离向量协议、路径向量协议、链路状态协议

C. 路径向量协议、距离向量协议、链路状态协议

D. 距离向量协议、链路状态协议、路径向量协议

14. 考虑如右图所示的子网，该子网使用了距离向量算法，下面的向量刚刚到达路由器 C: 来自 B 的向量为(5, 0, 8, 12, 6, 2); 来自 D 的向量为(16, 12, 6, 0, 9, 10); 来自 E 的向量为(7, 6, 3, 9, 0, 4)。经过测量，C 到 B、D 和 E 的延迟分别为 6、3 和 5，那么 C 到达所有结点的最短路径是（ ）。

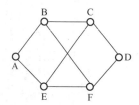

A. (5, 6, 0, 9, 6, 2) B. (11, 6, 0, 3, 5, 8)

C. (5, 11, 0, 12, 8, 9) D. (11, 8, 0, 7, 4, 9)

15. 【2010 统考真题】某自治系统内采用 RIP，若该自治系统内的路由器 R1 收到其邻居路由器 R2 的距离向量，距离向量中包含信息<net1, 16>，则能得出的结论是（ ）。

A. R2 可以经过 R1 到达 net1，跳数为 17

B. R2 可以到达 net1，跳数为 16

C. R1 可以经过 R2 到达 net1，跳数为 17

D. R1 不能经过 R2 到达 net1

16. 【2016 统考真题】假设下图中的 R1、R2、R3 采用 RIP 交换路由信息，且均已收敛。若 R3 检测到网络 201.1.2.0/25 不可达，并向 R2 通告一次新的距离向量，则 R2 更新后，其到达该网络的距离是（ ）。

A. 2 B. 3 C. 16 D. 17

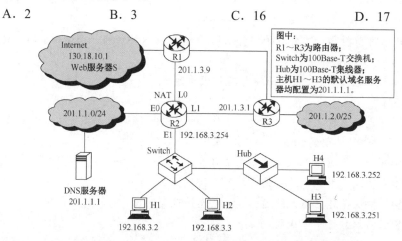

17. 【2017 统考真题】直接封装 RIP、OSPF、BGP 报文的协议分别是（ ）。

A. TCP、UDP、IP B. TCP、IP、UDP

C. UDP、TCP、IP D. UDP、IP、TCP

18. 【2021 统考真题】某网络中的所有路由器均采用距离向量路由算法计算路由。若路由器 E 与邻居路由器 A、B、C 和 D 之间的直接链路距离分别是 8, 10, 12 和 6，且 E 收到邻居路由器的距离向量如下表所示，则路由器 E 更新后的到达目的网络 Net1～Net4 的距离分别是（ ）。

目的网络	A 的距离向量	B 的距离向量	C 的距离向量	D 的距离向量
Net1	1	23	20	22
Net2	12	35	30	28
Net3	24	18	16	36
Net4	36	30	8	24

　　A. 9, 10, 12, 6　　　　B. 9, 10, 28, 20　　　C. 9, 20, 12, 20　　　D. 9, 20, 28, 20

二、综合应用题

01. RIP 使用 UDP，OSPF 使用 IP，而 BGP 使用 TCP。这样做有何优点？为什么 RIP 周期性地和邻站交换路由信息而 BGP 却不这样做？

02. 在某个使用 RIP 的网络中，B 和 C 互为相邻路由器，其中表 1 为 B 的原路由表，表 2 为 C 广播的距离向量报文<目的网络, 距离>。

<table>
<tr><td colspan="3" align="center">表 1</td><td colspan="2" align="center">表 2</td></tr>
<tr><th>目的网络</th><th>距离</th><th>下一跳</th><th>目的网络</th><th>距离</th></tr>
<tr><td>N1</td><td>7</td><td>A</td><td>N2</td><td>15</td></tr>
<tr><td>N2</td><td>2</td><td>C</td><td>N3</td><td>2</td></tr>
<tr><td>N6</td><td>8</td><td>F</td><td>N4</td><td>8</td></tr>
<tr><td>N8</td><td>4</td><td>E</td><td>N8</td><td>2</td></tr>
<tr><td>N9</td><td>4</td><td>D</td><td>N7</td><td>4</td></tr>
</table>

　　1）试求路由器 B 更新后的路由表并说明主要步骤。

　　2）当路由器 B 收到发往网络 N2 的 IP 分组时，应该做何处理？

03. 因特网中的一个自治系统的内部结构如下图所示。路由选择协议采用 OSPF 协议时，计算 R6 的关于网络 N1、N2、N3、N4 的路由表。

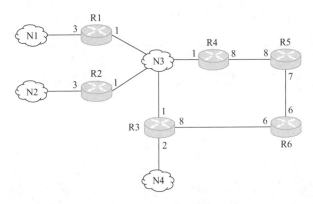

　　注：端口处的数字指该路由器向该链路转发分组的代价。

04. 【2013 统考真题】假设 Internet 的两个自治系统构成的网络如下图所示，自治系统 AS1 由路由器 R1 连接两个子网构成；自治系统 AS2 由路由器 R2、R3 互连并连接 3 个子网构成。各子网地址、R2 的接口名、R1 与 R3 的部分接口 IP 地址如下图所示。

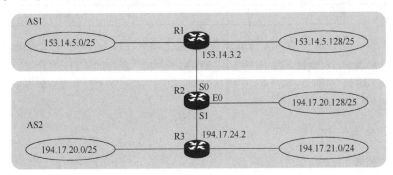

请回答下列问题：

1）假设路由表结构如下表所示。利用路由聚合技术，给出 R2 的路由表，要求包括到达图中所有子网的路由，且路由表中的路由项尽可能少。

目的网络	下一跳	接口

2）若 R2 收到一个目的 IP 地址为 194.17.20.200 的 IP 分组，R2 会通过哪个接口转发该 IP 分组？

3）R1 与 R2 之间利用哪个路由协议交换路由信息？该路由协议的报文被封装到哪个协议的分组中进行传输？

05.【2014 统考真题】某网络中的路由器运行 OSPF 路由协议，下表是路由器 R1 维护的主要链路状态信息（LSI），下图是根据该表及 R1 的接口名构造的网络拓扑。

		R1 的 LSI	R2 的 LSI	R3 的 LSI	R4 的 LSI	备　注
Router ID		10.1.1.1	10.1.1.2	10.1.1.5	10.1.1.6	标识路由器的 IP 地址
Link1	ID	10.1.1.2	10.1.1.1	10.1.1.6	10.1.1.5	所连路由器的 Router ID
	IP	10.1.1.1	10.1.1.2	10.1.1.5	10.1.1.6	Link1 的本地 IP 地址
	Metric	3	3	6	6	Link1 的费用
Link2	ID	10.1.1.5	10.1.1.6	10.1.1.1	10.1.1.2	所连路由器的 Router ID
	IP	10.1.1.9	10.1.1.13	10.1.1.10	10.1.1.14	Link2 的本地 IP 地址
	Metric	2	4	2	4	Link2 的费用
Net1	Prefix	192.1.1.0/24	192.1.6.0/24	192.1.5.0/24	192.1.7.0/24	直连网络 Net1 的网络前缀
	Metric	1	1	1	1	到达直连网络 Net1 的费用

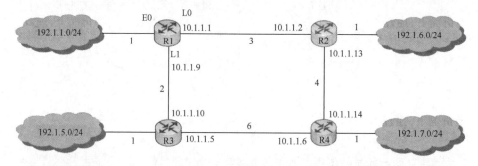

请回答下列问题：

1）假设路由表结构如下表所示，给出图中 R1 的路由表，要求包括到达图中子网 192.1.x.x 的路由，且路由表中的路由项尽可能少。

目的网络	下一跳	接口

2）当主机 192.1.1.130 向主机 192.1.7.211 发送一个 TTL = 64 的 IP 分组时，R1 通过哪个接口转发该 IP 分组？主机 192.1.7.211 收到的 IP 分组的 TTL 是多少？

3）若 R1 增加一条 Metric 为 10 的链路连接 Internet，则表中 R1 的 LSI 需要增加哪些信息？

4.5.7　答案与解析

一、单项选择题

01. B

划分区域的好处是，将利用洪泛法交换链路状态信息的范围局限在每个区域内，而不是整个自治系统。因此，在一个区域内部的路由器只知道本区域的网络拓扑，而不知道其他区域的网络拓扑情况。采用分层次划分区域的方法虽然使交换信息的种类增多了，同时也使 OSPF 协议更加复杂了，但这样做却能使每个区域内部交换路由信息的通信量大大减少，进而使 OSPF 协议能够用于规模很大的自治系统中。

02．D

路由选择协议的功能通常包括：获取网络拓扑信息、构建路由表、在网络中更新路由信息、选择到达每个目的网络的最优路径、识别一个网络的无环通路等。发现下一跳的物理地址一般是通过其他方式（如 ARP）来实现的，不属于路由选择协议的功能。

03．B

BGP（边界网关协议）是域间路由协议。RIP 和 OSPF 是域内路由协议，ARP 不是路由协议。

04．A

RIP 规定的最大跳数为 15，16 表示网络不可达。

05．D

RIP 规定，每经过一个路由器，距离（跳数）加 1。

06．C

RIP 规定一个路由器只向相邻路由器发布路由信息，而不像 OSPF 那样向整个域洪泛。

07．C

所谓收敛，是指当路由环境发生变化后，各路由器调整自己的路由表以适应网络拓扑结构的变化，最终达到稳定状态（路由表与网络拓扑状态保持一致）。收敛越快，路由器就能越快适应网络拓扑结构的变化。

08．A

RIP 是应用层协议，它使用 UDP 传送数据，OSPF 才是网络层协议。A 错误。

09．A

此题属于记忆性题目，OSPF 协议使用 Hello 分组来保持与其邻居的连接。

10．A

OSPF 协议是一种用于自治系统内的路由协议，选项 B 错误。它是一种基于链路状态路由选择算法的协议，能适用大型全局 IP 网络的扩展，支持可变长子网掩码，所以 OSPF 协议可用于管理一个受限地址域的中大型网络，选项 D 错误。OSPF 协议维护一张它所连接的所有链路状态信息的邻居表和拓扑数据库，使用组播链路状态更新（Link State Update，LSU）报文实现路由更新，并且只有当网络已经发生变化时才传送 LSU 报文，选项 C 错误。OSPF 协议不传送整个路由表，而传送受影响的路由更新报文。

11．D

主干区域中，用于连接主干区域和其他下层区域的路由器称为区域边界路由器。只要是在主干区域中的路由器，就都称为主干路由器，因此主干路由器可以兼作区域边界路由器。

12．A

由于 BGP 仅力求寻找一条能够到达目的网络且较好的路由（不能兜圈子），而并非寻找一条最佳路由，因此 D 选项错误。BGP 交换的路由信息是到达某个目的网络所要经过的各个自治系统序列而不仅仅是下一跳，因此选项 A 正确。

13．D

RIP 是一种分布式的基于距离向量的路由选择协议，它使用跳数来度量距离。RIP 选择的路径不一定是时间最短的，但一定是具有最小距离（最少跳数）的路径。

OSPF 协议使用分布式的链路状态协议，通过与相邻路由器频繁交流链路状态信息，来建立全网的拓扑结构图，然后使用 Dijkstra 算法计算从自己到各目的网络的最优路径。

由于 BGP 仅力求寻找一条能够到达目的网络且较好的路由（不能兜圈子），而并非寻找一条最佳路由，因此它采用的是路径向量路由选择协议。在 BGP 中，每个自治系统选出一个 BGP 发言人，这些发言人通过相互交换自己的路径向量（即网络可达性信息）后，就可找出到达各自治系统的较好路由。

14. B

距离-向量路由算法要求每个路由器维护一张路由表，该表给出了到达每个目的地址的已知最佳距离（最小代价）和下一步的转发地址。算法要求每个路由器定期与所有相邻路由器交换整个路由表，并更新自己的路由表项。注意从邻接结点接收到路由表不能直接进行比较，而要加上相邻结点传输消耗后再进行计算。C 到 B 的距离是 6，那么从 C 开始通过 B 到达各结点的最短距离向量是(11, 6, 14, 18, 12, 8)。同理，通过 D 和 E 的最短距离向量分别是(19, 15, 9, 3, 12, 13)和(12, 11, 8, 14, 5, 9)。那么 C 到所有结点的最短路径应该是(11, 6, 0, 3, 5, 8)。

15. D

R1 在收到信息并更新路由表后，若需要经过 R2 到达 net1，则其跳数为 17，由于距离为 16 表示不可达，因此 R1 不能经过 R2 到达 net1，R2 也不可能到达 net1。选项 B、C 错误，选项 D 正确。而题目中并未给出 R1 向 R2 发送的信息，因此选项 A 也不正确。

16. B

因为 R3 检测到网络 201.1.2.0/25 不可达，因此将到该网络的距离设置为 16（距离为 16 表示不可达）。当 R2 从 R3 收到路由信息时，因为 R3 到该网络的距离为 16，则 R2 到该网络也不可达，但此时记录 R1 可达（由于 RIP 的特点是"坏消息传得慢"，R1 并未收到 R3 发来的路由信息），R1 到该网络的距离为 2，再加上从 R2 到 R1 距离的 1，得 R2 到该网络的距离为 3。

17. D

RIP 是一种分布式的基于距离向量的路由选择协议，它通过广播 UDP 报文来交换路由信息。OSPF 是一个内部网关协议，要交换的信息量较大，应使报文的长度尽量短，所以不使用传输层协议（如 UDP 或 TCP），而直接采用 IP。BGP 是一个外部网关协议，在不同的自治系统之间交换路由信息，由于网络环境复杂，需要保证可靠传输，所以采用 TCP。因此，答案为选项 D。

18. D

根据距离向量路由算法，E 收到相邻路由器的距离向量后，更新它的路由表：

① 当原路由表中没有目的网络时，把该项目添加到路由表中。

② 发来的路由信息中有一条到达某个目的网络的路由，该路由与当前使用的路由相比，有较短的距离，就用经过发送路由信息的结点的新路由替换。

分析题意可知，E 与邻居路由器 A、B、C 和 D 之间的直接链路距离分别是 8, 10, 12 和 6。到达 Net1～Net4 没有直接链路，需要通过邻居路由器。从上述算法可知，E 到达目的网络一定是经过 A、B、C 和 D 中距离最小的。根据题中所给的距离信息，计算 E 经邻居路由器到达目的网络 Net1～Net4 的距离，如下表所示，选择到达每个目的网络距离的最短值。

目的网络	经过 A 需要的距离	经过 B 需要的距离	经过 C 需要的距离	经过 D 需要的距离
Net1	**9**	33	32	28
Net2	**20**	45	42	34
Net3	32	**28**	**28**	42
Net4	44	40	**20**	30

所以距离分别是 9, 20, 28, 20。

二、综合应用题

01.【解答】

RIP 处于 UDP 的上层，RIP 所接收的路由信息都封装在 UDP 的数据报中；OSPF 的位置位于网络层，由于要交换的信息量较大，因此应使报文的长度尽量短，因此采用 IP；BGP 要在不同的自治系统之间交换路由信息，由于网络环境复杂，需要保证可靠的传输，所以选择 TCP。

内部网关协议主要设法使数据报在一个自治系统中尽可能有效地从源站传送到目的站，在一个自治系统内部并不需要考虑其他方面的策略，然而 BGP 使用的环境却不同。主要有以下三个原因：第一，因特网规模太大，使得自治系统之间的路由选择非常困难；第二，对于自治系统之间的路由选择，要寻找最佳路由是不现实的；第三，自治系统之间的路由选择必须考虑有关策略。由于上述情况，BGP 只能力求寻找一条能够到达目的网络且较好的路由，而并非寻找一条最佳路由，所以 BGP 不需要像 RIP 那样周期性地和邻站交换路由信息。

02.【解答】

1）根据 RIP 算法，首先将从 C 收到的路由信息的下一跳改为 C，并且将每个距离都加 1，得右表。

将题中表 2 与原路由表项进行比较，根据更新路由表项的规则：①如果目的网络相同，且下一跳路由器相同，直接更新；②如果是新的目的网络地址，那么增加表项；③若目的网络相同，且下一跳路由器不同，而距离更短，则更新；④否则，无操作。更新后的路由表见下表。

目的网络	距离	下一跳
N2	16	C
N3	3	C
N4	9	C
N8	3	C
N7	5	C

目的网络	距 离	下一跳路由器	目的网络	距 离	下一跳路由器
N1	7	A	N6	8	F
N2	16	C	N7	5	C
N3	3	C	N8	3	C
N4	9	C	N9	4	D

2）在更新后的路由表中，路由器 B 到 N2 的距离为 16（网络拓扑结构变化导致），这意味着 N2 网络不可达，这时路由器 B 应该丢弃该 IP 分组并向源主机报告目的不可达。

03.【解答】

根据 Dijkstra 的最短路径算法，加入结点的次序之一为（R6, R5, R3, N3, R4, R1, R2, N4, N1, N2），可以得到 R6 的路由表如下表所示。

目的网络	距离	下一跳路由器	目的网络	距离	下一跳路由器
N1	10	R3	N3	7	R3
N2	10	R3	N4	8	R3

04.【解答】

1）要求 R2 的路由表能到达图中的所有子网，且路由项尽可能少，则应对每个路由接口的子网进行聚合。在 AS1 中，子网 153.14.5.0/25 和子网 153.14.5.128/25 可聚合为子网 153.14.5.0/24；在 AS2 中，子网 194.17.20.0/25 和子网 194.17.21.0/24 可聚合为子网 194.17.20.0/23；子网 194.17.20.128/25 单独连接到 R2 的接口 E0。

于是可以得到 R2 的路由表如下：

目 的 网 络	下 一 跳	接　口
153.14.5.0/24	153.14.3.2	S0
194.17.20.0/23	194.17.24.2	S1
194.17.20.128/25	—	E0

2）该 IP 分组的目的 IP 地址 194.17.20.200 与路由表中 194.17.20.0/23 和 194.17.20.128/25 两个路由表项均匹配，根据最长匹配原则，R2 将通过 E0 接口转发该 IP 分组。

3）R1 和 R2 属于不同的自治系统，因此应使用边界网关协议（BGP 或 BGP4）交换路由信息；BGP 是应用层协议，它的报文被封装到 TCP 段中进行传输。

05.【解答】

1）因为题目要求路由表中的路由项尽可能少，所以这里可以把子网 192.1.6.0/24 和 192.1.7.0/24 聚合为子网 192.1.6.0/23，其他网络照常，可得到路由表如下：

目 的 网 络	下 一 跳	接　口
192.1.1.0/24	—	E0
192.1.6.0/23	10.1.1.2	L0
192.1.5.0/24	10.1.1.10	L1

2）通过查路由表可知：R1 通过 L0 接口转发该 IP 分组。因为该分组要经过 3 个路由器（R1、R2、R4），所以主机 192.1.7.211 收到的 IP 分组的 TTL 是 64 − 3 = 61。

3）R1 的 LSI 需要增加一条特殊的直连网络，网络前缀 Prefix 为 "0.0.0.0/0"，Metric 为 10。

4.6 IP 组播

4.6.1 组播的概念

为了能够支持像视频点播和视频会议这样的多媒体应用，网络必须实施某种有效的组播机制。使用多个单播传送来仿真组播总是可能的，但这会引起主机上大量的处理开销和网络上太多的交通量。人们所需要的组播机制是让源计算机一次发送的单个分组可以抵达用一个组地址标识的若干目标主机，并被它们正确接收。

组播一定仅应用于 UDP，它对将报文同时送往多个接收者的应用来说非常重要。而 TCP 是一个面向连接的协议，它意味着分别运行于两台主机（由 IP 地址来确定）内的两个进程（由端口号来确定）之间存在一条连接，因此会一对一地发送。

使用组播的缘由是，有的应用程序要把一个分组发送给多个目的地主机。不是让源主机给每个目的地主机都发送一个单独的分组，而是让源主机把单个分组发送给一个组播地址，该组播地址标识一组地址。网络（如因特网）把这个分组的副本投递给该组中的每台主机。主机可以选择加入或离开一个组，因此一台主机可以同时属于多个组。

因特网中的 IP 组播也使用组播组的概念，每个组都有一个特别分配的地址，要给该组发送的计算机将使用这个地址作为分组的目标地址。在 IPv4 中，这些地址在 D 类地址空间中分配，而 IPv6 也有一部分地址空间保留给组播组。

主机使用一个称为 IGMP（因特网组管理协议）的协议加入组播组。它们使用该协议通知本地网络上的路由器关于要接收发送给某个组播组的分组的愿望。通过扩展路由器的路由选择和转发功能，可以在许多路由器互连的支持硬件组播的网络上面实现因特网组播。

需要注意的是，主机组播时仅发送一份数据，只有数据在传送路径出现分岔时才将分组复制后继续转发。因此，对发送者而言，数据只需发送一次就可发送到所有接收者，大大减轻了网络的负载和发送者的负担。组播需要路由器的支持才能实现，能够运行组播协议的路由器称为组播路由器。单播与组播的比较如图 4.13 所示。

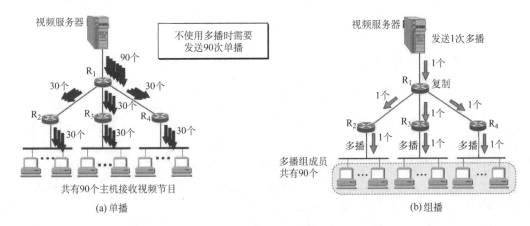

图 4.13　单播与组播的比较

4.6.2　IP 组播地址

IP 组播使用 D 类地址格式。D 类地址的前四位是 1110，因此 D 类地址范围是 224.0.0.0～239.255.255.255。每个 D 类 IP 地址标志一个组播组。

组播数据报和一般的 IP 数据报的区别是，前者使用 D 类 IP 地址作为目的地址，并且首部中的协议字段值是 2，表明使用 IGMP。需要注意的是：

1）组播数据报也是"尽最大努力交付"，不提供可靠交付。

2）组播地址只能用于目的地址，而不能用于源地址。

3）对组播数据报不产生 ICMP 差错报文。因此，若在 PING 命令后面键入组播地址，将永远不会收到响应。

4）并非所有的 D 类地址都可作为组播地址。

IP 组播可以分为两种：一种只在本局域网上进行硬件组播；另一种则在因特网的范围内进行组播。在因特网上进行组播的最后阶段，还是要把组播数据报在局域网上用硬件组播交付给组播组的所有成员［见图 4.13(b)］。下面讨论这种硬件组播。

IANA 拥有的以太网组播地址的范围是从 01-00-5E-00-00-00 到 01-00-5E-7F-FF-FF。不难看出，在每个地址中，只有 23 位可用作组播。这只能和 D 类 IP 地址中的 23 位有一一对应关系。D 类 IP 地址可供分配的有 28 位，可见在这 28 位中，前 5 位不能用来构成以太网的硬件地址，如图 4.14 所示。

例如，IP 组播地址 224.128.64.32（即 E0-80-40-20）和另一个 IP 组播地址 224.0.64.32（即 E0-00-40-20）转换成以太网的硬件组播地址都是 01-00-5E-00-40-20。由于组播 IP 地址与以太网硬件地址的映射关系不是唯一的，因此收到组播数据报的主机，还要在 IP 层利用软件进行过滤，把不是本主机要接收的数据报丢弃。

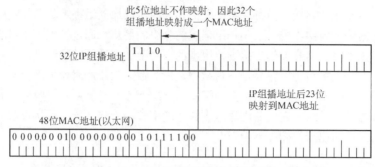

图 4.14　D 类 IP 地址与以太网组播地址的映射关系

4.6.3　IGMP 与组播路由算法

要使路由器知道组播组成员的信息，需要利用因特网组管理协议（Internet Group Management Protocol，IGMP）。连接到局域网上的组播路由器还必须和因特网上的其他组播路由器协同工作，以便把组播数据报用最小代价传送给所有组成员，这就需要使用组播路由选择协议。

IGMP 并不是在因特网范围内对所有组播组成员进行管理的协议。IGMP 不知道 IP 组播组包含的成员数，也不知道这些成员分布在哪些网络上。IGMP 让连接到本地局域网上的组播路由器知道本局域网上是否有主机参加或退出了某个组播组。

IGMP 应视为网际协议 IP 的一个组成部分，其工作可分为两个阶段。

第一阶段：当某台主机加入新的组播组时，该主机应向组播组的组播地址发送一个 IGMP 报文，声明自己要成为该组的成员。本地的组播路由器收到 IGMP 报文后，将组成员关系转发给因特网上的其他组播路由器。

第二阶段：因为组成员关系是动态的，本地组播路由器要周期性地探询本地局域网上的主机，以便知道这些主机是否仍继续是组的成员。只要对某个组有一台主机响应，那么组播路由器就认为这个组是活跃的。但一个组在经过几次的探询后仍然没有一台主机响应时，则不再将该组的成员关系转发给其他的组播路由器。

组播路由选择实际上就是要找出以源主机为根结点的组播转发树，其中每个分组在每条链路上只传送一次（即在组播转发树上的路由器不会收到重复的组播数据报）。不同的多播组对应于不同的多播转发树；同一个多播组，对不同的源点也会有不同的多播转发树。

在许多由路由器互连的支持硬件多点传送的网络上实现因特网组播时，主要有三种路由算法：第一种是基于链路状态的路由选择；第二种是基于距离-向量的路由选择；第三种可以建立在任何路由器协议之上，因此称为协议无关的组播（PIM）。

4.6.4　本节习题精选

一、单项选择题

01. 以下关于组播概念的描述中，错误的是（　）。
    A. 在单播路由选择中，路由器只能从它的一个接口转发收到的分组
    B. 在组播路由选择中，路由器可以从它的多个接口转发收到的分组
    C. 用多个单播仿真一个组播时需要更多的带宽
    D. 用多个单播仿真一个组播时时延基本上是相同的

02. 在设计组播路由时，为了避免路由环路，（　）。
    A. 采用了水平分割技术　　　　　　　　B. 构造组播转发树

　　C.　采用了 IGMP　　　　　　　　　　　　D.　通过生存时间（TTL）字段

03. 以太网组播 IP 地址 224.215.145.230 应该映射到的组播 MAC 地址是（　）。

　　A.　01-00-5E-57-91-E6　　　　　　　　　B.　01-00-5E-D7-91-E6

　　C.　01-00-5E-5B-91-E6　　　　　　　　　D.　01-00-5E-55-91-E6

04. 下列地址中，（　）是组播地址。

　　A.　10.255.255.255　　　　　　　　　　　B.　228.47.32.45

　　C.　192.32.44.59　　　　　　　　　　　　D.　172.16.255.255

二、综合应用题

01. 因特网的组播是怎样实现的？为什么因特网上的组播比以太网上的组播复杂得多？

4.6.5　答案与解析

一、单项选择题

01. D

　　多个单播可以仿真组播，但是一个组播所需的带宽要小于多个单播带宽之和；用多个单播仿真一个组播时，路由器的时延将很大，而处理一个组播分组的时延是很小的。

02. B

　　由于树具有不存在环路的特性，因此构造一个组播转发树，通过该转发树既能将组播分组传送到组内的每台主机，又能避免环路［见图 4.13(b)］。水平分割用于避免距离-向量路由算法中的无穷计数问题。TTL 字段用于防止 IP 分组由于环路而在网络中无限循环。

03. A

　　以太网组播地址块的范围是 01-00-5E-00-00-00～01-00-5E-7F-FF-FF，而且在每个地址中，只有后 23 位可用组播。这样，只能和 D 类 IP 地址中的后 23 位有一一对应关系。D 类 IP 地址可供分配的有 28 位，可见这 28 位中的前 5 位不能用来构成以太网硬件地址。215 的二进制为 11010111，其中，在映射过程中最高位为 0，因此 215.145.230 映射的二进制为 01010111.10010001.11100110，对应的十六进制数是 57-91-E6。

04. B

　　组播地址使用点分十进制表示的范围是 224.0.0.0～239.255.255.255，这 4 个选项中，只有选项 B 在这个区间内。

二、综合应用题

01.【解答】

　　因特网的组播是靠路由器来实现的，这些路由器必须增加一些能够识别组播的软件。能够运行组播协议的路由器可以是一个单独的路由器，也可以是运行组播软件的普通路由器。因特网上的组播比以太网上的组播复杂得多，因为以太网本身支持广播和组播，而因特网上当前的路由器和许多物理网络都不支持广播和组播。

4.7　移动 IP

4.7.1　移动 IP 的概念

　　移动 IP 技术是指移动站以固定的网络 IP 地址实现跨越不同网段的漫游功能，并保证基于网络 IP 的网络权限在漫游过程中不发生任何改变。移动 IP 的目标是把分组自动地投递给移动站。

一个移动站是把其连接点从一个网络或子网改变到另一个网络或子网的主机。

移动 IP 定义了三种功能实体：移动节点、本地代理（也称归属代理）和外地代理。

1）移动节点。具有永久 IP 地址的移动站。

2）本地代理。通常就是连接在归属网络（原始连接到的网络）上的路由器。

3）外地代理。通常就是连接在被访网络（移动到另一地点所接入的网络）上的路由器。

值得注意的是，某用户将笔记本关机后从家里带到办公室重新上网，在办公室能很方便地通过 DHCP 自动获取新的 IP 地址。虽然笔记本移动了，更换了地点及所接入的网络，但这并不是移动 IP。但如果我们需要在移动中进行 TCP 传输，在移动站漫游时，应一直保持这个 TCP 连接，否则移动站的 TCP 连接就会断断续续的。可见，若要使移动站在移动中的 TCP 连接不中断，就必须使笔记本的 IP 地址在移动中保持不变。这就是移动 IP 要研究的问题。

4.7.2　移动 IP 通信过程

用一个通俗的例子来描述移动 IP 的通信原理。例如，在以前科技不那么发达的年代，本科毕业时都将走向各自的工作岗位。由于事先并不知道自己未来的准确通讯地址，那么怎样继续和同学们保持联系呢？实际上也很简单。彼此留下各自的家庭地址（即永久地址）。毕业后若要和某同学联系，只要写信寄到该同学的永久地址，再请其家长把信件转交即可。

在移动 IP 中，每个移动站都有一个原始地址，即永久地址（或归属地址），移动站原始连接的网络称为归属网络。永久地址和归属网络的关联是不变的。归属代理通常是连接到归属网络上的路由器，然而它实现的代理功能是在应用层完成的。当移动站移动到另一地点，所接入的外地网络也称被访网络。被访网络中使用的代理称为外地代理，它通常是连接在被访网络上的路由器。外地代理有两个重要功能：①要为移动站创建一个临时地址，称为转交地址。转交地址的网络号显然和被访网络一致。②及时把移动站的转交地址告诉其归属代理。

移动 IP 技术的基本通信流程如下：

1）移动站在归属网络时，按传统的 TCP/IP 方式进行通信。

2）移动站漫游到外地网络时，向外地代理进行登记，以获得一个临时的转交地址。外地代理要向移动站的归属代理登记移动站的转交地址。

3）归属代理知道移动站的转交地址后，会构建一条通向转交地址的隧道，将截获的发送给移动站的 IP 分组进行再封装，并通过隧道发送给被访网络的外地代理。

4）外地代理把收到的封装的数据报进行拆封，恢复成原始的 IP 分组，然后发送给移动站，这样移动站在被访网络就能收到这些发送给它的 IP 分组。

5）移动站在被访网络对外发送数据报时，仍然使用自己的永久地址作为数据报的源地址，此时显然无须通过 A 的归属代理来转发，而是直接通过被访网络的外部代理。

6）移动站移动到另一外地网络时，在新外地代理登记后，然后新外地代理将移动站的新转交地址告诉其归属代理。无论如何移动，移动站收到的数据报都是由归属代理转发的。

7）移动站回到归属网络时，移动站向归属代理注销转交地址。

请注意两点：转交地址是供移动站、归属代理及外地代理使用的，各种应用程序都不会使用。外地代理要向连接在被访网络上的移动站发送数据报时，直接使用移动站的 MAC 地址。

4.7.3　本节习题精选

单项选择题

01. 以下关于移动 IP 基本工作原理的描述中，错误的是（　　）。

A. 移动 IP 的基本工作过程可以分为代理发现、注册、分组路由与注销 4 个阶段

B. 结点在使用移动 IP 进行通信时，归属代理和外部代理之间需要建立一条隧道

C. 移动结点到达新的网络后，通过注册过程把自己新的可达信息通知外部代理

D. 移动 IP 的分组路由可以分为单播、广播与组播

02. 一台主机移动到了另一个 LAN 中，如果一个分组到达了它原来所在的 LAN 中，那么分组会被转发给（ ）。

A. 移动 IP 的本地代理 B. 移动 IP 的外部代理

C. 主机 D. 丢弃

03. 移动 IP 为移动主机设置了两个 IP 地址：主地址和辅地址，（ ）。

A. 这两个地址都是固定的 B. 这两个地址随主机的移动而动态改变

C. 主地址固定，辅地址动态改变 D. 主地址动态改变，辅地址固定

04. 如果一台主机的 IP 地址为 160.80.40.20/16，那么当它移动到了另一个不属于 160.80/16 子网的网络中时，它将（ ）。

A. 可以直接接收和直接发送分组，没有任何影响

B. 既不可以直接接收分组，也不可以直接发送分组

C. 不可以直接发送分组，但可以直接接收分组

D. 可以直接发送分组，但不可以直接接收分组

4.7.4 答案与解析

单项选择题

01. C

选项 C 把移动结点新的可达信息（转交地址）通知归属代理。这样，归属代理就可将发往移动结点的分组通过隧道转到转交地址（外部代理），再由外部代理交付给移动结点。

02. A

当一个分组到达用户的本地 LAN 时，它被转发给某一台与本地 LAN 相连的路由器。该路由器寻找目的主机，这时本地代理响应该请求，将这些分组封装到一些新 IP 分组的载荷，并将新分组发送给外部代理，外部代理将原分组解出来后，移交给移动后的主机。

03. C

移动主机在原始本地网时，获得的是主地址，当它移动到一个外地网络中时，需获得一个新的临时辅地址，主地址保持不变；当它移动到另一个外地网络或返回本地网络时，辅地址改变或撤销，而主地址仍然保持不变。选项 C 正确。

04. B

因为所有路由器都是按照子网来安排路由的，因此所有发往主机 160.80.40.20/16 的分组都会被发送到 160.80/16 子网中，当主机离开了这个子网时，自然就不能直接接收和直接发送分组，但可以通过转交地址来间接接收和发送分组。

4.8 网络层设备

4.8.1 冲突域和广播域

这里的"域"表示冲突或广播在其中发生并传播的区域。

1. 冲突域

冲突域是指连接到同一物理介质上的所有结点的集合，这些结点之间存在介质争用的现象。

在 OSI 参考模型中，冲突域被视为第 1 层概念，像集线器、中继器等简单无脑复制转发信号的第 1 层设备所连接的结点都属于同一个冲突域，也就是说它们不能划分冲突域。而第 2 层（网桥、交换机）、第 3 层（路由器）设备都可以划分冲突域。

2．广播域

广播域是指接收同样广播消息的结点集合。也就是说，在该集合中的任何一个结点发送一个广播帧，其他能收到这个帧的结点都被认为是该广播域的一部分。在 OSI 参考模型中，广播域被视为第 2 层概念，像第 1 层（集线器等）、第 2 层（交换机等）设备所连接的结点都属于同一个广播域。而路由器，作为第 3 层设备，则可以划分广播域，即可以连接不同的广播域。

通常所说的局域网（LAN）特指使用路由器分割的网络，也就是广播域。

4.8.2　路由器的组成和功能

路由器是一种具有多个输入/输出端口的专用计算机，其任务是连接不同的网络（连接异构网络）并完成路由转发。在多个逻辑网络（即多个广播域）互连时必须使用路由器。

当源主机要向目标主机发送数据报时，路由器先检查源主机与目标主机是否连接在同一个网络上。如果源主机和目标主机在同一个网络上，那么直接交付而无须通过路由器。如果源主机和目标主机不在同一个网络上，那么路由器按照转发表（路由表）指出的路由将数据报转发给下一个路由器，这称为间接交付。可见，在同一个网络中传递数据无须路由器的参与，而跨网络通信必须通过路由器进行转发。例如，路由器可以连接不同的 LAN，连接不同的 VLAN，连接不同的 WAN，或者把 LAN 和 WAN 互连起来。路由器隔离了广播域。

从结构上看，路由器由路由选择和分组转发两部分构成，如图 4.15 所示。而从模型的角度看，路由器是网络层设备，它实现了网络模型的下三层，即物理层、数据链路层和网络层。

注意：如果一个存储转发设备实现了某个层次的功能，那么它就可以互连两个在该层次上使用不同协议的网段（网络）。如网桥实现了物理层和数据链路层，那么网桥可以互连两个物理层和数据链路层不同的网段；但中继器实现了物理层后，却不能互连两个物理层不同的网段，这是因为中继器不是存储转发设备，它属于直通式设备。

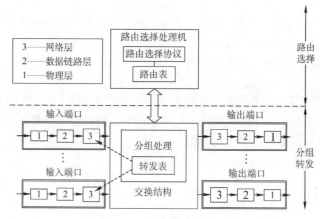

图 4.15　路由器体系结构

路由选择部分也称控制部分，其核心构件是路由选择处理机。路由选择处理机的任务是根据所选定的路由选择协议构造出路由表，同时经常或定期地和相邻路由器交换路由信息而不断更新和维护路由表。

分组转发部分由三部分组成：交换结构、一组输入端口和一组输出端口。输入端口在从物理层接收到的比特流中提取出数据链路层帧，进而从帧中提取出网络层数据报，输出端口则执行恰好相反的操作。交换结构是路由器的关键部件，它根据转发表对分组进行处理，将某个输入端口进入的分组从一个合适的输出端口转发出去。有三种常用的交换方法：通过存储器进行交换、通过总线进行交换和通过互联网络进行交换。交换结构本身就是一个网络。

路由器主要完成两个功能：一是分组转发，二是路由计算。前者处理通过路由器的数据流，关键操作是转发表查询、转发及相关的队列管理和任务调度等；后者通过和其他路由器进行基于路由协议的交互，完成路由表的计算。

路由器和网桥的重要区别是：网桥与高层协议无关，而路由器是面向协议的，它依据网络地址进行操作，并进行路径选择、分段、帧格式转换、对数据报的生存时间和流量进行控制等。现今的路由器一般都提供多种协议的支持，包括 OSI、TCP/IP、IPX 等。

4.8.3 路由表与路由转发

路由表是根据路由选择算法得出的，主要用途是路由选择。从历年统考真题可以看出，标准的路由表有 4 个项目：目的网络 IP 地址、子网掩码、下一跳 IP 地址、接口。在如图 4.16 所示的网络拓扑中，R1 的路由表见表 4.4，该路由表包含到互联网的默认路由。

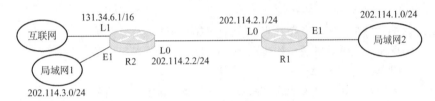

图 4.16　一个简单的网络拓扑

表 4.4　R1 的路由表

目的网络 IP 地址	子 网 掩 码	下一跳 IP 地址	接　　口
202.114.1.0	255.255.255.0	Direct	E1
202.114.2.0	255.255.255.0	Direct	L0
202.114.3.0	255.255.255.0	202.114.2.2	L0
0.0.0.0	0.0.0.0	202.114.2.2	L0

转发表是从路由表得出的，其表项和路由表项有直接的对应关系。但转发表的格式和路由表的格式不同，其结构应使查找过程最优化（而路由表则需对网络拓扑变化的计算最优化）。转发表中含有一个分组将要发往的目的地址，以及分组的下一跳（即下一步接收者的目的地址，实际为 MAC 地址）。为了减少转发表的重复项目，可以使用一个默认路由代替所有具有相同"下一跳"的项目，并将默认路由设置得比其他项目的优先级低，如图 4.17 所示。路由表总是用软件来实现的；转发表可以用软件来实现，甚至也可以用特殊的硬件来实现。

目的站	下一跳
1	直接
2	3
3	2
4	3

(a) 未使用默认路由

目的站	下一跳
1	直接
3	2
默认	3

(b) 使用了默认路由

图 4.17　未使用默认路由的转发表和使用了默认路由的转发表的对比

注意转发和路由选择的区别："转发"是路由器根据转发表把收到的 IP 数据报从合适的端口转发出去，它仅涉及一个路由器。而"路由选择"则涉及很多路由器，路由表是许多路由器协同工作的结果。这些路由器按照复杂的路由算法，根据从各相邻路由器得到的关于网络拓扑的变化情况，动态地改变所选择的路由，并由此构造出整个路由表。

注意，在讨论路由选择的原理时，往往不去区分转发表和路由表的区别，但要注意路由表不等于转发表。分组的实际转发是靠直接查找转发表，而不是直接查找路由表。

4.8.4　本节习题精选

一、单项选择题

01. 要控制网络上的广播风暴，可以采用的方法是（　）。

　　A. 用网桥将网络分段　　　　　　　　B. 用路由器将网络分段

　　C. 将网络转接成 10Base-T　　　　　D. 用网络分析仪跟踪正在发送广播信息的计算机

02. 一个局域网与在远处的另一个局域网互连，则需要用到（　）。

　　A. 物理通信介质和集线器　　　　　　B. 网间连接器和集线器

　　C. 路由器和广域网技术　　　　　　　D. 广域网技术

03. 路由器主要实现（　）的功能。

　　A. 数据链路层、网络层与应用层　　　B. 网络层与传输层

　　C. 物理层、数据链路层与网络层　　　D. 物理层与网络层

04. 关于路由器的下列说法中，正确的是（　）。

　　A. 路由器处理的信息量比交换机少，因而转发速度比交换机快

　　B. 对于同一目标，路由器只提供延迟最小的最佳路由

　　C. 通常的路由器可以支持多种网络层协议，并提供不同协议之间的分组转发

　　D. 路由器不但能够根据 IP 地址进行转发，而且可以根据物理地址进行转发

05. 下列关于路由器交付的说法中，错误的是（　）。

　　I. 路由选择分直接交付和间接交付

　　II. 直接交付时，两台机器可以不在同一物理网段内

　　III. 间接交付时，不涉及直接交付

　　IV. 直接交付时，不涉及路由器

　　A. I 和 II　　　　　B. II 和 III　　　　　C. III 和 IV　　　　　D. I 和 IV

06. （未使用 CIDR）当一个 IP 分组进行直接交付时，要求发送方和目的站具有相同的（　）。

　　A. IP 地址　　　　B. 主机号　　　　　C. 端口号　　　　　D. 子网地址

07. 一个路由器的路由表通常包含（　）。

　　A. 需要包含到达所有主机的完整路径信息

　　B. 需要包含所有到达目的网络的完整路径信息

　　C. 需要包含到达目的网络的下一跳路径信息

　　D. 需要包含到达所有主机的下一跳路径信息

08. 决定路由器转发表中的值的算法是（　）。

　　A. 指数回退算法　　B. 分组调度算法　　C. 路由算法　　　　D. 拥塞控制算法

09. 路由器中计算路由信息的是（　）。

　　A. 输入队列　　　　B. 输出队列　　　　C. 交换结构　　　　D. 路由选择处理机

10. 路由表的分组转发部分由（　）组成。

A. 交换结构　　　B. 输入端口　　　C. 输出端口　　　D. 以上都是

11. 路由器的路由选择部分包括（　）。

　　A. 路由选择处理机　　　　　　　　B. 路由选择协议

　　C. 路由表　　　　　　　　　　　　D. 以上都是

12. 在下列网络设备中，传输延迟时间最大的是（　）。

　　A. 局域网交换机　B. 网桥　　　　C. 路由器　　　　　D. 集线器

13. 在路由表中设置一条默认路由，则其目的地址和子网掩码应分别置为（　）。

　　A. 192.168.1.1、255.255.255.0　　　B. 127.0.0.0、255.0.0.0

　　C. 0.0.0.0、0.0.0.0　　　　　　　　D. 0.0.0.0、255.255.255.255

14. 【2010 统考真题】下列网络设备中，能够抑制广播风暴的是（　）。

　　I 中继器　II 集线器　III 网桥　IV 路由器

　　A. 仅 I 和 II　　B. 仅 III　　　　C. 仅 III 和 IV　　D. 仅 IV

15. 【2011 统考真题】某网络拓扑如下图所示，路由器 R1 只有到达子网 192.168.1.0/24 的路由。为使 R1 可以将 IP 分组正确地路由到图中的所有子网，则在 R1 中需要增加的一条路由（目的网络，子网掩码，下一跳）是（　）。

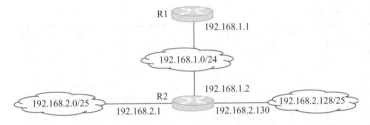

　　A. 192.168.2.0　　　255.255.255.128　　　192.168.1.1

　　B. 192.168.2.0　　　255.255.255.0　　　　192.168.1.1

　　C. 192.168.2.0　　　255.255.255.128　　　192.168.1.2

　　D. 192.168.2.0　　　255.255.255.0　　　　192.168.1.2

16. 【2012 统考真题】下列关于 IP 路由器功能的描述中，正确的是（　）。

　　I. 运行路由协议，设备路由表

　　II. 监测到拥塞时，合理丢弃 IP 分组

　　III. 对收到的 IP 分组头进行差错校验，确保传输的 IP 分组不丢失

　　IV. 根据收到的 IP 分组的目的 IP 地址，将其转发到合适的输出线路上

　　A. 仅 III、IV　　B. 仅 I、II、III　　C. 仅 I、II、IV　　D. I、II、III、IV

17. 【2020 统考真题】下图所示的网络中，冲突域和广播域的个数分别是（　）。

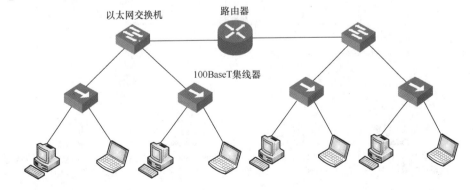

A. 2, 2　　　　　B. 2, 4　　　　　C. 4, 2　　　　　D. 4, 4

二、综合应用题

01. 某个单位的网点由 4 个子网组成，结构如下图所示，其中主机 H1、H2、H3 和 H4 的 IP 地址和子网掩码见下表。

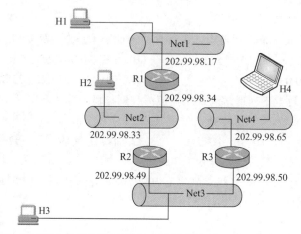

主　　机	IP 地址	子网掩码
H1	202.99.98.18	255.255.255.240
H2	202.99.98.35	255.255.255.240
H3	202.99.98.51	255.255.255.240
H4	202.99.98.66	255.255.255.240

1）请写出路由器 R1 到 4 个子网的路由表。

2）试描述主机 H1 发送一个 IP 数据报到主机 H2 的过程（包括物理地址解析过程）。

02. 试简述路由器的路由功能和转发功能。

03. 【2019 统考真题】某网络拓扑如下图所示，其中 R 为路由器，主机 H1 ~ H4 的 IP 地址配置以及 R 的各接口 IP 地址配置如图中所示。现有若干以太网交换机（无 VLAN 功能）和路由器两类网络互连设备可供选择。

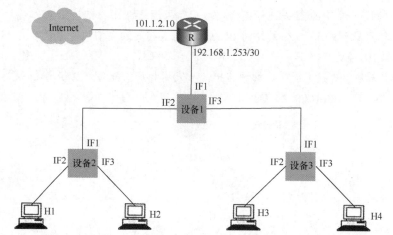

请回答下列问题：

1）设备 1、设备 2 和设备 3 分别应选择什么类型的网络设备？

2）设备 1、设备 2 和设备 3 中，哪几个设备的接口需要配置 IP 地址？为对应的接口配置正确的 IP 地址。

3）为确保主机 H1～H4 能够访问 Internet，R 需要提供什么服务？

4）若主机 H3 发送一个目的地址为 192.168.1.127 的 IP 数据报，网络中哪几个主机会接收该数据报？

4.8.5　答案与解析

一、单项选择题

01．B

网桥和交换机是第二层设备，能够分割冲突域，但不能分割广播域。路由器是第三层设备，不转发全网广播（目的地 255.255.255.255），因此可以分割广播域。

02．C

局域网的互连需要路由器作为连接设备，同时是远程的局域网，因此要用到广域网技术。

03．C

路由器是网络层设备，所以它也必须要处理网络层以下的功能，即物理层和数据链路层。而传输层和应用层是网络层之上的，它们使用网络层的接口，路由器不实现它们的功能。

04．C

路由器是第三层设备，要处理的内容比第二层设备交换机更多，因而转发速度比交换机慢，选项 A 错误。虽然一些路由协议也将延迟等作为参数进行路由选择，但路由协议使用得最多的参数是传输距离，此外还有一些其他参数，选项 B 错误。路由器只能根据 IP 地址进行转发，选项 D 错误。

05．B

路由选择分为直接交付和间接交付，当发送站与目的站在同一网段内时，就使用直接交付，反之使用间接交付，因此 I 正确、II 错误。间接交付的最后一个路由器肯定直接交付，III 错误。直接交付在同一网段内，因此不涉及路由器，IV 正确。

06．D

判断一个 IP 分组的交付方式是直接交付还是间接交付，路由器需要根据分组的目的 IP 地址和该路由器接收端口的 IP 地址是否属于同一个子网来进行判断。具体来说，将该分组的源 IP 地址和目的 IP 地址分别与子网掩码进行"与"操作，如果得到的子网地址相同，那么该分组就采用直接交付方式，否则采用间接交付方式。

07．C

路由表中包含到目的网络的下一跳路径信息。由路由表表项的组成也不难得出正确答案为选项 C。路由表也不可能包含到达所有主机的下一跳信息，否则路由转发将是不可想象的。

08．C

由于转发表是根据路由表生成的，而路由表又是由路由算法得到的，因此路由算法决定了转发表中的值。

09．D

路由选择处理机的任务是根据所选定的路由选择协议构造路由表，同时经常或定期地与相邻路由器交换路由信息而不断地更新和维护路由表。

10．D

分组转发部分包括 3 部分：①交换结构，根据转发表对分组进行处理，将某个输入端口进入的分组从一个合适的输出端口转发出去。②输入端口,包括物理层、数据链路层和网络层的处理模块。③输出端口,负责从交换结构接收分组,再将其发送到路由器外面的线路上。

11. D

路由器的路由选择部分包括 3 部分:①路由选择处理机,它根据所选定的路由选择协议构造路由表,同时和相邻路由器交换路由信息。②路由选择协议,用来更新路由表的算法。③路由表,它是根据路由算法得出的,一般包括从目的网络到下一跳的映射。

12. C

由于路由器是网络层设备,在路由器上实现了物理层、数据链路层和网络层的功能,因此路由器的传输延迟时间最长。

13. C

路由表中默认路由的目的地址和子网掩码都是 0.0.0.0。

14. D

中继器和集线器工作在物理层,既不隔离冲突域也不隔离广播域。为了解决冲突域的问题,人们利用网桥和交换机来分隔互联网的各个网段中的通信量,建立多个分离的冲突域,但当网桥和交换机接收到一个未知转发信息的数据帧时,为了保证该帧能被目的结点正确接收,将该帧从所有的端口广播出去,可以看出网桥和交换机的冲突域等于端口个数,广播域为 1。路由器可以隔离广播域和冲突域,要屏蔽数据链路层的广播帧,当然应该是网络层设备路由器。在此题的选项中,路由器是其中最高层的网络设备,其他设备能隔离的,路由器一定能隔离。

15. D

要使 R1 能够正确地将分组路由到所有子网,R1 中需要有到 192.168.2.0/25 和 192.168.2.128/25 的路由,分别转换成二进制如下:

192.168.2.0: <u>11000000 10101000 00000010</u> 00000000

192.168.2.128: <u>11000000 10101000 00000010</u> 10000000

前 24 位都是相同的,于是可以聚合成超网 192.168.2.0/24,子网掩码为前 24 位,即 255.255.255.0。下一跳是与 R1 直接相连的 R2 的地址,因此是 192.168.1.2。

16. C

I 和 IV 显然是 IP 路由器的功能。对于 II,当路由器监测到拥塞时,可合理丢弃 IP 分组,并向发出该 IP 分组的源主机发送一个源点抑制的 ICMP 报文。对于 III,路由器对收到的 IP 分组首部进行差错检验,丢弃有差错首部的报文,但不保证 IP 分组不丢失。

17. C

网络层设备路由器可以隔离广播域和冲突域;数据链路层设备普通交换机只能隔离冲突域;物理层设备集线器、中继器既不能隔离冲突域,又不能隔离广播域。因此,题中共有 2 个广播域,4 个冲突域。

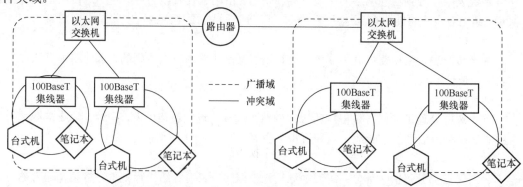

二、综合应用题

01. 【解答】

1）将 H1、H2、H3、H4 的 IP 地址分别与它们的子网掩码进行"与"操作，可得到 4 个子网的网络地址，分别为 202.99.98.16、202.99.98.32、202.99.98.48、202.99.98.64，因此路由器 R1 到 4 个子网的路由表见下表。

目 的 网 络	子 网 掩 码	下 一 跳
202.99.98.16	255.255.255.240	直接
202.99.98.32	255.255.255.240	直接
202.99.98.48	255.255.255.240	202.99.98.33
202.99.98.64	255.255.255.240	202.99.98.33

2）主机 H1 向主机 H2 发送一个 IP 数据报的过程如下：

① 主机 H1 首先构造一个源 IP 地址为 202.99.98.18、目的 IP 地址为 202.99.98.35 的 IP 数据报，主机 H1 先把本子网的子网掩码与 H2 的 IP 地址逐位相与，所得结果不等于 H1 的网络地址，因此 H1 与 H2 不在同一子网，无法直接交付，然后将该数据报传送给数据链路层。

② 主机 H1 通过 ARP 获得路由器 R1（202.99.98.17）对应的 MAC 地址，并将其作为目的 MAC 地址，将 H1 的 MAC 地址作为源 MAC 地址填入封装有 IP 数据报的帧，然后将该帧发送出去。

③ 路由器 R1 收到该帧后，去除帧头与帧尾，得到 IP 数据报，然后根据 IP 数据报中的目的 IP 地址（202.99.98.35）去查找路由表，得到下一跳地址为直接相连。

④ 路由器 R1 通过 ARP 得到主机 H2 的 MAC 地址，并将其作为目的 MAC 地址，将 R1 的 MAC 地址作为源 MAC 地址填入封装有 IP 数据报的帧，然后将该帧发送到子网 Net2 上。

⑤ 主机 H2 将收到的帧，去除帧头与帧尾，并最终得到从主机 H1 发来的 IP 数据报。

注意： 在②中（发出的帧），帧的目的地 MAC 地址为默认网关的 MAC 地址；在④中（接收的帧），帧的源 MAC 地址为默认网关的 MAC 地址。

02. 【解答】

转发即当一个分组到达时所采取的动作。在路由器中，每个分组到达时对它进行处理，它在路由表中查找分组所对应的输出线路。通过查得的结果，将分组发送到正确的线路上。

路由算法是网络层软件的一部分，它负责确定一个进来的分组应该被传送到哪条输出线路上。路由算法负责填充和更新路由表，转发功能则根据路由表的内容来确定当每个分组到来时应该采取什么动作（如从哪个端口转发出去）。

03. 【解答】

1）以太网交换机（无 VLAN 功能）连接的若干 LAN 仍然是一个网络（同一个广播域），路由器可以连接不同的 LAN、不同的 WAN 或把 WAN 和 LAN 互连起来，隔离了广播域。IP 地址 192.168.1.2/26 与 192.168.1.3/26 的网络前缀均为 192.168.1.0，视为 LAN1。IP 地址 192.168.1.66/26 与 192.168.1.67/26 的网络前缀均为 192.168.1.64，视为 LAN2。所以设备 1 为路由器，设备 2、3 为以太网交换机。

2）设备 1 为路由器，其接口应配置 IP 地址。IF1 接口与路由器 R 相连，其相连接口的 IP 地址为 192.168.1.253/30，253 的二进制表示形式为 <u>11111101</u>，因此 IF1 接口的网络前缀也应为 192.168.1.<u>111111</u>，已分配 192.168.1.253，去除全 0 全 1，IF1 接口的 IP 地址应为 192.168.1.254。LAN1 的默认网关为 192.168.1.1，LAN2 的默认网关为 192.168.1.65，网关的 IP 地址是具有路由功能的设备的 IP 地址，通常默认网关地址就是路由器中的 LAN 端口地址，设备 1 的 IF2、IF3 接口的 IP 地址分别设置为 192.168.1.1 和 192.168.1.65。

3）私有地址段：C 类 192.168.0.0～192.168.255.255，即 H1～H4 均为私有 IP 地址，若要能够访问 Internet，R 需要提供 NAT 服务，即网络地址转换服务。

4）主机 H3 发送一个目的地址为 192.168.1.127 的 IP 数据报，主机号全为 1，为本网络的广播地址，由于路由器可以隔离广播域，只有主机 H4 会接收到数据报。

4.9 本章小结及疑难点

1. "尽最大努力交付"有哪些含义？
1）不保证源主机发送的 IP 数据报一定无差错地交付到目的主机。
2）不保证源主机发送的 IP 数据报都在某一规定的时间内交付到目的主机。
3）不保证源主机发送的 IP 数据报一定按发送时的顺序交付到目的主机。
4）不保证源主机发送的 IP 数据报不会重复交付给目的主机。
5）不故意丢弃 IP 数据报。丢弃 IP 数据报的情况是：路由器检测出首部校验和有错误；或由于网络中通信量过大，路由器或目的主机中的缓存已无空闲空间。

但要注意，IP 数据报的首部中有一个"首部校验和"。当它检验出 IP 数据报的首部出现了差错时，就丢弃该数据报。因此，凡交付给目的主机的 IP 数据报都是 IP 首部没有差错的或没有检测出差错的。也就是说，在传输过程中，出现差错的 IP 数据报都被丢弃了。

现在因特网上绝大多数的通信量都属于"尽最大努力交付"。如果数据必须可靠地交付给目的地，那么使用 IP 的高层软件必须负责解决这一问题。

2. "IP 网关"和"IP 路由器"是否为同义语？"互连网"和"互联网"有没有区别？
当初发明 TCP/IP 的研究人员使用 IP Gateway 作为网际互连的设备，可以认为"IP 网关"和"IP 路由器"是同义词。"互连网"和"互联网"都是推荐名，都可以使用，不过建议优先使用"互联网"。

3. 在一个互联网中，能否用一个很大的交换机（switch）来代替互联网中很多的路由器？
不行。交换机和路由器的功能是不相同的。

交换机可在单个网络中与若干计算机相连，并且可以将一台计算机发送过来的帧转发给另一台计算机。从这一点上看，交换机具有集线器的转发帧的功能，但交换机比集线器的功能强很多。在同一时间，集线器只允许一台计算机发送数据。

路由器连接两个或多个同构的或异构的网络，在网络之间转发分组（即 IP 数据报）。因此，如果许多相同类型的网络互连时，那么用一个很大的交换机（如果能够找其他计算机进行通信，交换机允许找得到）代替原来的一些路由器是可行的。但若这些互连的网络是异构的网络，那么就必须使用路由器来进行互连。

4. 网络前缀是指网络号字段（net-id）中前面的几个类别位还是指整个的网络号字段？
是指整个的网络号字段，包括最前面的几个类别位在内。网络前缀常常简称为前缀。例如一个 B 类地址 10100000 00000000 00000000 00010000，其类别位就是最前面的两位：10，而网络前缀就是前 16 位：10100000 00000000。

5. IP 有分片的功能，但广域网中的分组则不必分片，这是为什么？

IP 数据报可能要经过许多个网络，而源结点事先并不知道数据报后面要经过的这些网络所能通过的分组的最大长度是多少。等到 IP 数据报转发到某个网络时，中间结点可能才发现数据报太长了，因此在这时就必须进行分片。但广域网能够通过的分组的最大长度是该广域网中所有结点都事先知道的，源结点不可能发送网络不支持的过长分组。因此广域网没有必要将已经发送出的分组再进行分片。

6. 数据链路层广播和 IP 广播有何区别？

数据链路层广播是用数据链路层协议（第二层）在一个以太网上实现的对该局域网上的所有主机进行广播 MAC 帧，而 IP 广播则是用 IP 通过因特网实现的对一个网络（即目的网络）上的所有主机进行广播 IP 数据报。

7. 主机在接收一个广播帧或组播帧时，其 CPU 所要做的事情有何区别？

在接收广播帧时，主机通过其适配器［即网络接口卡（NIC）］接收每个广播帧，然后将其传递给操作系统。CPU 执行协议软件，并界定是否接收和处理该帧。在接收组播帧时，CPU 要对适配器进行配置，而适配器根据特定的组播地址表来接收帧。凡与此组播地址表不匹配的帧都将被 NIC 丢弃。因此在组播的情况下，是适配器 NIC 而不是 CPU 决定是否接收一个帧。

8. 假定在一个局域网中计算机 A 发送 ARP 请求分组，希望找出计算机 B 的硬件地址。这时局域网上的所有计算机都能收到这个广播发送的 ARP 请求分组。试问这时由哪个计算机使用 ARP 响应分组将计算机 B 的硬件地址告诉计算机 A？

这要区分两种情况。第一，如果计算机 B 和计算机 A 都连接在同一个局域网上，那么就是计算机 B 发送 ARP 响应分组。第二，如果计算机 B 和计算机 A 不连接在同一个局域网上，那么就必须由一个连接计算机 A 所在局域网的路由器来转发 ARP 请求分组。这时，该路由器向计算机 A 发送 ARP 回答分组，给出自己的硬件地址。

9. 路由器实现了物理层、数据链路层、网络层，这句话的含义是什么？

第 1 章中提到了网络中的两个通信结点利用协议栈进行通信的过程。发送方一层一层地把数据"包装"，接收方一层一层地把"包装"拆开，最后上交给用户。路由器实现了物理层，数据链路层和网络层的含义是指路由器有能力对这三层协议的控制信息进行识别、分析以及转换，直观的理解是路由器有能力对数据"包装"这三层协议或者"拆开"这三层协议。自然，路由器就有能力互连这三层协议不同的两个网络。

第 **5** 章 传输层

扫一扫

视频讲解

【考纲内容】

（一）传输层提供的服务

传输层的功能；传输层寻址与端口；无连接服务和面向连接服务

（二）UDP

UDP 数据报；UDP 校验

（三）TCP

TCP 段；TCP 连接管理；TCP 可靠传输；TCP 流量控制与拥塞控制

【复习提示】

传输层是整个网络体系结构中的关键层次。要求掌握传输层在计算机网络中的地位、功能、工作方式及原理等，掌握 UDP 及 TCP（如首部格式、可靠传输、流量控制、拥塞控制、连接管理等）。其中，TCP 报文分析、流量控制与拥塞控制机制，出选择题、综合题的概率均较大，因此要将其工作原理透彻掌握，以便能在具体的题目中灵活运用。

5.1　传输层提供的服务

5.1.1　传输层的功能

从通信和信息处理的角度看，传输层向它上面的应用层提供通信服务，它属于面向通信部分的最高层，同时也是用户功能中的最低层。

传输层位于网络层之上，它为运行在不同主机上的进程之间提供了逻辑通信，而网络层提供主机之间的逻辑通信。显然，即使网络层协议不可靠（网络层协议使分组丢失、混乱或重复），传输层同样能为应用程序提供可靠的服务。

从图 5.1 可以看出，网络的边缘部分的两台主机使用网络核心部分的功能进行端到端的通信时，只有主机的协议栈才有传输层和应用层，而路由器在转发分组时都只用到下三层的功能（即在通信子网中没有传输层，传输层只存在于通信子网以外的主机中）。

传输层的功能如下：

1）传输层提供应用进程之间的逻辑通信（即端到端的通信）。与网络层的区别是，网络层提供的是主机之间的逻辑通信。

从网络层来说，通信的双方是两台主机，IP 数据报的首部给出了这两台主机的 IP 地址。但"两台主机之间的通信"实际上是两台主机中的应用进程之间的通信，应用进程之间的通信又称端到端的逻辑通信。这里"逻辑通信"的意思是：传输层之间的通信好像是沿水平方向传送数据，但事实上这两个传输层之间并没有一条水平方向的物理连接。

2) 复用和分用。复用是指发送方不同的应用进程都可使用同一个传输层协议传送数据；分
用是指接收方的传输层在剥去报文的首部后能够把这些数据正确交付到目的应用进程。

注意：网络层也有复用分用的功能，但网络层的复用是指发送方不同协议的数据都可以封装
成 IP 数据报发送出去，分用是指接收方的网络层在剥去首部后把数据交付给相应的协议。

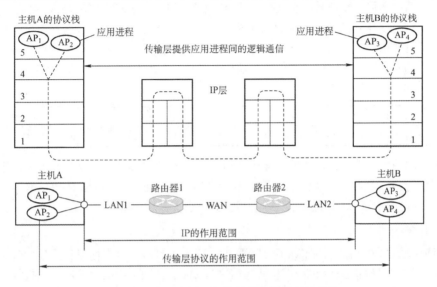

图 5.1 传输层为相互通信的进程提供逻辑通信

3) 传输层还要对收到的报文进行差错检测（首部和数据部分）。而网络层只检查 IP 数据报
的首部，不检验数据部分是否出错。
4) 提供两种不同的传输协议，即面向连接的 TCP 和无连接的 UDP。而网络层无法同时实现
两种协议（即在网络层要么只提供面向连接的服务，如虚电路；要么只提供无连接服务，
如数据报，而不可能在网络层同时存在这两种方式）。

传输层向高层用户屏蔽了低层网络核心的细节（如网络拓扑、路由协议等），它使应用进程
看见的是在两个传输层实体之间好像有一条端到端的逻辑通信信道，这条逻辑通信信道对上层的
表现却因传输层协议不同而有很大的差别。当传输层采用面向连接的 TCP 时，尽管下面的网络是
不可靠的（只提供尽最大努力的服务），但这种逻辑通信信道就相当于一条全双工的可靠信道。
但当传输层采用无连接的 UDP 时，这种逻辑通信信道仍然是一条不可靠信道。

5.1.2 传输层的寻址与端口

1. 端口的作用

端口能够让应用层的各种应用进程将其数据通过端口向下交付给传输层，以及让传输层知道
应当将其报文段中的数据向上通过端口交付给应用层相应的进程。端口是传输层服务访问点
（TSAP），它在传输层的作用类似于 IP 地址在网络层的作用或 MAC 地址在数据链路层的作用，
只不过 IP 地址和 MAC 地址标识的是主机，而端口标识的是主机中的应用进程。

数据链路层的 SAP 是 MAC 地址，网络层的 SAP 是 IP 地址，传输层的 SAP 是端口。

在协议栈层间的抽象的协议端口是软件端口，它与路由器或交换机上的硬件端口是完全不同
的概念。硬件端口是不同硬件设备进行交互的接口，而软件端口是应用层的各种协议进程与传输
实体进行层间交互的一种地址。传输层使用的是软件端口。

2．端口号

应用进程通过端口号进行标识，端口号长度为 16bit，能够表示 65536（2^{16}）个不同的端口号。端口号只具有本地意义，即端口号只标识本计算机应用层中的各进程，在因特网中不同计算机的相同端口号是没有联系的。根据端口号范围可将端口分为两类：

1）服务器端使用的端口号。它又分为两类，最重要的一类是熟知端口号，数值为 0～1023，IANA（互联网地址指派机构）把这些端口号指派给了 TCP/IP 最重要的一些应用程序，让所有的用户都知道。另一类称为登记端口号，数值为 1024～49151。它是供没有熟知端口号的应用程序使用的，使用这类端口号必须在 IANA 登记，以防止重复。

一些常用的熟知端口号如下：

应用程序	FTP	TELNET	SMTP	DNS	TFTP	HTTP	SNMP
熟知端口号	21	23	25	53	69	80	161

2）客户端使用的端口号，数值为 49152～65535。由于这类端口号仅在客户进程运行时才动态地选择，因此又称短暂端口号（也称临时端口）。通信结束后，刚用过的客户端口号就不复存在，从而这个端口号就可供其他客户进程以后使用。

3．套接字

在网络中通过 IP 地址来标识和区别不同的主机，通过端口号来标识和区分一台主机中的不同应用进程，端口号拼接到 IP 地址即构成套接字 Socket。在网络中采用发送方和接收方的套接字来识别端点。套接字，实际上是一个通信端点，即

$$套接字\ Socket = (IP\ 地址: 端口号)$$

它唯一地标识网络中的一台主机和其上的一个应用（进程）。

在网络通信中，主机 A 发给主机 B 的报文段包含目的端口号和源端口号，源端口号是"返回地址"的一部分，即当 B 需要发回一个报文段给 A 时，B 到 A 的报文段中的目的端口号便是 A 到 B 的报文段中的源端口号（完全的返回地址是 A 的 IP 地址和源端口号）。

5.1.3　无连接服务与面向连接服务

面向连接服务就是在通信双方进行通信之前，必须先建立连接，在通信过程中，整个连接的情况一直被实时地监控和管理。通信结束后，应该释放这个连接。

无连接服务是指两个实体之间的通信不需要先建立好连接，需要通信时，直接将信息发送到"网络"中，让该信息的传递在网上尽力而为地往目的地传送。

TCP/IP 协议族在 IP 层之上使用了两个传输协议：一个是面向连接的传输控制协议（TCP），采用 TCP 时，传输层向上提供的是一条全双工的可靠逻辑信道；另一个是无连接的用户数据报协议（UDP），采用 UDP 时，传输层向上提供的是一条不可靠的逻辑信道。

TCP 提供面向连接的服务，在传送数据之前必须先建立连接，数据传送结束后要释放连接。TCP 不提供广播或组播服务。由于 TCP 提供面向连接的可靠传输服务，因此不可避免地增加了许多开销，如确认、流量控制、计时器及连接管理等。这不仅使协议数据单元的头部增大很多，还要占用许多的处理机资源。因此 TCP 主要适用于可靠性更重要的场合，如文件传输协议（FTP）、超文本传输协议（HTTP）、远程登录（TELNET）等。

UDP 是一个无连接的非可靠传输层协议。它在 IP 之上仅提供两个附加服务：多路复用和对数据的错误检查。IP 知道怎样把分组投递给一台主机，但不知道怎样把它们投递给主机上的具体应用。UDP 在传送数据之前不需要先建立连接，远程主机的传输层收到 UDP 报文后，不需要给

出任何确认。由于 UDP 比较简单，因此执行速度比较快、实时性好。使用 UDP 的应用主要包括小文件传送协议（TFTP）、DNS、SNMP 和实时传输协议（RTP）。

注意：

1）IP 数据报和 UDP 数据报的区别：IP 数据报在网络层要经过路由的存储转发；而 UDP 数据报在传输层的端到端的逻辑信道中传输，封装成 IP 数据报在网络层传输时，UDP 数据报的信息对路由是不可见的。

2）TCP 和网络层虚电路的区别：TCP 报文段在传输层抽象的逻辑信道中传输，对路由器不可见；虚电路所经过的交换结点都必须保存虚电路状态信息。在网络层若采用虚电路方式，则无法提供无连接服务；而传输层采用 TCP 不影响网络层提供无连接服务。

5.1.4 本节习题精选

单项选择题

01. 下列不属于通信子网的是（　　）。

　　A. 物理层　　　　　　B. 数据链路层　　　　C. 网络层　　　　　　D. 传输层

02. OSI 参考模型中，提供端到端的透明数据传输服务、差错控制和流量控制的层是（　　）。

　　A. 物理层　　　　　　B. 网络层　　　　　　C. 传输层　　　　　　D. 会话层

03. 传输层为（　　）之间提供逻辑通信。

　　A. 主机　　　　　　　B. 进程　　　　　　　C. 路由器　　　　　　D. 操作系统

04. 关于传输层的面向连接服务的特性是（　　）。

　　A. 不保证可靠和顺序交付　　　　　　　　B. 不保证可靠但保证顺序交付

　　C. 保证可靠但不保证顺序交付　　　　　　D. 保证可靠和顺序交付

05. 在 TCP/IP 参考模型中，传输层的主要作用是在互联网的源主机和目的主机对等实体之间建立用于会话的（　　）。

　　A. 操作连接　　　　B. 点到点连接　　　　C. 控制连接　　　　D. 端到端连接

06. 可靠传输协议中的"可靠"指的是（　　）。

　　A. 使用面向连接的会话　　　　　　　　　B. 使用尽力而为的传输

　　C. 使用滑动窗口来维持可靠性　　　　　　D. 使用确认机制来确保传输的数据不丢失

07. 以下（　　）能够唯一确定一个在互联网上通信的进程。

　　A. 主机名　　　　　　　　　　　　　　　B. IP 地址及 MAC 地址

　　C. MAC 地址及端口号　　　　　　　　　　D. IP 地址及端口号

08. 在（　　）范围内的端口号被称为"熟知端口号"并限制使用。这就意味着这些端口号是为常用的应用层协议如 FTP、HTTP 等保留的。

　　A. 0～127　　　　　B. 0～255　　　　　C. 0～511　　　　　D. 0～1023

09. 以下哪个 TCP 熟知端口号是错误的？（　　）

　　A. TELNET:23　　B. SMTP:25　　　　C. HTTP:80　　　　D. FTP:24

10. 关于 TCP 和 UDP 端口的下列说法中，正确的是（　　）。

　　A. TCP 和 UDP 分别拥有自己的端口号，它们互不干扰，可以共存于同一台主机

　　B. TCP 和 UDP 分别拥有自己的端口号，但它们不能共存于同一台主机

　　C. TCP 和 UDP 的端口没有本质区别，但它们不能共存于同一台主机

　　D. 当一个 TCP 连接建立时，它们互不干扰，不能共存于同一台主机

11. 以下说法错误的是（　　）。

A. 传输层是 OSI 参考模型的第四层

B. 传输层提供的是主机间的点到点数据传输

C. TCP 是面向连接的，UDP 是无连接的

D. TCP 进行流量控制和拥塞控制，而 UDP 既不进行流量控制，又不进行拥塞控制

12. 假设某应用程序每秒产生一个 60B 的数据块，每个数据块被封装在一个 TCP 报文中，然后再封装在一个 IP 数据报中。那么最后每个数据报所包含的应用数据所占的百分比是（　）。（注意：TCP 报文和 IP 数据报文的首部没有附加字段。）

A. 20%　　　　B. 40%　　　　C. 60%　　　　D. 80%

13. 若用户程序使用 UDP 进行数据传输，则（　）层协议必须承担可靠性方面的全部工作。

A. 数据链路层　　B. 网际层　　　C. 传输层　　　D. 应用层

5.1.5　答案与解析

单项选择题

01. D

通信子网包括物理层、数据链路层和网络层，主要负责数据通信。资源子网是 OSI 参考模型的上三层，传输层的主要任务是向高层用户屏蔽下面通信子网的细节（如网络拓扑、路由协议等）。

02. C

端到端即是进程到进程，物理层只提供在两个结点之间透明地传输比特流，网络层提供主机到主机的通信服务，主要功能是路由选择。此题的条件若换成"TCP/IP 参考模型"，答案依然是 C。

03. B

传输层提供是端到端服务，为进程之间提供逻辑通信。

04. D

面向连接服务是指通信双方在进行通信之前，要先建立一个完整的连接，在通信过程中，整个连接一直可以被实时地监控和管理。通信完毕后释放连接。面向连接的服务可以保证数据的可靠和顺序交付。

05. D

TCP/IP 模型中，网络层及其以下各层所构成的通信子网负责主机到主机或点到点的通信，而传输层的主要作用是在源主机进程和目的主机进程之间提供端到端的数据传输。一般来说，端到端通信是由一段段的点到点信道构成的，端到端协议建立在点到点协议之上（正如 TCP 建立在 IP 之上），提供应用进程之间的通信手段。所以答案为选项 D。

06. D

如果一个协议使用确认机制对传输的数据进行确认，那么可以认为它是一个可靠的协议；如果一个协议采用"尽力而为"的传输方式，那么是不可靠的。例如，TCP 对传输的报文段提供确认，因此是可靠的传输协议；而 UDP 不提供确认，因此是不可靠的传输协议。

07. D

要在互联网上唯一地确定一个进程，就要使用 IP 地址和端口号的组合，通常称为套接字（Socket），IP 地址确定某主机，端口号确定该主机上的某进程。

08. D

熟知端口号的数值为 0～1023，登记端口号的数值是 1024～49151，客户端使用的端口号的数值是 49152～65535。

09．D

FTP 控制连接的端口是 21，数据连接的端口是 20。

10．A

端口号只具有本地意义，即端口号只标识本计算机应用层中的各个进程，且同一台计算机中 TCP 和 UDP 分别拥有自己的端口号，它们互不干扰。

11．B

传输层是 OSI 参考模型中的第 4 层，TCP 是面向连接的，它提供流量控制和拥塞控制，保证服务可靠；UDP 是无连接的，不提供流量控制和拥塞控制，只能做出尽最大努力的交付。传输层提供的是进程到进程间的传输服务，也称端到端服务。

12．C

此题中，一个 TCP 报文的首部长度是 20B，一个 IP 数据报的首部长度也是 20B，再加上 60B 的数据，一个 IP 数据报的总长度为 100B，可知数据占 60%。

13．D

传输层协议需要具有的主要功能包括：创建进程到进程的通信；提供流量控制机制。UDP 在一个低的水平上完成以上功能，使用端口号完成进程到进程的通信，但在传送数据时没有流量控制机制，也没有确认，而且只提供有限的差错控制。因此 UDP 是一个无连接、不可靠的传输层协议。如果用户应用程序使用 UDP 进行数据传输，那么必须在传输层的上层即应用层提供可靠性方面的全部工作。

5.2 UDP 协议

5.2.1 UDP 数据报

1．UDP 概述

UDP 仅在 IP 的数据报服务之上增加了两个最基本的服务：复用和分用以及差错检测。如果应用开发者选择 UDP 而非 TCP，那么应用程序几乎直接与 IP 打交道。为什么应用开发者宁愿在 UDP 之上构建应用，也不选择 TCP？既然 TCP 提供可靠的服务，而 UDP 不提供，那么 TCP 总是首选吗？答案是否定的，因为有很多应用更适合用 UDP，主要因为 UDP 具有如下优点：

1）UDP 无须建立连接。因此 UDP 不会引入建立连接的时延。试想如果 DNS 运行在 TCP 而非 UDP 上，那么 DNS 的速度会慢很多。HTTP 使用 TCP 而非 UDP，是因为对于基于文本数据的 Web 网页来说，可靠性是至关重要的。

2）无连接状态。TCP 需要在端系统中维护连接状态。此连接状态包括接收和发送缓存、拥塞控制参数和序号与确认号的参数。而 UDP 不维护连接状态，也不跟踪这些参数。因此，某些专用应用服务器使用 UDP 时，一般都能支持更多的活动客户机。

3）分组首部开销小。TCP 有 20B 的首部开销，而 UDP 仅有 8B 的开销。

4）应用层能更好地控制要发送的数据和发送时间。UDP 没有拥塞控制，因此网络中的拥塞不会影响主机的发送效率。某些实时应用要求以稳定的速度发送，能容忍一些数据的丢失，但不允许有较大的时延，而 UDP 正好满足这些应用的需求。

5）UDP 支持一对一、一对多、多对一和多对多的交互通信。

UDP 常用于一次性传输较少数据的网络应用，如 DNS、SNMP 等，因为对于这些应用，若采用 TCP，则将为连接创建、维护和拆除带来不小的开销。UDP 也常用于多媒体应用（如 IP 电话、实时视频会议、流媒体等），显然，可靠数据传输对这些应用来说并不是最重要的，但 TCP 的拥塞控制会导致数据出现较大的延迟，这是它们不可容忍的。

UDP 不保证可靠交付，但这并不意味着应用对数据的要求是不可靠的，所有维护可靠性的工作可由用户在应用层来完成。应用开发者可根据应用的需求来灵活设计自己的可靠性机制。

UDP 是面向报文的。发送方 UDP 对应用层交下来的报文，在添加首部后就向下交付给 IP 层，一次发送一个报文，既不合并，也不拆分，而是保留这些报文的边界；接收方 UDP 对 IP 层交上来 UDP 数据报，在去除首部后就原封不动地交付给上层应用进程，一次交付一个完整的报文。因此报文不可分割，是 UDP 数据报处理的最小单位。因此，应用程序必须选择合适大小的报文，若报文太长，UDP 把它交给 IP 层后，可能会导致分片；若报文太短，UDP 把它交给 IP 层后，会使 IP 数据报的首部的相对长度太大，两者都会降低 IP 层的效率。

2．UDP 的首部格式

UDP 数据报包含两部分：UDP 首部和用户数据。UDP 首部有 8B，由 4 个字段组成，每个字段的长度都是 2B，如图 5.2 所示。各字段意义如下：

1）源端口。源端口号。在需要对方回信时选用，不需要时可用全 0。
2）目的端口。目的端口号。这在终点交付报文时必须使用到。
3）长度。UDP 数据报的长度（包括首部和数据），其最小值是 8（仅有首部）。
4）校验和。检测 UDP 数据报在传输中是否有错。有错就丢弃。该字段是可选的，当源主机不想计算校验和时，则直接令该字段为全 0。

图 5.2　UDP 数据报格式

图 5.3　UDP 基于端口的分用

当传输层从 IP 层收到 UDP 数据报时，就根据首部中的目的端口，把 UDP 数据报通过相应的端口上交给应用进程，如图 5.3 所示。

如果接收方 UDP 发现收到的报文中的目的端口号不正确（即不存在对应于端口号的应用进程），那么就丢弃该报文，并由 ICMP 发送"端口不可达"差错报文给发送方。

5.2.2　UDP 校验

在计算校验和时，要在 UDP 数据报之前增加 12B 的伪首部，伪首部并不是 UDP 的真正首部。只是在计算校验和时，临时添加在 UDP 数据报的前面，得到一个临时的 UDP 数据报。校验和就是按照这个临时的 UDP 数据报来计算的。伪首部既不向下传送又不向上递交，而只是为了计算校验和。图 5.4 给出了 UDP 数据报的伪首部各字段的内容。

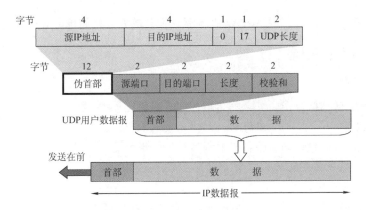

图 5.4　UDP 数据报的首部和伪首部

UDP 校验和的计算方法和 IP 数据报首部校验和的计算方法相似。但不同的是，IP 数据报的校验和只检验 IP 数据报的首部，但 UDP 的校验和则检查首部和数据部分。

发送方首先把全零放入校验和字段并添加伪首部，然后把 UDP 数据报视为许多 16 位的字串接起来。若 UDP 数据报的数据部分不是偶数个字节，则要在数据部分末尾填入一个全零字节（但此字节不发送）。然后按二进制反码计算出这些 16 位字的和，将此和的二进制反码写入校验和字段，并发送。接收方把收到的 UDP 数据报加上伪首部（如果不为偶数个字节，那么还需要补上全零字节）后，按二进制反码求这些 16 位字的和。当无差错时其结果应为全 1，否则就表明有差错出现，接收方就应该丢弃这个 UDP 数据报。

图 5.5 给出了一个计算 UDP 校验和的例子。本例中，UDP 数据报的长度是 15B（不含伪首部），因此需要添加一个全 0 字节。

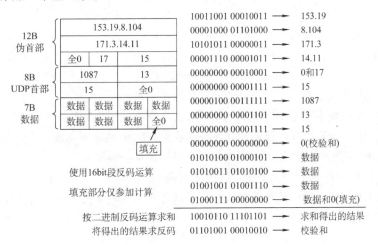

图 5.5　计算 UDP 校验和的例子

注意：

1）校验时，若 UDP 数据报部分的长度不是偶数个字节，则需填入一个全 0 字节，如图 5.5所示。但是此字节和伪首部一样，是不发送的。

2）如果 UDP 校验和检验出 UDP 数据报是错误的，那么可以丢弃，也可以交付给上层，但是需要附上错误报告，即告诉上层这是错误的数据报。

3）通过伪首部，不仅可以检查源端口号、目的端口号和 UDP 用户数据报的数据部分，还可以检查 IP 数据报的源 IP 地址和目的地址。

这种简单的差错校验方法的校错能力并不强，但它的好处是简单、处理速度快。

5.2.3 本节习题精选

一、单项选择题

01. 使用 UDP 的网络应用，其数据传输的可靠性由（ ）负责。

    A. 传输层   B. 应用层   C. 数据链路层   D. 网络层

02. 以下关于 UDP 协议的主要特点的描述中，错误的是（ ）。

    A. UDP 报头主要包括端口号、长度、校验和等字段

    B. UDP 长度字段是 UDP 数据报的长度，包括伪首部的长度

    C. UDP 校验和对伪首部、UDP 报文头及应用层数据进行校验

    D. 伪首部包括 IP 分组报头的一部分

03. UDP 数据报首部不包含（ ）。

    A. UDP 源端口号   B. UDP 校验和

    C. UDP 目的端口号   D. UDP 数据报首部长度

04. UDP 数据报中的长度字段（ ）。

    A. 不记录数据的长度   B. 只记录首部的长度

    C. 只记录数据部分的长度   D. 包括首部和数据部分的长度

05. UDP 数据报比 IP 数据报多提供了（ ）服务。

    A. 流量控制   B. 拥塞控制   C. 端口功能   D. 路由转发

06. 下列关于 UDP 的描述，正确的是（ ）。

    A. 给出数据的按序投递   B. 不允许多路复用

    C. 拥有流量控制机制   D. 是无连接的

07. 接收端收到有差错的 UDP 用户数据时的处理方式是（ ）。

    A. 丢弃   B. 请求重传   C. 差错校正   D. 忽略差错

08. 以下关于 UDP 校验和的说法中，错误的是（ ）。

    A. UDP 的校验和功能不是必需的，可以不使用

    B. 如果 UDP 校验和计算结果为 0，那么在校验和字段填充 0

    C. UDP 校验和字段的计算包括一个伪首部、UDP 首部和携带的用户数据

    D. UDP 校验和的计算方法是二进制反码运算求和再取反

09. 下列关于 UDP 校验的描述中，（ ）是错误的。

    A. UDP 校验和段的使用是可选的，若源主机不想计算校验和，则该校验和段应为全 0

    B. 在计算校验和的过程中，需要生成一个伪首部，源主机需要把该伪首部发送给目的主机

    C. 如果数据报在传输过程中被破坏，那么就把它丢弃

    D. UDP 数据报的伪首部包含了 IP 地址信息

10. 下列网络应用中，（ ）不适合使用 UDP 协议。

    A. 客户机/服务器领域   B. 远程调用

    C. 实时多媒体应用   D. 远程登录

11. 【2014 统考真题】下列关于 UDP 协议的叙述中，正确的是（ ）。

    I. 提供无连接服务

    II. 提供复用/分用服务

    III. 通过差错校验，保障可靠数据传输

A. 仅 I　　　　　　B. 仅 I、II　　　　　C. 仅 II、III　　　　D. I、II、III

12. 【2018 统考真题】UDP 协议实现分用时所依据的头部字段是（　　）。

A. 源端口号　　　　B. 目的端口号　　　　C. 长度　　　　D. 校验和

二、综合应用题

01. 为什么要使用 UDP？让用户进程直接发送原始的 IP 分组不就足够了吗？

02. 使用 TCP 对实时语音数据的传输是否有问题？使用 UDP 传送数据文件时有什么问题？

03. 一个应用程序用 UDP，到了 IP 层将数据报再划分为 4 个数据报片发送出去。结果前两个数据报片丢失，后两个到达目的站。过了一段时间应用程序重传 UDP，而 IP 层仍然划分为 4 个数据报片来传送。结果这次前两个到达目的站而后两个丢失。试问：在目的站能否将这两次传输的 4 个数据报片组装成为完整的数据报？假定目的站第一次收到的后两个数据片仍然保存在目的站的缓存中。

04. 一个 UDP 首部的信息（十六进制表示）为 0xF7 21 00 45 00 2C E8 27。UDP 数据报的格式如下图所示。试问：

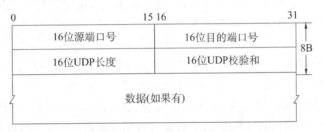

1）源端口、目的端口、数据报总长度、数据部分长度分别是什么？

2）该 UDP 数据报是从客户发送给服务器还是从服务器发送给客户？使用该 UDP 服务的程序使用的是哪个应用层协议？

05. 一个 UDP 用户数据报的数据字段为 8192B，要使用以太网来传送。假定 IP 数据报无选项。试问应当划分为几个 IP 数据报片？说明每个 IP 数据报片的数据字段长度和片段偏移字段的值。

5.2.4　答案与解析

一、单项选择题

01. B

UDP 本身是无法保证传输的可靠性的，并且 UDP 是基于网络层的 IP 的，IP 的特点是尽最大努力交付，因此无法在网络层及数据链路层提供可靠传输。因此，只能通过应用层协议来实现可靠传输。

02. B

伪首部只是在计算校验和时临时添加的，不计入 UDP 的长度。对于选项 D，伪首部包括源 IP 和目的 IP，这是 IP 分组报头的一部分。

03. D

UDP 数据报的格式包括 UDP 源端口号、UDP 目的端口号、UDP 报文长度和校验和，但不包括 UDP 数据报首部长度。因为 UDP 数据报首部长度是固定的 8B，所以没有必要再设置首部长度字段。

04. D

长度字段记录 UDP 数据报的长度（包括首部和数据部分），以字节为单位。

05. C

虽然 UDP 协议和 IP 协议都是数据报协议，但是它们之间还是存在差别。其中，最大的差别是 IP 数据报只能找到目的主机而无法找到目的进程，UDP 提供端口功能及复用和分用功能，可以将数据报投递给对应的进程。

06. D

UDP 是不可靠的，所以没有数据的按序投递，排除选项 A；UDP 只在 IP 的数据报服务上增加了很少的一点功能，即复用和分用功能及差错检测功能，排除选项 B；显然 UDP 没有流量控制，排除选项 C；UDP 是传输层的无连接协议，答案为 D。

07. A

接收端通过校验发现数据有差错，就直接丢弃该数据报，仅此而已。

08. B

UDP 的校验和不是必需的，如果不使用校验和，那么将校验和字段设置为 0，而如果校验和的计算结果恰好为 0，那么将校验和字段置为全 1。

09. B

UDP 数据报的伪首部包含了 IP 地址信息，目的是通过数据校验保证 UDP 数据报正确地到达目的主机。该伪首部由源和目的主机仅在校验和计算期间建立，并不发送。

10. D

UDP 的特点是开销小，时间性能好且易于实现。在客户/服务器模式中，它们之间的请求都很短，使用 UDP 不仅编码简单，而且只需要很少的消息；远程调用使用 UDP 的理由和客户/服务器模式的一样；对于实时多媒体应用，需要保证数据及时传送，而比例不大的错误是可以容忍的，所以使用 UDP 也是合适的，而且使用 UDP 协议可以实现多播，给多个客户端服务；而远程登录需要依靠一个客户端到服务器的可靠连接，使用 UDP 是不合适的。

11. B

UDP 提供的是无连接服务，I 正确；同时 UDP 也提供复用/分用服务，II 正确；UDP 虽然有差错校验机制，但 UDP 的差错校验只是检查数据在传输的过程中有没有出错，出错的数据直接丢弃，并没有重传等机制，不能保证可靠传输。使用 UDP 协议时，可靠传输必须由应用层实现，III 错误。答案选 B。

12. B

传输层分用的定义是，接收方的传输层剥去报文首部后，能把这些数据正确交付到目的进程。选项 C 和 D 显然不符。端口号是传输层服务访问点（TSAP），用来标识主机中的应用进程。对于选项 A 和 B，源端口号在需要对方回信时选用，不需要时可用全 0。目的端口号在终点交付报文时使用，符合题意，因此答案为选项 B。

二、综合应用题

01.【解答】

仅仅使用 IP 分组还不够。IP 分组包含 IP 地址，该地址指定一个目的机器。一旦这样的分组到达目的机器，网络控制程序如何知道把它交给哪个进程呢？UDP 分组包含一个目的端口，这一信息是必需的，因为有了它，分组才能被投递给正确的进程。此外，UDP 可以对数据报做包括数据段在内的差错检测，而 IP 只对其首部做差错检测。

02.【解答】

如果语音数据不实时播放，那么可以使用 TCP，因为 TCP 有重传机制，传输可靠。接收端用 TCP 将语音数据接收完毕后，可以在以后的任何时间进行播放。若假定是实时传输，不宜重传，则必须使用 UDP。UDP 不保证可靠递交，没有重传机制，因此在传输数据时可能会丢失数据，但 UDP 比 TCP 的开销要小很多，实时性好。

03. 【解答】

不行。重传时，IP 数据报的标识字段会有另一个标识符。仅当标识符相同的 IP 数据报片才能组装成一个 IP 数据报。前两个 IP 数据报片的标识符与后两个 IP 数据报片的标识符不同，因此不能组装成一个 IP 数据报。

04. 【解答】

1）第 1、2 个字节为源端口，即 F7 21，转换成十进制数为 63265。第 3、4 个字节为目的端口，即 00 45，转换成十进制数为 69。第 5、6 个字节为 UDP 长度（包含首部和数据部分），即 00 2C，转换成十进制数为 44，数据报总长度为 44B，数据部分长度为 44 − 8 = 36B。

2）由 1）可知，该 UDP 数据报的源端口号为 63265，目的端口号为 69，前一个为客户端使用的端口号，后一个为熟知的 TFTP 协议的端口，可知该数据报是客户发给服务器的。

05. 【解答】

以太网帧的数据段的最大长度是 1500B，UDP 用户数据报的首部是 8B。假定 IP 数据报无选项，首部长度都是 20B。IP 数据报的片段偏移指出一个片段在原 IP 分组中的相对位置，偏移的单位是 8B。UDP 用户数据报的数据字段为 8192B，加上 8B 的首部，总长度是 8200B。应当划分为 6 个 IP 报片。各 IP 报片总长度、数据长度和片偏移如下表所示。

	1	2	3	4	5	6
IP 报片总长度	1500B	1500B	1500B	1500B	1500B	820B
数据长度	1480B	1480B	1480B	1480B	1480B	800B
片偏移	0	185	370	555	740	925

5.3 TCP 协议

5.3.1 TCP 协议的特点

TCP 是在不可靠的 IP 层之上实现的可靠的数据传输协议，它主要解决传输的可靠、有序、无丢失和不重复问题。TCP 是 TCP/IP 体系中非常复杂的一个协议，主要特点如下：

1）TCP 是面向连接的传输层协议，TCP 连接是一条逻辑连接。

2）每一条 TCP 连接只能有两个端点，每一条 TCP 连接只能是点到点的（一对一）。

3）TCP 提供可靠交付的服务，保证传送的数据无差错、不丢失、不重复且有序。

4）TCP 提供全双工通信，允许通信双方的应用进程在任何时候都能发送数据，为此 TCP 连接的两端都设有发送缓存和接收缓存，用来临时存放双向通信的数据。

发送缓存用来暂时存放以下数据：①发送应用程序传送给发送方 TCP 准备发送的数据；②TCP 已发送但尚未收到确认的数据。接收缓存用来暂时存放以下数据：①按序到达但尚未被接收应用程序读取的数据；②不按序到达的数据。

5）TCP 是面向字节流的，虽然应用程序和 TCP 的交互是一次一个数据块（大小不等），但 TCP 把应用程序交下来的数据仅视为一连串的无结构的字节流。

TCP 和 UDP 在发送报文时所采用的方式完全不同。UDP 报文的长度由发送应用进程决定，而 TCP 报文的长度则根据接收方给出的窗口值和当前网络拥塞程度来决定。如果应用进程传送到 TCP 缓存的数据块太长，TCP 就把它划分得短一些再传送；如果太短，TCP 也可以等到积累足够多的字节后再构成报文段发送出去。关于 TCP 报文的长度问题，后面会详细讨论。

5.3.2 TCP 报文段

TCP 传送的数据单元称为报文段。TCP 报文段既可以用来运载数据，又可以用来建立连接、释放连接和应答。一个 TCP 报文段分为首部和数据两部分，整个 TCP 报文段作为 IP 数据报的数据部分封装在 IP 数据报中，如图 5.6 所示。其首部的前 20B 是固定的。TCP 首部最短为 20B，后面有 4N 字节是根据需要而增加的选项，长度为 4B 的整数倍。

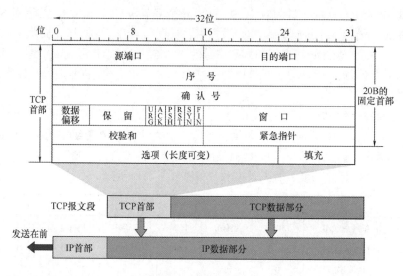

图 5.6　TCP 报文段

TCP 的全部功能体现在其首部的各个字段中，各字段意义如下：

1）源端口和目的端口。各占 2B。端口是传输层与应用层的服务接口，传输层的复用和分用功能都要通过端口实现。

2）序号。占 4B，范围为 $0 \sim 2^{32}-1$，共 2^{32} 个序号。TCP 是面向字节流的（即 TCP 传送时是逐个字节传送的），所以 TCP 连接传送的字节流中的每个字节都按顺序编号。序号字段的值指的是本报文段所发送的数据的第一个字节的序号。

例如，一报文段的序号字段值是 301，而携带的数据共有 100B，表明本报文段的数据的最后一个字节的序号是 400，因此下一个报文段的数据序号应从 401 开始。

3）确认号。占 4B，是期望收到对方下一个报文段的第一个数据字节的序号。若确认号为 N，则表明到序号 $N-1$ 为止的所有数据都已正确收到。

例如，B 正确收到了 A 发送过来的一个报文段，其序号字段是 501，而数据长度是 200B（序号 501～700），这表明 B 正确收到了 A 发送的到序号 700 为止的数据。因此 B 期望收到 A 的下一个数据序号是 701，于是 B 在发送给 A 的确认报文段中把确认号置为 701。

4）数据偏移（即首部长度）。占 4 位，这里不是 IP 数据报分片的那个数据偏移，而是表示首部长度（首部中还有长度不确定的选项字段），它指出 TCP 报文段的数据起始处距离 TCP 报文段的起始处有多远。"数据偏移"的单位是 32 位（以 4B 为计算单位）。由于 4 位二进制数能表示的最大值为 15，因此 TCP 首部的最大长度为 60B。

5）保留。占 6 位，保留为今后使用，但目前应置为 0。

6）紧急位 URG。当 URG＝1 时，表明紧急指针字段有效。它告诉系统此报文段中有紧急数据，应尽快传送（相当于高优先级的数据）。但 URG 需要和首部中紧急指针字段配合使用，即数据从第一个字节到紧急指针所指字节就是紧急数据。

7）确认位 ACK。仅当 ACK＝1 时确认号字段才有效。当 ACK＝0 时，确认号无效。

TCP 规定，在连接建立后所有传送的报文段都必须把 ACK 置 1。

8）推送位 PSH（Push）。接收方 TCP 收到 PSH＝1 的报文段，就尽快地交付给接收应用进程，而不再等到整个缓存都填满了后再向上交付。

9）复位位 RST（Reset）。当 RST＝1 时，表明 TCP 连接中出现严重差错（如主机崩溃或其他原因），必须释放连接，然后再重新建立运输连接。

10）同步位 SYN。当 SYN＝1 时表示这是一个连接请求或连接接受报文。

当 SYN＝1，ACK＝0 时，表明这是一个连接请求报文，对方若同意建立连接，则应在响应报文中使用 SYN＝1，ACK＝1。

11）终止位 FIN（Finish）。用来释放一个连接。当 FIN＝1 时，表明此报文段的发送方的数据已发送完毕，并要求释放运输连接。

12）窗口。占 2B，范围为 $0\sim2^{16}-1$。它指出现在允许对方发送的数据量，接收方的数据缓存空间是有限的，因此用窗口值作为接收方让发送方设置其发送窗口的依据。

例如，设确认号是 701，窗口字段是 1000。这表明，从 701 号算起，发送此报文段的一方还有接收 1000 字节数据（字节序号为 701～1700）的接收缓存空间。

13）校验和。占 2B。校验和字段检验的范围包括首部和数据两部分。在计算校验和时，和 UDP 一样，要在 TCP 报文段的前面加上 12B 的伪首部（只需将 UDP 伪首部的协议字段的 17 改成 6，UDP 长度字段改成 TCP 长度，其他的和 UDP 一样）。

14）紧急指针。占 2B。紧急指针仅在 URG＝1 时才有意义，它指出在本报文段中紧急数据共有多少字节（紧急数据在报文段数据的最前面）。

15）选项。长度可变。TCP 最初只规定了一种选项，即最大报文段长度（Maximum Segment Size，MSS）。MSS 是 TCP 报文段中的数据字段的最大长度（注意仅仅是数据字段）。

16）填充。这是为了使整个首部长度是 4B 的整数倍。

5.3.3 TCP 连接管理

TCP 是面向连接的协议，因此每个 TCP 连接都有三个阶段：连接建立、数据传送和连接释放。TCP 连接的管理就是使运输连接的建立和释放都能正常进行。

在 TCP 连接建立的过程中，要解决以下三个问题：

1）要使每一方能够确知对方的存在。

2）要允许双方协商一些参数（如最大窗口值、是否使用窗口扩大选项、时间戳选项及服务质量等）。

3）能够对运输实体资源（如缓存大小、连接表中的项目等）进行分配。

TCP 把连接作为最基本的抽象，每条 TCP 连接有两个端点，TCP 连接的端点不是主机，不是主机的 IP 地址，不是应用进程，也不是传输层的协议端口。TCP 连接的端口即为套接字（Socket）或插口，每条 TCP 连接唯一地被通信的两个端点（即两个套接字）确定。

TCP 连接的建立采用客户/服务器模式。主动发起连接建立的应用进程称为客户（Client），而被动等待连接建立的应用进程称为服务器（Server）。

1．TCP 连接的建立

连接的建立经历以下 3 个步骤，通常称为三次握手，如图 5.7 所示。

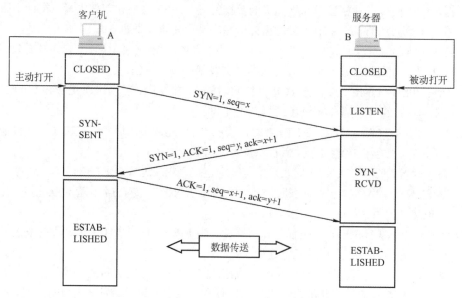

图 5.7　用"三次握手"建立 TCP 连接

连接建立前，服务器进程处于 LISTEN（收听）状态，等待客户的连接请求。

第一步：客户机的 TCP 首先向服务器的 TCP 发送连接请求报文段。这个特殊报文段的首部中的同步位 SYN 置 1，同时选择一个初始序号 seq＝x。TCP 规定，SYN 报文段不能携带数据，但要消耗掉一个序号。这时，TCP 客户进程进入 SYN-SENT（同步已发送）状态。

第二步：服务器的 TCP 收到连接请求报文段后，如同意建立连接，则向客户机发回确认，并为该 TCP 连接分配缓存和变量。在确认报文段中，把 SYN 位和 ACK 位都置 1，确认号是 ack＝$x+1$，同时也为自己选择一个初始序号 seq＝y。注意，确认报文段不能携带数据，但也要消耗掉一个序号。这时，TCP 服务器进程进入 SYN-RCVD（同步收到）状态。

第三步：当客户机收到确认报文段后，还要向服务器给出确认，并为该 TCP 连接分配缓存和变量。确认报文段的 ACK 位置 1，确认号 ack＝$y+1$，序号 seq＝$x+1$。该报文段可以携带数据，若不携带数据则不消耗序号。这时，TCP 客户进程进入 ESTABLISHED（已建立连接）状态。

成功进行以上三步后，就建立了 TCP 连接，接下来就可以传送应用层数据。TCP 提供的是全双工通信，因此通信双方的应用进程在任何时候都能发送数据。

另外，值得注意的是，服务器端的资源是在完成第二次握手时分配的，而客户端的资源是在完成第三次握手时分配的，这就使得服务器易于受到 SYN 洪泛攻击。

2．TCP 连接的释放

天下没有不散的筵席，TCP 同样如此。参与 TCP 连接的两个进程中的任何一个都能终止该连接。TCP 连接释放的过程通常称为四次握手，如图 5.8 所示。

第一步：客户机打算关闭连接时，向其 TCP 发送连接释放报文段，并停止发送数据，主动关闭 TCP 连接，该报文段的终止位 FIN 置 1，序号 seq＝u，它等于前面已传送过的数据的最后一个字节的序号加 1，FIN 报文段即使不携带数据，也消耗掉一个序号。这时，TCP 客户进程进入 FIN-WAIT-1（终止等待 1）状态。TCP 是全双工的，即可以想象为一条 TCP 连接上有两条数据通路，发送 FIN 的一端不能再发送数据，即关闭了其中一条数据通路，但对方还可以发送数据。

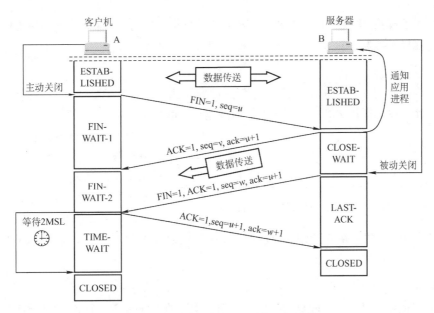

图 5.8 用"四次握手"释放 TCP 连接

第二步：服务器收到连接释放报文段后即发出确认，确认号 $ack = u+1$，序号 $seq = v$，等于它前面已传送过的数据的最后一个字节的序号加 1。然后服务器进入 CLOSE-WAIT（关闭等待）状态。此时，从客户机到服务器这个方向的连接就释放了，TCP 连接处于半关闭状态。但服务器若发送数据，客户机仍要接收，即从服务器到客户机这个方向的连接并未关闭。

第三步：若服务器已经没有要向客户机发送的数据，就通知 TCP 释放连接，此时，其发出 FIN = 1 的连接释放报文段。设该报文段的序号为 w（在半关闭状态服务器可能又发送了一些数据），还须重复上次已发送的确认号 $ack = u+1$。这时服务器进入 LAST-ACK（最后确认）状态。

第四步：客户机收到连接释放报文段后，必须发出确认。把确认报文段中的确认位 ACK 置 1，确认号 $ack = w+1$，序号 $seq = u+1$。此时 TCP 连接还未释放，必须经过时间等待计时器设置的时间 2MSL（最长报文段寿命）后，客户机才进入 CLOSED（连接关闭）状态。

对上述 TCP 连接建立和释放的总结如下：

1）连接建立。分为 3 步：

① SYN = 1，$seq = x$。

② SYN = 1，ACK = 1，$seq = y$，$ack = x+1$。

③ ACK = 1，$seq = x+1$，$ack = y+1$。

2）释放连接。分为 4 步：

① FIN = 1，$seq = u$。

② ACK = 1，$seq = v$，$ack = u+1$。

③ FIN = 1，ACK = 1，$seq = w$，$ack = u+1$。

④ ACK = 1，$seq = u+1$，$ack = w+1$。

选择题喜欢考查（关于连接和释放的题目，ACK、SYN、FIN 一定等于 1），请牢记。

5.3.4 TCP 可靠传输

TCP 的任务是在 IP 层不可靠的、尽力而为服务的基础上建立一种可靠数据传输服务。TCP 提供的可靠数据传输服务保证接收方进程从缓存区读出的字节流与发送方发出的字节流完全一样。TCP 使用了校验、序号、确认和重传等机制来达到这一目的。其中，TCP 的校验机制与 UDP 校验一样，这里不再赘述。

1．序号

TCP 首部的序号字段用来保证数据能有序提交给应用层，TCP 把数据视为一个无结构但有序的字节流，序号建立在传送的字节流之上，而不建立在报文段之上。

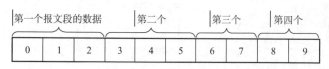

图 5.9 A 的发送缓存区中的数据划分成 TCP 段

TCP 连接传送的数据流中的每个字节都编上一个序号。序号字段的值是指本报文段所发送的数据的第一个字节的序号。如图 5.9 所示，假设 A 和 B 之间建立了一条 TCP 连接，A 的发送缓存区中共有 10B，序号从 0 开始标号，第一个报文包含第 0～2 个字节，则该 TCP 报文段的序号是 0，第二个报文段的序号是 3。

2．确认

TCP 首部的确认号是期望收到对方的下一个报文段的数据的第一个字节的序号。在图 5.9 中，如果接收方 B 已收到第一个报文段，此时 B 希望收到的下一个报文段的数据是从第 3 个字节开始的，那么 B 发送给 A 的报文中的确认号字段应为 3。发送方缓存区会继续存储那些已发送但未收到确认的报文段，以便在需要时重传。

TCP 默认使用累积确认，即 TCP 只确认数据流中至第一个丢失字节为止的字节。例如，在图 5.9 中，接收方 B 收到了 A 发送的包含字节 0～2 及字节 6～7 的报文段。由于某种原因，B 还未收到字节 3～5 的报文段，此时 B 仍在等待字节 3（和其后面的字节），因此 B 到 A 的下一个报文段将确认号字段置为 3。

3．重传

有两种事件会导致 TCP 对报文段进行重传：超时和冗余 ACK。

（1）超时

TCP 每发送一个报文段，就对这个报文段设置一次计时器。计时器设置的重传时间到期但还未收到确认时，就要重传这一报文段。

由于 TCP 的下层是一个互联网环境，IP 数据报所选择的路由变化很大，因而传输层的往返时延的方差也很大。为了计算超时计时器的重传时间，TCP 采用一种自适应算法，它记录一个报文段发出的时间，以及收到相应确认的时间，这两个时间之差称为报文段的往返时间（Round-Trip Time，RTT）。TCP 保留了 RTT 的一个加权平均往返时间 RTT_S，它会随新测量 RTT 样本值的变化而变化。显然，超时计时器设置的超时重传时间（Retransmission Time-Out，RTO）应略大于 RTT_S，但也不能大太多，否则当报文段丢失时，TCP 不能很快重传，导致数据传输时延大。

（2）冗余 ACK（冗余确认）

超时触发重传存在的一个问题是超时周期往往太长。所幸的是，发送方通常可在超时事件发生之前通过注意所谓的冗余 ACK 来较好地检测丢包情况。冗余 ACK 就是再次确认某个报文段的 ACK，而发送方先前已经收到过该报文段的确认。例如，发送方 A 发送了序号为 1、2、3、4、5 的 TCP 报文段，其中 2 号报文段在链路中丢失，它无法到达接收方 B。因此 3、4、5 号报文段对于 B 来说就成了失序报文段。TCP 规定每当比期望序号大的失序报文段到达时，就发送一个冗余 ACK，指明下一个期待字节的序号。在本例中，3、4、5 号报文到达 B，但它们不是 B 所期望收到的下一个报文，于是 B 就发送 3 个对 1 号报文段的冗余 ACK，表示自己期望接收 2 号报文段。TCP 规定当发送方收到对同一个报文段的 3 个冗余 ACK 时，就可以认为跟在这个被确认报文段之后的报文段已经丢失。就前面的例子而言，当 A 收到对于 1 号报文段的 3 个冗余 ACK 时，它可以认为 2 号报文段已经丢失，这时发送方 A 可以立即对 2 号报文执行重传，这种技术通常称为快速重传。当然，冗余 ACK 还被用在拥塞控制中，这将在后面的内容中讨论。

5.3.5 TCP 流量控制

TCP 提供流量控制服务来消除发送方（发送速率太快）使接收方缓存区溢出的可能性，因此可以说流量控制是一个速度匹配服务（匹配发送方的发送速率与接收方的读取速率）。

TCP 提供一种基于滑动窗口协议的流量控制机制，滑动窗口的基本原理已在第 3 章的数据链路层介绍过，这里要介绍的是 TCP 如何使用窗口机制来实现流量控制。

在通信过程中，接收方根据自己接收缓存的大小，动态地调整发送方的发送窗口大小，这称为接收窗口 rwnd，即调整 TCP 报文段首部中的"窗口"字段值，来限制发送方向网络注入报文的速率。同时，发送方根据其对当前网络拥塞程度的估计而确定的窗口值，这称为拥塞窗口 cwnd（后面会讲到），其大小与网络的带宽和时延密切相关。

例如，在通信中，有效数据只从 A 发往 B，而 B 仅向 A 发送确认报文，这时 B 可以通过设置确认报文段首部的窗口字段来将 rwnd 通知给 A。rwnd 即接收方允许连续接收的最大能力，单位是字节。发送方 A 总是根据最新收到的 rwnd 值来限制自己发送窗口的大小，从而将未确认的数据量控制在 rwnd 大小之内，保证 A 不会使 B 的接收缓存溢出。当然，A 的发送窗口的实际大小取 rwnd 和 cwnd 中的最小值。图 5.10 中的例子说明了如何利用滑动窗口机制进行流量控制。设 A 向 B 发送数据，在连接建立时，B 告诉 A："我的接收窗口 rwnd=400"。接收方主机 B 进行了三次流量控制，这三个报文段都设置了 ACK=1，只有在 ACK=1 时确认号字段才有意义。第一次把窗口减小到 rwnd=300，第二次又减到 rwnd=100，最后减到 rwnd=0，即不允许发送方再发送数据。这使得发送方暂停发送的状态将持续到 B 重新发出一个新的窗口值为止。

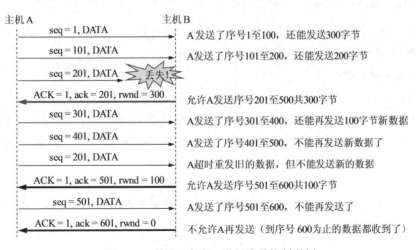

图 5.10 利用可变窗口进行流量控制举例

传输层和数据链路层的流量控制的区别是：传输层定义端到端用户之间的流量控制，数据链路层定义两个中间的相邻结点的流量控制。另外，数据链路层的滑动窗口协议的窗口大小不能动态变化，传输层的则可以动态变化。

5.3.6 TCP 拥塞控制

拥塞控制是指防止过多的数据注入网络，保证网络中的路由器或链路不致过载。出现拥塞时，端点并不了解拥塞发生的细节，对通信连接的端点来说，拥塞往往表现为通信时延的增加。

拥塞控制与流量控制的区别：拥塞控制是让网络能够承受现有的网络负荷，是一个全局性的过程，涉及所有的主机、所有的路由器，以及与降低网络传输性能有关的所有因素。相反，流量控制往往是指点对点的通信量的控制，是个端到端的问题（接收端控制发送端），它所要做的是抑制发送端发送数据的速率，以便使接收端来得及接收。当然，拥塞控制和流量控制也有相似的地方，即它们都通过控制发送方发送数据的速率来达到控制效果。

例如，某个链路的传输速率为 10Gb/s，某大型机向一台 PC 以 1Gb/s 的速率传送文件，显然网络的带宽是足够大的，因而不存在拥塞问题，但如此高的发送速率将导致 PC 可能来不及接收，因此必须进行流量控制。但若有 100 万台 PC 在此链路上以 1Mb/s 的速率传送文件，则现在的问题就变为网络的负载是否超过了现有网络所能承受的范围。

因特网建议标准定义了进行拥塞控制的 4 种算法：慢开始、拥塞避免、快重传和快恢复。

发送方在确定发送报文段的速率时，既要根据接收方的接收能力，又要从全局考虑不要使网络发生拥塞。因此，TCP 协议要求发送方维护以下两个窗口：

1) 接收窗口 rwnd，接收方根据目前接收缓存大小所许诺的最新窗口值，反映接收方的容量。由接收方根据其放在 TCP 报文的首部的窗口字段通知发送方。

2) 拥塞窗口 cwnd，发送方根据自己估算的网络拥塞程度而设置的窗口值，反映网络的当前容量。只要网络未出现拥塞，拥塞窗口就再增大一些，以便把更多的分组发送出去。但只要网络出现拥塞，拥塞窗口就减小一些，以减少注入网络的分组数。

发送窗口的上限值应取接收窗口 rwnd 和拥塞窗口 cwnd 中较小的一个，即

$$发送窗口的上限值 = min[rwnd, cwnd]$$

接收窗口的大小可根据 TCP 报文首部的窗口字段通知发送方，而发送方如何维护拥塞窗口呢？这就是下面讲解的慢开始和拥塞避免算法。

注意：这里假设接收方总是有足够大的缓存空间，因而发送窗口大小由网络的拥塞程度决定，也就是说，可以将发送窗口等同为拥塞窗口。

1. 慢开始和拥塞避免

（1）慢开始算法

在 TCP 刚刚连接好并开始发送 TCP 报文段时，先令拥塞窗口 cwnd = 1，即一个最大报文段长度 MSS。每收到一个对新报文段的确认后，将 cwnd 加 1，即增大一个 MSS。用这样的方法逐步增大发送方的 cwnd，可使分组注入网络的速率更加合理。

例如，A 向 B 发送数据，发送方先置拥塞窗口 cwnd = 1，A 发送第一个报文段，A 收到 B 对第一个报文段的确认后，把 cwnd 从 1 增大到 2；于是 A 接着发送两个报文段，A 收到 B 对这两个报文段的确认后，把 cwnd 从 2 增大到 4，下次就可一次发送 4 个报文段。

慢开始的"慢"并不是指拥塞窗口 cwnd 的增长速率慢，而是指在 TCP 开始发送报文段时先设置 cwnd = 1，使得发送方在开始时只发送一个报文段（目的是试探一下网络的拥塞情况），然后再逐渐增大 cwnd，这对防止网络出现拥塞是一个非常有力的措施。使用慢开始算法后，每经过一个传输轮次（即往返时延 RTT），cwnd 就会加倍，即 cwnd 的值随传输轮次指数规律增长。这样，慢开始一直把 cwnd 增大到一个规定的慢开始门限 ssthresh（阈值），然后改用拥塞避免算法。

（2）拥塞避免算法

拥塞避免算法的思路是让拥塞窗口 cwnd 缓慢增大，具体做法是：每经过一个往返时延 RTT 就把发送方的拥塞窗口 cwnd 加 1，而不是加倍，使拥塞窗口 cwnd 按线性规律缓慢增长（即加法增大），这比慢开始算法的拥塞窗口增长速率要缓慢得多。

根据 cwnd 的大小执行不同的算法，可归纳如下：

- 当 cwnd < ssthresh 时，使用慢开始算法。
- 当 cwnd > ssthresh 时，停止使用慢开始算法而改用拥塞避免算法。
- 当 cwnd = ssthresh 时，既可使用慢开始算法，又可使用拥塞避免算法（通常做法）。

（3）网络拥塞的处理

无论在慢开始阶段还是在拥塞避免阶段，只要发送方判断网络出现拥塞（未按时收到确认），就要把慢开始门限 ssthresh 设置为出现拥塞时的发送方的 cwnd 值的一半（但不能小于 2）。然后把拥塞窗口 cwnd 重新设置为 1，执行慢开始算法。这样做的目的是迅速减少主机发送到网络中的分组数，使得发生拥塞的路由器有足够时间把队列中积压的分组处理完。

慢开始和拥塞避免算法的实现过程如图 5.11 所示。

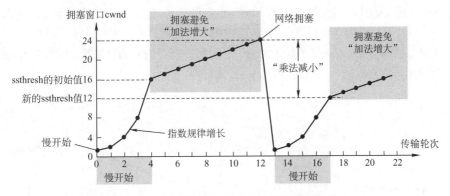

图 5.11 慢开始和拥塞避免算法的实现过程

- 初始时，拥塞窗口置为 1，即 cwnd = 1，慢开始门限置为 16，即 ssthresh = 16。
- 慢开始阶段，cwnd 的初值为 1，以后发送方每收到一个确认 ACK，cwnd 值加 1，也即经过每个传输轮次（RTT），cwnd 呈指数规律增长。当拥塞窗口 cwnd 增长到慢开始门限 ssthresh 时（即当 cwnd = 16 时），就改用拥塞避免算法，cwnd 按线性规律增长。
- 假定 cwnd = 24 时网络出现超时，更新 ssthresh 值为 12（即变为超时时 cwnd 值的一半），cwnd 重置为 1，并执行慢开始算法，当 cwnd = 12 时，改为执行拥塞避免算法。

注意：在慢开始（指数级增长）阶段，若 2cwnd > ssthresh，则下一个 RTT 后的 cwnd 等于 ssthresh，而不等于 2cwnd，即 cwnd 不能跃过 ssthresh 值。如图 5.11 所示，在第 16 个轮次时 cwnd = 8、ssthresh = 12，则在第 17 个轮次时 cwnd = 12，而不等于 16。

在慢开始和拥塞避免算法中使用了"乘法减小"和"加法增大"方法。"乘法减小"是指不论是在慢开始阶段还是在拥塞避免阶段，只要出现超时（即很可能出现了网络拥塞），就把慢开始门限值 ssthresh 设置为当前拥塞窗口的一半（并执行慢开始算法）。当网络频繁出现拥塞时，ssthresh 值就下降得很快，以大大减少注入网络的分组数。而"加法增大"是指执行拥塞避免算法后，在收到对所有报文段的确认后（即经过一个 RTT），就把拥塞窗口 cwnd 增加一个 MSS 大小，使拥塞窗口缓慢增大，以防止网络过早出现拥塞。

拥塞避免并不能完全避免拥塞。利用以上措施要完全避免网络拥塞是不可能的。拥塞避免是指在拥塞避免阶段把拥塞窗口控制为按线性规律增长，使网络比较不容易出现拥塞。

2. 快重传和快恢复

快重传和快恢复算法是对慢开始和拥塞避免算法的改进。

（1）快重传

在上一节介绍的 TCP 可靠传输机制中，快重传技术使用了冗余 ACK 来检测丢包的发生。同样，冗余 ACK 也用于网络拥塞的检测（丢了包当然意味着网络可能出现了拥塞）。快重传并非取消重传计时器，而是在某些情况下可更早地重传丢失的报文段。

当发送方连续收到三个重复的 ACK 报文时，直接重传对方尚未收到的报文段，而不必等待那个报文段设置的重传计时器超时。

（2）快恢复

快恢复算法的原理如下：当发送方连续收到三个冗余 ACK（即重复确认）时，执行"乘法减小"算法，把慢开始门限 ssthresh 设置为此时发送方 cwnd 的一半。这是为了预防网络发生拥塞。但发送方现在认为网络很可能没有发生（严重）拥塞，否则就不会有几个报文段连续到达接收方，也不会连续收到重复确认。因此与慢开始不同之处是它把 cwnd 值设置为慢开始门限 ssthresh 改变后的数值，然后开始执行拥塞避免算法（"加法增大"），使拥塞窗口缓慢地线性增大。

由于跳过了拥塞窗口 cwnd 从 1 起始的慢开始过程，所以被称为快恢复。快恢复算法的实现过程如图 5.12 所示，作为对比，虚线为慢开始的处理过程。

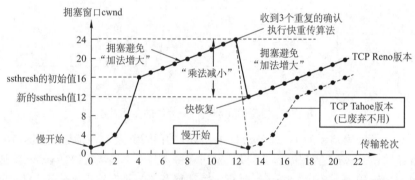

图 5.12 快恢复算法的实现过程

在流量控制中，发送方发送数据的量由接收方决定，而在拥塞控制中，则由发送方自己通过检测网络状况来决定。实际上，慢开始、拥塞避免、快重传和快恢复几种算法是同时应用在拥塞控制机制中。四种算法使用的总结：在 TCP 连接建立和网络出现超时时，采用慢开始和拥塞避免算法；当发送方接收到冗余 ACK 时，采用快重传和快恢复算法。

在本节的最后，再次提醒读者：接收方的缓存空间总是有限的。因此，发送方发送窗口的实际大小由流量控制和拥塞控制共同决定。当题目中同时出现接收窗口（rwnd）和拥塞窗口（cwnd）时，发送方实际的发送窗口大小是由 rwnd 和 cwnd 中较小的那一个确定的。

5.3.7 本节习题精选

一、单项选择题

01. 下列关于传输层协议中面向连接的描述，（　）是错误的。

　　A. 面向连接的服务需要经历 3 个阶段：连接建立、数据传输及连接释放

  B. 当链路不发生错误时，面向连接的服务可以保证数据到达的顺序是正确的

  C. 面向连接的服务有很高的效率和时间性能

  D. 面向连接的服务提供了一个可靠的数据流

02. TCP 协议规定 HTTP（　）进程的端口号为 80。

  A. 客户机　　　　　B. 解析　　　　　　C. 服务器　　　　　D. 主机

03. 下列（　）不是 TCP 服务的特点。

  A. 字节流　　　　　B. 全双工　　　　　C. 可靠　　　　　　D. 支持广播

04. （　）字段包含在 TCP 首部中，而不包含在 UDP 首部中。

  A. 目的端口号　　　B. 序列号　　　　　C. 校验和　　　　　D. 目的 IP 地址

05. 以下关于 TCP 报头格式的描述中，错误的是（　）。

  A. 报头长度为 20~60B，其中固定部分为 20B

  B. 端口号字段依次表示源端口号与目的端口号

  C. 报头长度总是 4 的倍数个字节

  D. TCP 校验和伪首部中 IP 分组头的协议字段为 17

06. 在采用 TCP 连接的数据传输阶段，如果发送端的发送窗口值由 1000 变为 2000，那么发送端在收到一个确认之前可以发送（　）。

  A. 2000 个 TCP 报文段　　　　　　　B. 2000B

  C. 1000B　　　　　　　　　　　　　D. 1000 个 TCP 报文段

07. A 和 B 建立了 TCP 连接，当 A 收到确认号为 100 的确认报文段时，表示（　）。

  A. 报文段 99 已收到

  B. 报文段 100 已收到

  C. 末字节序号为 99 的报文段已收到

  D. 末字节序号为 100 的报文段已收到

08. 为保证数据传输的可靠性，TCP 采用了对（　）确认的机制。

  A. 报文段　　　　　B. 分组　　　　　　C. 字节　　　　　　D. 比特

09. 在 TCP 协议中，发送方的窗口大小取决于（　）。

  A. 仅接收方允许的窗口

  B. 接收方允许的窗口和发送方允许的窗口

  C. 接收方允许的窗口和拥塞窗口

  D. 发送方允许的窗口和拥塞窗口

10. 滑动窗口的作用是（　）。

  A. 流量控制　　　　B. 拥塞控制　　　　C. 路由控制　　　　D. 差错控制

11. 以下关于 TCP 工作原理与过程的描述中，错误的是（　）。

  A. TCP 连接建立过程需要经过"三次握手"的过程

  B. TCP 传输连接建立后，客户端与服务器端的应用进程进行全双工的字节流传输

  C. TCP 传输连接的释放过程很复杂，只有客户端可以主动提出释放连接的请求

  D. TCP 连接的释放需要经过"四次挥手"的过程

12. TCP 的滑动窗口协议中，规定重传分组的数量最多可以（　）。

  A. 是任意的　　　　　　　　　　　　B. 1 个

  C. 大于滑动窗口的大小　　　　　　　D. 等于滑动窗口的大小

13. TCP 中滑动窗口的值设置太大，对主机的影响是（　）。

    A. 由于传送的数据过多而使路由器变得拥挤，主机可能丢失分组

    B. 产生过多的ACK

    C. 由于接收的数据多，而使主机的工作速度加快

    D. 由于接收的数据多，而使主机的工作速度变慢

14. 以下关于TCP窗口与拥塞控制概念的描述中，错误的是（ ）。

    A. 接收端窗口（rwnd）通过TCP首部中的窗口字段通知数据的发送方

    B. 发送窗口确定的依据是：发送窗口=min[接收端窗口，拥塞窗口]

    C. 拥塞窗口是接收端根据网络拥塞情况确定的窗口值

    D. 拥塞窗口大小在开始时可以按指数规律增长

15. TCP使用三次握手协议来建立连接，设A、B双方发送报文的初始序列号分别为X和Y，A发送（①）的报文给B，B接收到报文后发送（②）的报文给A，然后A发送一个确认报文给B便建立了连接（注意，ACK的下标为捎带的序号）。

    ① A. SYN=1，序号=X B. SYN=1，序号=$X+1$，$ACK_X=1$

        C. SYN=1，序号=Y D. SYN=1，序号=Y，$ACK_{Y+1}=1$

    ② A. SYN=1，序号=$X+1$ B. SYN=1，序号=$X+1$，$ACK_X=1$

        C. SYN=1，序号=Y，$ACK_{X+1}=1$ D. SYN=1，序号=Y，$ACK_{Y+1}=1$

16. TCP"三次握手"过程中，第二次"握手"时，发送的报文段中（ ）标志位被置为1。

    A. SYN   B. ACK

    C. ACK和RST   D. SYN和ACK

17. A和B之间建立了TCP连接，A向B发送了一个报文段，其中序号字段seq=200，确认号字段ack=201，数据部分有2个字节，那么在B对该报文的确认报文段中（ ）。

    A. seq=202，ack=200   B. seq=201，ack=201

    C. seq=201，ack=202   D. seq=202，ack=201

18. TCP的通信双方，有一方发送了带有FIN标志的数据段后，表示（ ）。

    A. 将断开通信双方的TCP连接

    B. 单方面释放连接，表示本方已经无数据发送，但可以接收对方的数据

    C. 中止数据发送，双方都不能发送数据

    D. 连接被重新建立

19. 一个TCP连接的数据传输阶段，如果发送端的发送窗口值由2000变为3000，那么意味着发送端可以（ ）。

    A. 在收到一个确认之前可以发送3000个TCP报文段

    B. 在收到一个确认之前可以发送1000B

    C. 在收到一个确认之前可以发送3000B

    D. 在收到一个确认之前可以发送2000个TCP报文段

20. 在一个TCP连接中，MSS为1KB，当拥塞窗口为34KB时发生了超时事件。如果在接下来的4个RTT内报文段传输都是成功的，那么当这些报文段均得到确认后，拥塞窗口的大小是（ ）。

    A. 8KB   B. 9KB   C. 16KB   D. 17KB

21. 设TCP的拥塞窗口的慢开始门限值初始为8（单位为报文段），当拥塞窗口上升到12时发生超时，TCP开始慢启动和拥塞避免，那么第13次传输时拥塞窗口的大小为（ ）。

    A. 4   B. 6   C. 7   D. 8

22. 在一个 TCP 连接中，MSS 为 1KB，当拥塞窗口为 34KB 时收到了 3 个冗余 ACK 报文。如果在接下来的 4 个 RTT 内报文段传输都是成功的，那么当这些报文段均得到确认后，拥塞窗口的大小是（ ）。

    A. 8KB   B. 16KB   C. 20KB   D. 21KB

23. A 和 B 建立 TCP 连接，MSS 为 1KB。某时，慢开始门限值为 2KB，A 的拥塞窗口为 4KB，在接下来的一个 RTT 内，A 向 B 发送了 4KB 的数据（TCP 的数据部分），并且得到了 B 的确认，确认报文中的窗口字段的值为 2KB。在下一个 RTT 中，A 最多能向 B 发送（ ）数据。

    A. 2KB   B. 8KB   C. 5KB   D. 4KB

24. 假设在没有发生拥塞的情况下，在一条往返时延 RTT 为 10ms 的线路上采用慢开始控制策略。如果接收窗口的大小为 24KB，最大报文段 MSS 为 2KB。那么发送方能发送出第一个完全窗口（也就是发送窗口达到 24KB）需要的时间是（ ）。

    A. 30ms   B. 40ms   C. 50ms   D. 60ms

25. 如果主机 1 的进程以端口 x 和主机 2 的端口 y 建立了一条 TCP 连接，这时如果希望再在这两个端口间建立一个 TCP 连接，那么会（ ）。

    A. 建立失败，不影响先建立连接的传输

    B. 建立成功，且两个连接都可以正常传输

    C. 建立成功，先建立的连接被断开

    D. 建立失败，两个连接都被断开

26. 【2009 统考真题】主机甲与主机乙之间已建立一个 TCP 连接，主机甲向主机乙发送了两个连续的 TCP 段，分别包含 300B 和 500B 的有效载荷，第一个段的序列号为 200，主机乙正确接收到这两个数据段后，发送给主机甲的确认序列号是（ ）。

    A. 500   B. 700   C. 800   D. 1000

27. 【2009 统考真题】一个 TCP 连接总以 1KB 的最大段长发送 TCP 段，发送方有足够多的数据要发送，当拥塞窗口为 16KB 时发生了超时，如果接下来的 4 个 RTT 时间内的 TCP 段的传输都是成功的，那么当第 4 个 RTT 时间内发送的所有 TCP 段都得到肯定应答时，拥塞窗口大小是（ ）。

    A. 7KB   B. 8KB   C. 9KB   D. 16KB

28. 【2010 统考真题】主机甲和主机乙之间已建立一个 TCP 连接，TCP 最大段长为 1000B。若主机甲的当前拥塞窗口为 4000B，在主机甲向主机乙连续发送两个最大段后，成功收到主机乙发送的第一个段的确认段，确认段中通告的接收窗口大小为 2000B，则此时主机甲还可以向主机乙发送的最大字节数是（ ）。

    A. 1000   B. 2000   C. 3000   D. 4000

29. 【2011 统考真题】主机甲向主机乙发送一个（SYN=1，seq=11220）的 TCP 段，期望与主机乙建立 TCP 连接，若主机乙接受该连接请求，则主机乙向主机甲发送的正确的 TCP 段可能是（ ）。

    A. （SYN=0，ACK=0，seq=11221，ack=11221）

    B. （SYN=1，ACK=1，seq=11220，ack=11220）

    C. （SYN=1，ACK=1，seq=11221，ack=11221）

    D. （SYN=0，ACK=0，seq=11220，ack=11220）

30. 【2011 统考真题】主机甲与主机乙之间已建立一个 TCP 连接，主机甲向主机乙发送

了 3 个连续的 TCP 段，分别包含 300B、400B 和 500B 的有效载荷，第 3 个段的序号为 900。若主机乙仅正确接收到第 1 个段和第 3 个段，则主机乙发送给主机甲的确认序号是（　）。

 A. 300   B. 500   C. 1200   D. 1400

31.【2013 统考真题】主机甲与主机乙之间已建立一个 TCP 连接，双方持续有数据传输，且数据无差错与丢失。若甲收到一个来自乙的 TCP 段，该段的序号为 1913、确认序号为 2046、有效载荷为 100B，则甲立即发送给乙的 TCP 段的序号和确认序号分别是（　）。

 A. 2046、2012   B. 2046、2013   C. 2047、2012   D. 2047、2013

32.【2014 统考真题】主机甲和乙建立了 TCP 连接，甲始终以 MSS＝1KB 大小的段发送数据，并一直有数据发送；乙每收到一个数据段都会发出一个接收窗口为 10KB 的确认段。若甲在 t 时刻发生超时的时候拥塞窗口为 8KB，则从 t 时刻起，不再发生超时的情况下，经过 10 个 RTT 后，甲的发送窗口是（　）。

 A. 10KB   B. 12KB   C. 14KB   D. 15KB

33.【2015 统考真题】主机甲和主机乙新建一个 TCP 连接，甲的拥塞控制初始阈值为 32KB，甲向乙始终以 MSS＝1KB 大小的段发送数据，并一直有数据发送；乙为该连接分配 16KB 接收缓存，并对每个数据段进行确认，忽略段传输延迟。若乙收到的数据全部存入缓存，不被取走，则甲从连接建立成功时刻起，未出现发送超时的情况下，经过 4 个 RTT 后，甲的发送窗口是（　）。

 A. 1KB   B. 8KB   C. 16KB   D. 32KB

34.【2017 统考真题】若甲向乙发起一个 TCP 连接，最大段长 MSS＝1KB，RTT＝5ms，乙开辟的接收缓存为 64KB，则甲从连接建立成功至发送窗口达到 32KB，需经过的时间至少是（　）。

 A. 25ms   B. 30ms   C. 160ms   D. 165ms

35.【2019 统考真题】某客户通过一个 TCP 连接向服务器发送数据的部分过程如下图所示。客户在 t_0 时刻第一次收到确认序列号 ack_seq＝100 的段，并发送序列号 seq＝100 的段，但发生丢失。若 TCP 支持快速重传，则客户重新发送 seq＝100 段的时刻是（　）。

 A. t_1 B. t_2 C. t_3 D. t_4

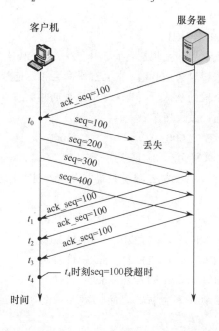

36. 【2019 统考真题】若主机甲主动发起一个与主机乙的 TCP 连接，甲、乙选择的初始序列号分别为 2018 和 2046，则第三次握手 TCP 段的确认序列号是（　）。

    A. 2018　　　　　B. 2019　　　　　C. 2046　　　　　D. 2047

37. 【2020 统考真题】若主机甲与主机乙已建立一条 TCP 连接，最大段长（MSS）为 1KB，往返时间（RTT）为 2ms，则在不出现拥塞的前提下，拥塞窗口从 8KB 增长到 32KB 所需的最长时间是（　）。

    A. 4ms　　　　　B. 8ms　　　　　C. 24ms　　　　　D. 48ms

38. 【2020 统考真题】若主机甲与主机乙建立 TCP 连接时，发送的 SYN 段中的序号为 1000，在断开连接时，甲发送给乙的 FIN 段中的序号为 5001，则在无任何重传的情况下，甲向乙已经发送的应用层数据的字节数为（　）。

    A. 4002　　　　　B. 4001　　　　　C. 4000　　　　　D. 3999

39. 【2021 统考真题】若客户首先向服务器发送 FIN 段请求断开 TCP 连接，则当客户收到服务器发送的 FIN 段并向服务器发送 ACK 段后，客户的 TCP 状态转换为（　）。

    A. CLOSE_WAIT　　B. TIME_WAIT　　C. FIN_WAIT_1　　D. FIN_WAIT_2

40. 【2021 统考真题】若大小为 12B 的应用层数据分别通过 1 个 UDP 数据报和 1 个 TCP 段传输，则该 UDP 数据报和 TCP 段实现的有效载荷（应用层数据）最大传输效率分别是（　）。

    A. 37.5%, 16.7%　B. 37.5%, 37.5%　C. 60.0%, 16.7%　D. 60.0%, 37.5%

41. 【2021 统考真题】设主机甲通过 TCP 向主机乙发送数据，部分过程如下图所示。甲在 t_0 时刻发送一个序号 seq = 501、封装 200B 数据的段，在 t_1 时刻收到乙发送的序号 seq = 601、确认序号 ack_seq = 501、接收窗口 rcvwnd = 500B 的段，则甲在未收到新的确认段之前，可以继续向乙发送的数据序号范围是（　）。

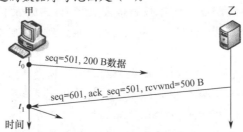

    A. 501～1000　　B. 601～1100　　C. 701～1000　　D. 801～1100

42. 【2022 统考真题】假设主机甲和主机乙已建立一个 TCP 连接，最大段长 MSS = 1KB，甲一直向乙发送数据，当甲的拥塞窗口为 16KB 时，计时器发生了超时，则甲的拥塞窗口再次增长到 16KB 所需要的时间至少是（　）。

    A. 4 RTT　　　　B. 5 RTT　　　　C. 11 RTT　　　　D. 16 RTT

43. 【2022 统考真题】假设客户 C 和服务器 S 已建立一个 TCP 连接，通信往返时间 RTT = 50ms，最长报文段寿命 MSL = 80ms，数据传输结束后，C 主动请求断开连接。若从 C 主动向 S 发出 FIN 段时刻算起，则 C 和 S 进入 CLOSED 状态所需的时间至少分别是（　）。

    A. 850 ms, 50 ms　　　　　　　　B. 1650 ms, 50 ms

    C. 850 ms, 75 ms　　　　　　　　D. 1650 ms, 75 ms

二、综合应用题

01. 在使用 TCP 传输数据时，如果有一个确认报文段丢失，那么也不一定会引起与该确认报文段对应的数据的重传。试说明理由。

02. 如果收到的报文段无差错，只是报文段失序，那么 TCP 对此未做明确规定，而是让 TCP

的实现者自行确定。试讨论两种可能的方法的优劣:

1) 将失序报文段丢弃。

2) 先将失序报文段暂存于接收缓存内,待所缺序号的报文段收齐后再一起上交应用层。

03. 一个 TCP 连接要发送 3200B 的数据。第一个字节的编号为 10010。如果前 两个报文各携带 1000B 的数据,最后一个携带剩下的数据,请写出每个报文段的序号。

04. 设 TCP 使用的最大窗口尺寸为 64KB,TCP 报文在网络上的平均往返时间为 20ms,问 TCP 协议所能得到的最大吞吐量是多少? (假设传输信道的带宽是不受限的。)

05. 网络允许的最大报文段的长度为 128B,序号用 8 位表示,报文段在网络中的寿命为 30s。求每条 TCP 连接所能达到的最高数据率。

06. 在一个 TCP 连接中,信道带宽为 1Gb/s,发送窗口固定为 65535B,端到端时延为 20ms。可以取得的最大吞吐率是多少?线路效率是多少? (发送时延忽略不计,TCP 及其下层协议首部长度忽略不计,最大吞吐率=一个 RTT 传输的有效数据/一个 RTT 的时间。)

07. 主机 A 基于 TCP 向主机 B 连续发送 3 个 TCP 报文段。第 1 个报文段的序号为 90,第 2 个报文段的序号为 120,第 3 个报文段的序号为 150。

1) 第 1、2 个报文段中有多少数据?

2) 假设第 2 个报文段丢失而其他两个报文段到达主机 B,在主机 B 发往主机 A 的确认报文中,确认号应是多少?

08. 考虑在一条具有 10ms 来回路程时间的线路上采用慢启动拥塞控制而不发生网络拥塞情况下的效应,接收窗口为 24KB,且最大段长为 2KB。那么需要多长时间才能发送第一个完全窗口?

09. 设 TCP 的拥塞窗口的慢开始门限值初始为 12 (单位为报文段),当拥塞窗口达到 16 时出现超时,再次进入慢启动过程。从此时起若恢复到超时时刻的拥塞窗口大小,需要的往返次数是多少?

10. 假定 TCP 报文段载荷是 1500B,最大分组存活时间是 120s,那么要使得 TCP 报文段的序列号不会循环回来而重叠,线路允许的最快速度是多大? (不考虑帧长限制。)

11. 一个 TCP 连接使用 256kb/s 的链路,其端到端时延为 128ms。经测试发现吞吐率只有 128kb/s。问窗口是多少?忽略 PDU 封装的协议开销及接收方应答分组的发送时间 (假定应答分组长度很小)。

12. 假定 TCP 最大报文段的长度是 1KB,拥塞窗口被置为 18KB,并且发生了超时事件。如果接着的 4 次连发量传输都是成功的,那么该窗口将是多大?

13. 一个 TCP 首部的数据信息 (十六进制表示) 为 0x0D 28 00 15 50 5F A9 06 00 00 00 00 70 02 40 00 C0 29 00 00。TCP 首部的格式如下图所示。请回答:

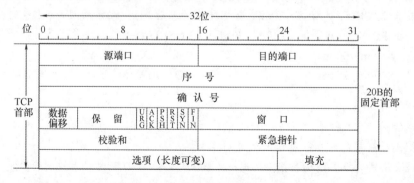

1）源端口号和目的端口号各是多少？

2）发送的序列号是多少？确认号是多少？

3）TCP 首部的长度是多少？

4）这是一个使用什么协议的 TCP 连接？该 TCP 连接的状态是什么？

14.【2012 统考真题】主机 H 通过快速以太网连接 Internet，IP 地址为 192.168.0.8，服务器 S 的 IP 地址为 211.68.71.80。H 与 S 使用 TCP 通信时，在 H 上捕获的其中 5 个 IP 分组如表 1 所示。

表 1

编　号	IP 分组的前 40B 内容（十六进制）				
1	45 00 00 30	01 9b 40 00	80 06 1d e8	c0 a8 00 08	d3 44 47 50
	0b d9 13 88	84 6b 41 c5	00 00 00 00	70 02 43 80	5d b0 00 00
2	45 00 00 30	00 00 40 00	31 06 6e 83	d3 44 47 50	c0 a8 00 08
	13 88 0b d9	e0 59 9f ef	84 6b 41 c6	70 12 16 d0	37 e1 00 00
3	45 00 00 28	01 9c 40 00	80 06 1d ef	c0 a8 00 08	d3 44 47 50
	0b d9 13 88	84 6b 41 c6	e0 59 9f f0	50 f0 43 80	2b 32 00 00
4	45 00 00 38	01 9d 40 00	80 06 1d de	c0 a8 00 08	d3 44 47 50
	0b d9 13 88	84 6b 41 c6	e0 59 9f f0	50 18 43 80	e6 55 00 00
5	45 00 00 28	68 11 40 00	31 06 06 7a	d3 44 47 50	c0 a8 00 08
	13 88 0b d9	e0 59 9f f0	84 6b 41 d6	50 10 16 d0	57 d2 00 00

回答下列问题：

1）表 1 中的 IP 分组中，哪几个是由 H 发送的？哪几个完成了 TCP 连接建立过程？哪几个在通过快速以太网传输时进行了填充？

2）根据表 1 中的 IP 分组，分析 S 已经收到的应用层数据字节数是多少。

3）若表 1 中的某个 IP 分组在 S 发出时的前 40B 如表 2 所示，则该 IP 分组到达 H 时经过了多少个路由器？

表 2

来自 S 的分组	45 00 00 28	68 11 40 00	40 06 ec ad	d3 44 47 50	ca 76 01 06
	13 88 a1 08	e0 59 9f f0	84 6b 41 d6	50 10 16 d0	b7 d6 00 00

IP 分组头和 TCP 段头结构分别如图 1 和图 2 所示。

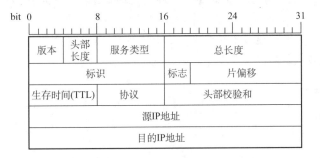

图 1　IP 分组头结构

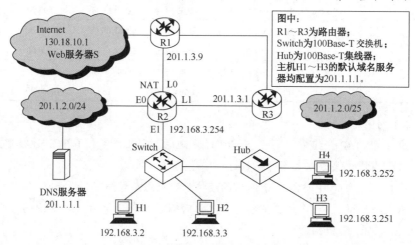

图 2　TCP 段头结构

15.【2016 统考真题】假设下图中的 H3 访问 Web 服务器 S 时，S 为新建的 TCP 连接分配了 20KB（K＝1024）的接收缓存，最大段长 MSS＝1KB，平均往返时间 RTT＝200ms。H3 建立连接时的初始序号为 100，且持续以 MSS 大小的段向 S 发送数据，拥塞窗口初始阈值为 32KB；S 对收到的每个段进行确认，并通告新的接收窗口。假定 TCP 连接建立完成后，S 端的 TCP 接收缓存仅有数据存入而无数据取出。请回答下列问题：

1）在 TCP 连接建立过程中，H3 收到的 S 发送过来的第二次握手 TCP 段的 SYN 和 ACK 标志位的值分别是多少？确认序号是多少？

2）H3 收到的第 8 个确认段所通告的接收窗口是多少？此时 H3 的拥塞窗口变为多少？H3 的发送窗口变为多少？

3）H3 的发送窗口等于 0 时，下一个待发送的数据段序号是多少？H3 从发送第 1 个数据段到发送窗口等于 0 时刻为止，平均数据传输速率是多少？（忽略段的传输延时。）

4）若 H3 与 S 之间通信已经结束，在 t 时刻 H3 请求断开该连接，则从 t 时刻起，S 释放该连接的最短时间是多少？

5.3.8　答案与解析

一、单项选择题

01. C

由于面向连接的服务需要建立连接，且需要保证数据的有序性和正确性，因此它比无连接的服务开销大，而速度和效率方面也要比无连接的服务差一些。

02．C

TCP 中端口号 80 标识 Web 服务器端的 HTTP 进程，客户端访问 Web 服务器的 HTTP 进程的端口号由客户端的操作系统动态分配。因此答案为选项 C。

03．D

TCP 提供的是一对一全双工可靠的字节流服务，所以 TCP 并不支持广播。

04．B

TCP 报文段和 UDP 数据报都包含源端口、目的端口、校验号。由于 UDP 提供不可靠的传输服务，不需要对报文编号，因此不会有序列号字段，而 TCP 提供可靠的传输服务，因此需要设置序列号字段。目的 IP 地址属于 IP 数据报中的内容。

05．D

TCP 伪首部与 UDP 伪首部一样，包括 IP 分组首部的一部分。IP 首部中有一个协议字段，用于指明上层协议是 TCP 还是 UDP。17 代表 UDP，6 代表 TCP，所以 D 错误。对于 A 选项，由于数据偏移字段的单位是 4B，也就是说当偏移取最大时 TCP 首部长度为 15×4＝60B。由于使用填充，所以长度总是 4B 的倍数，选项 C 正确。

06．B

TCP 使用滑动窗口机制来进行流量控制。在 ACK 应答信息中，TCP 在接收端用 ACK 加上接收方允许接收数据范围的最大值回送给发送方，发送方把这个最大值当作发送窗口值，表明发送端在未收到确认之前可以发送的最大字节数，即 2000B。

07．C

TCP 的确认号是指明接收方下一次希望收到的报文段的数据部分第一个字节的编号，可以看出，前一个已收到的报文段的最后一个字节的编号为 99，所以选项 C 正确。报文段的序号是其数据部分第一个字节的编号。选项 A、B 不正确，因为有可能已收到的这个报文的数据部分不止一个字节，那么报文段的编号就不为 99，但可以说编号为 99 的字节已收到。

08．A

TCP 是面向字节的。对每个字节进行编号，但并不是接收到每个字节都要发回确认，而是在发送一个报文段的字节后才发回一个确认，所以 TCP 采用的是对报文段的确认机制。

09．C

TCP 让每个发送方仅发送正确数量的数据，保持网络资源被利用但又不会过载。为了避免网络拥塞和接收方缓冲区溢出，TCP 发送方在任意时刻可以发送的最大数据流是接收方允许的窗口和拥塞窗口中的最小值。

10．A

TCP 采用大小可变的滑动窗口进行流量控制。

11．C

参与 TCP 连接的两个进程中的任何一个都能提出释放连接的请求。

12．D

TCP 滑动窗口协议中发送方滑动窗口的大小规定了发送方最多能够传送的分组数目，只有窗口滑动了，才能往后继续发送。分组重传的最大值也是发送方能发送数据的最大值，因而重传分组的数量最多也不能超过滑动窗口的大小。

13．A

TCP 使用滑动窗口机制来进行流量控制，其窗口尺寸的设置很重要，如果滑动窗口值设置得太小，那么会产生过多的 ACK（因为窗口大可以累积确认，因此会有更少的 ACK）；如果设置得太大，那么又会由于传送的数据过多而使路由器变得拥挤，导致主机可能丢失分组。

14．C

拥塞窗口是发送端根据网络拥塞情况确定的窗口值。

15．A、C

TCP 使用三次握手来建立连接，第一次握手 A 发给 B 的 TCP 报文中应置其首部 SYN 位为 1，并选择序号 seq＝X，表明传送数据时的第一个数据字节的序号是 X；在第二次握手中，即 B 接收到报文后，发给 A 的确认报文段中应使 SYN＝1，使 ACK＝1，且确认号 ACK＝X＋1，即 ACK_{X+1}＝1（ACK 的下标为捎带的序号），同时告诉自己选择的序号 seq＝Y。

16．D

在 TCP 的"三次握手"中，第二次握手时，SYN 和 ACK 均被置为 1。

17．C

在 A 发向 B 的报文中，seq 表示发送的报文段中数据部分的第一个字节在 A 的发送缓存区中的编号，ack 表示 A 期望收到的下一个报文段的数据部分的第一个字节在 B 的发送缓存区中的编号。因此，同一个 TCP 报文中的 seq 和 ack 的值是没有联系的。在 B 发给 A 的报文（捎带确认）中，seq 值应和 A 发向 B 的报文中的 ack 值相同，即 201；ack 值表示 B 期望下次收到 A 发出的报文段的第一个字节的编号，应是 200＋2＝202。

18．B

FIN 位用来释放一个连接，它表示本方已没有数据要传输。然而，在关闭一个连接后，对方还可以继续发送数据，所以还有可能接收到数据。

19．C

TCP 提供的是可靠的字节流传输服务，使用窗口机制进行流量控制与拥塞控制。TCP 的滑动窗口机制是面向字节的，因此窗口大小的单位为字节。假设发送窗口的大小为 N，这意味着发送端可以在没有收到确认的情况下连续发送 N 个字节。

20．C

在拥塞窗口为 34KB 时发生了超时，那么慢开始门限值（ssthresh）就被设定为 17KB，并且在第一个 RTT 中拥塞窗口（cwnd）置为 1KB。按照慢开始算法，第二个 RTT 中 cwnd＝2KB，第三个 RTT 中 cwnd＝4KB，第四个 RTT 中 cwnd＝8KB。当第四个 RTT 中发出去的 8 个报文段的确认报文收到后，cwnd＝16KB（此时还未超过慢开始门限值）。所以选 C。本题中"这些报文段均得到确认后"这句话很重要。

21．C

在慢开始和拥塞避免算法中，拥塞窗口初始为 1，窗口大小开始按指数增长。当拥塞窗口大于慢开始门限后停止使用慢开始算法，改用拥塞避免算法。此处慢开始的门限值初始为 8，当拥塞窗口增大到 8 时改用拥塞避免算法，窗口大小按线性增长，每次增加 1 个报文段，当增加到 12 时，出现超时，重新设门限值为 6（12 的一半），拥塞窗口再重新设为 1，执行慢开始算法，到门限值 6 时执行拥塞避免算法。

这样，拥塞窗口的变化就为 1, 2, 4, 8, 9, 10, 11, 12, 1, 2, 4, 6, 7, 8, 9,…，其中第 13 次传输时拥塞窗口的大小为 7。

22．D

条件"收到了 3 个冗余 ACK 报文"说明此时应执行快恢复算法，因此慢开始门限值设为 17KB，并在接下来的第一个 RTT 中 cwnd 也被设为 17KB，第二个 RTT 中 cwnd＝18，第三个 RTT 中 cwnd＝19KB，第四个 RTT 中 cwnd＝20KB，第四个 RTT 中发出的报文全部得到确认后，cwnd 再增加 1KB，变为 21KB。注意 cwnd 的增加都发生在收到确认报文后。

23．A

本题中出现了拥塞窗口和接收端窗口，为了保证 B 的接收缓存不发生溢出，发送窗口应该取两者的最小值。先看拥塞窗口，由于慢开始门限值为 2KB，第一个 RTT 中 A 拥塞窗口为 4KB，按照拥塞避免算法，收到 B 的确认报文后，拥塞窗口增长为 5KB。再看接收端窗口，B 通过确认报文中窗口字段向 A 通知接收端窗口，那么接收端窗口为 2KB。因此在下一次发送数据时，A 的发送窗口应该为 2KB，即一个 RTT 内最多发送 2KB。所以选项 A 正确。

24．B

按照慢开始算法，发送窗口的初始值为拥塞窗口的初始值，即 MSS 的大小 2KB，然后依次增大为 4KB、8KB、16KB，然后是接收窗口的大小 24KB，即达到第一个完全窗口。因此达到第一个完全窗口所需的时间为 4RTT＝40ms。

25．A

一条连接使用它们的套接字来表示，因此(1, x)–(2, y)是在两个端口之间唯一可能的连接。而后建立的连接会被阻止。

26．D

返回的确认序列号是接收方期待收到对方下一个报文段数据部分的第一个字节的序号，因此乙在正确接收到两个段后，返回给甲的确认序列号是 200＋300＋500＝1000。

27．C

发生超时后，慢开始门限 ssthresh 变为 16KB/2＝8KB，拥塞窗口变为 1KB。在接下来的 3 个 RTT 内，执行慢开始算法，拥塞窗口大小依次为 2KB、4KB、8KB，由于慢开始门限 ssthresh 为 8KB，因此之后转而执行拥塞避免算法，即拥塞窗口开始"加法增大"。因此第 4 个 RTT 结束后，拥塞窗口的大小为 9KB。

28．A

发送方的发送窗口的上限值取接收方窗口和拥塞窗口这两个值中的较小一个，于是此时发送方的发送窗口为 min{4000, 2000}＝2000B，由于发送方还未收到第二个最大段的确认，所以此时主机甲还可以向主机乙发送的最大字节数为 2000－1000＝1000B。

29．C

在确认报文段中，同步位 SYN 和确认位 ACK 必须都是 1；返回的确认号 ack 是甲发送的初始序号 seq＝11220 加 1，即 ack＝11221；同时乙也要选择并消耗一个初始序号 seq，seq 值由乙的 TCP 进程任意给出，它与确认号、请求报文段的序号没有任何关系。

30．B

TCP 首部的序号字段是指本报文段数据部分的第一个字节的序号，而确认号是期待收到对方下一个报文段的第一个字节的序号。第三个段的序号为 900，则第二个段的序号为 900－400＝500，现在主机乙期待收到第二个段，因此发给甲的确认号是 500。

31．B

确认序号 ack 是期望收到对方下一个报文段的数据的第一个字节的序号，序号 seq 是指本报文段所发送的数据的第一个字节的序号。甲收到一个来自乙的 TCP 段，该段的序号 seq＝1913、确认序号 ack＝2046、有效载荷为 100B，表明到序号 1913＋100－1＝2012 为止的所有数据甲均已收到，而乙期望收到下一个报文段的序号从 2046 开始。因此甲发给乙的 TCP 段的序号 seq_1＝ack＝2046 和确认序号 ack_1＝seq＋100＝2013。

32．A

当 t 时刻发生超时时，把 ssthresh 设为 8 的一半，即 4，把拥塞窗口设为 1KB。然后经历 10 个 RTT 后，拥塞窗口的大小依次为 2, 4, 5, 6, 7, 8, 9, 10, 11, 12，而发送窗口取当时的拥塞窗口和接收窗口的最小值，接收窗口始终为 10KB，所以此时的发送窗口为 10KB，答案为选项 A。

实际上该题接收窗口一直为 10KB，可知不管何时，发送窗口一定小于或等于 10KB，选项中只有选项 A 满足条件，可直接得出答案为选项 A。

33. A

发送窗口的上限值＝min{接收窗口，拥塞窗口}。4 个 RTT 后，乙收到的数据全部存入缓存，不被取走，接收窗口只剩下 1KB（16－1－2－4－8＝1）缓存，使得甲的发送窗口为 1KB。

34. A

按照慢开始算法，发送窗口＝min{拥塞窗口，接收窗口}，初始的拥塞窗口为最大报文段长度 1KB。每经过一个 RTT，拥塞窗口翻倍，因此需至少经过 5 个 RTT，发送窗口才能达到 32KB，所以选 A。这里假定乙能及时处理接收到的数据，空闲的接收缓存 ≥ 32KB。

35. C

TCP 规定当发送方收到对同一个报文段的 3 个重复确认时，就可以认为跟在这个被确认报文段之后的报文已丢失，立即执行快速重传算法。t_3 时刻连续收到来自服务器的三个确认序列号 ack_seq＝100 的段，发送方认为 seq＝100 的段已经丢失，执行快速重传算法，重新发送 seq＝100 的段。

36. D

根据 TCP 连接建立的"三次握手"原理，第三次握手时甲发出的确认序列号应为第二次握手时乙发出的序列号+1，即 2047。

37. D

由于慢开始门限 ssthresh 可以根据需求设置，为了求拥塞窗口从 8KB 增长到 32KB 所需的最长时间，可以假定慢开始门限小于或等于 8KB，只要不出现拥塞，拥塞窗口就都是加法增大，每经历一个传输轮次（RTT），拥塞窗口逐次加 1，因此所需的最长时间为(32－8)×2ms＝48ms。

38. C

甲与乙建立 TCP 连接时发送的 SYN 段中的序号为 1000，则在数据传输阶段所用起始序号为 1001，在断开连接时，甲发送给乙的 FIN 段中的序号为 5001，在无任何重传的情况下，甲向乙已经发送的应用层数据的字节数为 5001－1001＝4000。

39. B

TCP 连接释放的过程在 5.3.3 节中介绍。当客户机收到服务器发送的 FIN 段并向服务器发送 ACK 段时，客户机的 TCP 状态变为 TIME_WAIT，此时 TCP 连接还未释放，必须经过时间等待计时器设置的时间 2MSL（最长报文段寿命）后，客户机才进入 CLOSED（连接关闭）状态。

40. D

当应用层数据交给传输层时，放在报文段的数据部分。UDP 首部有 8B，TCP 首部最短有 20B。为了达到最大传输效率，通过 UDP 传输时，总长度为 20B，最大传输效率是 12B/20B＝60%。通过 TCP 传输时，总长度为 32B，最大传输效率是 12B/32B＝37.5%。

41. C

依题意，甲发送 200B 报文后，继续发送的报文段中序号字段 seq＝701。由于乙被告知接收窗口为 500，且甲未收到乙对 seq＝501 报文段的确认，甲还能发送的报文段字节数为 500－200＝300B，因此甲在未收到新的确认段之前，还能发送的数据序号范围是 701～1000。

42. C

时刻 0 发生了超时，门限值 ssthresh 变为拥塞窗口 cwnd 的一半即 8，同时 cwnd 置为 1，执行慢开始算法，cwnd 指数增长，经过 3 个 RTT，增长到 ssthresh 值；之后执行拥塞避免算法，cwnd 线性增长，再经过 8 个 RTT，增长到 16，共花费 11 个 RTT，如下表所示。

时刻	0	1	2	3	4	5	6	7	8	9	10	11
拥塞窗口	1	2	4	8	9	10	11	12	13	14	15	16

43．D

TCP 连接的释放过程如图 5.8 所示。题目问的是最少时间，所以当服务器 S 收到客户 C 发送的 FIN 请求后不再发送数据，而立马发送 FIN 请求（即第②步和第③步同时发生，忽略 FIN-WAIT-2 和 CLOSE-WAIT 状态）。C 收到 S 发来的 FIN 报文段后，进入 CLOSED 状态还需等到 TIME-WAIT 结束，总用时至少为 $1RTT + 2MSL = 50 + 800 \times 2 = 1650ms$。S 进入 CLOSED 状态需要经过 3 次报文段的传输时间，即 $1.5RTT = 75ms$。

二、综合应用题

01．【解答】

这是因为发送方可能还未重传时，就收到了对更高序号的确认。例如主机 A 连续发送两个报文段（SEQ = 92，DATA 共 8B）和（SEQ = 100，DATA 共 20B），均正确到达主机 B。B 连续发送两个确认（ACK = 100 和 ACK = 120），但前一个确认帧在传送时丢失。例如 A 在第一个报文段（SEQ = 92，DATA 共 8B）超时之前收到了对第二个报文段的确认（ACK = 120），此时 A 知道，119 号和在 119 号之前的所有字节（包括第一个报文段中的所有字节）均已被 B 正确接收，因此 A 不会再重传第一个报文段。

02．【解答】

第一种方法将失序报文段丢弃，会引起被丢弃报文段的重复传送，增加对网络带宽的消耗，但由于用不着将该报文段暂存，可避免对接收方缓冲区的占用。

第二种方法先将失序报文段暂存于接收缓存内，待所缺序号的报文段收齐后再一起上交应用层；这样有可能避免发送方对已被接收方收到的失序报文段的重传，减少对网络带宽的消耗，但增加了接收方缓冲区的开销。

03．【解答】

TCP 为传送的数据流中的每个字节都编上一个序号。报文段的序号指的是本报文段所发送的数据的第一个字节的序号。因此第一个报文段的序号为 10010，第二个报文段的序号为 $10010 + 1000 = 11010$，第三个报文段的序号为 $11010 + 1000 = 12010$。

04．【解答】

最大吞吐量表明在一个 RTT 内将窗口中的字节全部发送完毕。在平均往返时间 20ms 内，发送的最大数据量为最大窗口值，即 $64 \times 1024B$，

$$64 \times 1024 \times 8/(20 \times 10^{-3}) \approx 26.2Mb/s$$

因此，所能得到的最大吞吐量是 26.2Mb/s。

05．【解答】

具有相同编号的报文段不应同时在网络中传输，必须保证当序列号循环回来重复使用时，具有相同序列号的报文段已从网络中消失，类似于 GBN 原理（$2^n - 1$）。现在序号用 8 位表示，报文段的寿命为 30s，那么在 30s 的时间内发送方发送的报文段的数目不能多于 255 个，

$$255 \times 128 \times 8/30 = 8704b/s$$

所以，每条 TCP 连接所能达到的最高数据率为 8704b/s。

06.【解答】

由于收到接收方的确认至少需要一个 RTT，因此在一个 RTT 内，发送的数据量不能超过发送窗口大小，所以吞吐率＝发送窗口大小/RTT。题目中告诉的是端到端时延，RTT＝2×端到端时延，因此 RTT＝2×20＝40ms，所以吞吐率＝65535×(8/0.04)＝13.107Mb/s。

线路效率＝吞吐率/信道带宽。本题中，线路效率(13.107Mb/s)/(1000Mb/s)＝1.31%。本题在计算时要特别注意单位（是 b 还是 B），要区分 Gb/s 和 GB/s。

07.【解答】

1）注意，TCP 传送的数据流中的每个字节都有一个编号，而 TCP 报文段的序号为其数据部分第一个字节的编号。因此第 1 个报文中的数据有 120－90＝30B，第 2 个报文中的数据有 150－120＝30B。

2）由于 TCP 使用累积确认策略，因此当第 2 个报文段丢失后，第 3 个报文段就成了失序报文，B 期望收到的下一个报文段是序号为 120 的报文段，所以确认号为 120。

08.【解答】

慢启动拥塞控制考虑了两个潜在的问题，即网络容量和接收方容量，并且分别处理每个问题。为此，每个发送方都维持两个窗口，即接收方准许的窗口和拥塞窗口。发送方可以发送的字节数是这两个窗口中的最小值。

建立一条连接时，发送方把拥塞窗口初始化为在该连接上使用的 1 个最大报文段尺寸。然后它发送一个最大报文段。如果这个报文段在超时之前得到确认，那么发送方就把拥塞窗口增加到 2 个最大报文段长，并发送两个报文段。发出去的每个报文段被确认后，拥塞窗口都要增加 1 个最大报文段。因此，当拥塞窗口是 n 个报文段时，如果所有 n 个报文段都及时得到确认，那么拥塞窗口将增加 n 个最大报文段，变成 $2n$ 个最大报文段。事实上，每一次突发性连续报文段都会使拥塞窗口加倍。

拥塞窗口继续按指数型增长，直到超时发生，或者到了接收方窗口的边界。其思想是如果突发量 1024B、2048B 和 4096B 工作得很好，但 8192B 的突发量引起超时，那么拥塞窗口应该设置成 4096B 以避免拥塞。只要拥塞窗口保持在 4096B，不管接收方准许什么样的窗口空间，都不会发送大于 4096B 的突发量。这种算法称为慢启动。现在所有的 TCP 实现都需要支持这个算法。

现在，最大的段长是 2KB，开始的突发量分别是 2KB、4KB、8KB 和 16KB，下面是 24KB，即第一个完全窗口。10ms×4＝40ms，因此需要 40ms 才能发送第一个完全窗口。

09.【解答】

在慢启动和拥塞避免算法中，拥塞窗口初始为 1，窗口大小开始按指数增长。当拥塞窗口大于慢开始门限后停止使用慢启动算法，改用拥塞避免算法。此处慢开始的门限值初始为 12，当拥塞窗口增大到 12 时改用拥塞避免算法，窗口大小按线性增长，每次增加 1 个报文段，当增加到 16 时，出现超时，重新设门限值为 8（16 的一半），拥塞窗口再重新设为 1，执行慢启动算法，到门限值 8 时执行拥塞避免算法。

这样，拥塞窗口的变化就为 1, 2, 4, 8, 12, 13, 14, 15, 16, 1, 2, 4, 8, 9, 10, 11, 12, 13, 14, 15, 16,…。可见从出现超时时拥塞窗口为 16 到恢复拥塞窗口大小为 16，需要的往返时间次数是 11。注意，发现超时时，拥塞窗口从 16 变为 1 是立即进行的，不会间隔一个 RTT。

10.【解答】

目标在 120s 内最多发送 2^{32}B（序列号为 32 位），即 35791394B/s 的载荷。TCP 报文段载荷是 1500B，因此可以发送 23861 个报文段。TCP 开销是 20B，IP 开销是 20B，以太网开销是 26B（18B 的首部和尾部，7B 的前同步码，1B 的帧开始定界符）。这就意味着对于 1500B 的载荷，必须发送 1566B。1566×8×23861＝299Mb/s，因此允许的最快线路速率是 299Mb/s。比这一速度更快时，就会冒在同一时间内不同的 TCP 报文段具有相同序号的风险。

11.【解答】

来回路程的时延 128ms×2＝256ms。设窗口值为 X（注意：单位为字节）。

假定一次最大发送量等于窗口值，且发送时间等于 256ms，那么每发送一次都得停下来期待再次得到下一个窗口的确认，以得到新的发送许可。这样，发送时间等于停止等待应答的时间，结果测到的平均吞吐率就等于发送速率的一半，即 128kb/s，

$$8X/(128×2×1000)＝256×0.001 \quad \Rightarrow \quad X＝256×1000×256×0.001/8＝256×32＝8192$$

所以，窗口值为 8192。

12.【解答】

在 TCP 的拥塞控制算法中，除使用慢启动的接收窗口和拥塞窗口外，还使用第 3 个参数，即门槛值。发生超时的时候，该门槛值被设置成当前拥塞窗口值的一半即 9KB，而拥塞窗口则重置成一个最大报文段长。然后再使用慢启动的算法决定网络可以接受的进发量，一直增长到门槛值为止。从这一点开始，成功的传输线性地增加拥塞窗口，即每次进发传输后只增加一个最大报文段，而不是每个报文段传输后都增加一个最大报文段的窗口值。现在由于发生了超时，下一次传输将是 1 个最大报文段，然后是 2 个、4 个和 8 个最大报文段，第四次发送成功，且门限为 9KB，所以在 4 次进发量传输后，拥塞窗口将增加为 9KB。

13.【解答】

1）源端口号为第 1、2 个字节，即 0D 28，转换为十进制数为 3368。目的端口号为第 3、4 个字节，即 00 15，转换为十进制数为 21。

2）第 5～8 个字节为序列号，即 50 5F A9 06。第 9～12 个字节为确认号，即 00 00 00 00，也即十进制数 0。

3）第 13 个字节的前 4 位为 TCP 首部的长度，这里的值是 7（以 4B 为单位），因此乘以 4 后得到 TCP 首部的长度为 28B，说明该 TCP 首部还有 8B 的选项数据。

4）根据目的端口是 21 可知这是一条 FTP 连接，而 TCP 的状态则需要分析第 14 个字节。第 14 个字节的值为 02，即 SYN 置为 1，而且 ACK＝0 表示该数据段没有捎带的确认，这说明是第一次握手时发出的 TCP 连接。

14.【解答】

1）由图 1 看出，源 IP 地址为 IP 分组头的第 13～16 个字节。在表 1 中，1、3、4 号分组的源 IP 地址均为 192.168.0.8（c0a80008H），所以 1、3、4 号分组是由 H 发送的。

在表 1 中，1 号分组封装的 TCP 段的 SYN＝1，ACK＝0，seq＝846b 41c5H；2 号分组封装的 TCP 段的 SYN＝1，ACK＝1，seq＝e059 9fefH，ack＝846b 41c6H；3 号分组封装的 TCP 段的 ACK＝1，seq＝846b 41c6H，ack＝e059 9ff0H，所以 1、2、3 号分组完成了 TCP 连接的建立过程。

由于快速以太网数据帧有效载荷的最小长度为 46B，表 1 中 3、5 号分组的总长度为 40（28H）字节，小于 46B，其余分组总长度均大于 46B。所以 3、5 号分组通过快速以太网传输时需要填充。

2）由 3 号分组封装的 TCP 段可知，发送应用层数据初始序号为 seq＝846b 41c6H，由 5 号分组封装的 TCP 段可知，ack 为 seq＝846b 41d6H，所以 S 已经收到的应用层数据的字节数为 846b 41d6H－846b 41c6H＝10H＝16B。

3）由于 S 发出的 IP 分组的标识＝6811H，所以该分组所对应的是表 1 中的 5 号分组。S 发出

的 IP 分组的 TTL = 40H = 64，5 号分组的 TTL = 31H = 49，64 − 49 = 15，所以可以推断该 IP 分组到达 H 时经过了 15 个路由器。

15.【解答】

1）第二次握手 TCP 段的 SYN = 1，ACK = 1；确认序号是 101。

2）H3 收到的第 8 个确认段所通告的接收窗口是 12KB；此时 H3 的拥塞窗口变为 9KB；H3 的发送窗口变为 9KB。

3）H3 的发送窗口等于 0 时，下一个待发送段的序号是 20K + 101 = 20×1024 + 101 = 20581；H3 从发送第 1 个段到发送窗口等于 0 时刻为止，平均数据传输速率是 20KB/(5×200ms) = 20KB/s = 20.48k×8b/s = 163.84kb/s。

注意：K 表示文件大小或描述存储空间时等于 1024，这里通常用大写的 K；k 表示传输速率或描述网络通信时等于 1000，这里通常用小写的 k。注意区分和转换。

4）从 t 时刻起，S 释放该连接的最短时间是 1.5×200ms = 300ms。

5.4 本章小结及疑难点

1. MSS 设置得太大或太小会有什么影响？

规定最大报文段 MSS 的大小并不是考虑到接收方的缓存可能放不下 TCP 报文段。实际上，MSS 与接收窗口没有关系。TCP 的报文段的数据部分，至少要加上 40B 的首部（TCP 首部至少 20B 和 IP 首部至少 20B），才能组装成一个 IP 数据报。若选择较小的 MSS 值，网络的利用率就很低。设想在极端情况下，当 TCP 报文段中只含有 1B 的数据时，在 IP 层传输的数据报的开销至少有 40B。这样，网络的利用率就不会超过 1/41。到了数据链路层还要加上一些开销，网络的利用率进一步降低。但反过来，若 TCP 报文段很长，那么在 IP 层传输时有可能要分解成多个短数据报片，在终端还要把收到的各数据报片装配成原来的 TCP 报文段。传输有差错时，还要进行重传。这些都会使开销增大。

因此，MSS 应尽量大一些，只要在 IP 层传输时不要再分片就行。由于 IP 数据报所经历的路径是动态变化的，在一条路径上确定的不需要分片的 MSS，如果改走另一条路径，就可能需要进行分片。因此，最佳的 MSS 是很难确定的。MSS 的默认值为 536B，因此在因特网上的所有主机都能接收的报文段长度是 536 + 20（×TCP 固定首部长度）= 556B。

2. 为何不采用"三次握手"释放连接，且发送最后一次握手报文后要等待 2MSL 的时间呢？
原因有两个：

1）保证 A 发送的最后一个确认报文段能够到达 B。如果 A 不等待 2MSL，若 A 返回的最后确认报文段丢失，则 B 不能进入正常关闭状态，而 A 此时已经关闭，也不可能再重传。

2）防止出现"已失效的连接请求报文段"。A 在发送最后一个确认报文段后，再经过 2MSL 可保证本连接持续的时间内所产生的所有报文段从网络中消失。造成错误的情形与下文（疑难点 6）不采用"两次握手"建立连接所述的情形相同。

注意：服务器结束 TCP 连接的时间要比客户机早一些，因为客户机最后要等待 2MSL 后才可进入 CLOSED 状态。

3. 如何判定此确认报文段是对原来的报文段的确认，还是对重传的报文段的确认？
由于对于一个重传报文的确认来说，很难分辨它是原报文的确认还是重传报文的确认，使用修正的 Karn 算法作为规则：在计算平均往返时间 RTT 时，只要报文段重传了，就不采用其往返时间样本，且报文段每重传一次，就把 RTO 增大一些。

4. TCP 使用的是 GBN 还是选择重传？

这是一个有必要弄清的问题。前面讲过，TCP 使用累积确认，这看起来像是 GBN 的风格。但是，正确收到但失序的报文并不会丢弃，而是缓存起来，并且发送冗余 ACK 指明期望收到的下一个报文段，这是 TCP 方式和 GBN 的显著区别。例如，A 发送了 N 个报文段，其中第 $k(k<N)$ 个报文段丢失，其余 $N-1$ 个报文段正确地按序到达接收方 B。使用 GBN 时，A 需要重传分组 k，及所有后继分组 $k+1, k+2, \cdots, N$。相反，TCP 却至多重传一个报文段，即报文段 k。另外，TCP 中提供一个 SACK（Selective ACK）选项，即选择确认选项。使用选择确认选项时，TCP 看起来就和 SR 非常相似。因此，TCP 的差错恢复机制可视为 GBN 和 SR 协议的混合体。

5. 为什么超时事件发生时 cwnd 被置为 1，而收到 3 个冗余 ACK 时 cwnd 减半？

大家可以从如下角度考虑。超时事件发生和收到 3 个冗余 ACK，哪个意味着网络拥塞程度更严重？通过分析不难发现，在收到 3 个冗余 ACK 的情况下，网络虽然拥塞，但至少还有 ACK 报文段能被正确交付。而当超时发生时，说明网络可能已经拥塞得连 ACK 报文段都传输不了，发送方只能等待超时后重传数据。因此，超时事件发生时，网络拥塞更严重，那么发送方就应该最大限度地抑制数据发送量，所以 cwnd 置为 1；收到 3 个冗余 ACK 时，网络拥塞不是很严重，发送方稍微抑制一下发送的数据量即可，所以 cwnd 减半。

6. 为什么不采用"两次握手"建立连接呢？

这主要是为了防止两次握手情况下已失效的连接请求报文段突然又传送到服务器而产生错误。考虑下面这种情况。客户 A 向服务器 B 发出 TCP 连接请求，第一个连接请求报文在网络的某个结点长时间滞留，A 超时后认为报文丢失，于是再重传一次连接请求，B 收到后建立连接。数据传输完毕后双方断开连接。而此时，前一个滞留在网络中的连接请求到达服务器 B，而 B 认为 A 又发来连接请求，此时若使用"三次握手"，则 B 向 A 返回确认报文段，由于是一个失效的请求，因此 A 不予理睬，建立连接失败。若采用的是"两次握手"，则这种情况下 B 认为传输连接已经建立，并一直等待 A 传输数据，而 A 此时并无连接请求，因此不予理睬，这样就造成了 B 的资源白白浪费。

7. 是否 TCP 和 UDP 都需要计算往返时间 RTT？

往返时间 RTT 仅对传输层 TCP 协议才很重要，因为 TCP 要根据 RTT 的值来设置超时计时器的超时时间。UDP 没有确认和重传机制，因此 RTT 对 UDP 没有什么意义。

因此，不能笼统地说"往返时间 RTT 对传输层来说很重要"，因为只有 TCP 才需要计算 RTT，而 UDP 不需要计算 RTT。

8. 为什么 TCP 在建立连接时不能每次都选择相同的、固定的初始序号？

1）假定主机 A 和 B 频繁地建立连接，传送一些 TCP 报文段后，再释放连接，然后又不断地建立新的连接、传送报文段和释放连接。

2）假定每次建立连接时，主机 A 都选择相同的、固定的初始序号，如选择 1。

3）假定主机 A 发出的某些 TCP 报文段在网络中会滞留较长时间，以致主机 A 超时重传这些 TCP 报文段。

4）假定有一些在网络中滞留时间较长的 TCP 报文段最后终于到达主机 B，但这时传送该报文段的那个连接早已释放，而在到达主机 B 时的 TCP 连接是一条新的 TCP 连接。

这样，工作在新的 TCP 连接的主机 B 就有可能会接收在旧的连接传送的、已无意义的、过时的 TCP 报文段（因为这个 TCP 报文段的序号有可能正好处在当前新连接所用的序号范围之中），结果产生错误。因此，必须使得迟到的 TCP 报文段的序号不处在新连接所用的序号范围之中。

这样，TCP 在建立新的连接时所选择的初始序号一定要和前面的一些连接所用过的序号不同。因此，不同的 TCP 连接不能使用相同的初始序号。

9. 假定在一个互联网中，所有链路的传输都不出现差错，所有结点也都不会发生故障。试问在这种情况下，TCP 的"可靠交付"的功能是否就是多余的？

不是多余的。TCP 的"可靠交付"功能在互联网中起着至关重要的作用。至少在以下的情况下，TCP 的"可靠交付"功能是必不可少的。

1）每个 IP 数据报独立地选择路由，因此在到达目的主机时有可能出现失序。

2）由于路由选择的计算出现错误，导致 IP 数据报在互联网中转圈。最后数据报首部中的生存时间（TTL）的数值下降到零。这个数据报在中途就被丢失。

3）某个路由器突然出现很大的通信量，以致路由器来不及处理到达的数据报。因此有的数据报被丢弃。

以上列举的问题表明：必须依靠 TCP 的"可靠交付"功能才能保证在目的主机的目的进程中接收到正确的报文。

第**6**章 应用层

【考纲内容】

（一）网络应用模型
  客户/服务器模型；P2P 模型
（二）域名系统（DNS）
  层次域名空间；域名服务器；域名解析过程
（三）文件传输协议（FTP）
  FTP 的工作原理；控制连接与数据连接
（四）电子邮件（E-mail）
  电子邮件系统的组成结构；电子邮件格式与 MIME；SMTP 与 POP3
（五）万维网（WWW）
  WWW 的概念与组成结构；HTTP

扫一扫

视频讲解

【复习提示】

  本章内容既可以以选择题的形式考查，也可以结合其他章节的内容出综合题。所以牢固掌握本章的几个典型应用层协议是关键。我们生活中的很多网络应用都是建立在这些协议的基础上的，因此在学习时要注意联系实际，提高学习的兴趣，才会获得更好的效果。

6.1 网络应用模型

6.1.1 客户/服务器模型

  在客户/服务器（Client/Server，C/S）模型中，有一个总是打开的主机称为服务器，它服务于许多来自其他称为客户机的主机请求。其工作流程如下：

1）服务器处于接收请求的状态。

2）客户机发出服务请求，并等待接收结果。

3）服务器收到请求后，分析请求，进行必要的处理，得到结果并发送给客户机。

  客户程序必须知道服务器程序的地址，客户机上一般不需要特殊的硬件和复杂的操作系统。而服务器上运行的软件则是专门用来提供某种服务的程序，可同时处理多个远程或本地客户的要求。系统启动后即自动调用并一直不断地运行着，被动地等待并接收来自各地客户的请求。因此，服务器程序不需要知道客户程序的地址。

  客户/服务器模型最主要的特征是：客户是服务请求方，服务器是服务提供方。如 Web 应用程序，其中总是打开的 Web 服务器服务于运行在客户机上的浏览器的请求。当 Web 服务器接收到来自客户机对某对象的请求时，它向该客户机发送所请求的对象以做出响应。常见的使用客户/服务器模型的应用包括 Web、文件传输协议（FTP）、远程登录和电子邮件等。

客户/服务器模型的主要特点还有：

1）网络中各计算机的地位不平等，服务器可以通过对用户权限的限制来达到管理客户机的目的，使它们不能随意存储/删除数据，或进行其他受限的网络活动。整个网络的管理工作由少数服务器担当，因此网络的管理非常集中和方便。

2）客户机相互之间不直接通信。例如，在 Web 应用中两个浏览器并不直接通信。

3）可扩展性不佳。受服务器硬件和网络带宽的限制，服务器支持的客户机数有限。

6.1.2 P2P 模型

不难看出，在 C/S 模型中（见图 6.1），服务器性能的好坏决定了整个系统的性能，当大量用户请求服务时，服务器就必然成为系统的瓶颈。P2P 模型（见图 6.2）的思想是整个网络中的传输内容不再被保存在中心服务器上，每个结点都同时具有下载、上传的功能，其权利和义务都是大体对等的。

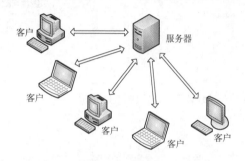

图 6.1 C/S 模型

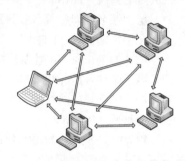

图 6.2 P2P 模型

在 P2P 模型中，各计算机没有固定的客户和服务器划分。相反，任意一对计算机——称为对等方（Peer），直接相互通信。实际上，P2P 模型从本质上来看仍然使用客户/服务器模式，每个结点既作为客户访问其他结点的资源，也作为服务器提供资源给其他结点访问。当前比较流行的 P2P 应用有 PPlive、Bittorrent 和电驴等。

与 C/S 模型相比，P2P 模型的优点主要体现如下：

1）减轻了服务器的计算压力，消除了对某个服务器的完全依赖，可以将任务分配到各个结点上，因此大大提高了系统效率和资源利用率（例如，播放流媒体时对服务器的压力过大，而通过 P2P 模型，可以利用大量的客户机来提供服务）。

2）多个客户机之间可以直接共享文档。

3）可扩展性好，传统服务器有响应和带宽的限制，因此只能接受一定数量的请求。

4）网络健壮性强，单个结点的失效不会影响其他部分的结点。

P2P 模型也有缺点。在获取服务的同时，还要给其他结点提供服务，因此会占用较多的内存，影响整机速度。例如，经常进行 P2P 下载还会对硬盘造成较大的损伤。据某互联网调研机构统计，当前 P2P 程序已占互联网 50%～90%的流量，使网络变得非常拥塞，因此各大 ISP（互联网服务提供商，如电信、网通等）通常都对 P2P 应用持反对态度。

6.1.3 本节习题精选

单项选择题

01. 服务程序在 Windows 环境下工作，并且运行该服务器程序的计算机也作为客户访问其他计算机上提供的服务。那么，这种网络应用模型属于（　）。

A. 主从式   B. 对等式

C. 客户/服务器模型   D. 集中式

02. 在客户/服务器模型中，客户指的是（ ）。

A. 请求方   B. 响应方   C. 硬件   D. 软件

03. 用户提出服务请求，网络将用户请求传送到服务器；服务器执行用户请求，完成所要求的操作并将结果送回用户，这种工作模式称为（ ）。

A. C/S 模型   B. P2P 模型

C. CSMA/CD 模式   D. 令牌环模式

04. 下面关于客户/服务器模型的描述，（ ）存在错误。

I. 客户端必须提前知道服务器的地址，而服务器则不需要提前知道客户端的地址

II. 客户端主要实现如何显示信息与收集用户的输入，而服务器主要实现数据的处理

III. 浏览器显示的内容来自服务器

IV. 客户端是请求方，即使连接建立后，服务器也不能主动发送数据

A. I、IV   B. III、IV   C. 只有 IV   D. 只有 III

05. 下列关于客户/服务器模型的说法中，不正确的是（ ）。

A. 服务器专用于完成某些服务，而客户机则作为这些服务的使用者

B. 客户机通常位于前端，服务器通常位于后端

C. 客户机和服务器通过网络实现协同计算任务

D. 客户机是面向任务的，服务器是面向用户的

06. 以下关于 P2P 概念的描述中，错误的是（ ）。

A. P2P 是网络结点之间采取对等方式直接交换信息的工作模式

B. P2P 通信模式是指 P2P 网络中对等结点之间的直接通信能力

C. P2P 网络是指与互联网并行建设的、由对等结点组成的物理网络

D. P2P 实现技术是指为实现对等结点之间直接通信的功能所需要设计的协议、软件等

07. 【2019 统考真题】下列关于网络应用模型的叙述中，错误的是（ ）。

A. 在 P2P 模型中，结点之间具有对等关系

B. 在客户/服务器（C/S）模型中，客户与客户之间可以直接通信

C. 在 C/S 模型中，主动发起通信的是客户，被动通信的是服务器

D. 在向多用户分发一个文件时，P2P 模型通常比 C/S 模型所需的时间短

6.1.4 答案与解析

单项选择题

01. B

在 P2P 模型中，各用户计算机共享资源，从而提供比单个用户所能提供的多得多的资源。这里，各个计算机没有固定的客户和服务器划分，任意一对计算机称为对等方。

02. A

客户机既不是硬件又不是软件，只是服务的请求方，服务器才是响应方。

03. A

用户提出服务请求，网络将用户请求传送到服务器；服务器执行用户请求，完成所要求的操作并将结果送回用户，这种工作模型称为客户/服务器模型。

04. C

在连接未建立前，服务器在某一个端口上监听。客户端是连接的请求方，客户端必须事先知道服务器的地址才能发出连接请求，而服务器则从客户端发来的数据包中获取客户端的地址。一旦连接建立，服务器就能响应客户端请求的内容，服务器也能主动发送数据给客户端，用于一些消息的通知，如一些错误的通知。所以只有 IV 错误。

05．D

客户机的作用是根据用户需求向服务器发出服务请求，并将服务器返回的结果呈现给用户，因此客户机是面向用户的，服务器是面向任务的。

06．C

选项 C 中"P2P 网络是一种物理网络"的描述是错误的。P2P 网络是指在互联网中由对等结点组成的一种覆盖网络（Overlay Network），是一种动态的逻辑网络。另外，对等结点之间具有直接通信的能力是 P2P 的显著特点。

07．B

在 P2P 模型中，每个结点的权利和义务是对等的。在 C/S 模型中，客户是服务发起方，服务器被动接受各地客户的请求，但客户之间不能直接通信，例如 Web 应用中两个浏览器之间并不直接通信。P2P 模型减轻了对某个服务器的计算压力，可以将任务分配到各个结点上，极大提高了系统效率和资源利用率。

6.2 域名系统（DNS）

域名系统（Domain Name System，DNS）是因特网使用的命名系统，用来把便于人们记忆的具有特定含义的主机名（如 www.cskaoyan.com）转换为便于机器处理的 IP 地址。相对于 IP 地址，人们更喜欢使用具有特定含义的字符串来标识因特网上的计算机。值得注意的是，DNS 系统采用客户/服务器模型，其协议运行在 UDP 之上，使用 53 号端口。

从概念上可将 DNS 分为 3 部分：层次域名空间、域名服务器和解析器。

6.2.1 层次域名空间

因特网采用层次树状结构的命名方法。采用这种命名方法，任何一个连接到因特网的主机或路由器，都有一个唯一的层次结构名称，即域名（Domain Name）。域（Domain）是名字空间中一个可被管理的划分。域还可以划分为子域，而子域还可以继续划分为子域的子域，这样就形成了顶级域、二级域、三级域等。每个域名都由标号序列组成，而各标号之间用点（"."）隔开。一个典型的例子如图 6.3 所示，它是王道论坛用于提供 WWW 服务的计算机（Web 服务器）的域名，它由三个标号组成，其中标号 com 是顶级域名，标号 cskaoyan 是二级域名，标号 www 是三级域名。

图 6.3 一个域名的例子

关于域名中的标号有以下几点需要注意：

1）标号中的英文不区分大小写。

2）标号中除连字符（-）外不能使用其他的标点符号。

3）每个标号不超过 63 个字符，多标号组成的完整域名最长不超过 255 个字符。

4）级别最低的域名写在最左边，级别最高的顶级域名写在最右边。

顶级域名（Top Level Domain，TLD）分为如下三大类：

1）国家（地区）顶级域名（nTLD）。国家和某些地区的域名，如 ".cn" 表示中国，".us" 表示美国，".uk" 表示英国。

2）通用顶级域名（gTLD）。常见的有 ".com"（公司）、".net"（网络服务机构）、".org"（非营利性组织）和 ".gov"（国家或政府部门）等。

3）基础结构域名。这种顶级域名只有一个，即 arpa，用于反向域名解析，因此又称反向域名。

国家（地区）顶级域名下注册的二级域名均由该国家（地区）自行确定。图 6.4 展示了域名空间的树状结构。

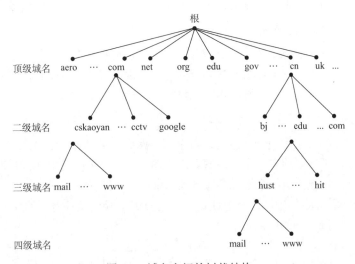

图 6.4　域名空间的树状结构

在域名系统中，每个域分别由不同的组织进行管理。每个组织都可以将它的域再分成一定数目的子域，并将这些子域委托给其他组织去管理。例如，管理 cn 域的中国将 edu.cn 子域授权给中国教育和科研计算机网（CERNET）来管理。

6.2.2　域名服务器

因特网的域名系统被设计成一个联机分布式的数据库系统，并采用客户/服务器模型。域名到 IP 地址的解析是由运行在域名服务器上的程序完成的，一个服务器所负责管辖的（或有权限的）范围称为区（不以"域"为单位），各单位根据具体情况来划分自己管辖范围的区，但在一个区中的所有结点必须是能够连通的，每个区设置相应的权限域名服务器，用来保存该区中的所有主机的域名到 IP 地址的映射。每个域名服务器不但能够进行一些域名到 IP 地址的解析，而且还必须具有连向其他域名服务器的信息。当自己不能进行域名到 IP 地址的转换时，能够知道什么地方去找其他域名服务器。

DNS 使用了大量的域名服务器，它们以层次方式组织。没有一台域名服务器具有因特网上所有主机的映射，相反，该映射分布在所有的 DNS 上。采用分布式设计的 DNS，是一个在因特网上实现分布式数据库的精彩范例。主要有 4 种类型的域名服务器。

1. 根域名服务器

根域名服务器是最高层次的域名服务器，所有的根域名服务器都知道所有的顶级域名服务器的 IP 地址。根域名服务器也是最重要的域名服务器，不管是哪个本地域名服务器，若要对因特网上任何一个域名进行解析，只要自己无法解析，就首先要求助于根域名服务器。因特网上有 13 个根域名服务器，尽管我们将这 13 个根域名服务器中的每个都视为单个服务器，但每个"服务器"实际上是冗余服务器的集群，以提供安全性和可靠性。需要注意的是，根域名服务器用来管辖顶级域（如.com），通常它并不直接把待查询的域名直接转换成 IP 地址，而是告诉本地域名服务器下一步应当找哪个顶级域名服务器进行查询。

2．顶级域名服务器

这些域名服务器负责管理在该顶级域名服务器注册的所有二级域名。收到 DNS 查询请求时，就给出相应的回答（可能是最后的结果，也可能是下一步应当查找的域名服务器的 IP 地址）。

3．授权域名服务器（权限域名服务器）

每台主机都必须在授权域名服务器处登记。为了更加可靠地工作，一台主机最好至少有两个授权域名服务器。实际上，许多域名服务器都同时充当本地域名服务器和授权域名服务器。授权域名服务器总能将其管辖的主机名转换为该主机的 IP 地址。

4．本地域名服务器

本地域名服务器对域名系统非常重要。每个因特网服务提供者（ISP），或一所大学，甚至一所大学中的各个系，都可以拥有一个本地域名服务器。当一台主机发出 DNS 查询请求时，这个查询请求报文就发送给该主机的本地域名服务器。事实上，我们在 Windows 系统中配置"本地连接"时，就需要填写 DNS 地址，这个地址就是本地 DNS（域名服务器）的地址。

DNS 的层次结构如图 6.5 所示。

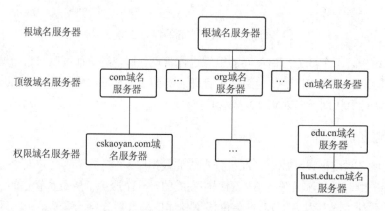

图 6.5　DNS 的层次结构

6.2.3　域名解析过程

域名解析是指把域名映射成 IP 地址或把 IP 地址映射成域名的过程。前者称为正向解析，后者称为反向解析。当客户端需要域名解析时，通过本机的 DNS 客户端构造一个 DNS 请求报文，以 UDP 数据报方式发往本地域名服务器。

域名解析有两种方式：递归查询和递归与迭代相结合的查询。

递归查询的过程如图 6.6(a)所示，本地域名服务器只需向根域名服务器查询一次，后面的几次查询都是递归地在其他几个域名服务器之间进行的［步骤③～⑥］。在步骤⑦中，本地域名服务器从根域名服务器得到了所需的 IP 地址，最后在步骤⑧中，本地域名服务器把查询结果告诉发起查询的主机。由于该方法给根域名服务造成的负载过大，所以在实际中几乎不使用。

常用递归与迭代相结合的查询方式如图 6.6(b)所示，该方式分为两个部分。

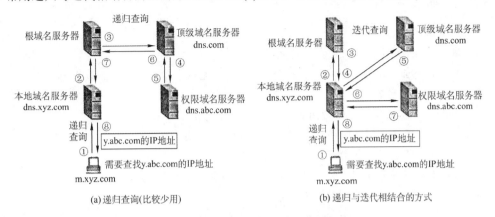

图 6.6　两种域名解析方式工作原理

（1）主机向本地域名服务器的查询采用的是递归查询

也就是说，如果本地主机所询问的本地域名服务器不知道被查询域名的 IP 地址，那么本地域名服务器就以 DNS 客户的身份，向根域名服务器继续发出查询请求报文（即替该主机继续查询），而不是让该主机自己进行下一步的查询。两种查询方式的这一步是相同的。

（2）本地域名服务器向根域名服务器的查询采用迭代查询

当根域名服务器收到本地域名服务器发出的迭代查询请求报文时，要么给出所要查询的 IP 地址，要么告诉本地域名服务器："你下一步应当向哪个顶级域名服务器进行查询"。然后让本地域名服务器向这个顶级域名服务器进行后续的查询，如图 6.6(b)所示。同样，顶级域名服务器收到查询报文后，要么给出所要查询的 IP 地址，要么告诉本地域名服务器下一步应向哪个权限域名服务器查询。最后，知道所要解析的域名的 IP 地址后，把这个结果返回给发起查询的主机。

下面举例说明域名解析的过程。假定某客户机想获知域名为 y.abc.com 主机的 IP 地址，域名解析的过程（共使用了 8 个 UDP 报文）如下：

① 客户机向其本地域名服务器发出 DNS 请求报文（递归查询）。

② 本地域名服务器收到请求后，查询本地缓存，若没有该记录，则以 DNS 客户的身份向根域名服务器发出解析请求报文（迭代查询）。

③ 根域名服务器收到请求后，判断该域名属于.com 域，将对应的顶级域名服务器 dns.com 的 IP 地址返回给本地域名服务器。

④ 本地域名服务器向顶级域名服务器 dns.com 发出解析请求报文（迭代查询）。

⑤ 顶级域名服务器 dns.com 收到请求后，判断该域名属于 abc.com 域，因此将对应的授权域名服务器 dns.abc.com 的 IP 地址返回给本地域名服务器。

⑥ 本地域名服务器向授权域名服务器 dns.abc.com 发起解析请求报文（迭代查询）。

⑦ 授权域名服务器 dns.abc.com 收到请求后，将查询结果返回给本地域名服务器。

⑧ 本地域名服务器将查询结果保存到本地缓存，同时返回给客户机。

为了提高 DNS 的查询效率，并减少因特网上的 DNS 查询报文数量，在域名服务器中广泛地使用了高速缓存。当一个 DNS 服务器接收到 DNS 查询结果时，它能将该 DNS 信息缓存在高速缓存中。这样，当另一个相同的域名查询到达该 DNS 服务器时，该服务器就能够直接提供所要求的 IP 地址，而不需要再去向其他 DNS 服务器询问。因为主机名和 IP 地址之间的映射不是永久的，所以 DNS 服务器将在一段时间后丢弃高速缓存中的信息。

6.2.4 本节习题精选

一、单项选择题

01. 域名与（ ）具有一一对应的关系。

A. IP 地址　　B. MAC 地址　　C. 主机　　D. 以上都不是

02. 下列说法错误的是（ ）。

A. Internet 上提供客户访问的主机一定要有域名

B. 同一域名在不同时间可能解析出不同的 IP 地址

C. 多个域名可以指向同一台主机 IP 地址

D. IP 子网中的主机可以由不同的域名服务器来维护其映射

03. DNS 是基于（ ）模型的分布式系统。

A. C/S　　B. B/S　　C. P2P　　D. 以上均不正确

04. 域名系统（DNS）的组成不包括（ ）。

A. 域名空间　　B. 分布式数据库

C. 域名服务器　　D. 从内部 IP 地址到外部 IP 地址的翻译程序

05. 互联网中域名解析依赖于由域名服务器组成的逻辑树。在域名解析过程中，主机上请求域名解析的软件不需要知道（ ）信息。

I. 本地域名服务器的 IP

II. 本地域名服务器父结点的 IP

III. 域名服务器树根结点的 IP

A. I 和 II　　B. I 和 III　　C. II 和 III　　D. I、II 和 III

06. 在 DNS 的递归查询中，由（ ）给客户端返回地址。

A. 最开始连接的服务器　　B. 最后连接的服务器

C. 目的地址所在服务器　　D. 不确定

07. 一台主机要解析 www.cskaoyan.com 的 IP 地址，如果这台主机配置的域名服务器为 202.120.66.68，因特网顶级域名服务器为 11.2.8.6，而存储 www.cskaoyan.com 的 IP 地址对应关系的域名服务器为 202.113.16.10，那么这台主机解析该域名通常首先查询（ ）。

A. 202.120.66.68 域名服务器

B. 11.2.8.6 域名服务器

C. 202.113.16.10 域名服务器

D. 可以从这 3 个域名服务器中任选一个

08. （ ）可以将其管辖的主机名转换为主机的 IP 地址。

A. 本地域名服务器　　B. 根域名服务器

C. 授权域名服务器　　D. 代理域名服务器

09.【2010 统考真题】若本地域名服务器无缓存，则在采用递归方法解析另一网络某主机域名时，用户主机和本地域名服务器发送的域名请求条数分别为（ ）。

A. 1 条，1 条　　B. 1 条，多条　　C. 多条，1 条　　D. 多条，多条

10.【2016 统考真题】假设所有域名服务器均采用迭代查询方式进行域名解析。当主机访问规范域名为 www.abc.xyz.com 的网站时，域名服务器在完成该域名解析的过程中，可能发出 DNS 查询的最少和最多次数分别是（ ）。

A. 0，3　　B. 1，3　　C. 0，4　　D. 1，4

11. 【2018 统考真题】下列 TCP/IP 应用层协议中，可以使用传输层无连接服务的是（ ）。

    A. FTP   B. DNS   C. SMTP   D. HTTP

12. 【2020 统考真题】假设下图所示网络中的本地域名服务器只提供递归查询服务，其他域名服务器均只提供迭代查询服务；局域网内主机访问 Internet 上各服务器的往返时间（RTT）均为 10ms，忽略其他各种时延。若主机 H 通过超链接 http://www.abc.com/index.html 请求浏览纯文本 Web 页 index.html，则从单击超链接开始到浏览器接收到 index.html 页面为止，所需的最短时间与最长时间分别是（ ）。

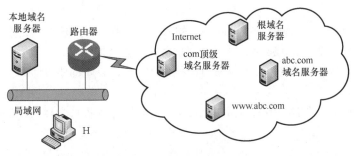

    A. 10ms，40ms   B. 10ms，50ms   C. 20ms，40ms   D. 20ms，50ms

二、综合应用题

01. 一台具有单个 DNS 名称的机器可以有多个 IP 地址吗？为什么？

02. 一台计算机可以有两个属于不同顶级域的 DNS 名字吗？如果可以，试举例说明。

03. DNS 使用 UDP 而非 TCP，如果一个 DNS 分组丢失，没有自动恢复，那么这会引起问题吗？如果会，应该如何解决？

04. 为何要引入域名的概念？举例说明域名转换过程。域名服务器中的高速缓存有何作用？

6.2.5 答案与解析

一、单项选择题

01. D

如果一台主机通过两块网卡连接到两个网络（如服务器双线接入），那么就具有两个 IP 地址，每个网卡对应一个 MAC 地址，显然这两个 IP 地址可以映射到同一个域名上。此外，多台主机也可以映射到同一个域名上（如负载均衡），一台主机也可以映射到多个域名上（如虚拟主机）。因此，选项 A、B、C 和域名均不具有一一对应的关系。

02. A

Internet 上提供访问的主机一定要有 IP 地址，而不一定要有域名，选项 A 错。域名在不同的时间可以解析出不同的 IP 地址，因此可以用多台服务器来分担负载，选项 B 对。也可以把多个域名指向同一台主机 IP 地址，选项 C 对。IP 子网中主机也可以由不同的域名服务器来维护其映射，选项 D 对。

03. A

域名系统（DNS）是一个基于客户/服务器模型的分布式数据库系统，主要作用是进行域名和 IP 地址之间的相互映射。

04. D

DNS 提供从域名到 IP 地址或从 IP 地址到域名的映射服务。它被设计成为一个联机分布式数据库系统，并采用客户/服务器方式。域名的解析是由若干域名服务器程序完成的。从内部 IP 地址到外部 IP 地址的映射是由 NAT 实现的，用于缓解 IPv4 地址紧缺的问题，与域名系统无关。

05. C

正常情况下，客户机只需把域名解析请求发往本地域名服务器，其他事情都由本地域名服务器完成，并把最后结果返回给客户机。所以主机只需要知道本地域名服务器的 IP。

06. A

在递归查询中，每台不包含被请求信息的服务器都转到其他地方去查找，然后它再往回发送结果，所以客户端最开始连接的服务器最终将返回正确的信息。

07. A

当这台主机发出对 www.cskaoyan.com 的 DNS 查询报文时，这个查询报文首先被送往该主机的本地域名服务器 202.120.66.68。本地域名服务器不能立即回答该查询时，就以 DNS 客户的身份向某一根域名服务器查询。但不管采用何种查询方式，首先都要查询本地域名服务器。

08. C

每台主机都必须在授权域名服务器处注册登记，授权域名服务器一定能够将其管辖的主机名转换为该主机的 IP 地址。

09. A

采用递归查询时，如果主机所询问的本地域名服务器不知道被查询域名的 IP 地址，那么本地域名服务器就以 DNS 客户的身份，向根域名服务器继续发出查询请求报文，而不是让该主机自己进行下一步的查询。因此，采用这种方法时，用户主机和本地域名服务器发送的域名请求条数均为 1。因此答案为选项 A。

10. C

最少情况：当本地域名服务器中有该域名的 DNS 信息时，不需要查询任何其他域名服务器，最少发出 0 次 DNS 查询。最多情况：因为均采用迭代查询方式，在最坏情况下，本地域名服务器需要依次迭代地向根域名服务器、顶级域名服务器（.com）、权限域名服务器（xyz.com）、权限域名服务器（abc.xyz.com）发出 DNS 查询请求，因此最多发出 4 次 DNS 查询。

11. B

FTP 用来传输文件，SMTP 用来发送电子邮件，HTTP 用来传输网页文件，都对可靠性的要求较高，因此都用传输层有连接的 TCP 服务。无连接的 UDP 服务效率更高、开销小，DNS 在传输层采用无连接的 UDP 服务。

12. D

题中 RTT 均为局域网内主机（主机 H、本地域名服务器）访问 Internet 上各服务器的往返时间，且忽略其他时延，因此主机 H 向本地域名服务器的查询时延忽略不计。最短时间：本地主机中有该域名到 IP 地址对应的记录，因此不需要 DNS 查询时延，直接和 www.abc.com 服务器建立 TCP 连接再进行资源访问，TCP 连接建立需要 1 个 RTT，接着发送访问请求并收到服务器资源响应需要 1 个 RTT，共计 2 个 RTT，即 20ms；最长时间：本地主机递归查询本地域名服务器（延时忽略），本地服务器依次迭代查询根域名服务器、com 顶级域名服务器、abc.com 域名服务器，共 3 个 RTT，查询到 IP 地址后，将该映射返回给主机 H，主机 H 和 www.abc.com 服务器建立 TCP 连接再进行资源访问，共 2 个 RTT，因此最长时间需要 3 + 2 = 5 个 RTT，即 50ms。

二、综合应用题

01.【解答】

可以，IP 地址由网络号和主机号两部分构成。如果一台机器有两个以太网卡，它就可以同时连到两个不同的网络上（网络号不能相同，否则发生冲突）；如果是这样，它就需要两个 IP 地址。

02.【解答】

可以，例如 www.cskaoyan.com 和 www.cskaoyan.cn 属于不同的顶级域（.com 和.cn），但它们可以有同样的 IP 地址。用户输入这两个不同的 DNS 名字，访问的都是同一台服务器。

03.【解答】

DNS 使用传输层的 UDP 而非 TCP，因为它不需要使用 TCP 在发生传输错误时执行的自动重传功能。实际上，对于 DNS 服务器的访问，多次 DNS 请求都返回相同的结果，即做多次和做一次的效果一样。因此 DNS 操作可以重复执行。当一个进程做一次 DNS 请求时，它启动一个定时器。如果定时器计满而未收到回复，那么它就再请求一次，这样做不会有害处。

04.【解答】

IP 地址很难记忆，引入域名是为了便于人们记忆和识别。

域名解析可以把域名转换成 IP 地址。域名转换过程是向本地域名服务器申请解析，如果本地域名服务器查不到，那么向根域名服务器进行查询。如果根域名服务器中也查不到，那么向根域名服务器中保存的顶级域名服务器和相应授权域名服务器进行查询，一定可以查找到。

域名服务器中高速缓存的作用：将近期访问过的域名信息保存在高速缓存，再次访问时会从缓存中读取，不需要重新解析，这样就可以加快域名解析的响应速度。

6.3 文件传输协议（FTP）

6.3.1 FTP 的工作原理

文件传输协议（File Transfer Protocol，FTP）是因特网上使用得最广泛的文件传输协议。FTP 提供交互式的访问，允许客户指明文件的类型与格式，并允许文件具有存取权限。它屏蔽了各计算机系统的细节，因而适合于在异构网络中的任意计算机之间传送文件。

FTP 提供以下功能：

① 提供不同种类主机系统（硬、软件体系等都可以不同）之间的文件传输能力。

② 以用户权限管理的方式提供用户对远程 FTP 服务器上的文件管理能力。

③ 以匿名 FTP 的方式提供公用文件共享的能力。

FTP 采用客户/服务器的工作方式，它使用 TCP 可靠的传输服务。一个 FTP 服务器进程可同时为多个客户进程提供服务。FTP 的服务器进程由两大部分组成：一个主进程，负责接收新的请求；另外有若干从属进程，负责处理单个请求。其工作步骤如下：

① 打开熟知端口 21（控制端口），使客户进程能够连接上。

② 等待客户进程发连接请求。

③ 启动从属进程来处理客户进程发来的请求。主进程与从属进程并发执行，从属进程对客户进程的请求处理完毕后即终止。

④ 回到等待状态，继续接收其他客户进程的请求。

FTP 服务器必须在整个会话期间保留用户的状态信息。特别是服务器必须把指定的用户账户与控制连接联系起来，服务器必须追踪用户在远程目录树上的当前位置。

6.3.2 控制连接与数据连接

FTP 在工作时使用两个并行的 TCP 连接（见图 6.7）：一个是控制连接（服务器端口号 21），一个是数据连接（服务器端口号 20）。使用两个不同的端口号可以使协议更容易实现。

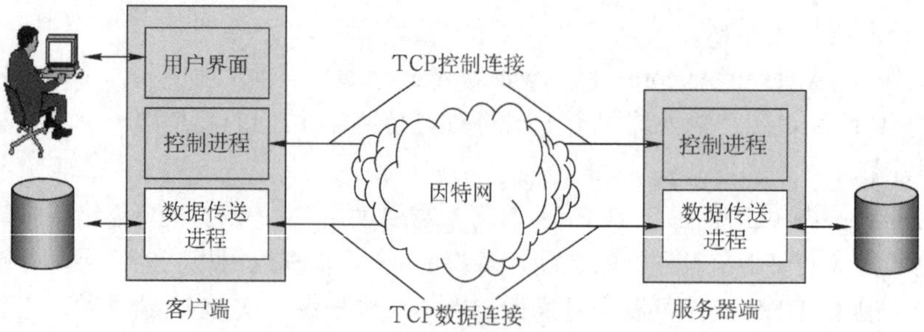

图 6.7   控制连接和数据连接

1．控制连接

服务器监听 21 号端口，等待客户连接，建立在这个端口上的连接称为控制连接，控制连接用来传输控制信息（如连接请求、传送请求等），并且控制信息都以 7 位 ASCII 格式传送。FTP客户发出的传送请求，通过控制连接发送给服务器端的控制进程，但控制连接并不用来传送文件。在传输文件时还可以使用控制连接（如客户在传输中途发一个中止传输的命令），因此控制连接在整个会话期间一直保持打开状态。

2．数据连接

服务器端的控制进程在接收到 FTP 客户发来的文件传输请求后，就创建"数据传送进程"和"数据连接"。数据连接用来连接客户端和服务器端的数据传送进程，数据传送进程实际完成文件的传送，在传送完毕后关闭"数据传送连接"并结束运行。

数据连接有两种传输模式：主动模式 PORT 和被动模式 PASV。PORT 模式的工作原理：客户端连接到服务器的 21 端口，登录成功后要读取数据时，客户端随机开放一个端口，并发送命令告知服务器，服务器收到 PORT 命令和端口号后，通过 20 端口和客户端开放的端口连接，发送数据。PASV 模式的不同点是，客户端要读取数据时，发送 PASV 命令到服务器，服务器在本地随机开放一个端口，并告知客户端，客户端再连接到服务器开放的端口进行数据传输。可见，是用 PORT 模式还是 PASV 模式，选择权在客户端。简单概括为，主动模式传送数据是"服务器"连接到"客户端"的端口；被动模式传送数据是"客户端"连接到"服务器"的端口。

因为 FTP 使用了一个分离的控制连接，所以也称 FTP 的控制信息是带外（Out-of-band）传送的。使用 FTP 时，若要修改服务器上的文件，则需要先将此文件传送到本地主机，然后再将修改后的文件副本传送到原服务器，来回传送耗费很多时间。网络文件系统（NFS）采用另一种思路，它允许进程打开一个远程文件，并能在该文件的某个特定位置开始读写数据。这样，NFS 可使用户复制一个大文件中的一个很小的片段，而不需要复制整个大文件。

6.3.3   本节习题精选

一、单项选择题

01． 文件传输协议（FTP）的一个主要特征是（　　）。
    A．允许客户指明文件的类型但不允许指明文件的格式
    B．不允许客户指明文件的类型但允许指明文件的格式
    C．允许客户指明文件的类型与格式
    D．不允许客户指明文件的类型与格式

02． 以下关于 FTP 工作模型的描述中，错误的是（　　）。
    A．FTP 使用控制连接、数据连接来完成文件的传输

B.　用于控制连接的 TCP 连接在服务器端使用的熟知端口号为 21

C.　用与控制连接的 TCP 连接在客户端使用的端口号为 20

D.　服务器端由控制进程、数据进程两部分组成

03.　控制信息是带外传送的协议是（　　）。

A.　HTTP　　　　　　B.　SMTP　　　　　　C.　FTP　　　　　　D.　POP

04.　下列关于 FTP 连接的叙述中，正确的是（　　）。

A.　控制连接先于数据连接被建立，并先于数据连接被释放

B.　数据连接先于控制连接被建立，并先于控制连接被释放

C.　控制连接先于数据连接被建立，并晚于数据连接被释放

D.　数据连接先于控制连接被建立，并晚于控制连接被释放

05.　FTP 客户发起对 FTP 服务器连接的第一阶段是建立（　　）。

A.　传输连接　　　　B.　数据连接　　　　C.　会话连接　　　　D.　控制连接

06.　一个 FTP 用户发送了一个 LIST 命令来获取服务器的文件列表，这时服务器应通过（　　）端口来传输该列表。

A.　21　　　　　　　B.　20　　　　　　　C.　22　　　　　　　D.　19

07.　下列关于 FTP 的叙述中，错误的是（　　）。

A.　FTP 可以在不同类型的操作系统之间传送文件

B.　FTP 并不适合用在两个计算机之间共享读写文件

C.　控制连接在整个 FTP 会话期间一直保持

D.　客户端默认使用端口 20 与服务器建立数据传输连接

08.　当一台计算机从 FTP 服务器下载文件时，在该 FTP 服务器上对数据进行封装的 5 个转换步骤是（　　）。

A.　比特，数据帧，数据报，数据段，数据

B.　数据，数据段，数据报，数据帧，比特

C.　数据报，数据段，数据，比特，数据帧

D.　数据段，数据报，数据帧，比特，数据

09.　匿名 FTP 访问通常使用（　　）作为用户名。

A.　guest　　　　　　B.　E-mail 地址　　　C.　anonymous　　　D.　主机 id

10.　【2009 统考真题】FTP 客户和服务器间传递 FTP 命令时，使用的连接是（　　）。

A.　建立在 TCP 之上的控制连接　　　　　B.　建立在 TCP 之上的数据连接

C.　建立在 UDP 之上的控制连接　　　　　D.　建立在 UDP 之上的数据连接

11.　【2017 统考真题】下列关于 FTP 的叙述中，错误的是（　　）。

A.　数据连接在每次数据传输完毕后就关闭

B.　控制连接在整个会话期间保持打开状态

C.　服务器与客户端的 TCP 20 端口建立数据连接

D.　客户端与服务器的 TCP 21 端口建立控制连接

二、综合应用题

01.　文件传输协议的主要工作过程是怎样的？主进程和从属进程各起什么作用？

02.　为什么 FTP 要使用两个独立的连接，即控制连接和数据连接？

03.　主机 A 想下载文件 ftp://ftp.abc.edu.cn/file，大致描述下载过程中主机和服务器的交互过程。

6.3.4 答案与解析

一、单项选择题

01. C

FTP 提供交互式访问，允许客户指明文件的类型与格式，并允许文件具有存取权限。所以选项 C 为正确答案。

02. C

在服务器端，控制连接使用 TCP 的 21 号端口，数据连接使用 TCP 的 20 号端口；而在客户端，控制连接和数据连接的 TCP 端口号都是由客户端系统自动分配的。需要注意的是，当我们说 FTP 使用 20、21 号端口，HTTP 使用 80 号端口，SMTP 使用 25 号端口时，都是指相应协议的服务器端所使用的端口号，而客户端使用系统自动分配的端口号向这些服务的熟知端口发起连接。

03. C

FTP 传输控制信息使用的是数据连接外的控制连接，因此 FTP 的控制信息是带外传送的。

04. C

FTP 客户首先连接服务器的 21 号端口，建立控制连接（控制连接在整个会话期间一直保持打开），然后建立数据连接，在数据传送完毕后，数据连接最先释放，控制连接最后释放。

05. D

FTP 工作时使用两个连接：控制连接和数据连接。FTP 客户对 FTP 服务器发起连接时，首先建立控制连接，即向服务器的 21 号 TCP 端口发起连接；然后再建立数据连接（20 号 TCP 端口）。FTP 并没有传输连接和会话连接的说法。

06. B

FTP 中数据连接的端口是 20，而文件的列表是通过数据连接来传输的。

07. D

控制连接建立后，服务器进程用自己传送数据的熟知端口 20 与客户进程所提供的端口号建立数据传输连接（默认为 PORT 模式），即客户进程的端口号是客户进程自己提供的。

08. B

FTP 服务器的数据要经过应用层、传输层、网络层、数据链路层及物理层。因此，对应的封装是数据、数据段、数据报、数据帧，最后是比特。

09. C

针对文件传输 FTP，系统管理员建立了一个特殊的用户 ID，名为 anonymous，即匿名用户。Internet 上的任何人在任何地方都可以使用该用户 ID，只是在要求提供用户 ID 时必须输入 anonymous，该用户 ID 的密码可以是任何字符串。

10. A

对于 FTP 文件传输，为了保证可靠性，选择 TCP，排除 C、D。FTP 的控制信息是带外传送的，即 FTP 使用了一个分离的控制连接来传送命令，因此答案为选项 A。

11. C

FTP 使用控制连接和数据连接，控制连接存在于整个 FTP 会话过程中，数据连接在每次文件传输时才建立，传输结束就关闭，选项 A 和 B 正确。默认情况（PORT 模式）下 FTP 服务器使用 TCP 20 端口进行数据连接，使用 TCP 21 端口进行控制连接，这里的端口号是指 FTP 服务器的端口号，选项 C 错误，选项 D 正确。此外还需要注意的是，FTP 服务器是否使用 TCP 20 端口建立数据连接与传输模式有关，PORT 模式使用 TCP 20 端口，PASV 模式由服务器和客户端协商决定。

二、综合应用题

01.【解答】

FTP 的主要工作过程如下：在进行文件传输时，FTP 客户所发出的传送请求通过控制连接发送给服务器端的控制进程，并在整个会话期间一直保持打开，但控制连接不用来传送文件。服务器端的控制进程在接收到 FTP 客户发送来的文件传输请求后，就创建数据传送进程和数据连接，数据连接用来连接客户端和服务器端的数据传输进程，数据传送进程实际完成对文件的传送，在传送完毕后关闭"数据传送连接"，并结束运行。

FTP 的服务器进程由两大部分组成：一个主进程，负责接收新的请求；若干从属进程，负责处理单个请求。

02.【解答】

在 FTP 的实现中，客户与服务器之间采用了两条传输连接，其中控制连接用于传输各种 FTP 命令，而数据连接用于文件的传送。之所以这样设计，是因为使用两条独立的连接可使 FTP 变得更加简单、更容易实现、更有效率。同时在文件传输过程中，还可以利用控制连接控制传输过程，如客户可以请求终止、暂停传输等。

03.【解答】

大致过程如下：

① 建立一个 TCP 连接到服务器 ftp.abc.edu.cn 的 21 号端口，然后发送登录账号和密码。

② 服务器返回登录成功信息后，主机 A 打开一个随机端口，并将该端口号发送给服务器。

③ 主机 A 发送读取文件命令，内容为 get file，服务器使用 20 号端口建立一个 TCP 连接到主机 A 的随机打开的端口。

④ 服务器把文件内容通过第二个连接发送给主机 A，传输完毕后连接关闭。

6.4 电子邮件

6.4.1 电子邮件系统的组成结构

自从有了因特网，电子邮件就在因特网上流行起来。电子邮件是一种异步通信方式，通信时不需要双方同时在场。电子邮件把邮件发送到收件人使用的邮件服务器，并放在其中的收件人邮箱中，收件人可以随时上网到自己使用的邮件服务器进行读取。

一个电子邮件系统应具有图 6.8 所示的三个最主要的组成构件，即用户代理（User Agent）、邮件服务器和电子邮件使用的协议，如 SMTP、POP3（或 IMAP）等。

图 6.8 电子邮件系统最主要的组成构件

用户代理（UA）：用户与电子邮件系统的接口。用户代理向用户提供一个很友好的接口来发送和接收邮件，用户代理至少应当具有撰写、显示和邮件处理的功能。通常情况下，用户代理就是一个运行在 PC 上的程序（电子邮件客户端软件），常见的有 Outlook 和 Foxmail 等。

邮件服务器：它的功能是发送和接收邮件，同时还要向发信人报告邮件传送的情况（已交付、被拒绝、丢失等）。邮件服务器采用客户/服务器方式工作，但它必须能够同时充当客户和服务器。例如，当邮件服务器 A 向邮件服务器 B 发送邮件时，A 就作为 SMTP 客户，而 B 是 SMTP 服务器；反之，当 B 向 A 发送邮件时，B 就是 SMTP 客户，而 A 就是 SMTP 服务器。

邮件发送协议和读取协议：邮件发送协议用于用户代理向邮件服务器发送邮件或在邮件服务器之间发送邮件，如 SMTP；邮件读取协议用于用户代理从邮件服务器读取邮件，如 POP3。注意，SMTP 用的是"推"（Push）的通信方式，即用户代理向邮件服务器发送邮件及在邮件服务器之间发送邮件时，SMTP 客户将邮件"推"送到 SMTP 服务器。而 POP3 用的是"拉"（Pull）的通信方式，即用户读取邮件时，用户代理向邮件服务器发出请求，"拉"取用户邮箱中的邮件。

电子邮件的发送、接收过程可简化为如图 6.9 所示。

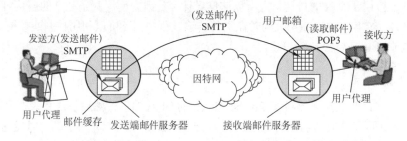

图 6.9　电子邮件的发送、接收过程

下面简单介绍电子邮件的收发过程。

① 发信人调用用户代理来撰写和编辑要发送的邮件。用户代理用 SMTP 把邮件传送给发送端邮件服务器。

② 发送端邮件服务器将邮件放入邮件缓存队列中，等待发送。

③ 运行在发送端邮件服务器的 SMTP 客户进程，发现邮件缓存中有待发送的邮件，就向运行在接收端邮件服务器的 SMTP 服务器进程发起建立 TCP 连接。

④ TCP 连接建立后，SMTP 客户进程开始向远程 SMTP 服务器进程发送邮件。当所有待发送邮件发完后，SMTP 就关闭所建立的 TCP 连接。

⑤ 运行在接收端邮件服务器中的 SMTP 服务器进程收到邮件后，将邮件放入收信人的用户邮箱，等待收信人在方便时进行读取。

⑥ 收信人打算收信时，调用用户代理，使用 POP3（或 IMAP）协议将自己的邮件从接收端邮件服务器的用户邮箱中取回（如果邮箱中有来信的话）。

6.4.2　电子邮件格式与 MIME

1. 电子邮件格式

一个电子邮件分为信封和内容两大部分，邮件内容又分为首部和主体两部分。RFC 822 规定了邮件的首部格式，而邮件的主体部分则让用户自由撰写。用户写好首部后，邮件系统自动地将信封所需的信息提取出来并写在信封上，用户不需要亲自填写信封上的信息。

邮件内容的首部包含一些首部行，每个首部行由一个关键字后跟冒号再后跟值组成。有些关键字是必需的，有些则是可选的。最重要的关键字是 To 和 Subject。

To 是必需的关键字，后面填入一个或多个收件人的电子邮件地址。电子邮件地址的规定格式为：收件人邮箱名@邮箱所在主机的域名，如 abc@cskaoyan.com，其中收信人邮箱名即用户名，abc 在 cskaoyan.com 这个邮件服务器上必须是唯一的。这也就保证了 abc@cskaoyan.com 这个邮件地址在整个因特网上是唯一的。

Subject 是可选关键字，是邮件的主题，反映了邮件的主要内容。

当然，还有一个必填的关键字是 From，但它通常由邮件系统自动填入。首部与主体之间用一个空行进行分割。典型的邮件内容如下：

From:hoopdog@hust.edu.cn
To:abc@cskaoyan.com ⎱ 首部
Subject:Say hello to Internet

blahblah…
… ⎱ 主体

2．多用途网际邮件扩充（MIME）

由于 SMTP 只能传送一定长度的 ASCII 码邮件，许多其他非英语国家的文字（如中文、俄文，甚至带重音符号的法文或德文）就无法传送，且无法传送可执行文件及其他二进制对象，因此提出了多用途网络邮件扩充（Multipurpose Internet Mail Extensions，MIME）。

MIME 并未改动 SMTP 或取代它。MIME 的意图是继续使用目前的格式，但增加了邮件主体的结构，并定义了传送非 ASCII 码的编码规则。也就是说，MIME 邮件可在现有的电子邮件程序和协议下传送。MIME 与 SMTP 的关系如图 6.10 所示。

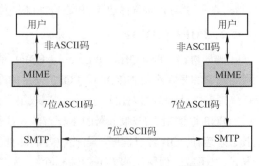

图 6.10　SMTP 与 MIME 的关系

MIME 主要包括以下三部分内容：

① 5 个新的邮件首部字段，包括 MIME 版本、内容描述、内容标识、传送编码和内容类型。

② 定义了许多邮件内容的格式，对多媒体电子邮件的表示方法进行了标准化。

③ 定义了传送编码，可对任何内容格式进行转换，而不会被邮件系统改变。

6.4.3　SMTP 和 POP3

1．SMTP

简单邮件传输协议（Simple Mail Transfer Protocol，SMTP）是一种提供可靠且有效的电子邮件传输的协议，它控制两个相互通信的 SMTP 进程交换信息。由于 SMTP 使用客户/服务器方式，因此负责发送邮件的 SMTP 进程就是 SMTP 客户，而负责接收邮件的 SMTP 进程就是 SMTP 服务器。SMTP 用的是 TCP 连接，端口号为 25。SMTP 通信有以下三个阶段。

（1）连接建立

发件人的邮件发送到发送方邮件服务器的邮件缓存中后，SMTP 客户就每隔一定时间对邮件缓存扫描一次。如发现有邮件，就使用 SMTP 的熟知端口号（25）与接收方邮件服务器的 SMTP 服务器建立 TCP 连接。连接建立后，接收方 SMTP 服务器发出 220 Service ready（服务就绪）。然后 SMTP 客户向 SMTP 服务器发送 HELO 命令，附上发送方的主机名。

SMTP 不使用中间的邮件服务器。TCP 连接总是在发送方和接收方这两个邮件服务器之间直接建立，而不管它们相隔多远，不管在传送过程中要经过多少个路由器。当接收方邮件服务器因故障暂时不能建立连接时，发送方的邮件服务器只能等待一段时间后再次尝试连接。

（2）邮件传送

连接建立后，就可开始传送邮件。邮件的传送从 MAIL 命令开始，MAIL 命令后面有发件人的地址。如 MAIL FROM: <hoopdog@hust.edu.cn>。若 SMTP 服务器已准备好接收邮件，则回答 250 OK。接着 SMTP 客户端发送一个或多个 RCPT（收件人 recipient 的缩写）命令，格式为 RCPT TO: <收件人地址>。每发送一个 RCPT 命令，都应有相应的信息从 SMTP 服务器返回，如 250 OK 或 550 No such user here（无此用户）。

RCPT 命令的作用是，先弄清接收方系统是否已做好接收邮件的准备，然后才发送邮件，以便不至于发送了很长的邮件后才知道地址错误，进而避免浪费通信资源。

获得 OK 的回答后，客户端就使用 DATA 命令，表示要开始传输邮件的内容。正常情况下，SMTP 服务器回复的信息是 354 Start mail input; end with <CRLF>.<CRLF>。<CRLF>表示回车换行。此时 SMTP 客户端就可开始传送邮件内容，并用<CRLF>.<CRLF>表示邮件内容的结束。

（3）连接释放

邮件发送完毕后，SMTP 客户应发送 QUIT 命令。SMTP 服务器返回的信息是 221（服务关闭），表示 SMTP 同意释放 TCP 连接。邮件传送的全部过程就此结束。

2．POP3 和 IMAP

邮局协议（Post Office Protocol，POP）是一个非常简单但功能有限的邮件读取协议，现在使用的是它的第 3 个版本 POP3。POP3 采用的是"拉"（Pull）的通信方式，当用户读取邮件时，用户代理向邮件服务器发出请求，"拉"取用户邮箱中的邮件。

POP 也使用客户/服务器的工作方式，在传输层使用 TCP，端口号为 110。接收方的用户代理上必须运行 POP 客户程序，而接收方的邮件服务器上则运行 POP 服务器程序。POP 有两种工作方式："下载并保留"和"下载并删除"。在"下载并保留"方式下，用户从邮件服务器上读取邮件后，邮件依然会保存在邮件服务器上，用户可再次从服务器上读取该邮件；而使用"下载并删除"方式时，邮件一旦被读取，就被从邮件服务器上删除，用户不能再次从服务器上读取。

另一个邮件读取协议是因特网报文存取协议（IMAP），它比 POP 复杂得多，IMAP 为用户提供了创建文件夹、在不同文件夹之间移动邮件及在远程文件夹中查询邮件等联机命令，为此 IMAP 服务器维护了会话用户的状态信息。IMAP 的另一特性是允许用户代理只获取报文的某些部分，例如可以只读取一个报文的首部，或多部分 MIME 报文的一部分。这非常适用于低带宽的情况，用户可能并不想取回邮箱中的所有邮件，尤其是包含很多音频或视频的大邮件。

此外，随着万维网的流行，目前出现了很多基于万维网的电子邮件，如 Hotmail、Gmail 等。这种电子邮件的特点是，用户浏览器与 Hotmail 或 Gmail 的邮件服务器之间的邮件发送或接收使用的是 HTTP，而仅在不同邮件服务器之间传送邮件时才使用 SMTP。

6.4.4 本节习题精选

一、单项选择题

01. 因特网用户的电子邮件地址格式必须是（　）。

    A．用户名@单位网络名　　　　　　　　B．单位网络名@用户名

    C．邮箱所在主机的域名@用户名　　　　D．用户名@邮箱所在主机的域名

02. SMTP 基于传输层的（　）协议，POP3 基于传输层的（　）协议。

    A．TCP，TCP　　　B．TCP，UDP　　　C．UDP，UDP　　　D．UDP，UDP

03. 用 Firefox 在 Gmail 中向邮件服务器发送邮件时，使用的是（　）协议。

    A. HTTP   B. POP3   C. P2P   D. SMTP

04. 用户代理只能发送而不能接收电子邮件时，可能是（　）地址错误。

    A. POP3   B. SMTP   C. HTTP   D. Mail

05. 不能用于用户从邮件服务器接收电子邮件的协议是（　）。

    A. HTTP   B. POP3   C. SMTP   D. IMAP

06. 下列关于电子邮件格式的说法中，错误的是（　）。

    A. 电子邮件内容包括邮件头与邮件体两部分

    B. 邮件头中发信人地址（From:）、发送时间、收信人地址（To:）及邮件主题（Subject:）是由系统自动生成的

    C. 邮件体是实际要传送的信函内容

    D. MIME 允许电子邮件系统传输文字、图像、语音与视频等多种信息

07. 下列关于 POP3 协议的说法，（　）是错误的。

    A. 由客户端而非服务器选择接收后是否将邮件保存在服务器上

    B. 登录到服务器后，发送的密码是加密的

    C. 协议是基于 ASCII 码的，不能发送二进制数据

    D. 一个账号在服务器上只能有一个邮件接收目录

08. 【2012 统考真题】若用户 1 与用户 2 之间发送和接收电子邮件的过程如下图所示，则图中①、②、③阶段分别使用的应用层协议可以是（　）。

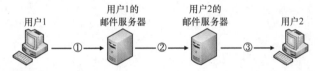

    A. SMTP、SMTP、SMTP   B. POP3、SMTP、POP3

    C. POP3、SMTP、SMTP   D. SMTP、SMTP、POP3

09. 【2013 统考真题】下列关于 SMTP 的叙述中，正确的是（　）。

    I. 只支持传输 7 比特 ASCII 码内容

    II. 支持在邮件服务器之间发送邮件

    III. 支持从用户代理向邮件服务器发送邮件

    IV. 支持从邮件服务器向用户代理发送邮件

    A. 仅 I、II 和 III   B. 仅 I、II 和 IV   C. 仅 I、III 和 IV   D. 仅 II、III 和 IV

10. 【2015 统考真题】通过 POP3 协议接收邮件时，使用的传输层服务类型是（　）。

    A. 无连接不可靠的数据传输服务

    B. 无连接可靠的数据传输服务

    C. 有连接不可靠的数据传输服务

    D. 有连接可靠的数据传输服务

11. 【2018 统考真题】无须转换即可由 SMTP 直接传输的内容是（　）。

    A. JPEG 图像   B. MPEG 视频   C. EXE 文件   D. ASCII 文本

二、综合应用题

01. 电子邮件系统使用 TCP 传送邮件，为什么有时会遇到邮件发送失败的情况？为什么有时对方会收不到发送的邮件？

02. MIME 与 SMTP 的关系是怎样的?

03. 下面列出的是使用 TCP/IP 通信的两台主机 A 和 B 传送邮件的对话过程，请根据这个对话回答问题。

A: 220 beta.gov simple mail transfer service ready

B: HELO alpha.edu

A: 250 beta.gov

B: MAIL FROM:<smith@alpha.edu>

A: 250 mail accepted

B: RCPT TO:<jones@beta.gov>

A: 250 recipient accepted

B: RCPT TO:<green@beta.gov>

A: 550 no such user here

B: RCPT TO:brown@beta.gov

A: 250 recipient accepted

B: DATA

A: 354 start mail input; end with <CR><LF>.<CR><LF>

B: Date:Fri 27 May 2011 14:16:21 BJ

B: From:smith@alpha.edu

B: …

B: …

B: .

A: 250 OK

B: QUIT

A: 221 beta.gov service closing transmission channel.

问题:

1) 邮件接收方和发送方机器的全名是什么? 发邮件的用户名是什么?

2) 发送方想把邮件发给几个用户? 它们的名字各是什么?

3) 哪些用户能收到该邮件?

4) 传送邮件所使用的传输层协议的名称是什么?

5) 为了接收邮件，接收方机器上等待连接的端口号是多少?

6.4.5 答案与解析

一、单项选择题

01. D

电子邮件是因特网最基本、最常用的服务功能。要使用电子邮件服务，首先要拥有自己的电子邮件地址，其格式为: 用户名@邮箱所在主机的域名。

02. A

SMTP 和 POP3 都是基于 TCP 的协议，提供可靠的邮件通信。

03. A

在基于万维网的电子邮件中，用户浏览器与 Hotmail 或 Gmail 的邮件服务器之间的邮件发送或接收使用的是 HTTP，而仅在不同邮件服务器之间传送邮件时才使用 SMTP。

04. A

用户代理使用 POP3 协议接收邮件。通常用户在配置电子邮件用户代理时需要设置邮件服务器的 POP3 地址（如 pop3.gmail.com），若这个地址设置错误，则会导致用户无法接收邮件。用户代理中的 SMTP 地址错误时会导致无法发送邮件。收件人 E-mail 地址错误时，可能会发错人，也可能会导致投递失败（不存在的地址）。

05. C

SMTP 是一种"推"协议，用于发送方用户代理与发送方服务器之间及发送方服务器与接收方服务器之间，不能用于接收方用户从服务器上读取邮件。常用的邮件读取协议有 POP3、HTTP 和 IMAP。大家平时通过浏览器登录 163 邮箱、Gmail 邮箱时，使用的邮件读取协议就是 HTTP。IMAP 是另一个专用于读取邮件的协议，它要比 POP3 复杂得多，功能也更为强大。

06. B

邮件头是由多项内容构成的，其中一部分是由系统自动生成的，如发信人地址（From:）、发送时间；另一部分是由发件人输入的，如收信人地址（To:）、邮件主题（Subject:）等。

07. B

POP3 协议在传输层是使用明文来传输密码的，并不对密码进行加密。所以 B 选项错误。POP3 协议基于 ASCII 码，如果要传输非 ACSII 码的数据，那么要使用 MIME 将数据转换成 ASCII 码形式。

08. D

SMTP 采用"推"的通信方式，即用户代理向邮件服务器及邮件服务器之间发送邮件时，SMTP 客户主动将邮件"推"送到 SMTP 服务器。而 POP3 采用"拉"的通信方式，即用户读取邮件时，用户代理向邮件服务器发出请求，"拉"取用户邮箱中的邮件。

09. A

根据 6.4.1 节可知，SMTP 用于用户代理向邮件服务器发送邮件，或在邮件服务器之间发送邮件。SMTP 只支持传输 7 比特的 ASCII 码内容。

10. D

POP3 建立在 TCP 连接上，使用的是有连接可靠的数据传输服务。

11. D

电子邮件出现得较早，当时的数据传输能力较弱，使用者往往也不需要传输较大的图片、视频等，因此 SMTP 具有一些目前来看较为老旧的性质，如限制所有邮件报文的体部分只能采用 7 位 ASCII 码来表示。在如今的传输过程中，如果传输了非文本文件，那么往往需要将这些多媒体文件重新编码为 ASCII 码再传输。因此无须转换即可传输的是 ASCII 文本，答案为选项 D。

二、综合应用题

01.【解答】

有时对方的邮件服务器不工作，邮件就发送不出去。对方的邮件服务器出故障也会使邮件丢失。有时网络非常拥塞，路由器丢弃大量的 IP 数据报，导致通信中断。

02.【解答】

由于 SMTP 存在着一些缺点和不足，通过 MIME 并非改变或取代 SMTP。MIME 继续使用 RFC 822 格式，但增加了邮件主体的结构，并定义了传送非 ASCII 码的编码规则。也就是说，MIME 邮件可在已有的电子邮件和协议下传送。

03.【解答】

1）邮件接收方机器的全名是 beta.gov，邮件发送方机器的全名是 alpha.edu，发邮件的用户名是 smith。

2）发送方想把该邮件发给三个用户，它们的名字分别是 jones、green 和 brown。

3）用户 jones 和 brown 能收到邮件，beta.gov 上不存在用户 green。

4）传送邮件所用的传输层协议称为 TCP（传输控制协议）。

5）为了接收邮件，接收方服务器上等待连接的端口号是 25。

6.5 万维网（WWW）

6.5.1 WWW 的概念与组成结构

万维网（World Wide Web，WWW）是一个分布式、联机式的信息存储空间，在这个空间中：一样有用的事物称为一样"资源"，并由一个全域"统一资源定位符"（URL）标识。这些资源通过超文本传输协议（HTTP）传送给使用者，而后者通过单击链接来获取资源。

万维网使用链接的方法能非常方便地从因特网上的一个站点访问另一个站点（即"链接到另一个站点"），从而主动地按需获取丰富的信息。超文本标记语言（HyperText Markup Language，HTML）使得万维网页面的设计者可以很方便地用一个超链接从本页面的某处链接到因特网上的任何一个万维网页面，并能够在自己的计算机屏幕上显示这些页面。

万维网的内核部分是由三个标准构成的：

1）统一资源定位符（URL）。负责标识万维网上的各种文档，并使每个文档在整个万维网的范围内具有唯一的标识符 URL。

2）超文本传输协议（HTTP）。一个应用层协议，它使用 TCP 连接进行可靠的传输，HTTP 是万维网客户程序和服务器程序之间交互所必须严格遵守的协议。

3）超文本标记语言（HTML）。一种文档结构的标记语言，它使用一些约定的标记对页面上的各种信息（包括文字、声音、图像、视频等）、格式进行描述。

URL 是对可以从因特网上得到的资源的位置和访问方法的一种简洁表示。URL 相当于一个文件名在网络范围的扩展。URL 的一般形式是：

<协议>://<主机>:<端口>/<路径>。

<协议>指用什么协议来获取万维网文档，常见的协议有 http、ftp 等；<主机>是存放资源的主机在因特网中的域名或 IP 地址；<端口>和<路径>有时可省略。在 URL 中不区分大小写。

万维网以客户/服务器方式工作。浏览器是在用户主机上的万维网客户程序，而万维网文档所驻留的主机则运行服务器程序，这台主机称为万维网服务器。客户程序向服务器程序发出请求，服务器程序向客户程序送回客户所要的万维网文档。工作流程如下：

1）Web 用户使用浏览器（指定 URL）与 Web 服务器建立连接，并发送浏览请求。

2）Web 服务器把 URL 转换为文件路径，并返回信息给 Web 浏览器。

3）通信完成，关闭连接。

万维网是无数个网络站点和网页的集合，它们在一起构成了因特网最主要的部分（因特网也包括电子邮件、Usenet 和新闻组）。

6.5.2 超文本传输协议（HTTP）

HTTP 定义了浏览器（万维网客户进程）怎样向万维网服务器请求万维网文档，以及服务器怎样把文档传送给浏览器。从层次的角度看，HTTP 是面向事务的（Transaction-oriented）应用层协议，它规定了在浏览器和服务器之间的请求和响应的格式与规则，是万维网上能够可靠地交换文件（包括文本、声音、图像等各种多媒体文件）的重要基础。

1．HTTP 的操作过程

从协议执行过程来说，浏览器要访问 WWW 服务器时，首先要完成对 WWW 服务器的域名解析。一旦获得了服务器的 IP 地址，浏览器就通过 TCP 向服务器发送连接建立请求。

万维网的大致工作过程如图 6.11 所示。每个万维网站点都有一个服务器进程，它不断地监听 TCP 的端口 80（默认），当监听到连接请求后便与浏览器建立 TCP 连接。然后，浏览器就向服务器发送请求获取某个 Web 页面的 HTTP 请求。服务器收到请求后，将构建所请求 Web 页的必需信息，并通过 HTTP 响应返回给浏览器。浏览器再将信息进行解释，然后将 Web 页显示给用户。最后，TCP 连接释放。

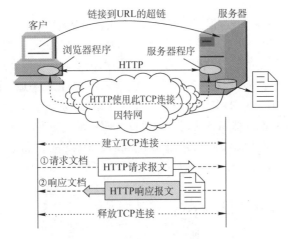

图 6.11 万维网的工作过程

在浏览器和服务器之间的请求与响应的交互，必须遵循规定的格式和规则，这些格式和规则就是 HTTP。因此 HTTP 有两类报文：请求报文（从 Web 客户端向 Web 服务器发送服务请求）和响应报文（从 Web 服务器对 Web 客户端请求的回答）。

用户单击鼠标后所发生的事件按顺序如下（以访问清华大学的网站为例）：

1）浏览器分析链接指向页面的 URL（http://www.tsinghua.edu.cn /chn/index.htm）。

2）浏览器向 DNS 请求解析 www.tsinghua.edu.cn 的 IP 地址。

3）域名系统 DNS 解析出清华大学服务器的 IP 地址。

4）浏览器与该服务器建立 TCP 连接（默认端口号为 80）。

5）浏览器发出 HTTP 请求：GET /chn/index.htm。

6）服务器通过 HTTP 响应把文件 index.htm 发送给浏览器。

7）释放 TCP 连接。

8）浏览器解释文件 index.htm，并将 Web 页显示给用户。

2．HTTP 的特点

HTTP 使用 TCP 作为传输层协议，保证了数据的可靠传输。HTTP 不必考虑数据在传输过程中被丢弃后又怎样被重传。但是，HTTP 本身是无连接的（务必注意）。也就是说，虽然 HTTP 使用了 TCP 连接，但通信的双方在交换 HTTP 报文之前不需要先建立 HTTP 连接。

HTTP 是无状态的。也就是说，同一个客户第二次访问同一个服务器上的页面时，服务器的响应与第一次被访问时的相同。因为服务器并不记得曾经访问过的这个客户，也不记得为该客户曾经服务过多少次。

HTTP 的无状态特性简化了服务器的设计，使服务器更容易支持大量并发的 HTTP 请求。在实际应用中，通常使用 Cookie 加数据库的方式来跟踪用户的活动（如记录用户最近浏览的商品等）。Cookie 的工作原理：当用户浏览某个使用 Cookie 的网站时，该网站服务器就为用户产生一个唯一的识别码，如"123456"，接着在给用户的响应报文中添加一个 Set-cookie 的首部行"Set cookie: 123456"。用户收到响应后，就在它管理的特定 Cookie 文件中添加这个服务器的主机名和 Cookie 识别码，当用户继续浏览这个网站时，会取出这个网站的识别码，并放入请求报文的 Cookie 首部行"Cookie: 123456"。服务器根据请求报文中的 Cookie 识别码就能从数据库中查询到该用户的活动记录，进而执行一些个性化的工作，如根据用户的历史浏览记录向其推荐新产品等。

HTTP 既可以使用非持久连接，也可以使用持久连接（HTTP/1.1 支持）。

对于非持久连接，每个网页元素对象（如 JPEG 图形、Flash 等）的传输都需要单独建立一个 TCP 连接，如图 6.12 所示（第三次握手的报文段中捎带了客户对万维网文档的请求）。请求一个万维网文档所需的时间是该文档的传输时间（与文档大小成正比）加上两倍往返时间 RTT（一个 RTT 用于 TCP 连接，另一个 RTT 用于请求和接收文档）。每个对象引用都导致 2×RTT 的开销，此外每次建立新的 TCP 连接都要分配缓存和变量，使万维网服务器的负担很重。

所谓持久连接，是指万维网服务器在发送响应后仍然保持这条连接，使同一个客户（浏览器）和该服务器可以继续在这条连接上传送后续的 HTTP 请求和响应报文，如图 6.13 所示。

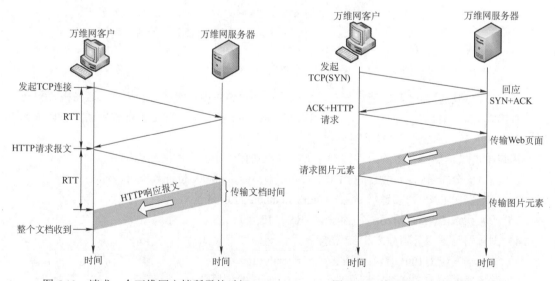

图 6.12　请求一个万维网文档所需的时间　　　　图 6.13　使用持久连接（非流水线）

持久连接又分为非流水线和流水线两种方式。对于非流水线方式，客户在收到前一个响应后才能发出下一个请求，服务器发送完一个对象后，其 TCP 连接就处于空闲状态，浪费了服务器资源。HTTP/1.1 的默认方式是使用流水线的持久连接，这种情况下，客户每遇到一个对象引用就立即发出一个请求，因而客户可以逐个地连续发出对各个引用对象的请求。如果所有的请求和响应都是连续发送的，那么所有引用的对象共计经历 1 个 RTT 延迟，而不是像非流水线方式那样，每个引用都必须有 1 个 RTT 延迟。这种方式减少了 TCP 连接中的空闲时间，提高了效率。

3．HTTP 的报文结构

HTTP 是面向文本的（Text-Oriented），因此报文中的每个字段都是一些 ASCII 码串，并且每个字段的长度都是不确定的。有两类 HTTP 报文：

- **请求报文**：从客户向服务器发送的请求报文，如图 6.14(a)所示。
- **响应报文**：从服务器到客户的回答，如图 6.14(b)所示。

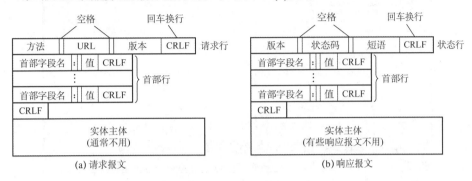

图 6.14　HTTP 的报文结构

HTTP 请求报文和响应报文都由三个部分组成。从图 6.14 可以看出，这两种报文格式的区别就是开始行不同。

开始行：用于区分是请求报文还是响应报文。在请求报文中的开始行称为请求行，而在响应报文中的开始行称为状态行。开始行的三个字段之间都以空格分隔，最后的"CR"和"LF"分别代表"回车"和"换行"。请求报文的"请求行"有三个内容：方法、请求资源的 URL 及 HTTP 的版本。其中，"方法"是对所请求对象进行的操作，这些方法实际上也就是一些命令。表 6.1 给出了 HTTP 请求报文中常用的几个方法。

首部行：用来说明浏览器、服务器或报文主体的一些信息。首部可以有几行，但也可以不使用。

表 6.1　HTTP 请求报文中常用的几个方法

方法（操作）	意　　义
GET	请求读取由 URL 标识的信息
HEAD	请求读取由 URL 标识的信息的首部
POST	给服务器添加信息（如注释）
CONNECT	用于代理服务器

在每个首部行中都有首部字段名和它的值，每一行在结束的地方都要有"回车"和"换行"。整个首部行结束时，还有一空行将首部行和后面的实体主体分开。

实体主体：在请求报文中一般不用这个字段，而在响应报文中也可能没有这个字段。

图 6.15 所示为使用 Wireshark 捕获的 HTTP 请求报文的示例，下面结合前几章的内容对请求报文（图中下部分）进行分析。

根据帧的结构定义，在图 6.15 所示的以太网数据帧中，第 1～6 个字节为目的 MAC 地址（默认网关地址），即 00-0f-e2-3f-27-3f；第 7～12 个字节为本机 MAC 地址，即 00-27-13-67-73-8d；第 13～14 个字节 08～00 为类型字段，表示上层使用的是 IP 数据报协议。第 15～34 个字节（共20B）为 IP 数据报的首部，其中第 27～30 个字节为源 IP 地址，即 db-df-d2-70，转换成十进制为219.223.210.112；第 31～34 个字节为目的 IP 地址，即 71-69-4e-0a，转换成十进制为 113.105.78.10。第 35～54 个字节（共 20B）为 TCP 报文段的首部。

从第 55 个字节开始才是 TCP 数据部分（阴影部分），即从应用层传递下来的数据（本例中即请求报文），GET 对应请求行的方法，/face/20.gif 对应请求行的 URL，HTTP/1.1 对应请求行的版本，左边数字是对应字符的 ASCII 码，如'G' = 0x47、'E' = 0x45、'T' = 0x54 等。图 6.15 的请求报文中首部行字段内容的含义，建议读者自行了解，也可以自己动手抓包分析。

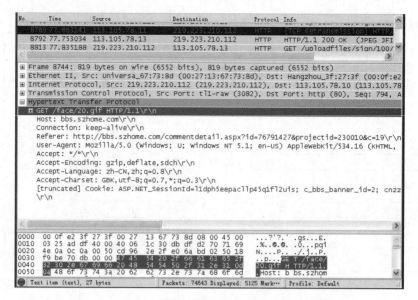

图 6.15   使用 Wireshark 捕获的 HTTP 请求报文的示例

右下角开始的 " … ?′?.′ .gs … E..%..@.@. .0 … pgi" 等是上面介绍过的第 1～54 个字节中对应的 ASCII 码字符,而这些字符在这里不代表任何意义。

常见应用层协议小结如表 6.2 所示。

表 6.2   常见应用层协议小结

应用程序	FTP 数据连接	FTP 控制连接	TELNET	SMTP	DNS	TFTP	HTTP	POP3	SNMP
使用协议	TCP	TCP	TCP	TCP	UDP	UDP	TCP	TCP	UDP
熟知端口号	20	21	23	25	53	69	80	110	161

6.5.3   本节习题精选

一、单项选择题

01. 下面的 ( ) 协议中,客户机与服务器之间采用面向无连接的协议进行通信。

A. FTP   B. SMTP   C. DNS   D. HTTP

02. 从协议分析的角度,WWW 服务的第一步操作是浏览器对服务器的 ( )。

A. 请求地址解析   B. 传输连接建立

C. 请求域名解析   D. 会话连接建立

03. TCP 和 UDP 的一些端口保留给一些特定的应用使用。为 HTTP 保留的端口号为 ( )。

A. TCP 的 80 端口   B. UDP 的 80 端口

C. TCP 的 25 端口   D. UDP 的 25 端口

04. 从某个已知的 URL 获得一个万维网文档时,若该万维网服务器的 IP 地址开始时并不知道,则需要用到的应用层协议有 ( )。

A. FTP 和 HTTP   B. DNS 和 FTP

C. DNS 和 HTTP   D. TELNET 和 HTTP

05. 万维网上的每个页面都有一个唯一的地址,这些地址统称为 ( )。

A. IP 地址   B. 域名地址

C. 统一资源定位符   D. WWW 地址

06. 使用鼠标单击一个万维网文档时, 若该文档除有文本外, 还有三幅 gif 图像, 则在 HTTP/1.0 中需要建立 (　) 次 UDP 连接和 (　) 次 TCP 连接。

    A. 0, 4 　　　　　　 B. 1, 3 　　　　　　 C. 0, 2 　　　　　　 D. 1, 2

07. 仅需 Web 服务器对 HTTP 报文进行响应, 但不需要返回请求对象时, HTTP 请求报文应该使用的方法是 (　)。

    A. GET 　　　　　　 B. PUT 　　　　　　 C. POST 　　　　　　 D. HEAD

08. HTTP 是一个无状态协议, 然而 Web 站点经常希望能够识别用户, 这时需要用到 (　)。

    A. Web 缓存 　　　 B. Cookie 　　　 C. 条件 GET 　　　 D. 持久连接

09. 下列关于 Cookie 的说法中, 错误的是 (　)。

    A. Cookie 存储在服务器端 　　　　　　　 B. Cookie 是服务器产生的

    C. Cookie 会威胁客户的隐私 　　　　　　 D. Cookie 的作用是跟踪用户的访问和状态

10. 以下关于非持续连接 HTTP 特点的描述中, 错误的是 (　)。

    A. HTTP 支持非持续连接与持续连接

    B. HTTP/1.0 使用非持续连接, 而 HTTP/1.1 的默认方式为持续连接

    C. 非持续连接中对每次请求/响应都要建立一次 TCP 连接

    D. 非持续连接中读取一个包含 100 个图片对象的 Web 页面, 需要打开和关闭 100 次 TCP 连接

11. 【2014 统考真题】使用浏览器访问某大学的 Web 网站主页时, 不可能使用到的协议是 (　)。

    A. PPP 　　　　　　 B. ARP 　　　　　　 C. UDP 　　　　　　 D. SMTP

12. 【2015 统考真题】某浏览器发出的 HTTP 请求报文如下:

> GET /index.html HTTP/1.1
>
> Host: www.test.edu.cn
>
> Connection: Close
>
> Cookie: 123456

下列叙述中, 错误的是 (　)。

    A. 该浏览器请求浏览 index.html

    B. index.html 存放在 www.test.edu.cn 上

    C. 该浏览器请求使用持续连接

    D. 该浏览器曾经浏览过 www.test.edu.cn

13. 【2022 统考真题】假设主机 H 通过 HTTP/1.1 请求浏览某 Web 服务器 S 上的 Web 页 news408.html, news408.html 引用了同目录下的 1 幅图像, news408.html 文件大小为 1MSS (最大段长), 图像文件大小为 3MSS, H 访问 S 的往返时间 RTT = 10 ms, 忽略 HTTP 响应报文的首部开销和 TCP 段传输时延。若 H 已完成域名解析, 则从 H 请求与 S 建立 TCP 连接时刻起, 到接收到全部内容止, 所需的时间至少是 (　)。

    A. 30ms 　　　　　　 B. 40ms 　　　　　　 C. 50ms 　　　　　　 D. 60ms

二、综合应用题

01. 在浏览器中输入 http://cskaoyan.com 并按回车, 直到王道论坛的首页显示在其浏览器中, 请问在此过程中, 按照 TCP/IP 参考模型, 从应用层到网络层都用到了哪些协议?

02. 在如下条件下, 计算使用非持续方式和持续方式请求一个 Web 页面所需的时间:

    1) 测试的 RTT 的平均值为 150ms, 一个 gif 对象的平均发送时延为 35ms。

2）一个 Web 页面中有 10 幅 gif 图片，Web 页面的基本 HTML 文件、HTTP 请求报文、TCP 握手报文大小忽略不计。

3）TCP 三次握手的第三步中捎带一个 HTTP 请求。

4）使用非流水线方式。

03. 用户主机上的电子邮件用户代理与邮件服务器建立了连接，现截获一个 TCP 报文段，如下图所示。图中显示了该报文段的前 126 个字节的十六进制及 ASCII 码内容。TCP 首部长度为 20B。请回答：

```
0020           c0 e6 00 19 b0 ca  d5 6f eb c9 10 e9 50 18      ...... .o....P.
0030   f9 98 51 bd 00 00 4d 65  73 73 61 67 65 2d 49 44      ..Q...Me ssage-ID
0040   3a 20 3c 34 44 43 45 39  32 42 41 2e 32 30 31 30      : <4DCE9 2BA.2010
0050   39 30 32 40 31 36 33 2e  63 6f 6d 3e 0d 0a 44 61      902@163. com>..Da
0060   74 65 3a 20 53 61 74 2c  20 31 34 20 4d 61 79 20      te: Sat, 14 May
0070   32 30 31 31 20 32 32 3a  33 33 3a 33 30 20 2b 30      2011 22: 33:30 +0
0080   38 30 30 0d 0a 46 72 6f  6d 3a 20 63 73 6b 61 6f      800..Fro m: cskao
0090   79 61 6e 32 30 31 32 40  31 36 33 2e 63 6f 6d 0d      yan2012@ 163.com.
```

1）用户代理和服务器之间使用的应用层协议是什么？

2）用户代理使用的端口号是多少？

3）该邮件的发件人邮箱是什么？

04.【2011 统考真题】某主机的 MAC 地址为 00-15-C5-C1-5E-28，IP 地址为 10.2.128.100（私有地址）。图 1 是网络拓扑，图 2 是该主机进行 Web 请求的一个以太网数据帧前 80B 的十六进制及 ASCII 码内容。

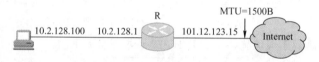

图 1　网络拓扑

```
0000   00 21 27 21 51 ee 00 15   c5 c1 5e 28 08 00 45 00      .!|Q... ..^(..E.
0010   01 ef 11 3b 40 00 80 06   ba 9d 0a 02 80 64 40 aa      ...:@... .....d@.
0020   62 20 04 ff 00 50 e0 e2   00 fa 7b f9 f8 05 50 18      b .P.. ..{..P.
0030   fa f0 1a c4 00 00 47 45   54 20 2f 72 66 63 2e 68      ......GE T /rfc.h
0040   74 6d 6c 20 48 54 54 50   2f 31 2e 31 0d 0a 41 63      tml HTTP /1.1..Ac
```

图 2　以太网数据帧（前 80B）

请参考图中的数据回答以下问题。

1）Web 服务器的 IP 地址是什么？该主机的默认网关的 MAC 地址是什么？

2）该主机在构造图 2 的数据帧时，使用什么协议确定目的 MAC 地址？封装该协议请求报文的以太网帧的目的 MAC 地址是什么？

3）假设 HTTP/1.1 协议以持续的非流水线方式工作，一次请求-响应时间为 RTT，rfc.html 页面引用了 5 幅 JPEG 小图像。问从发出图 2 中的 Web 请求开始到浏览器收到全部内容为止，需要多少个 RTT？

4）该帧封装的 IP 分组经过路由器 R 转发时，需修改 IP 分组头中的哪些字段？

注：以太网数据帧结构和 IP 分组头结构分别如图 3 和图 4 所示。

6B	6B	2B	46~1500B	4B
目的 MAC 地址	源 MAC 地址	类型	数据	CRC

图 3　以太网帧结构

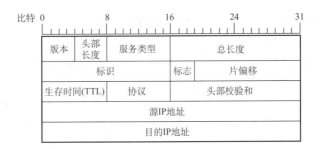

图 4 IP 分组头结构

05.【2021 统考真题】某网络拓扑如下图所示,以太网交换机 S 通过路由器 R 与 Internet 互连。路由器部分接口、本地域名服务器、H1、H2 的 IP 地址和 MAC 地址如图中所示。在 t_0 时刻 H1 的 ARP 表和 S 的交换表均为空,H1 在此刻利用浏览器通过域名 www.abc.com 请求访问 Web 服务器,在 t_1 时刻($t_1 > t_0$)S 第一次收到了封装 HTTP 请求报文的以太网帧,假设从 t_0 到 t_1 期间网络未发生任何与此次 Web 访问无关的网络通信。

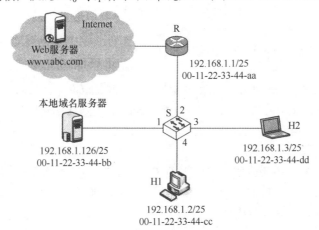

请回答下列问题。

1)从 t_0 到 t_1 期间,H1 除了 HTTP,还运行了哪个应用层协议?从应用层到数据链路层,该应用层协议报文是通过哪些协议进行逐层封装的?

2)若 S 的交换表结构为<MAC 地址,端口>,则 t_1 时刻 S 交换表的内容是什么?

3)从 t_0 到 t_1 期间,H2 至少接收到几个与此次 Web 访问相关的帧?接收的是什么帧?帧的目的 MAC 地址是什么?

6.5.4 答案与解析

一、单项选择题

01. C

DNS 采用 UDP 来传送数据,UDP 是一种面向无连接的协议。

02. C

建立浏览器与服务器之间的连接需要知道服务器的 IP 地址和端口号(80 端口是熟知端口),而访问站点时浏览器从用户那里得到的是 WWW 站点的域名,所以浏览器必须首先向 DNS 请求域名解析,获得服务器的 IP 地址后,才能请求建立 TCP 连接。

03. A

HTTP 在传输层使用 TCP，端口号为 80。TCP 的 25 号端口是为 SMTP 保留的。

04．C

由于不知道服务器的 IP 地址，因此先要用 DNS 进行域名解析，然后使用 HTTP 进行用户和服务器之间的交互。

05．C

统一资源定位符负责标识万维网上的各种文档，并使每个文档在整个万维网的范围内具有唯一的标识符 URL。

06．A

HTTP 在传输层用的是 TCP，所以无须建立 UDP 连接；HTTP 1.0 只支持非持久连接，所以每请求一个对象需要建立一次 TCP 连接，在本题的情景中，共需要传输 1 个基本 HTML 对象和 3 个 gif 对象，所以共需建立 4 次 TCP 连接。

07．D

使用 HEAD 方法时服务器可对 HTTP 报文进行响应，但不会返回请求对象，其作用主要是调试。另外三个选项中的方法的作用请查看本章中的表 6.1。

08．B

可以在 HTTP 中使用 Cookie 保存 HTTP 服务器和客户之间传递的状态信息。

09．A

Cookie 是一个存储在用户主机中的文本文件。它由服务器产生，作为识别用户的手段。由于服务器的后端数据库记录了用户在 Web 站点上的活动，这些信息（如用户的个人信息及购物的偏好等）有可能被出卖给第三方，从而威胁到了用户的隐私。

10．D

非持续连接对每次请求/响应都建立一次 TCP 连接。在浏览器请求一个包含 100 个图片对象的 Web 页面时，服务器需要传输 1 个基本 HTML 文件和 100 个图片对象，因此一共是 101 个对象，需要打开和关闭 TCP 连接 101 次。

11．D

接入网络时可能会用到 PPP，A 可能用到；计算机不知道某主机的 MAC 地址时，用 IP 地址查询相应的 MAC 地址会用到 ARP，B 可能用到；访问 Web 网站时，若 DNS 缓冲没有存储相应域名的 IP 地址，用域名查询相应的 IP 地址时要使用 DNS，而 DNS 是基于 UDP 的，所以 C 可能用到；SMTP 只有使用邮件客户端发送邮件，或邮件服务器向其他邮件服务器发送邮件时才会用到，单纯地访问 Web 网页不可能用到，选 D。

12．C

Connection:连接方式，Close 表明为非持续连接方式，keep-alive 表示持续连接方式。Cookie 值由服务器产生，HTTP 请求报文中有 Cookie 报头表示曾经访问过 www.test.edu.cn 服务器。

13．B

HTTP/1.1 默认使用流水线的持久连接，所有请求都是连续发送的。要求最少时间，最理想的情况是 TCP 在第三次握手的报文段中捎带 HTTP 请求，以及 TCP 连接后慢开始阶段不考虑拥塞。假设接收方有足够大的缓存空间，即发送窗口等同于拥塞窗口，共需要经过：第 1 个 RTT，进行 TCP 连接，此时服务器 S 的发送窗口 =1MSS，并在第三次握手时捎带 HTTP 请求；第 2 个 RTT，服务器 S 发送大小为 1MSS 的 html 文件，主机 C 确认后服务器 S 的发送窗口变为 2MSS；第 3 个 RTT，服务器 S 发送大小为 2MSS 的图像文件，主机 C 确认后服务器 S 的发送窗口变为 4MSS；第 4 个 RTT，服务器 S 发送剩下的 1MSS 图像文件，完成传输，总共需要 4 个 RTT，即 40ms。

二、综合应用题

01.【解答】

1）应用层。HTTP：WWW 访问协议；DNS：域名解析服务。

2）传输层。TCP：HTTP 提供可靠的数据传输；UDP：DNS 使用 UDP 传输。

3）网络层。IP：IP 包传输和路由选择；ICMP：提供网络传输中的差错检测；ARP：将本机的默认网关 IP 地址映射成物理 MAC 地址。

02.【解答】

每次进行 TCP 三次握手时，前两次握手消耗一个 RTT = 150ms，第 3 次握手的报文段捎带客户对 HTML 文件的请求，因此请求和接收基本 HTML 文件耗时一个 RTT = 150ms（其大小忽略不计时，发送时延为 0ms）。

在非持久连接方式下：

第一次建立 TCP 连接并传送 html 文件所需的时间为 $t_{html} = (150 + 150)\text{ms} = 300\text{ms}$；

每次建立 TCP 连接并传送一个 gif 文件所需的时间为 $t_{gif} = (150 + 150 + 35)\text{ms} = 335\text{ms}$；

所以总时间 $t_{总} = t_{html} + t_{gif} \times 10 = (300 + 335 \times 10)\text{ms} = 3650\text{ms}$。

在持久连接方式下：

只需要建立一次 TCP 连接，然后传送 html 文件和 10 个 gif 文件。

总时间 $t_{总} = t_{建立TCP} + t_{html} + t_{gif} \times 10 = 150 + 150 + (150 + 35) \times 10 = 2150\text{ms}$。

03.【解答】

1）本题中并未明确告诉这个报文段是从用户代理发往服务器还是从服务器发往用户代理。分析 TCP 首部格式可知，源端口为 49382（0xc0e6），目的端口为 25（0x0019），因此该应用层协议为 SMTP。

2）由于使用的是 SMTP，且服务器端口 25 作为目的端口，因此源端口 49382 为用户代理所使用的端口。

3）由于 SMTP 的协议字段都是用 ASCII 码表示的，发件人的关键字是 FROM，从截图右侧的 ASCII 形式中直接找到答案 FROM: cskaoyan2012@163.com。

04.【解答】

1）以太网帧的数据部分是 IP 数据报，只要数出相应字段所在的字节即可。由图 3 可知以太网帧头部有 6 + 6 + 2 = 14B，由图 4 可知 IP 数据报首部的目的 IP 地址字段前有 4×4 = 16B，从图 2 的帧第 1 字节开始数 14 + 16 = 30B，得到目的 IP 地址为 40.aa.62.20（十六进制），转换成十进制为 64.170.98.32。由图 2 可知以太网帧的前 6 字节 00-21-27-21-51-ee 是目的 MAC 地址，即为主机的默认网关 10.2.128.1 端口的 MAC 地址。

2）ARP 用于解决 IP 地址到 MAC 地址的映射问题。主机的 ARP 进程在本以太网以广播形式发送 ARP 请求分组，在以太网上广播时，以太网帧的目的地址为全 1，即 FF-FF-FF-FF-FF-FF。

3）HTTP/1.1 协议以持续的非流水线方式工作时，服务器发送响应后仍在一段时间内保持这段连接，客户机在收到前一个请求的响应后才能发出下一个请求。第一个 RTT 用于请求 Web 页面，客户机收到第一个请求的响应后（还有五个请求未发送），每访问一次对象就用去一个 RTT。因此共需 1 + 5 = 6 个 RTT 后浏览器收到全部内容。

4）私有地址和 Internet 上的主机通信时，须由 NAT 路由器进行网络地址转换，把 IP 数据报的源 IP 地址（本题为私有地址 10.2.128.100）转换为 NAT 路由器的一个全球 IP 地址（本题为 101.12.123.15）。因此，源 IP 地址字段 0a 02 80 64 变为 65 0c 7b 0f。IP 数据报每经过一个路由器，TTL 值就减 1，并重新计算首部校验和。若 IP 分组的长度超过输出链路的 MTU，则总长度字段、标志字段、片偏移字段也会发生变化。

05.【解答】

1）从 t_0 到 t_1 期间，除了 HTTP，H1 还运行了 DNS 应用层协议，以将域名转换为 IP 地址。DNS 运行在 UDP 之上，UDP 将应用层交付的 DNS 报文添加首部后，向下交付给 IP 层，IP 层使用 IP 数据报进行封装，封装好后，向下交付给数据链路层，数据链路层使用 CSMA/CD 帧进行封装。因此，逐层封装关系如下：DNS 报文→UDP 数据报→IP 数据报→CSMA/CD 帧。

2）t_0 时刻，H1 的 ARP 表和 S 的交换表为空。H1 利用浏览器通过域名请求访问 Web 服务器。由于要先解析域名，会发送 DNS 报文到本地域名服务器，查询该域名对应的 IP 地址，所以要先向本地域名服务器发送请求。ARP 表为空，所以需要先发送 ARP 请求分组，查询本地域名服务器对应的 MAC 地址。这些帧的目的 MAC 地址均是 FF-FF-FF-FF-FF-FF。S 接收到这个帧，在交换表中记录 MAC 地址为 00-11-22-33-44-cc，位于端口 4，然后广播该帧。当本地域名服务器接收到 ARP 请求后，向 H1 发送响应 ARP 分组。S 接收到这个帧，在交换表中记录 MAC 地址为 00-11-22-33-44-bb，位于端口 1，然后将该帧从端口 4 发送出去。

得到了域名对应的 IP 地址，发现不在本局域网中，需要通过路由表转发。

H1 的 ARP 表中并没有路由器对应的 MAC 地址，因此需要先发送 ARP 请求分组，查询路由器对应的 MAC 地址。这些帧的目的 MAC 地址均是 FF-FF-FF-FF-FF-FF。S 接收到这个帧，广播该帧。当路由器收到 ARP 请求后，向 H1 发送响应 ARP 分组。S 接收到这个帧，在交换表中记录 MAC 地址为 00-11-22-33-44-aa，位于端口 2，然后将该帧从端口 4 发送出去。现在，H1 就能将数据发送给路由器了。在整个过程中，并没有涉及 H2，H2 没有主动发送数据。所以 S 不会记录 H2 的 MAC 地址和端口，所以 S 在 t_1 时刻的交换表如下表所示。

MAC 地址	端　口
00-11-22-33-44-cc	4
00-11-22-33-44-bb	1
00-11-22-33-44-aa	2

3）由步骤 2）的分析可知，H2 至少会接收到 2 个和此次 Web 访问相关的帧。接收到的均是封装 ARP 查询报文的以太网帧；这些帧的目的 MAC 地址均是 FF-FF-FF-FF-FF-FF。

6.6　本章小结及疑难点

1. 如何理解客户进程端口号与服务器进程端口号？

通常我们所说的熟知端口号是指应用层协议在服务器端的默认端口号，而客户端进程的端口号是由客户端进程任意指定的（临时的）。

当客户进程向服务器进程发出建立连接请求时，要寻找连接服务器进程的熟知端口号，同时还要告诉服务器进程自己的临时端口号。接着，服务器进程就用自己的熟知端口号与客户进程所提供的端口号建立连接。

2．互联网、因特网和万维网的区别是什么？

互联网（internet）泛指由多个计算机网络按照一定的通信协议相互连接而成的一个大型计算机网络。

因特网（Internet）是指在 ARPA 网基础上发展而来的世界上最大的全球性互连网络。因特网和其他类似的由计算机相互连接而成的大型网络系统，都可算是"互联网"，因特网只是互联网中最大的一个。

万维网是无数个网络站点和网页的集合，它们一起构成了因特网最主要的部分（因特网也包括电子邮件、Usenet 和新闻组）。

3．域名的高速缓存是什么？

每个域名服务器都维护一个高速缓存，存放最近用过的名字以及从何处获得名字映射信息的记录，可大大减轻根域名服务器的负荷，使因特网上的 DNS 查询请求和回答报文的数量大为减少。为保持高速缓存中的内容正确，域名服务器应为每项内容设置计时器，并处理超过合理时间的项（如每个项目只存放两天）。当权限域名服务器回答一个查询请求时，在响应中都指明绑定有效存在的时间值。增加此时间值可减少网络开销，减少此时间值可以提高域名转换的准确性。

参 考 文 献

[1] 谢希仁. 计算机网络（第8版）[M]. 北京：电子工业出版社，2021.

[2] James F. Kurose，Keith W. Ross. 计算机网络：自顶向下方法[M]. 北京：机械工业出版社，2019.

[3] 本书编写组. 计算机专业基础综合考试大纲解析[M]. 北京：高等教育出版社，2009.

[4] 黄传河. 计算机网络考研指导[M]. 北京：机械工业出版社，2009.

[5] 鲁士文. 计算机网络习题与解析[M]. 北京：清华大学出版社，2005.

[6] 张沪寅，黄传河等. 计算机网络考研指导[M]. 北京：清华大学出版社，2010.

[7] 翔高教育. 计算机学科专业基础综合复习指南[M]. 上海：复旦大学出版社，2009.

[8] 崔巍等. 计算机学科专业基础综合辅导讲义[M]. 北京：原子能出版社，2011.